U0230583

无机物相振动光谱解析图集

薛理辉 著

科学出版社

北京

内 容 简 介

本书是一部无机物相振动光谱的计算解析图集。

本书共两部分。第一部分简明扼要地介绍了图集中所涉及的晶体结构知识和晶体振动光谱的群论分析方法，并给出了作者以国际符号推导整理出的、晶体振动光谱群论分析的关键资料：230 种空间群中不同位置群原子的振动模式，使晶体群论分析方法变得通俗易懂。

第二部分列出了 481 种无机物相所对应的空间群、不对称单元信息及原胞模型图，并给出实测振动光谱（拉曼光谱、红外光谱或红外拉曼对比谱）、计算振动光谱（基频谱）及其分模式谱，以谱图对比的方式解析了实测振动光谱中各种基本振动谱峰的来源。

本书是振动光谱分析领域重要的工具书，也是科研人员和研究生学习分析测试技术的实用参考书。

图书在版编目（CIP）数据

无机物相振动光谱解析图集／薛理辉著 . —北京：科学出版社，2023.11
ISBN 978-7-03-076510-9

Ⅰ.①无… Ⅱ.①薛… Ⅲ.①无机物–光谱分析–图集 Ⅳ.①O611

中国国家版本馆 CIP 数据核字（2023）第 189592 号

责任编辑：霍志国 孙静惠／责任校对：杜子昂
责任印制：赵 博／封面设计：东方人华

科 学 出 版 社 出版
北京东黄城根北街 16 号
邮政编码：100717
http://www.sciencep.com

北京厚诚则铭印刷科技有限公司印刷
科学出版社发行 各地新华书店经销

＊

2023 年 11 月第 一 版 开本：720×1000 1/16
2024 年 8 月第二次印刷 印张：33 1/4
字数：670 000
定价：198.00 元
（如有印装质量问题，我社负责调换）

前　　言

在原子尺度的微观世界中，万物都在永恒运动之中。空气中飞动迅速的氧气和氮气，液体中不断运动的原子或原子团，晶体中不停来回振动的原子，原子中环绕原子核如层层云雾般无休止运动的电子，凡此种种，均为永恒运动之例。

众所周知，振动光谱（包括红外光谱和拉曼光谱）来源于原子在其平衡位置的振动，是物质专属性最强的物理性质；物质成分或结构的微小变化，都会在振动光谱中反映出来。振动光谱是鉴定不同物质的最有效手段之一，国内外药典把红外光谱甚至拉曼光谱作为鉴别现代药品的决定性依据，其重要性由此可见一斑。

无机物的振动光谱信息主要集中在低波数谱区，振动能量低。在 20 世纪 80 年代之前，拉曼光谱法还不成熟，而红外光谱法又由于低波数谱区的检测灵敏度低，光谱信息有限。20 世纪 90 年代，拉曼光谱检测技术取得长足进步，拉曼光谱的低波数谱区检测容易，与红外光谱相配合可以得到较完整的振动光谱信息，使振动光谱在无机物分析领域的实用性得到加强。

对于振动光谱领域的研究人员，更感兴趣的可能是谱图中那些"谱带"或"谱峰"的来源。但长期以来，对振动光谱的解析都是一项令人生畏的任务，尤其是对成分复杂化合物的光谱，除了能大致解释其高波数谱区（基团区）中几个谱带的来源外，对低波数谱区（指纹区）中的绝大部分谱峰都很难说清道明，因为指纹区的谱带是由大量的谱峰重叠而成的，犹如一锅长时间熬制的八宝粥，各种食材已模糊，区分不出豆、枣、麻、果等各自之模样。

基础科学研究的目的是追根溯源觅真谛。几十年来，光谱学界在求解各类无机物相的振动光谱方面，取得大量有意义的成果。如根据晶相的对称性，先利用群论方法预测振动光谱中共有多少类基本简正振动峰，然后利用拉曼偏振实验、红外反射术等方法将复杂的振动光谱峰分解成几类，从而达到降低振动光谱解析难度的目的。不过，振动光谱的实验分解术对样品和实验条件的要求比较高，目前只有少数一些简单无机物相的振动光谱得到分模解析。

近十多年来，随着计算机性能的提高和量子化学计算软件的不断改进，利用计算方法来解析振动光谱，尤其是解析无机物相的振动光谱已变得越来越成熟。如本书富勒烯（C_{60}）的计算谱图与实测谱图对比图，其中计算谱是本书作者利用一台高性能服务器用了 7 个多月的时间计算完成的，结果与实测振动光谱几乎一致，从而验证了实测谱的成分与晶体结构。此外，从计算结果中还能分解出各简正振动类的分模谱，从中可解析实测谱中的"谱峰"是由哪个简正振动模产生的，或"谱带"是由哪些振动模叠加而成的。好似一碗八宝粥，煮烂了，看不出是什么食材，但通过计算，又恢复了豆、枣、麻、果等各自之特征。

在本书中每个物相谱图的开头，均列出该物相的关键信息，包括物相的成分及名称，空间群序号、空间国际符号和圣弗利斯符号，不对称单元魏克夫字母及相应的原子种类、价态及原子数目，所选择结构模型的来源的无机晶体结构数库（ICSD）号，以及各原子的魏克夫位置所对应的不可约表示及所有原子的综合不可约表示。这部分的信息涉及的知识面比较宽，主要是晶体结构基础和晶体振动光谱群论分析方法，一般读者会感到比较难，主要原因是符号众多。为此，本书第一章简明扼要地介绍了晶体结构和晶体的振动光谱，并将晶体振动光谱的群论分析方法与《国际晶体学表》A 卷、《32 个晶体学点群的特征标表》、无机晶体结构数据库中的原子位置信息结合起来，推导整理出《230 种空间群中不同位置群原子的振动模式》（附录三），使 230 种空间群晶体物质振动模的群论分析方法变得非常容易。根据附录三，只要从无机晶体结构数据库或其他文献中知道晶体物质的空间群及原子位置的魏克夫字母，就很容易算得晶体所有的简正振动模式，包括哪些模式是拉曼活性的，哪些模式是红外活性的，哪些是平动模式等，无需再重复烦琐的推导过程，方便快捷。

《无机物相振动光谱解析图集》是武汉理工大学材料研究与测试中心承担的"中央高校基本科研业务费资助项目"（supported by "the Fundamental Research Funds for the Central Universities"）（项目编号：2020 III 003GX）的部分工作成果。本书共收入近 500 种无机物相的实测振动光谱（拉曼光谱、红外光谱或红外拉曼对比谱）、计算振动光谱（基频谱）及其分模式谱。计算软件为武汉理工大学购置的 Materials Studio 中的 Castep 模块。书中实测谱的样品主要来自武汉理工大学材料学科、资源与环境学科和化学学科的实验室，这些样品多是从国内外化工市场、矿物生产与研究部门购买的化工原料、标准样品或制成品。拉曼光谱的检测仪器主要有法国 JY 公司的 U-1000 型、英国 Renishaw 公司的 inVia 型、法国 HORIBA 公司的 LabRAM Odyssey 型色散型激光拉曼光谱仪和美国 Thermo-Nocolet 公司的 Nexus 傅里叶变换拉曼光谱仪；红外光谱的检测仪器主要有美国 Thermo-Nicolet 公司的 60SXB 型、Nexus 型和 6700 型傅里叶变换红外光谱仪，由于谱图检测的时间跨度（30 多年）大，不同样品的检测仪器和检测条件多有变化，谱图的质量和格式无法统一，但谱图的可靠性及样品的成分与结构信息，可以与计算谱及其计算模型相互印证。

本书在计算、成稿和出版过程中，得到武汉理工大学材料研究与测试中心领导陈莉敏主任和宋彦宝副主任、俄罗斯科学院院士吴少鹏教授、硅酸盐建筑材料国家重点实验室余剑英教授和科学出版社霍志国、孙静惠编辑的关心和帮助；恽怀顺、孙育斌、陈和生、方德和周晗老师提供了部分样品的拉曼和红外光谱图；沈春华老师在计算机的软硬件维护以及晶体结构验证方面帮助良多；我的爱人袁冬林老师为本书给予了一如既往的支持，付出了大量心血。还有众多提供样品的老师和同学，在此一并表示感谢！

　　由于作者的学术水平有限，书中难免存在不足之处，欢迎读者批评指正，以便再版时加以改正。

作　者

2023 年 4 月

于马房山

目　　录

第1章 晶体结构与晶体振动光谱简介

1.1 晶 体 结 构

1.1.1 结构基元与点阵

晶体是原子或原子基团在三维空间有规则排列而形成的固体物质。X 射线衍射分析表明，一切晶体，不论外形如何，其内部质点总是在三维空间呈周期性和对称性方式重复排列。

晶体内部两原子之间的距离约为 0.1~0.4nm，故可以把晶体看成是由微观粒子无限排列而成的固体。物相是指由一种或多种原子键合而形成的具有独特组分、独特结构的晶态物质，其化学组成和结构特征的综合信息具有唯一性。如金红石（TiO_2）、锐钛矿（TiO_2）和板钛矿（TiO_2），它们的成分相同，但晶体结构不同，所以是三种不同的物相。

因为物相中的微观粒子可以看作是无限的，若不对它进行简化处理，则很难说明物相晶体结构的特征。对晶体结构进行简化可分成两步：第一步是把晶体化成晶体"骨架"，即把晶体结构化成晶体点阵；第二步是从晶体点阵中找出其"最基本的点阵特征"来代表整个晶体点阵的特征。

把晶体结构化成晶体点阵，首先是从晶体结构中选择一个能代表整个晶体结构的基本单元，即晶体周期性结构中的最小单元，称结构基元（structure unit），这样晶体就可以看成是由这个"结构基元"周期性重复排列而成的固体物质；然后把晶体中的每个"结构基元"都化成一个点，这个点称为点阵点，那么整个晶体结构就化成无限点阵点的集合，这种集合就称为晶体点阵（crystal lattice）。晶体点阵在某一方向的倒易平面投影图可以利用电子衍射实验直接观察到。

结构基元是有"内容"的，其中包含原子或原子基团，而点阵点则忽略了内容的细节，是一种简化图像。结构基元是晶体结构中的最小重复单元，所有结构基元中的原子种类和数目、空间结构、排列取向、简正振动模式和周围环境等都相同。最简单的情况，结构基元中只有一个原子，如金属晶体 Ag、Au、W 等中的结构基元；晶体结构越复杂，其结构基元所包含的原子或原子基团的数目也越多。

把晶体结构化成晶体点阵后，因为晶体点阵是无限的，所以还是难以描述其点阵特征，需要用一个统一的标准把"无限的晶体点阵"化成一个"有限格子"（也称空间点阵单位）的周期性重复体，而"有限格子"则可反映不同晶体点阵中点阵点之间的关系规律，这样用"有限格子"来描述晶体点阵就变得简单明了。

1.1.2　十四种空间布拉维格子

空间点阵单位的选取标准为：①平行六面体；②对称性尽可能高；③含点阵点尽可能少。这里所选取的平行六面体的对称性应符合整个空间点阵的对称性；对称性尽可能高，是指在不违反整个空间点阵对称性的条件下，应选择棱与棱之间直角关系最多的平行六面体形式；含点阵点尽可能少，是指在前两个标准的前提下，所选取的平行六面体的体积应为最小。

按以上标准选取出来的最基本的点阵特征，其形状、大小可由一组点阵参数来描述（图1.1），包括单位平行六面体的三根棱长 a、b、c，以及彼此间的夹角 $\alpha=b\wedge c$、$\beta=c\wedge a$ 和 $\gamma=a\wedge c$ 等六个参数，称为点阵（或晶格、晶胞）参数。最基本的点阵特征按各自对称特点或形状的不同分成六种晶格（对应晶体的六大晶族），每种晶格又有1到4个不同的点阵点布点方式（lattice centrerings），去除重复和不符合各自晶族对称特点的格子，合起来共有14种不同的形式，称为14种布拉维（Bravais）空间格子，如图1.2所示。

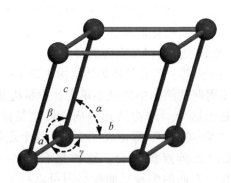

图1.1　空间点阵单位的参数表述

表示14种布拉维格子的国际符号称为皮尔森（W. B. Pearson）符号，如表1.1所示。表中晶族用其英文名称的小写首字母表示：a = anorthic，m = monoclinic，o = orthorombic，t = tetragonal，h = hexagonal，c = cubic。

在皮尔森符号系统中，点阵的布点或布心方式用其英文（或德文）的大写首字母表示。

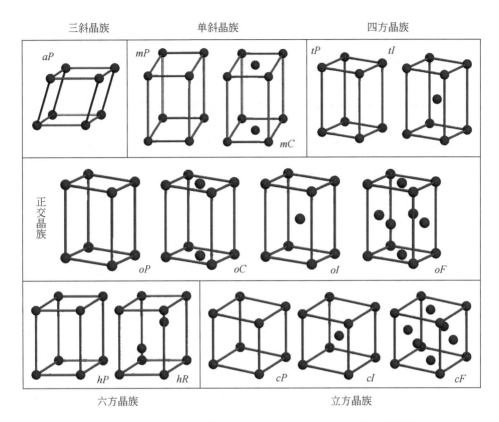

图 1.2　14 种布拉维格子的形状、布点方式、皮尔森符号及所属晶族

表 1.1　晶体点阵的皮尔森符号表示

晶族	符号	布心方式	符号
三斜	a	简单	P
单斜	m	侧心	$S\ (A,\ B,\ C)$
正交	o	体心	I
四方	t	面心	F
六方	h	菱方	R
立方	c		

$P =$ Primitive，即原始格子，表示只在单位平行六面体的 8 个角顶上有格点分布，各取 1/8，所以一个晶格中只有 1 个格点；

$S =$ side，表示侧心，除 8 个角顶外，在一对晶面的中心还各有 1 个格点，具体应用时用 A、B 或 C 来代替 S，若带心的面与 x 轴、y 轴或 z 轴垂直或相交，就

分别用 A、B 或 C 来表示。角顶上的格点各取 1/8，晶面的格点各取 1/2，一个晶格中共有 2 个格点；

I＝Innenzentriert（德文），即体心，除各个角顶外，在单位平行六面体的体中心还分布有 1 个格点，一个晶格中共有 2 个格点；

R＝Rhombohedral，即 R 心，R 心格子有菱形和六方两种表达方式，菱形晶格中只有 1 个格点，六方晶格中共有 3 个格点；

F＝Faces，即面心，除各个角顶外，在三对晶面的中心都还分布有一个格点，晶格中共有 4 个格点。

三斜晶族布拉维格子的六个点阵参数无任何特殊限制条件：$a \neq b \neq c$、$\alpha \neq \beta \neq \gamma \neq 90°$，只有一个 aP 格子。

单斜晶族的三条晶轴中有一条特殊的晶轴，该晶轴与其他两条晶轴都垂直，称 2 次轴或定向轴。在固体物理学中，选 c 轴为定向轴（c unique），即 c 轴与 a、b 轴垂直，称第一种定向。在晶体学中，选 b 轴为定向轴（b unique），即 b 轴与 c、a 轴垂直，称第二种定向，b 定向的点阵参数为：$a \neq b \neq c$，$\alpha = \gamma = 90°$，$\beta \neq 90°$。单斜晶族有两个布拉维格子：mP 和 mC 格子（第二种定向）。

正交晶族的格子参数特征：$a \neq b \neq c$，$\alpha = \beta = \gamma = 90°$。正交布拉维格子有四个完整的点阵点布点方式，即正交简单 oP、正交底心 oC、正交体心 oI 和正交面心 oF 格子。

四方晶族的格子参数特征为：$a = b \neq c$，$\alpha = \beta = \gamma = 90°$。四方晶族有四方简单 tP 和四方体心 tI 两个布拉维格子。

六方晶族的格子参数特征为：$a = b \neq c$，$\alpha = \beta = 90°$，$\gamma = 120°$。六方晶族有两个格子，六方简单格子 hP 和六方 R 心格子 hR。六方晶族分成两个晶系：六方晶系和三方晶系。六方晶系只有 hP 格子，其晶胞的最高对称轴为 6 次轴。三方晶系包含 hP 和 hR 两个格子：hP 晶胞的最高对称轴为 3 次轴；hR 格子有两种表达方式——六方表达和 R 心表达，六方表达的晶格中有 3 个点阵点，而 R 心表达的晶格中只有 1 个点阵点，R 心表达格子实际上是六方表达的原始格子，即 hR 的 R 心晶胞实际上是六方晶胞的原胞。

立方晶族有三个布拉维格子：cP、cI 和 cF，其格子参数为：$a = b = c$，$\alpha = \beta = \gamma = 90°$。立方格子最重要的对称特征是对角线方向有一个 3 次对称轴，若没有这个 3 次对称轴，就不能称为立方晶族格子。

1.1.3　晶胞与原胞

在布拉维空间格子的选取标准中，不仅要考虑晶体的周期性，还要兼顾晶体的对称性。晶胞是指能同时反映晶体结构周期性和对称性特征的最小平行六面体单位，又称惯用晶胞（conventional cell）。晶胞中是有原子或原子基团的，不是一个抽象的格子，相当于"布拉维格子+结构基元"。

原胞（primitive cell）是指仅含一个结构基元的、只能反映晶体结构周期性特征的最小平行六面体单位。原胞也称初基胞，也是有"内容"的，相当于"最小平行六面体格子+结构基元"。以六方晶族三方晶系物质方解石为例，其六方表达的晶胞中有 6 个 $CaCO_3$ 分子（$Z=6$），而其 R 心表达的原胞中只有 2 个 $CaCO_3$ 分子，如图 1.3 所示，从中可见晶胞和原胞的区别。

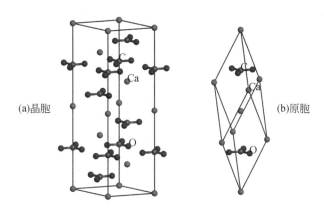

(a)晶胞　　　(b)原胞

图 1.3　方解石的晶胞与原胞

晶胞由 1 至 4 个原胞组成，原胞虽不能反映晶体的对称性，但它是晶体周期性特征的最小平行六面体单位，在振动光谱、能带理论等计算问题中，一个原胞内的简正振动模、能带的数目和特征就可代表整个晶体的相应特征。本书后面近500 种物相振动光谱的计算模型均采用原胞，且计算结果与实测谱图基本一致，这充分说明在解析物相的振动光谱时，以原胞为对象考虑问题是完全正确的。

前面介绍了六大晶族、十四种布拉维空间点阵，若要进一步反映晶体结构的细节特征，则还要用到晶体群论。下面先简要介绍对称元素和对称操作的概念，然后再讨论点群、空间群、等效点系和等效位置等知识。

1.1.4　对称元素与对称操作

对晶体或分子施以某一动作，如旋转、反映、平移等，完成后晶体或分子的外观及其内部结构看起来没有任何变化，或者说可以使晶体或分子结构完全复原，这个动作就称为对称操作（symmetry operation）；而对称元素（symmetry element）是指在对称操作过程中，使对称操作得以施行的参照点、参照线或参照面。对称元素与对称操作相互依存，1 个对称元素对应 1 个或多个对称操作。

晶体的对称操作包括宏观对称操作和微观对称操作，相应地，就有宏观对称元素和微观对称元素。晶体的宏观对称性是其微观对称性的外部表现，是表象；

而晶体的微观对称性是其宏观对称性的内在根源，是本质。

1. 点对称操作

点对称操作是指在操作过程中有一个点保持不动的对称操作或对称操作的组合。分子或宏观晶体的对称操作都是点对称操作，区别是晶体的点对称性受到晶体点阵周期性的制约，不可能有 5 次或大于 6 次的对称轴，而分子的点对称性则不受这个限制，可以有 5 次对称轴或大于 6 次对称轴的分子。

a) 恒等操作 E

恒等操作是指不动或旋转 $360°$ 的对称操作，任何晶体都存在这种对称操作。

如果用直角坐标系表示晶体中任一点的坐标为 (x, y, z)。经恒等操作后，该点的坐标不变：$x'_1 = x_1$、$y'_1 = y_1$、$z'_1 = z_1$，可用矩阵 $\boldsymbol{D}(E)$ 表示为：

$$\begin{bmatrix} x'_1 \\ y'_1 \\ z'_1 \end{bmatrix} = \boldsymbol{D}(E) \begin{bmatrix} x_1 \\ y_1 \\ z_1 \end{bmatrix} = \begin{bmatrix} 1 & 0 & 0 \\ 0 & 1 & 0 \\ 0 & 0 & 1 \end{bmatrix} \begin{bmatrix} x_1 \\ y_1 \\ z_1 \end{bmatrix} \tag{1.1}$$

对称操作矩阵的对角线之和即矩阵的迹（trace），称特征标，用 Γ 表示。恒等操作的特征标为：

$$\Gamma_{x,y,z}(E) = 3 \tag{1.2}$$

b) 旋转操作与旋转轴

绕一旋转轴转动某一角度后可以使物体复原的对称操作，称旋转操作。旋转轴有次数之分：n 次旋转轴表示物体绕该轴旋转 $360°/n$ 后可以复原的旋转操作。旋转轴的国际符号为 1、2、3、4 和 6，对应的圣弗利斯符号为 C_1、C_2、C_3、C_4 和 C_6。

晶体或分子中任一点 P 的坐标 (x_1, y_1, z_1) 经旋转操作后变成 P' 点，新坐标为 (x'_1, y'_1, z'_1)，如图 1.4 所示，P 点与 P' 点的坐标关系为：

$$x'_1 = d\cos(\phi-\theta) = d\cos\phi\cos\theta + d\sin\phi\sin\theta = d\frac{x_1}{d}\cos\theta + d\frac{y_1}{d}\sin\theta = x_1\cos\theta + y_1\sin\theta$$

$$y'_1 = d\sin(\phi-\theta) = d\sin\phi\cos\theta - d\cos\phi\sin\theta = d\frac{y_1}{d}\cos\theta - d\frac{x_1}{d}\sin\theta = -x_1\sin\theta + y_1\cos\theta$$

$$z'_1 = z_1$$

用操作矩阵 $\boldsymbol{D}(C_n)$ 表示为：

$$\begin{bmatrix} x'_1 \\ y'_1 \\ z'_1 \end{bmatrix} = D(C_n) \begin{bmatrix} x_1 \\ y_1 \\ z_1 \end{bmatrix} = \begin{bmatrix} \cos\theta & \sin\theta & 0 \\ -\sin\theta & \cos\theta & 0 \\ 0 & 0 & 1 \end{bmatrix} \begin{bmatrix} x_1 \\ y_1 \\ z_1 \end{bmatrix} \tag{1.3}$$

特征标为：

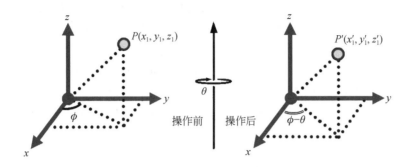

图 1.4　旋转操作前后晶体中任一点的坐标变换

$$\Gamma_{x,y,z}(C_n)=2\cos\theta+1 \tag{1.4}$$

c）反映操作与对称面

一平面将一物体分成两部分，若这两部分互成镜像关系，则该平面称为对称面或镜面（国际符号为 m，圣弗利斯符号为 σ），而镜像转换称为反映操作。对于反映操作，若其对称面为 σ_{yz}，则反映后坐标 x 变成 $-x$，而 y、z 不变；若其对称面为 σ_{xz}，则反映后坐标 y 变成 $-y$，而 x、z 不变；若其反映面为 σ_{xy}，则反映后 z 变成 $-z$，而 x、y 不变。所以不同对称面的操作矩阵为：

$$\boldsymbol{D}(\sigma_{yz})=\begin{bmatrix}-1 & 0 & 0 \\ 0 & 1 & 0 \\ 0 & 0 & 1\end{bmatrix},\boldsymbol{D}(\sigma_{xz})=\begin{bmatrix}1 & 0 & 0 \\ 0 & -1 & 0 \\ 0 & 0 & 1\end{bmatrix},\boldsymbol{D}(\sigma_{xy})=\begin{bmatrix}1 & 0 & 0 \\ 0 & 1 & 0 \\ 0 & 0 & -1\end{bmatrix} \tag{1.5}$$

特征标为：

$$\Gamma_{x,y,z}(\sigma)=1 \tag{1.6}$$

d）反演操作与对称心

晶体或分子中的任一原子沿一中心点方向移动，通过中心点后到达另一方的等距处，若晶体或分子复原，则该中心点称为对称心（国际符号为 $\bar{1}$，圣弗利斯符号为 i），而通过对称心使晶体或分子复原的操作称为反演操作。反演操作原子的坐标 (x, y, z) 变成 $(-x, -y, -z)$，所以反演操作矩阵为：

$$\boldsymbol{D}(i)=\begin{bmatrix}-1 & 0 & 0 \\ 0 & -1 & 0 \\ 0 & 0 & -1\end{bmatrix} \tag{1.7}$$

特征标为：

$$\Gamma_{x,y,z}(i)=-3 \tag{1.8}$$

e）非真旋转（旋转反演或旋转反映）

非真旋转是两个操作的复合操作，其中每一个操作都是假想的对称操作，但

　　两者的组合是真正的对称操作。在所有轴次的非真旋转中，只有四次非真旋转是独立存在的，其他轴次的非真旋转都可以被别的对称操作所取代。

　　非真旋转的操作矩阵等于 i 和 C_n 操作矩阵之积，即 $\boldsymbol{D}(\bar{n}) = \boldsymbol{D}(i)\,\boldsymbol{D}(C_n)$：

$$\boldsymbol{D}(\bar{n}) = \boldsymbol{D}(i)\boldsymbol{D}(C_n) = \begin{bmatrix} -1 & 0 & 0 \\ 0 & -1 & 0 \\ 0 & 0 & -1 \end{bmatrix}\begin{bmatrix} \cos\theta & \sin\theta & 0 \\ -\sin\theta & \cos\theta & 0 \\ 0 & 0 & 1 \end{bmatrix} = \begin{bmatrix} -\cos\theta & 0 & 0 \\ 0 & -\cos\theta & 0 \\ 0 & 0 & -1 \end{bmatrix}$$

$$(1.9)$$

特征标为：

$$\Gamma_{x,y,z}(\bar{n}) = -2\cos\theta - 1 \tag{1.10}$$

　　以上讨论了晶体的各种点对称操作，其中能使晶体复原的独立的对称操作有 1、2、3、4、6、m、$\bar{1}$ 和 $\bar{4}$（相应的圣弗利斯符号分别为 C_1、C_2、C_3、C_4、C_6、σ、i 和 S_4），共 8 种，若按群论规则来组合，这 8 种对称操作可以组合出 32 个晶体学点群。

2. 空间对称操作

　　空间对称操作是指使晶体中的每一原子都离开原来位置的对称操作，操作后晶体在三维空间复原。空间对称操作主要反映晶体的微观对称性，包括平移、螺旋旋转和滑移反映三类，相应的对称元素为点阵、螺旋轴和滑移面。

　　a）平移与空间布拉维格子

　　平移是指质点沿某方向移动后微观结构没有变化的对称操作。布拉维格子是晶体点阵中能代表晶体周期性和对称性的最小空间点阵单位，所以可以用 14 种布拉维格子（图 1.2）来表示晶体的平移对称性。

　　b）螺旋旋转与螺旋轴

　　螺旋旋转是指沿一假想的轴线（screw axis，称螺旋轴）转动、平移后，晶体的微观结构可以复原的空间对称操作。螺旋旋转的符号是 n_m，表示完成一个周期的螺旋旋转，要转动 n 次、平移 n 次，每次转动角度 $\theta = (360/n)°$，每次平移量为单位轴长的 m/n。螺旋轴根据其轴次和平移移距的不同共分为 11 种。

　　1_1 螺旋轴是旋转一周并沿旋转轴方向移动一个晶格参数的距离，这相当于不动或旋转一周，所以没有独立存在的必要。2_1 螺旋轴如图 1.5 所示，图中①点先绕 2_1 轴转动 $180°$，再沿 2_1 方向平移晶格参数的一半后到达②点，再绕 2_1 轴转动 $180°$、沿 2_1 方向平移半个晶格参数的长度，最终到达③点。①点、②点、③点之间的关系就是 2_1 螺旋轴的关系。

　　三次螺旋轴有 3_1 和 3_2 两种，四次螺旋轴有 4_1、4_2 和 4_3 三种，六次螺旋轴有 6_1、6_2、6_3、6_4 和 6_5 五种。金刚石晶胞中有一个 4_1 螺旋轴，如图 1.6 所示，图中把构成 4_1 轴的几个碳原子单独列出，其俯视图是一个具有四次旋转对称的正方

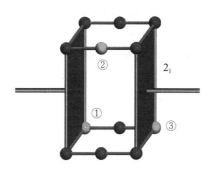

图 1.5　2_1 螺旋轴示意图

形封闭结构。

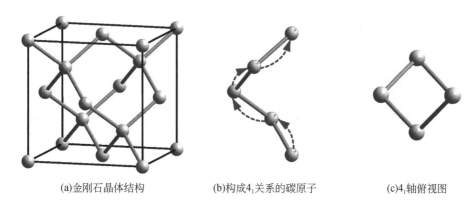

(a)金刚石晶体结构　　　　(b)构成4_1关系的碳原子　　　　(c)4_1轴俯视图

图 1.6　金刚石晶体结构中的四次螺旋轴

c) 滑移反映与滑移面

滑移反映也是一个复合对称操作，晶体中的微观粒子先通过滑移面（glide plane）反映后，再沿与该平面平行的一个方向平移后，可以使晶体的微观结构复原。滑移反映根据移动的方向和距离的不同，分为轴向滑移、对角滑移和金刚石滑移三种。

轴向滑移是指微观粒子通过滑移面反映后沿着某坐标轴方向平移相应晶格参数的一半距离后再反映、再平移……如沿 a 轴方向平移 $a/2$，或沿 b 轴方向平移 $b/2$，或沿 c 轴方向平移 $c/2$，那么相应的滑移面就称为 a 滑移面、b 滑移面或 c 滑移面。在图 1.7 中，结点①被反映后向 c 轴方向平移 $c/2$ 的距离到结点②，再反映后又向 c 轴方向平移 $c/2$ 的距离到结点③，所以结点①、②、③通过 c 滑移面相互联系着。

对角滑移是指微观粒子经滑移面反映后，沿 a、b 轴的对角线方向平移 $(a+b)/2$，或沿 b、c 轴的对角线方向平移 $(b+c)/2$，或沿 c、a 轴的对角线方向平移 $(c+a)/2$，或沿 a、b、c 轴的对角线方向平移 $(a+b+c)/2$ 后，能使微观结构复原的对称操作，用字母 n 表示。图 1.8 是一个双原子分子形成的晶体结构，图中①被反映后向 a、b 轴的对角线方向平移 $(a+b)/2$ 的距离到②的位置，①和②通过 n 滑移面相互联系着。

图 1.7　c 滑移面

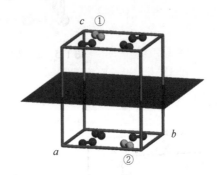
图 1.8　n 滑移面

金刚石滑移是指物体经滑移面反映后，沿 a、b 轴对角线方向平移 $(a+b)/4$，或沿 b、c 轴的对角线方向平移 $(b+c)/4$，或沿 c、a 轴的对角线方向平移 $(c+a)/4$，或沿 a、b、c 轴的对角线方向平移 $(a+b+c)/4$ 后，能使微观结构复原的对称操作，用 d 表示。d 滑移面与 n 滑移面的区别就在于平移的距离不同，d 滑移的平移距离是 n 滑移的一半。d 滑移面之所以用"金刚石（diamond）"英文的第一个字母来命名，是因为在金刚石的晶体结构（$SG = Fd\bar{3}m$）中刚好有这样的一个滑移面，如图 1.9 所示。

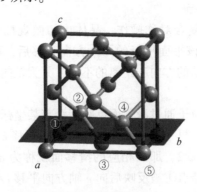
图 1.9　d 滑移面

综上所述，空间对称操作有平移操作、螺旋操作和滑移反映操作三类。其中平移操作有 14 种，用 14 种布拉维格子来表示；螺旋操作共有 11 种：2_1、3_1、3_2、4_1、4_2、4_3、6_1、6_2、6_3、6_4 和 6_5；滑移反映操作共有 5 种：轴向滑移面 a、b 和 c，对角滑移面 n 和金刚石滑移面 d。这些空间对称操作再加上 8 种点对称操作，按群论规则可以组合出 230 个空间群。

1.1.5　群的概念

1. 群的定义

群就是按照一定的运算规则相互关联的一组元素的集合。群中的"元素"可以是数、对称操作、操作矩阵等。在一个群中，元素的数目可以是一个、几个或无限个。包含有限个元素的群称为有限群，有限群元素的数目称为群的阶，用符号 h 表示，如操列群（表 1.2）是个有限群，群的阶 $h=4$；包含无限个元素的群称为无限群，如晶体空间群；由晶体的点对称操作构成的群称晶体点群（point group）；而由晶体的点对称操作和微观对称操作的组合所构成的群，称晶体空间群（space group）。

表 1.2　操列群乘法表

操列群	立正	左转	右转	后转
立正	立正	左转	右转	后转
左转	左转	后转	立正	右转
右转	左转	立正	后转	左转
后转	后转	右转	左转	立正

群元素可以有各种各样的特征，但能构成群的一组元素必须满足下列条件。

a）封闭性

封闭性即群中任意两个元素的乘积也必须是群中的一个元素，或者说，组成群的元素的集合是封闭的。这里的"乘积"，并不一定是数学中乘法的含义，它是代表两个元素的一种组合过程；组成群的元素的具体性质不同，这种组合过程的具体含义也就不同。如组成群的元素是对称操作，那么"乘积"所代表的运算就是连续的两个对称操作。在表 1.2 所示的操列群中，"左转"和"后转"是群中的两个元素，它们的"乘积"，即先"左转"再"后转"，结果与"右转"相同，而"右转"也是群中的一个元素，群的封闭性得到满足。表 1.2 称为操列群乘法表，用来记录群元素的"乘积"结果及验证群元素是否满足封闭性等。在使用乘法表时，按照先取列上元素，后取行上元素的次序进行"乘积"，而结果则列在相应列和行的交叉框中。

b）单值性

单值性即群中任意个元素的连乘具有唯一确定的值，与按照什么方式进行组合无关。单值性要求群中元素的乘法服从结合律，即 $(AB)C = A(BC)$。

c）单位元 E

群中的恒等元素称为单位元，用 E 表示。一个群中必含有单位元，它与群中任何元素 X 作用，或 X 与单位元作用，X 的大小或特征都不会受到影响，即 $EX = X$ 或 $XE = X$。如表 1.2 的操列群中，"立正"就是单位元，它乘以群中任何元素，其结果不变，如"立正"乘以"左转"，结果还是"左转"。

d）可逆性

可逆性即群中的任何元素 X 都必须有逆元素 X^{-1}，使之满足 $XX^{-1} = X^{-1}X = E$。如表 1.2 中，"左转"的逆元素是"右转"，"左转"乘以"右转"等于"立正"，属单位元。

2. 子群

若在 h 阶群中，包含阶数为 g 的群，而且 $g < h$，那么 g 阶群称为 h 阶群的子群。例如晶体中某个原子的位置群，表示以该原子为中心（或保持该原子不动）的所有对称操作的集合。在晶体点群的所有位置群中，对称性最高的位置群就是晶体点群本身，其他都是晶体点群的子群。

3. 群的等价操作类

设 A 和 X 是对称操作群中的两个元素，若乘积

$$B = X^{-1}AX \tag{1.11}$$

也等于群中的某一元素，则 A、B 称为等价操作。对称操作群中的类对应于等价操作的集合。例如，在碲酸根（TeO_3^{2-}）基团的 6 个对称操作（图 1.10、表 1.3）中，不动操作自成一类，转动 120°、转动 240° 操作构成又一类，而三个反映操作再构成一类，即共有 E、$2C_3$ 和 $3\sigma_v$ 三类。同类操作，其操作矩阵的特征标相同，所以在点群的特征标表中（附录二），对称操作都是分类列出的。

1.1.6 晶体点群

1. 点群的圣弗利斯符号和国际符号

在分子光谱学中，点群及其对称操作都是用圣弗利斯符号来表示的，具体意义如下。

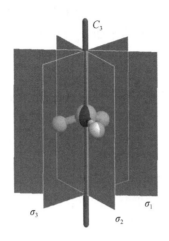

图 1.10　碲酸根（TeO_3^{2-}）的对称元素

表 1.3　碲酸根点群乘法表

C_{3v}	E	C_3	C_3^2	σ_1	σ_2	σ_3
E	E	C_3	C_3^2	σ_1	σ_2	σ_3
C_3	C_3	C_3^2	E	σ_3	σ_1	σ_2
C_3^2	C_3^2	E	C_3	σ_2	σ_3	σ_1
σ_1	σ_1	σ_2	σ_3	E	C_3	C_3^2
σ_2	σ_2	σ_3	σ_1	C_3^2	E	C_3
σ_3	σ_3	σ_1	σ_2	C_3	C_3^2	E

a）单真轴群

C_n群：一个 C_n 轴的所有旋转操作构成的点群；

C_{nh}群：一个 C_n 轴及与该轴垂直的对称面 σ_h 的所有对称操作构成的点群；

C_{nv}群：一个 C_n 轴及与该轴平行的 n 个对称面 σ_v 的所有对称操作构成的点群。

b）多真轴群

D_n群：一个 C_n 主轴和 n 个垂直于主轴的 C_2 轴的所有旋转操作构成的点群；

D_{nh}群：一个 C_n 主轴、n 个垂直于主轴的 C_2 轴以及对称面 σ_h 的所有对称操作构成的点群；

D_{nd}群：一个 C_n 主轴、n 个垂直于主轴的 C_2 轴、n 个平分 C_2 轴的对称面 σ_d（d＝divided）的所有对称操作构成的点群。

注意在描述分子对称性的图像中，没有特定的坐标系，主轴都是指竖立的轴，所以垂直于主轴的对称面称水平面 σ_h（h=horizontal），而平行于主轴的对称面称垂直面 σ_v（v=vertical）。

c）非真轴群

S_4 群：由一个四次非真旋转轴的所有对称操作构成的群。

d）多面体群

多面体群包括正四面体（tetrahedron）群（T_d、T）、正八面体（octahedron）群（O_h、O）。

e）不动、独面和独心群

C_1 群：不动或旋转一周才能复原的群；

C_s群：只含有一个对称面的群；

C_i群：只含有一个对称心的群。

1935 年，德国晶体学家赫曼（C. Hermann，1896—1961）、法国矿物学家和晶体学家毛古因（C. V. Mauguin，1878—1958）共同发明的用于表示晶体对称元素和空间群的符号——H-M 符号，被作为国际标准（international symbol）使用。这套符号与晶体学坐标系联系在一起（表 1.4），从中可以看出晶体在三个方向上的对称元素。如正交晶族晶体，"·2·"表示沿 y 轴方向的 2 次轴、"··m"表示垂直于 z 轴方向的对称面等。

表 1.4　Hermann-Mauguin 符号定向一览表

晶族	对称性方向（symmetry direction）		
	第一位（primary）	第二位（secondary）	第三位（tertiary）
三斜			
单斜	[010]		
正交	[100]	[010]	[001]
四方	[001]	[100]/[010]	[110]
六方	[001]	[100]/[010]	[120]/[1 $\bar{1}$0]
立方	[100]/[010]/[001]	[111]	[110]

下面使用国际符号和圣弗利斯符号（在国际符号后用小括号标出）来介绍 32 种晶体学点群，其中点群的排序方式与《国际晶体学表》A 卷中的相同。

2. 32 种晶体点群

a）三斜晶族（1、2 号点群）

三斜晶族对晶胞参数没有任何限制，对称元素有两个：1（C_1）和 $\bar{1}$（i），按群的定义可以组合成两个点群：

1 号点群：1 (C_1)，不动操作或恒等操作构成的点群；

2 号点群：$\bar{1}$ (C_i)，不动操作 1 与对称心 $\bar{1}$ (i) 组合构成的点群，即独心群。

b) 单斜晶族 (3~5 号点群)

按第二种定向（b-unique），单斜晶族在 b 方向有一个 2 次轴，该晶族共有 1 (C_1)、m (σ)、2 (C_2) 和 $\bar{1}$ (i) 四个对称操作，总共可以组合成 3 个点群。

3 号点群：2 (C_2)，由不动操作 1 和旋转轴 2 组成，即 {1, 2}；

4 号点群：m (C_s)，由不动操作 1 和反映操作 m (σ) 组成，即 {1, m}；

5 号点群：$2/m$ (C_{2h})，由不动操作 1、旋转操作 2、垂直于 2 次轴的反映操作 m (σ) 和反演操作 $\bar{1}$ (i) 组成，即 {1, 2, m, $\bar{1}$}。

在点群中符号 n/m 表示镜面 m (σ_h) 垂直于 n (C_n) 次旋转轴，而 nm 表示镜面 σ_v（实际上有 n 个此种镜面）包含 n 次旋转轴。

c) 正交晶族 (6~8 号点群)

正交晶族中共有 7 个对称元素：三个互相垂直的 2 (C_2) 次轴、三个互相垂直的对称面 m (σ) 以及旋转轴或对称面衍生出来的对称心 $\bar{1}$ (i)。

6 号点群：222 (D_2)，由不动操作 1 (C_1) 和三个互相垂直的 2 (C_2) 次旋转操作组成，即 {1, $2_{[100]}$, $2_{[010]}$, $2_{[001]}$}；

7 号点群：$mm2$ (C_{2v})，由不动操作 1、垂直 a 轴或 [100] 方向的反映 $m_{[100]}$、垂直 b 轴或 [010] 方向的反映 $m_{[010]}$ 以及沿 c 轴或 [001] 方向的 2 次旋转操作组成；

8 号点群：$2/m2/m2/m$ (mmm, D_{2h})，由不动操作 1、沿 a 轴方向的 2 (C_2) 次旋转操作及其垂直面 $m_{[100]}$ 反映、沿 b 轴方向的 2 次旋转操作及其垂直面 $m_{[010]}$ 反映、沿 c 轴方向的 2 次旋转操作及其垂直面 $m_{[001]}$ 反映以及轴或面的交叉点 $\bar{1}$ (i) 反演共 8 个对称操作组成。

d) 四方晶族 (9~15 号点群)

四方晶族的对称操作组成 7 个点群。9 号点群：4 (C_4)，10 号点群：$\bar{4}$ (S_4)，11 号点群：$4/m$ (C_{4h})，12 号点群：422 (D_4)，13 号点群：$4mm$ (C_{4v})，14 号点群：$\bar{4}2m$ (D_{2d})，15 号点群：$4/mmm$ (D_{4h})。

e) 六方晶族三方晶系 (16~20 号点群)

六方晶族三方晶系的主要对称特征是 [001] 方向的 3 旋转轴和 $\bar{3}$ 非真旋转轴、[100] 和 [010] 方向的 2 次旋转轴和对称面 m (σ)，以及平分对称面的三个 2 次旋转轴，它们的对称操作共构成 5 个点群。16 号点群：3 (C_3)，17 号点群：$\bar{3}$（C_{3i}），18 号点群：32（D_3），19 号点群：$3m$（C_{3v}），20 号点群：$\bar{3}m$（D_{3d}）群。

　　f）六方晶族六方晶系（21~27 号点群）

　　六方晶族六方晶系的主要对称特征是 [001] 方向的 6（C_6）轴及 $\bar{6}$（$3/m$，S_3）轴、六个平行于 [001] 方向的对称面和六个垂直于 [001] 方向的 C_2 轴，其对称操作共构成 7 个点群。21 号点群：6（C_6），22 号点群：$\bar{6}$（C_{3h}），23 号点群：$6/m$（C_{6h}），24 号点群：622（D_6），25 号点群：$6mm$（C_{6v}），26 号点群：$\bar{6}m2$（D_{3h}），27 号点群：$6/mmm$（D_{6h}）。

　　g）立方晶族（28~32 号点群）

　　立方晶族的主要对称特征是 [111] 方向的 3（C_3）和 $\bar{3}$（C_{3i}）轴，三个轴向的 4（C_4）次旋转轴和 $\bar{4}$（S_4）轴，平行于三个轴向的 12 个对称面以及 2 次旋转轴等，共组成 5 个点群。28 号点群：23（T），29 号点群：$m\bar{3}$（T_h），30 号点群：432（O），31 号点群：$\bar{4}3m$（T_d），32 号点群：$m\bar{4}m$（O_h）。

　　3. 劳厄群

　　在 14 种布拉维格子（图 1.2）中，每一种格子都有对称中心，这种对称中心在 X 射线和电子衍射花样中同样存在。但在上述 32 个点群中，只有 11 个点群有对称中心，这 11 个有对称中心的点群称为劳厄群。因为点群还要兼顾结构基元的对称性。用结构基元取代格点变成实际晶体后，对称中心还能不能存在，就要看从晶体点阵变到晶体结构后的对称性变化情况。若对称中心还存在，则该晶体点阵属于劳厄群。

　　32 个晶体点群中有 21 个点群没有对称中心，另外 11 个点群的国际符号中有 "$\bar{1}$"、"$\bar{3}$" 和 "$/m$" 的有对称中心，这些点群是：$\bar{1}$（C_i）、$2/m$（C_{2h}）、$\bar{3}$（C_{3i}）、$\bar{3}m$（D_{3d}）、$4/m$（C_{4h}）、$4/mmm$（D_{4h}）、$6/m$（C_{6h}）、$6/mmm$（D_{6h}）、$m\bar{3}$（T_h）、$m\bar{3}m$（O_h）和 $2/m2/m2/m$（D_{2h}）。全部 32 种晶体学点群和 11 种劳厄群的国际符号、圣弗利斯符号见附录一。

　　利用压电效应可以确定晶体有没有对称中心。中心对称的 11 个点群以及 O 点群（虽没有对称中心，但对称性高）的晶体一定没有压电效应，而其余 20 个点群的晶体会有压电效应。另外，利用红外、拉曼光谱对比的方法也可以确定晶体有没有对称中心：有对称心的晶体其简正振动模的红外活性和拉曼活性相互排斥，有红外活性一定没有拉曼活性，反之亦然。所以在同一物相的红外和拉曼光谱对比图中，若有一些红外谱峰的峰位与拉曼谱峰的峰位完全相同，则可推测这一晶体没有对称中心或该晶体的点群为非劳厄群。

1.1.7　晶体空间群

　　能使三维周期性物体自身重复的几何对称操作的集合称为空间群。按照群的定义，对晶体所有的点（宏观）对称操作、空间（微观）对称操作进行组合，可得到 230 种空间群。从 32 种晶体点群出发，将每一点群与该点群所在晶族的所有布拉维格子结合起来，可以得到 66 种空间群；如果再考虑到点群元素与布拉维格子之间的取向关系，又能得到 7 种空间群，合起来共 73 种空间群，它们都不含滑移面或螺旋轴，称简单空间群或点式空间群，其他含滑移面或螺旋轴的空间群共有 157 种，称非简单空间群或非点式空间群。

　　点群与空间群的区别：点群用于描述有限图形的对称性，对称元素数目有限且全部相交于一点。而空间群用于描述无限图形的对称性，对称元素在三维空间作平行排列，数目无限，不会全部相交于一点。

　　点群与空间群的联系：在空间群的操作系中，若去除平移、螺旋和滑移操作，即让平移部分变为零，则空间群变成点群；相反，点群中的各对称元素加上不同的移距，即把旋转轴变成不同的螺旋轴、把对称面变成不同的滑移面，再加上代表晶格平移性的 14 种布拉维格子的皮尔森符号，则点群分裂成不同的空间群。

　　空间群变点群，如 114 号空间群，属四方晶族，符号为 $P\bar{4}2_1c$（D_{2d}^4），若把布拉维格子符号 P 去除，把螺旋轴 2_1 的移距变成 0（即把螺旋轴 2_1 变成旋转轴 2），再把滑移面 c 的移距变成 0（即把轴向滑移面变成对称面 m），则空间群 $P\bar{4}2_1c$（D_{2d}^4）蜕变成点群 $\bar{4}2m$（D_{2d}）。

　　相反，点群变空间群，如 622（D_6）点群，属六方晶族，六方晶族只有一个 hP 格子，点群前加上符号"P"，则 $P622$ 就是六方晶族的一个空间群，这种空间群称为简单空间群。若把 6 换成 6_1、6_2、6_3、6_4、6_5，再加上 P，则点群 622 可以进一步分裂出 $P6_122$、$P6_222$、$P6_322$、$P6_422$ 和 $P6_522$ 等 5 个空间群。

　　230 种空间群的国际符号和圣弗利斯符号列于附录一中。

1.1.8　等效点系与等效位置

　　等效点系是指晶体中一任意微观质点通过空间群所有对称操作的作用，所产生的全部质点（称等效点）的集合。每个等效点的坐标称为等效位置。

　　等效点系和等效位置的概念是美国晶体学家魏克夫（R. W. G. Wyckoff，1897—1994）于 1922 年提出来的，所以等效位置又被称为魏克夫位置（Wyckoff positions）。以 R 心结构的空间群 $R\bar{3}c$（SG=167）为例，其等效点系的相关信息如

表 1.5 所示。表中位置对称性（site symmetry）指原子所在之处的对称点群（位置群），即该处原子在此对称点群的所有对称操作作用下保持不动。魏克夫字母（Wyckoff letter）表示位置对称性的高低，从对称性最高的 a 位到对称性最低的一般位置 f 位；而多重性（multiplicity）则指各等效点系中的等效点总数。

表 1.5　空间群（SG = 167，$R\bar{3}c$）的等效点系与等效位置信息

多重性	魏克夫字母	位置对称	等效点坐标 下列每个坐标分别加上 $(0,0,0)$、$\left(\dfrac{2}{3},\dfrac{1}{3},\dfrac{1}{3}\right)$ 和 $\left(\dfrac{1}{3},\dfrac{2}{3},\dfrac{2}{3}\right)$
36	f	1	(1) x,y,z；(2) $\bar{y},x-y,z$；(3) $\bar{x}+y,\bar{x},z$；(4) $y,x,\bar{z}+\dfrac{1}{2}$； (5) $x-y,\bar{y},\bar{z}+\dfrac{1}{2}$；(6) $\bar{x},\bar{x}+y,\bar{z}+\dfrac{1}{2}$；(7) $\bar{x},\bar{y},\bar{z}$；(8) $y,\bar{x}+y,\bar{z}$； (9) $x-y,x,\bar{z}$；(10) $\bar{y},\bar{x},z+\dfrac{1}{2}$；(11) $\bar{x}+y,y,z+\dfrac{1}{2}$；(12) $x,x-y,z+\dfrac{1}{2}$
18	e	2	$x,0,\dfrac{1}{4}$；$0,x,\dfrac{1}{4}$；$\bar{x},\bar{x},\dfrac{1}{4}$；$\bar{x},0,\dfrac{3}{4}$；$0,\bar{x},\dfrac{3}{4}$；$x,x,\dfrac{3}{4}$
18	d	$\bar{1}$	$\dfrac{1}{2},0,0$；$0,\dfrac{1}{2},0$；$\dfrac{1}{2},\dfrac{1}{2},0$；$0,\dfrac{1}{2},\dfrac{1}{2}$；$\dfrac{1}{2},0,\dfrac{1}{2}$；$\dfrac{1}{2},\dfrac{1}{2},\dfrac{1}{2}$
12	c	3	$0,0,z$；$0,0,\bar{z}+\dfrac{1}{2}$；$0,0,\bar{z}$；$0,0,z+\dfrac{1}{2}$
6	b	$\bar{3}$	$0,0,0$；$0,0,\dfrac{1}{2}$
6	a	32	$0,0,\dfrac{1}{4}$；$0,0,\dfrac{3}{4}$

　　一般等效点系（general positions）即起始点位于空间群的点对称元素外的等效点系，如表 1.5 中 f 位的等效点系，其位置对称性为 1（C_1），属一般等效点系；而特殊等效点系（special positions）是指起始点位于某一点对称元素上的等效点系。一般等效点系只有一种，而特殊等效点系则有好几种，如表 1.5 中从 a 到 e 位的等效点系，都属于特殊等效点系。特殊等效点系随位置对称性的不同，各有各的特殊性。对一个等效点系，只要知道其中一个点的坐标，便可利用相应空间群信息导出该等效点系中所有点的坐标；也就是说，只要知道各套等效点系中一个代表点的坐标，便可推导出一个完整的晶体结构。晶体结构全部等效点系中各代表点的组合，称为不对称单元/单位（asymmetric unit），也称晶体学独立单元（crystallography independent unit）。不对称单元是晶体振动光谱群论分析过程中最重要的信息，无机物相的不对称单元信息一般都可以从著名的无机晶体结

构数据库（The Inorganic Crystal Structure Database，ICSD）中查到。

在晶体结构中，同一等效点系中的等效点必为等质点，等质点通过空间群联系在一起。晶体结构中一般都有多套等效点系，不同套等效点系之间的关系主要与晶体化学成分及其性质，如原子或离子半径大小、质点堆积和排列方式、化学键性质和配位情况等有关。

1.2　晶体的振动光谱

1.2.1　简正振动与简正坐标

要描述一个原胞中各种可能的振动方式，必须确定原胞中原子的总数 n 及各原子在三维空间的相对位置。一个原子的位置由坐标 (x, y, z) 确定，即有 3 个自由度，n 个原子则有 $3n$ 个自由度。

原胞作为晶体中的一个周期性单元，有 3 个平动自由度而没有转动自由度，剩下的 $3n-3$ 个自由度属于振动自由度。一个原胞的振动可以看作是一系列互相独立的、简单振动的叠加，这些相互独立的、简单的振动方式称为简正振动，相应的坐标称为简正坐标。原胞简正振动的特点是：振动时原胞的质心不变，所有原子都做同相运动，即都在同一瞬间通过各自的平衡位置或达到其最大位移。

简正坐标实际上就是一个单一的质量加权坐标，坐标的方向为偶极矩或极化率的变化方向，而不同原子对简正坐标的贡献则与其质量有关。如 CO 分子做简正振动时，简正坐标的方向在 C 和 O 的连线上，因为 O 和 C 的质量之比为 16∶12，所以 O 和 C 的位移之比必须等于 12∶16，这样才能保持质心不变。再如水镁石［Mg（OH）₂］原胞中，共有 5 个原子，15 个自由度，去除 3 个平动自由度，剩下的属于振动自由度。水镁石原胞共有 12 个简正振动模，其中的 2 个简正振动如图 1.11 所示。图中 A_{1g} 模振动时，Mg^{2+} 不动，只有氢氧根（OH^-）的伸缩振动；该振动有极化率的变化，所以具有拉曼活性，实测振动波数为 $3651cm^{-1}$；而 A_{2u} 模振动时三个原子共同参与且有偶极矩的变化，具有红外活性，实测振动波数为 $461cm^{-1}$。

1.2.2　简正振动吸收红外辐射的条件

晶体原胞均由带负电的电子和带正电的各种原子核组成，正、负电荷在原胞中具有一定的分布特征。若等量的正电荷"重心"与负电荷"重心"互相错开，间距为 r，则将形成一个电偶极子，其电偶极矩 μ 为：

$$\mu = qr \tag{1.12}$$

式中，q 为正电荷或负电荷的电量。

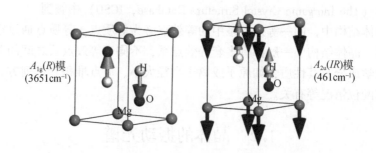

图 1.11　水镁石［Mg（OH）$_2$］原胞 12 种简正振动中的两种振动模式

原胞的每一种简正振动都对应一定的振动频率，在红外光谱中就可能出现该频率的谱带。但是，并不是每一种简正振动都对应一个吸收谱峰，原胞吸收红外辐射的必要条件是：简正振动必须引起偶极矩的变化。如图 1.11 中的 A_{2u} 简正振动，振动时 Mg^{2+} 的正电荷"重心"与氢氧根（OH）$^-$ 组成的负电荷"重心"互相错开，产生瞬间电偶极矩，变化的电偶极矩会吸收相应频率的红外光。

简正振动吸收红外光的强度由振动时偶极矩的变化率：

$$I \propto \frac{\mathrm{d}\boldsymbol{\mu}}{\mathrm{d}r} \tag{1.13}$$

决定。式中，$\boldsymbol{\mu}$ 为偶极矩；r 为简正坐标。根据该式，若 $\boldsymbol{\mu}$ 不变化（等于 0 或常量），则强度 $I=0$；$\mathrm{d}\boldsymbol{\mu}/\mathrm{d}r$ 越大，吸收峰的强度也越大。

在晶体振动光谱学中，把能产生周期性电偶极矩变化的简正振动模称为极性晶格振动模，否则称为非极性晶格振动模。极性模是红外活性的，而非极性振动模是非红外活性的。

1.2.3　简正振动产生拉曼散射的条件

金属物质对光电场有屏蔽作用，既没有红外活性也没有拉曼活性。可用振动光谱研究的物质主要是电介质，即不导电的绝缘介质。在入射光电场作用下，晶体中的原子被极化，产生感应电偶极矩并向空间辐射电磁波，从而形成散射光。用电极化强度矢量 $\boldsymbol{P}$ 来量度电介质极化状态（包括强度与方向），$\boldsymbol{P}$ 和外电场 $\boldsymbol{E}$ 的关系为：

$$\boldsymbol{P} = \alpha \cdot \boldsymbol{E} \tag{1.14}$$

式中，α 为电子极化率。

电子极化率会被晶体振动所调制，从而产生频率改变的非弹性光散射。$\boldsymbol{P}$ 和 $\boldsymbol{E}$ 的直角分量之间的关系为：

$$\begin{pmatrix} P_x \\ P_y \\ P_z \end{pmatrix} = \begin{pmatrix} \alpha_{xx} & \alpha_{xy} & \alpha_{xz} \\ \alpha_{xy} & \alpha_{yy} & \alpha_{yz} \\ \alpha_{xz} & \alpha_{yz} & \alpha_{zz} \end{pmatrix} \begin{pmatrix} E_x \\ E_y \\ E_z \end{pmatrix} \tag{1.15}$$

极化率张量 $\boldsymbol{\alpha}$ 是一个二阶实对称张量，最多有 6 个独立分量，它们是晶体结构对称性和运动状态的函数。正是介质极化率 $\boldsymbol{\alpha}$ 确定了拉曼散射的各种特性。

首先，由于 $\boldsymbol{\alpha}$ 是一个张量，它的独立分量的个数和相对大小依赖于晶体结构的对称性，而不同形式的 $\boldsymbol{\alpha}$ 使得感生偶极矩 $\boldsymbol{P}$ 的方向与入射光电场 $\boldsymbol{E}$ 的方向各不相同，因而造成散射光在方向和偏振特性上千姿百态的差别。

其次，由于 $\boldsymbol{\alpha}$ 是时间的函数，它的数值随简正振动的频率而改变，这使得感生偶极矩 $\boldsymbol{P}$ 随时间的变化特性与 $\boldsymbol{E}$ 的不一样，因而发出的散射光也具有晶体简正振动的频率特性。

设原胞中所有原子沿某个简正坐标做简正振动，其极化率张量与 $(r-r_0)$、极化率的变化率 $\mathrm{d}\alpha/\mathrm{d}r$ 有关：

$$\alpha \propto (r-r_0)\frac{\mathrm{d}\alpha}{\mathrm{d}r} \tag{1.16}$$

式中，$(r-r_0)$ 为正、负电荷重心偏离平衡位置的大小。从式（1.16）可以看出，简正振动时只有当极化率的变化率 $\mathrm{d}\alpha/\mathrm{d}r$ 不等于 0 时，或者说简正振动时有极化率的变化时，才能产生拉曼散射。

在晶体的拉曼光谱中，非极性晶格振动模与极性晶格振动模的拉曼散射行为有很大的区别。极性晶格振动模一定有红外活性，但不一定有拉曼活性，只有在没有对称中心的压电晶体中，极性振动模的振动才会产生极化率的变化，才有拉曼活性，而且其极化率的变化会受到同频率的电偶极矩变化所产生的额外电场的影响，常出现谱峰分裂现象。

1.2.4　晶体点群的特征标表

如 1.1.4 节所述，对称操作可以用矩阵表示。若点群中所有对称操作都用矩阵表示，这个矩阵群同样满足构成群的四个条件，称为群的矩阵表示。群矩阵的具体形式取决于基（坐标）的选择，同一点群的基不同，每个对称操作矩阵的表示方式也不同。

同一个群，可以有很多套群的矩阵表示，但再复杂的矩阵表示总可以化成几套简单矩阵的组合，这些简单的矩阵表示才是最基本的。能够分解为最基本几套群的不可约表示的群表示 $\varGamma$，称为群的可约表示；不再可分解的群的矩阵表示，称为群的不可约表示。

以正交相亚硝酸钠为例，$NaNO_2$ 的空间群为 44-$Im2m$（C_{2v}^{20}），其原胞中只有一个分子，若以其四个原子的笛卡儿坐标为基，则可以得到反映 C_{2v} 点群 E、C_2、

σ_v（xz）和 σ_v（yz）四个对称操作的一套四个 12×12 阶不可约表示，利用矩阵相似变换的方法，可以把这套矩阵化成对角方块矩阵，而每个矩阵的特征标（迹）则保持不变。将四个对角方块矩阵的对应小方块提出来，可得到 12 小套小矩阵群，将相同的小矩阵去掉，剩下四套小矩阵群，用慕里肯符号表示：

$$A_1:\{[1]、[1]、[1]、[1]\}, A_2:\{[1]、[1]、[-1]、[-1]\},$$
$$B_1:\{[1]、[-1]、[1]、[-1]\}, B_2:\{[1]、[-1]、[-1]、[1]\}$$

显然，这 4 套小矩阵已不能再分解，是不可约表示。

基（坐标）选得越好，操作矩阵就会变得越简单，甚至直接成为不可约表示。对正交相亚硝酸钠，若用某一原子的坐标 x 为基，则 C_{2v} 点群 E、C_2、σ_v（xz）和 σ_v（yz）四个对称操作的操作矩阵为：[1]、[-1]、[1] 和 [-1]；当用坐标 y 为基时，操作矩阵为：[1]、[-1]、[-1] 和 [1]；当用坐标 z 为基时，操作矩阵为：[1]、[1]、[1] 和 [1]；当用 R_z 为基（R_z 指绕 z 轴旋转的运动）时，操作矩阵为：[1]、[1]、[-1] 和 [-1]。显然，这 4 套小矩群均为不可约表示。

C_{2v} 点群完整的特征标表（character table）如表 1.6 所示，其中 $\Gamma_{x,y,z}$ 表示以（x，y，z）为基操作的可约表示，在振动光谱群论分析时有用。其他点群的特征标表见附录二。

表 1.6　点群 _mm2_（C_{2v}）的特征标表

C_{2v}	E	C_2	σ_v（xz）	σ'_v（yz）	函数	
A_1	1	1	1	1	z	x^2, y^2, z^2
A_2	1	1	-1	-1	R_z	xy
B_1	1	-1	1	-1	x, R_y	xz
B_2	1	-1	-1	1	y, R_x	yz
$\Gamma_{x,y,z}$	3	-1	1	1		

特征标表是点群的对称模式、不可约表示等信息的汇总表，是点群的本质与核心。特征标表中标有对称模式与偶极矩、极化率等关系的信息，是分析谱学问题的重要工具表。

特征标表中的慕里肯符号是美国化学家、1966 年度诺贝尔化学奖获得者 R. S. Mulliken（1896—1986）于 1955 年发明的专门用于表示简正振动不可约表示的符号，该符号系统中的字母及上下标都有特殊意义。

1）特征标中的 4 个不同字母：A、B、E 和 T（或 F），其中字母 A、B 都指非简并态或单简并态，A 表示对主轴对称（特征标 = 1），B 表示对主轴不对称

（特征标＝ -1）。E 是二维的，表示双重简并；T（或 F）是三维的，表示三重简并。

2）特征标中的 5 个不同下标：1、2、3、u 和 g，其中下标 1 表示对 σ_v（垂直面）对称，2 表示对 σ_v 反对称，下标 3 或 E、T 的下标都可看作分类符号，u 表示对 i（对称心）对称或反演对称，g 表示对 i 反对称或反演反对称。

3）上标一撇 “ ′ ” 和两撇 “ ″ ”：一撇 “ ′ ” 表示对 σ_h（水平面）对称，两撇 “ ″ ” 表示对 σ_h 反对称。

特征标表第一行点群符号的右边为对称操作类（类中有大于 1 的数值表示该类中有多个等价操作），其下方为各种不可约表示的特征标，其中正值特征标表示对相应的对称操作是对称的，而负值则表示对相应的对称操作是反对称的。

特征标表函数区中的函数称基函数，其对称性和具有同名称的原子轨道相同。其中单坐标 x、y、z、R_x、R_y 和 R_z 是相应不可约表示的基，x、y 和 z 的二元乘积 xy、yz、xz、(x^2-y^2) 等是相应不可约表示的基函数。单坐标 x、y 和 z 还表示沿坐标方向有平动，以及分子或原胞沿坐标方向振动时有偶极矩的变化（有红外活性）；而单坐标 R_x、R_y 和 R_z 表示绕 x 轴、y 轴、z 轴有旋转（只适用于分子）。

特征标表函数项中的二元乘积或二元乘积的函数 x^2、y^2、z^2、xy、yz、zx、x^2+y^2、x^2-y^2，表示 x、y、z 所属表示特征标之直积或直积的函数。直积用符号 “⊗” 表示，是指将两个表示的特征标相乘，如 $\Gamma_{xx}=\Gamma_x\otimes\Gamma_x$、$\Gamma_{yy}=\Gamma_y\otimes\Gamma_y$、$\Gamma_{zz}=\Gamma_z\otimes\Gamma_z$、$\Gamma_{xy}=\Gamma_x\otimes\Gamma_y$、$\Gamma_{yz}=\Gamma_y\otimes\Gamma_z$、$\Gamma_{zx}=\Gamma_z\otimes\Gamma_x$、$\Gamma_{xx+yy}=\Gamma_x\otimes\Gamma_x+\Gamma_y\otimes\Gamma_y$、$\Gamma_{xx-yy}=\Gamma_x\otimes\Gamma_x-\Gamma_y\otimes\Gamma_y$ 等。另外，x、y、z 的二元乘积与极化率张量各分量的下标相应或者有同样的变换形式，可用来判断极化率张量的哪个分量不为零。如某不可约表示的函数项中有 z^2 或 xy，就表示该不可约表示的简正振动的极化率张量中的 α_{zz} 或 α_{xy} 不为零，即表示这种简正振动是拉曼活性的。

直积在分析振动光谱的倍频和组合频问题上非常有用。两个不可约表示的直积，直接把特征标表中相应的特征标相乘，所得结果可能是不可约表示，也可能是可约表示。若是可约表示，则要用后面的式（1.17）约化成不可约表示。要分析一个简正模的倍频或两个简正模的组合频是否有红外或拉曼活性，要看直积的结果中是否有红外或拉曼活性模。不过要注意的是由于倍频或组合频的强度都比较低，在实测谱中不一定能观察到。

1.2.5　点群中位置群的不可约表示

一个原子在晶体中的位置群，就是使该原子不动的所有对称操作的集合，或者说该位置群的所有对称元素都通过该原子。位置群是晶体点群（若考虑与空间群的关系，也称因子群或商群）的子群，对称操作时不仅要保持相应原子的位置

（坐标）不变，还要保证晶体中其他位置上的原子复原。

例如，方解石的点群为 $\bar{3}m$（D_{3d}），在 167 号空间群中 C 原子位于 6a 位，操作时使 C 原子不动的所有对称操作的集合构成的点群（位置群）为 32（D_3）；Ca 原子位于 6b 位，位置群为 $\bar{3}$（C_{3i} 或 S_6）；而 O 原子位于 18e 位，位置群为 2（C_2）。

一个点群中相关位置群的不可约表示，可以利用该点群的特征标表和相关位置群各自的特征标表推导出来，这对振动光谱的简正振动分析非常重要。下面以 $\bar{3}m$（D_{3d}）点群为例，来说明如何推导其位置群的不可约表示。

首先要查 $\bar{3}m$（D_{3d}）点群中总共有多少个位置群。从《国际晶体学表》A 卷中知道，与 $\bar{3}m$（D_{3d}）点群相关的空间群有 6 个：SG = 162 ~ 167（$D_{3d}^1 \sim D_{3d}^6$），这六个空间群中共有 10 个不同的位置群，分别为：

12-C_1(1)、6-C_i($\bar{1}$)、6-C_2(··2、·2、·2·)、6-C_s(··m、·m、·m·)、

3-C_{2h}(··2/m、·2/m·、·2/m)、4-C_3(3··、3·)、2-S_6($\bar{3}$··、$\bar{3}$·)、

2-D_3(32·、32)、2-C_{3v}(3m、3m·)、1-D_{3d}($\bar{3}m$、$\bar{3}m$·)，

其中位置群前的数字表示多重性因子，接着是位置群的圣弗利斯符号，括号内为位置群的国际符号。可以看出，一般一个圣弗利斯符号对应多个国际符号，在国际符号加入"·"是为了明确位置群中主要对称元素的晶体学方向，如"··2"表示二次轴在第三位，"·2"或"·2·"表示二次轴在第二位（参见表 1.4 中的六方晶族定向）。

然后通过对点群与相关位置群特征标表中的对称操作类的对比，获得相关位置群的可约表示，具体信息如表 1.7 所示。这里要注意的是，表 1.7 是点群和位置群的关联表，所用的对称操作符号都来自相应特征标表中的圣弗利斯符号。如在 D_{3d} 点群中对称面称 σ_d，在 C_s 和 C_{2h} 点群（位置群）中称 σ_h，而在 C_{3v} 点群（位置群）中称 σ_v，看起来有点混乱，其实指的都是对称面。在国际符号中用带"·"的 m 来表示对称面，在方向上更加明确。

表 1.7　点群 D_{3d}（$\bar{3}m$）中相关位置群的可约表示推导表

D_{3d}	E	$2C_3$	$3C_2$	i	$2S_6$	$3\sigma_d$
A_{1g}	1	1	1	1	1	1
A_{2g}	1	1	-1	1	1	-1
E_g	2	-1	0	2	-1	0
A_{1u}	1	1	1	-1	-1	-1

D_{3d}	E	$2C_3$	$3C_2$	i	$2S_6$	$3\sigma_d$
A_{2u}	1	1	−1	−1	−1	1
E_u	2	−1	0	−2	1	0
$\Gamma_{x,y,z}$	3	0	−1	−3	0	1
$C_1(1)$	E					
$12 \times \Gamma_{x,y,z}$	36	0	0	0	0	0
$C_i(\bar{1})$	E			i		
$6 \times \Gamma_{x,y,z}$	18	0	0	−18	0	0
$C_2(\cdot\cdot 2,\ \cdot 2\cdot,\ \cdot 2)$	E		C_2			
$6 \times \Gamma_{x,y,z}$	18	0	−6	0	0	0
$C_s(\cdot m\cdot,\ \cdot\cdot m,\ \cdot m)$	E					σ_h
$6 \times \Gamma_{x,y,z}$	18	0	0	0	0	6
$C_{2h}(\cdot\cdot 2/m,\ \cdot 2/m\cdot,\ \cdot 2/m)$	E		C_2	i		σ
$3 \times \Gamma_{x,y,z}$	9	0	−3	−9	0	3
$C_3(3\cdot\cdot,\ 3\cdot)$	E	$2C_3$				
$4 \times \Gamma_{x,y,z}$	12	0	0	0	0	0
$S_6(\bar{3}\cdot\cdot,\ \bar{3}\cdot)$	E	$2C_3$		i	$2S_6$	
$2 \times \Gamma_{x,y,z}$	6	0	0	−6	0	0
$D_3(3\cdot 2,\ 32\cdot,\ 32)$	E	$2C_3$	$3C_2$			
$2 \times \Gamma_{x,y,z}$	6	0	−2	0	0	0
$C_{3v}(3\cdot m,\ 3m\cdot,\ 3m)$	E	$2C_3$				$3\sigma_v$
$2 \times \Gamma_{x,y,z}$	6	0	0	0	0	2
$D_{3d}(\bar{3}\cdot m,\ \bar{3}m,\ \bar{3}m\cdot)$	E	$2C_3$	$3C_2$	i	$2S_6$	$3\sigma_d$
$1 \times \Gamma_{x,y,z}$	3	0	−1	−3	0	1

推导 D_{3d} 点群中 C_1（1）位置群的不可约表示，先列出 C_1 点群的对称元素 E（仅有的对称元素），然后计算其可约表示。D_{3d} 点群 C_1（1）位的多重性因子为 12，表示具有 D_{3d} 点群的晶胞中有 12 个原子占据 C_1 位，所以其可约表示为：

$$\Gamma_t = 12 \times \Gamma_{x,y,z} = 36、0、0、0、0、0$$

再利用群论中可约表示的约化公式：

$$a_i = \frac{1}{h} \sum_R C^R \cdot \chi_i^R \cdot \chi^R \tag{1.17}$$

对可约表示 Γ_t 进行约化，使之变成不可约表示的集合：

$$\Gamma_t = a_1 A_{1g} + a_2 A_{2g} + a_3 E_g + a_4 A_{1u} + a_5 A_{2u} + a_6 E_u$$

式 (1.17) 中 R 为点群的一个操作，C^R 为相关位置群（点群的子群）中 R 所属类的操作数目，χ_i^R 为点群 R 类第 i 个不可约表示的特征标，χ^R 为可约表示中操作 R 的特征标，h 为点群的阶。约化过程（参见表 1.7）如下：

$$a_1 = (1 \times 1 \times 36 + 0 + 0 + 0 + 0 + 0)/12 = 3$$
$$a_2 = (1 \times 1 \times 36 + 0 + 0 + 0 + 0 + 0)/12 = 3$$
$$a_3 = (1 \times 2 \times 36 + 0 + 0 + 0 + 0 + 0)/12 = 6$$
$$a_4 = (1 \times 1 \times 36 + 0 + 0 + 0 + 0 + 0)/12 = 3$$
$$a_5 = (1 \times 1 \times 36 + 0 + 0 + 0 + 0 + 0)/12 = 3$$
$$a_6 = (1 \times 2 \times 36 + 0 + 0 + 0 + 0 + 0)/12 = 6$$

得 C_1 位置群的不可约表示为：

$$C_1(1) = 3A_{1g} + 3A_{2g} + 6E_g + 3A_{1u} + 3A_{2u} + 6E_u$$

同理可得：

$$C_i(\bar{1}) = 3A_{1u} + 3A_{2u} + 6E_u;$$
$$C_2(\cdot\cdot2, \cdot2, \cdot2\cdot) = A_{1g} + A_{1u} + 2A_{2g} + 2A_{2u} + 3E_g + 3E_u;$$
$$C_s(\cdot\cdot m, \cdot m, \cdot m\cdot) = 2A_{1g} + A_{1u} + A_{2g} + 2A_{2u} + 3E_g + 3E_u;$$
$$C_{2h}(\cdot\cdot2/m, \cdot2/m\cdot, \cdot2/m) = A_{1u} + 2A_{2u} + 3E_u;$$
$$C_3(3\cdot\cdot, 3\cdot) = A_{1g} + A_{1u} + A_{2g} + A_{2u} + 2E_g + 2E_u;$$
$$S_6(\bar{3}\cdot\cdot, \bar{3}\cdot) = A_{1u} + A_{2u} + 2E_u;$$
$$D_3(32\cdot, 32) = A_{2g} + A_{2u} + E_g + E_u;$$
$$C_{3v}(3m, 3m\cdot) = A_{1g} + A_{2u} + E_g + E_u;$$
$$D_{3d}(\bar{3}m, \bar{3}m\cdot) = A_{2u} + E_u$$

全部 230 个空间群中各位置群的不可约表示（即简正振动模）列在附录三中。为了方便使用，附录三中的位置群符号不用圣弗利斯符号，而全部采用《国际晶体学表》A 卷中使用的带有方向指示的国际符号，并用括号标出位置群在相应空间群中的多重性因子和魏克夫字母。晶体振动光谱群论分析时，只要在晶体结构数据库（如 ICDD）中查得晶体的空间群及不对称单元中原子位置的多重性因子和魏克夫字母，便可利用附录三获知与该原子有关的简正振动模，晶体不对称单元中所有原子的不可约表示合起来便是晶体的全部简正振动模。

1.2.6　傅里叶变换红外光谱仪结构原理

傅里叶变换红外光谱仪（Fourier transform infrared spectrometer, FTIR）主

要是由红外光源、迈克耳孙干涉仪、激光测距系统、检测器和计算机等组成，如图 1.12 （a） 所示。光源发出红外光，通过迈克耳孙干涉仪转变成干涉光，干涉光通过样品后由检测器测得带有样品信息的、动镜位移与红外光强度关系的 "x-I（x）" 干涉图，如图 1.12 （b） 所示。计算机中的傅里叶变换软件对 "x-I（x）" 干涉图信号进行傅里叶变换，最后转换成波数与红外吸收光强度关系的 "$\bar{\nu}$-I（ν）" 红外光谱图。

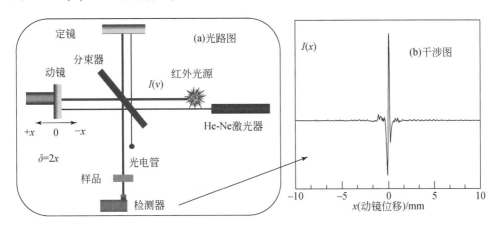

图 1.12　傅里叶变换红外光谱仪光路原理及干涉信号示意图

1.2.7　色散型激光拉曼光谱仪结构原理

色散型激光拉曼光谱仪通常包括五个部分：激光器及其单色器、样品台及聚光透镜、瑞利滤光片、分光系统和检测系统，如图 1.13 所示。其工作原理为：①激光器发出一束功率数十毫瓦的激光，用光源滤波片滤除激光中的等离子线或其他杂线后成为单色激光，经光路调整、准直后，单色激光聚焦在样品上；②单色激光与样品作用产生瑞利散射光和拉曼散射光，经聚光透镜收集后利用瑞利滤光片滤除其中的瑞利散射光，剩下的拉曼散射光再经两个透镜变成平行光入射至光栅上；③光栅中的每个栅槽将不同波长的拉曼散射光从不同角度分开，从不同栅槽出来的相同波长的光为平行光，利用透镜将相同波长的平行光聚焦在焦平面上；④放置在焦平面上的 CCD 检测器检测不同波长拉曼散射光的焦点位置及强度信息，最后获得拉曼光谱。

拉曼光谱检测时经常有荧光的干扰，为避开荧光，检测时一般要用两种或两种以上波长的激光检测同一样品，从中选择没有荧光干扰的检测结果。

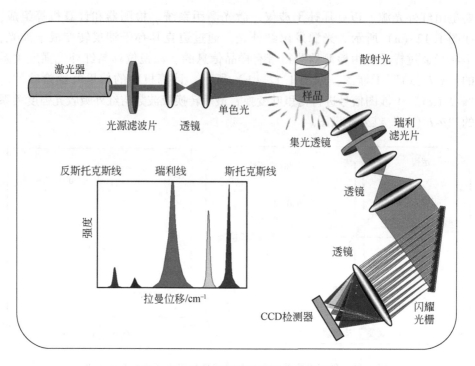

图 1.13　拉曼光谱仪检测系统示意图

1.2.8　退偏度与退偏度检测

一般的光谱只有两个基本参数，即波数和强度，而拉曼光谱还有一个参数，即退偏比，利用退偏比可以确定相关振动模的对称性。因为激光是偏振光，当偏振光作用于各向同性的晶体振动模时，偏振性质不变，散射光还是偏振光；当偏振光作用于各向异性的晶体振动模时，激光的偏振方向发生改变，从完全偏振光变成部分偏振光，偏振性质的改变程度称为退偏度或退偏比。

$$\rho = \frac{3\left[\left(\alpha_{x2}-\alpha_{y2}\right)^2 + \left(\alpha_{y2}-\alpha_{z2}\right)^2 + \left(\alpha_{z2}-\alpha_{x2}\right)^2 + 6\left(\alpha_{xy}^2 + \alpha_{yz}^2 + \alpha_{zx}^2\right)\right]}{10\left(\alpha_{x2}+\alpha_{y2}+\alpha_{z2}\right)^2 + 4\left[\left(\alpha_{x2}-\alpha_{y2}\right)^2 + \left(\alpha_{y2}-\alpha_{z2}\right)^2 + \left(\alpha_{z2}-\alpha_{x2}\right)^2 + 6\left(\alpha_{xy}^2 + \alpha_{yz}^2 + \alpha_{zx}^2\right)\right]}$$

$$(1.18)$$

根据相关理论，晶体对偏振光的退偏程度可通过极化率张量［式（1.15）］的各分量算出，计算公式如式（1.18）所示。根据该式，可得以下结论。

1）当拉曼张量的对角分量 $\alpha_{x2}+\alpha_{y2}+\alpha_{z2}=0$ 时，退偏度最大：

$$\rho_{\max} = \frac{3}{4}$$

在特征标表（附录二）中可见，除全对称模 A（或 A'、A_1、A_g、A_{1g} 等，或

函数项中有 x^2、y^2、z^2、x^2+y^2 等函数）外，其他的振动模都属于这种情况，即非全对称模的退偏度都取最大值 0.75。

2）在全对称模中，当拉曼张量的对角分量相等，即 $P_{x^2}=P_{y^2}=P_{z^2}$，而非对角分量全为零时，上式的分子为零，退偏度最小：

$$\rho_{\min}=0$$

立方晶族点群的 A（A_1、A_g、A_{1g}，或特征标表函数项中有 $x^2+y^2+z^2$ 函数）振动模属于这种情形，这些振动模的散射光是线偏振的，且偏振方向平行于入射光的偏振方向。

3）不包括在上述两种情况中的全对称振动模，退偏度取中间值：

$$0<\rho<\frac{3}{4}$$

本书各物相的计算拉曼光谱，只列出全对称模（即特征标全为1）的退偏度，非对称模的退偏度均为 0.75，没有列出。

不同晶族的晶体，其简正振动极化率张量的特征有较大差别。对三斜晶族，极化率张量随方向而异，且六个分量都不等于0，所以三斜晶族晶体的拉曼光谱都是由一类相同的简正振动模组成的，且每个峰都有不同的退偏度。对其他晶族，其极化率张量不为0的分量可以从附录二的函数项中查出。

退偏度测量的第一种方法如图 1.14 所示。先将检测器沿水平方向置于光路中，检测水平方向的偏振谱强度 $I_{/\!/}$；再将检测器的检偏方向调成垂直方向，检测垂直方向的偏振谱强度 $I_\perp$；两谱强度相除，便得到退偏比 ρ：

$$\rho=\frac{I_\perp}{I_{/\!/}} \tag{1.19}$$

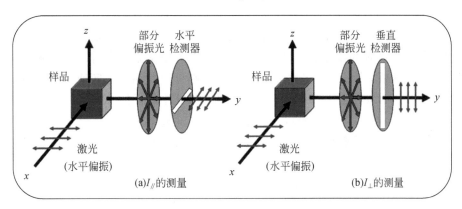

图 1.14　拉曼光谱退偏度的检测方法示意图

　　根据光学知识，半波片可以用来改变偏振光的偏振方向：将半波片转动 θ 角，可使偏振光的偏振方向转动 2θ 角。退偏度测量的第二种方法是检测器的方向不变，先检测水平方向的偏振谱强度 $I_{/\!/}$，然后在水平检测器之前加上半波片，半波片设成固定的45°转角，使偏振光的偏振方向改变90°，再测得垂直方向的偏振谱强度 $I_\perp$。采用半波片检测退偏比，可有效避免因光栅、反射镜的偏振效应带来的退偏比检测误差或退偏器带来的强度衰减问题。

　　图 1.15 为 CCl_4 的偏振拉曼光谱，测得图中 459cm^{-1} 处拉曼峰的退偏比 $\rho_{459.0}$ ≈0.007，而 217cm^{-1} 和 314cm^{-1} 谱峰的退偏比约等于 0.75。这说明 459cm^{-1} 谱峰对应的是 CCl_4 的各向同性模，即对称伸缩振动模；而 217cm^{-1}、314cm^{-1} 谱峰则对应各向异性模，即不对称振动模。

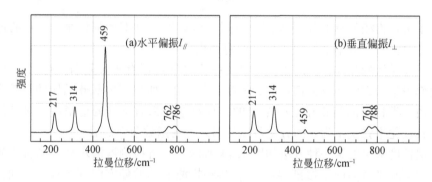

图 1.15　四氯化碳（CCl_4）的偏振拉曼光谱

　　为了明确方向，偏振检测的实验配置通常写成坐标式，如图 1.14 中的 $I_{/\!/}$ 和 $I_\perp$ 检测配置分别写成 $x(yx)y$ 和 $x(yz)y$，其中第一个和第四个坐标分别表示入射激光的方向和检测器所处的方位，第二个和第三个坐标分别表示入射激光的偏振方向和所检测的拉曼散射光的偏振方向。激光沿 x 方向入射，其偏振方向可以调成 y 偏振或 z 偏振；而检测器在 y 方向，则可以检测 x 方向或 z 方向偏振的拉曼散射光，这样散射几何配置可取下列四种形式中的任何一种：

$$x(zz)y、x(zx)y、x(yz)y、x(yx)y$$

　　现在常用的显微拉曼样品台，其检测方式为背散射检测方式，散射几何配置有以下几种：

$$z(xx)\bar{z}、z(xy)\bar{z}、z(yx)\bar{z}、z(yy)\bar{z}$$

　　几何配置方式中最重要的是括号内的两个坐标，因为它们与极化率张量相对应。具体采用何种配置方式，应根据样品所属点群的特征标表（附录二）中的函数项进行选择。如某振动模式函数项中有 z^2 项，则应选择 $x(zz)y$ 几何配置。

　　总之，对无规取向散射体的拉曼散射进行退偏度的测量，原则上能将"全对称"振动模和"非全对称"振动模区别开来，但无法识别各种"非全对称"振动模；对单晶样品，如果晶体的对称性已知，原则上可识别拉曼光谱中任何谱线振动模的对称性。

图 1.16（a）为单晶钛酸镁（$MgTiO_3$，空间群 148-$R\bar{3}$（C_{3i}^2））样品的普通（非偏振）拉曼光谱图。用群论方法预测在钛酸镁晶体中可观测到 10 个谱峰，其中 5 个为全对称简正振动 A_g 模产生的，另外 5 个为非对称简正振动 E_g 模产生的（参见第 17 章谱图），实测谱图中谱峰数目与群论结果相同。根据点群 C_{3i} 的特征标表中的函数项，选择 x（zx）y 几何配置来检测 E_g 模，结果如图 1.16（b）所示。与普通拉曼光谱相比，在偏振谱中强度明显下降甚至消失的有 $716cm^{-1}$、$501cm^{-1}$、$398cm^{-1}$、$306cm^{-1}$、$225cm^{-1}$ 等谱峰，显然这些谱峰来源于全对称 A_g 模。因为入射光的偏振检测方向为 z 方向，散射光的偏振检测方向为 x 方向，所以全对称 A_g 模散射光的方向在 x 方向的偏振分量很小，而其他相对强度下降不明显的 $642cm^{-1}$、$486cm^{-1}$、$353cm^{-1}$、$328cm^{-1}$、$281cm^{-1}$ 谱峰则属于非对称 E_g 模，非对称模引起光的偏振方向的偏转，所以 E_g 模散射光的方向在 x 方向有较大的偏振分量。

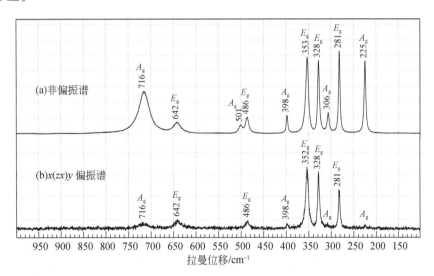

图 1.16 钛酸镁（$MgTiO_3$）的非偏振谱（a）和 x（zx）y 偏振谱（b）

再如绿柱石（$Al_2Be_3Si_6O_{18}$），空间群 192-$P6/mcc$（D_{6h}^2），群论分析其拉曼活性模为：$7A_{1g}+13E_{1g}+16E_{2g}$，预测其拉曼光谱来源于三类振动模共 36 个谱峰。实测拉曼光谱如图 1.17（a）所示，图中只有约 16 个谱峰，主要原因：一是有些谱峰的相对强度低，二是有些谱峰重叠。要想把群论预测的 36 个谱峰全部观测出来，就需要用偏振拉曼光谱检测技术把三类谱峰分解开来。根据绿柱石所属 D_{6h} 点群的特征标表，用 $x(zz)y$、$x(yz)y$ 和 $x(yx)y$ 几何配置就可以把拉曼谱图中的 A_{1g}、E_{1g} 和 E_{2g} 模分类检出，实测结果如图 1.17（b ~ d）所示。

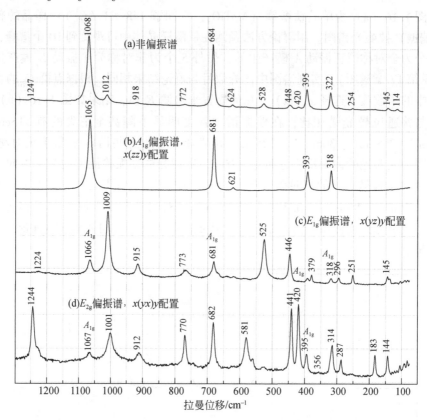

图 1.17　绿柱石（$Al_2Be_3Si_6O_{18}$）的非偏振谱（a）和偏振谱（b ~ d）

应当指出的是，分模偏振拉曼光谱实验是非常烦琐的，不但对样品（单晶样品）的要求高，而且对硬件（半波片、检偏器等）的要求也高。此外，偏振谱中经常会有"漏模"，即一种偏振谱中出现其他方向偏振谱谱峰的现象。如在图 1.17 中的 E_{1g} 和 E_{2g} 偏振谱中都出现 A_{1g} 谱峰，其原因主要是未通过检偏器的、由空气中的灰尘等漫散射引起的拉曼散射光进入光谱仪，导致偏振谱中出现强度较弱的其他振动模谱峰，容易造成误判。

1.2.9　晶体振动光谱的群论分析

对成分和结构明确的无机物相，可以用群论分析的方法预测其振动光谱中有多少个红外和拉曼光谱峰。晶体群论分析时采用原胞为分析对象，下面举一个例子来说明。

α-石英是由 Si 和 O 共价相连约一个巨大的晶体网络结构。α-石英空间群的国际符号为 $P3_221$（SG=154），圣弗利斯符号为 D_3^6，晶体学点群为 D_3，晶胞与原胞相同，每个原胞中共有 3 个 SiO_2 单元，即 $Z=3$，共 9 个原子。在 ICSD 中检索 α-石英（quartz low，低温石英）的 cif 文件，共有 142 个。选择 ICSD 号为 #174 号、与 α-石英的星号粉末衍射卡片（PDF）相应的 cif 文件，在该文件的末尾有 α-石英不对称单元的信息，包括原子种类（Atom）、价态（OX）、魏克夫字母（SITE）、原子坐标（x，y，z）和占位率（SOF），具体文字如下：

Atom	#	OX	SITE	x	y	z	SOF
Si	1	+4	3a	0.53013	0	0.33333	1
O	1	−2	6c	0.41410	0.14600	0.11883	1

根据 α-石英原胞中的原子数目，算出 α-石英中简正振动模的总数目为 $9 \times 3 = 27$ 个；再根据 α-石英的空间群号以及 Si^{4+}、O^{2-} 位置的魏克夫字母，查附录三 154 号空间群中信息，得到两个原子的总简正振动模为：

$$3a(Si^{4+}) + 6c(O^{2-}) = (A_1 + 2A_2 + 3E) + (3A_1 + 3A_2 + 6E) = 4A_1 + 5A_2 + 9E$$

即 α-石英总振动模有 A_1、A_2 和 E 共三类，而且每一个振动模都由 Si^{4+} 和 O^{2-} 共同参与。另外，根据附录三还可查得各个简正振动模的活性（拉曼 R 和红外 IR）及平动（含 x、y 或 z）情况，得 α-石英的群论分析结果为：

$$4A_1(R) + 5A_2(IR,z) + 9E(R,IR,x,y)$$

即在 α-石英中可以观察到 12 个红外（$4A_2 + 8E$）、12 个拉曼（$4A_1 + 8E$）谱峰。α-石英振动光谱的实测结果见第 9 章，图中实测谱峰数目与群论预测的结果基本相同。

一般说来，若晶体结构简单，实测谱中的谱峰重叠现象少，则实测峰总数与群论分析结果基本相同；若晶体结构复杂，实测峰重叠现象严重，则实测峰总数与群论分析结果就会相差很大。如富勒烯晶体，实测拉曼光谱中只有约 15 个谱峰（见第 2 章），但群论预测有 150 个谱峰，相差很大。主要原因：一是谱峰重叠严重，二是有些谱峰的强度低，一般的实验条件很难全部检测出来。

1.2.10　晶体振动光谱的计算

如上所述，群论分析能预测出晶体振动模式的数目以及活性情况，但无法提供振动谱峰的峰位和强度信息。近十多年来，振动光谱领域的变化除了拉曼光谱仪和红外光谱仪不断更新换代外，发展最快的就是振动光谱的计算技术。通过计算，可以得到晶体中各种振动模的峰位和强度。目前用于晶相振动光谱计算的首选软件当属 Materials Studio（材料工作室，以下简称 MS）大型计算平台上的 Castep 模块，该软件使用平面波赝势方法，精度高。

从本书近 500 种物相的计算结果可见，虽然 Castep 模块的计算振动光谱与实测振动光谱在峰位及其强度上还有不小差别，但光谱图的整体特征，包括谱峰的强度、峰的分裂情况等都具有非常好的相似性。根据计算谱不仅可以验证或确定实测样品的晶体结构，而且大大有助于对实测光谱图的解析，如哪些峰来源于基本简正振动模，基本简正振动模有几种类型，哪些峰属于倍频或组合频等。迄今，Castep 软件除了对某些类型的化合物，如过渡金属化合物，镧系、锕系元素化合物，以及无序结构晶相（如固溶体）还难以计算或计算结果不理想外，对其他具有明确成分和合理晶体结构的物相都有较好的计算结果。下面简要介绍利用 MS-Castep 模块计算晶体振动光谱时需要注意的一些问题。

1. 物相晶体结构的选择

计算的项目名称在 MS 中确定后，第一步要做的就是建立晶体结构（计算对象）。要建立晶体结构，需要输入晶体的空间群、晶胞参数以及不对称单元等信息，人工输入比较麻烦且易出错，最好的方法是从各种晶体结构数据库中直接获取 cif 文件，然后直接调入软件。但晶体结构数据库所收集的是不同时期不同作者发表的晶体学数据，有些数据有缺陷，如氢（H）原子的位置还未确认、晶胞常数误差大等，应注意取舍。

如果晶体结构数据比较可靠，如与带 * 号的粉末衍射卡片一致，一般不用在 Castep 中再做格子体积或形状的优化，只做原子位置的优化即可。点击"Modules→CASTEP→Calculation"，显示"Setup"界面，在"Task"栏的下拉菜单中选择"Geometry Optimization"，再点击该栏右边的附加选项"More……"，进入几何结构优化方式选择界面。在该界面的"Cell optimization"选项中，默认项"None"，表示计算时对晶胞参数不作优化，只对原子位置进行优化；若选"Full"，表示对晶胞参数和原子位置都进行优化，但需要较长优化计算时间。

在 MS 中导入 cif 文件后，需要在 MS 中重构晶体，主要是确认晶体的空间群信息。点击"Build→Crystal→Rebuild Crystal……"进入晶体结构重建界面，一般都会发现在该界面上所显示的空间群号或者取向信息与实际不符，应根据 cif 文件的来源信息予以修正。另外，MS 采用原胞计算，若晶胞与原胞同型可直接计算，若晶胞与原胞不同，则需要改成原胞后再计算，否则软件会跳出一行信息，建议采用原胞来提高计算效率。

2. CASTEP 计算参数的设置及相关文件信息

计算任务运行之前，需要设置各种参数。在"Setup"界面"Task"栏中，可以选择多种任务，有"Energy""Geometry Optimization"等。"Geometry Optimization"即几何优化，其优化依据是体系的能量和应力，计算过程中不断调整不对称单元的坐标位置（默认）、晶胞参数（可选项），最终找到能量最低或应力最小的稳定结构；有的晶胞或原胞中所有原子都处于特殊点系上（如处于原点、中点、三等分点、四等分点等），则无需进行结构优化，"Task"选"Energy"即可。

"Setup"界面中的"Quality"栏可选择快速（"Express"）、粗糙（"Coarse"）、一般（"Medium"）、精细（"Fine"）和超精细（"Ultra-fine"）等计算精度（本书结果全部来自超精细计算）。在"Functional"栏的第一个下拉菜单选项中，有"GGA"、"HF"、"HF-LDA"和"B3LYP"等，默认为"GGA"；在第二个选项中，有"PBE"、"RPBE"、"PW91"、"PBESOL"等，默认为"PBE"。这两栏有十多种组合方式，一般选择默认的梯度修正交换相关势"GGA-PBE"即可。另外，可以计算振动光谱的都是非金属或半导体晶体结构，所以"Metal"前面的"√"要去掉。

"Electronic"界面中的"Energy cutoff"（截止能）、"SCF tolerance"（能量自洽允许误差）、"k-point set"（k 点设置）选项的默认计算精度随"Setup"界面的"Qualiy"选项的改变而改变，截止能和 k 点越大，精度越高，但计算所需要的时间也越长，一般保持默认状态。要改的是"Pseudopotentials"（赝势）栏，在该栏的下拉列表中适合计算振动光谱的有两种赝势：CASTEP 自带的固定 NCP 赝势（"norm-conserving pseudopotentials"）和动态生成赝势 OTFG（"Pseudopotentials generated on the fly"），一般来说 OTFG 赝势的精度更高，本书所列计算振动光谱均采用 OTFG 赝势的计算结果。

CASTEP 软件的"Properties"界面里有很多选项，红外、拉曼光谱及极化度的计算要选择"Polarizability, IR and Raman spectra"项，其中拉曼光谱强度为可选计算项，默认不算，所以要在"Calculate Raman intensities"前面打上"√"，表示同时计算拉曼强度。

计算完成后，在相应计算项目的文件夹中会保存 13 个文件，如计算 In_2O_3 晶体（SG = 206）振动光谱的结果文件名如图 1.18 所示。最下面的"In2O3-206.xsd"为输入晶体结构信息原始文件名（晶体结构 cif 文件输入 MS 后自动变换后缀名为 xsd），计算过程或计算后生成的文件名都是以原始文件名为基础编成的。在几何优化文件夹中的"In2O3-206.xsd"为优化后的最终结构，若要观察计算出来的红外光谱图，要先打开这个文件，然后点击"Tools → Vibrational

Analysis"绘制红外光谱图或对各振动模式进行动画观察;若要显示所计算的拉曼光谱图,需要先调入"In2O3-206_Efield.castep",然后点击"Modules→CASTEP→Analysis→Raman spectrum",选择温度(用于调整高、低波数谱区的相对强度)、激光波长和分辨率等后点击"View"按钮即可看到。在"In2O3-206_Efield.castep"文件中保存有红外和拉曼光谱所有振动谱峰的峰位、强度以及拉曼谱峰的极化率张量和偏振度等信息。"In2O3-206-Calculation"为计算任务及参数设置信息文件,"In2O3-206 Convergence.xcd"文件保存位移、能量和应力收敛曲线,"In2O3-206 Energies.xcd"文件中保存能量随优化次数增加而变化的曲线,其他文件主要保存一些计算过程信息。

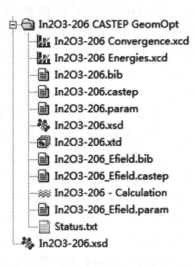

图1.18　振动光谱计算结果输出文件

3. 计算谱与实测谱的差别问题

振动光谱计算的主要目的,一是验证实测谱所属的晶体结构,二是解析实测谱中谱峰的来源。计算谱与实测谱不可能完全一致,原因主要有如下几点。

1)实测图问题。实测谱是验证计算结果是否正确的唯一标准,但实测谱随实验条件的变化而变化,其峰位、峰强、分辨率等指标不仅受光谱仪所用激光波长、分光系统、焦长等参数等的影响,而且还受样品情况,如晶体缺陷、取向、环境温度等因素的影响。

2)峰位与强度的差别。计算时采用了许多近似的方法,不同的计算方法或相同计算方法但计算参数不同,都会影响计算结果。事实上,不同物相计算谱与实测谱的差异各不相同,有的低波数部分比较相符,但高波数区则差异较大;

有的中波数部分基本相符，但高、低波数区又差异较大。一般地，计算谱与实测谱能够在相对强度和峰位上基本对应，谱带特征相似，计算谱无虚频，就是一个比较好的结果。

3）谱峰数目的差别。计算谱中只有反映晶体基本振动模（基频）的信息，而实测谱中除了有基频信息外，还可能有倍频、组合频以及其他一些物理效应（如光致发光等）所产生的谱峰，使实测谱与计算谱的谱峰数目不一致。理论上，实测谱峰的数目要比计算谱的多，但大部分情况是实测谱峰的数目比计算谱峰的少，这主要是由于弱谱峰检测困难或谱峰重叠。

第 2 章　单　质

相关信息及问题说明如下。

1. 图首信息顺序

本书图号中文化学名（英文化学名），中文矿物名或俗名（英文名），结构式，空间群号–空间群国际符号（空间群圣弗利斯符号），晶胞中分子数 Z，魏克夫字母 1（元素 i 数目+元素符号+价态，元素 ii 数目+元素符号+价态……），魏克夫字母 2（元素 I 数目+元素符号+价态，元素 II 数目+元素符号+价态……）……，物相结构模型的 ICSD（无机晶体结构数库）号。魏克夫位置 1 总原子数×魏克夫字母 1+魏克夫位置 2 总原子数×魏克夫字母 2……=魏克夫位置 1 总原子数×（附录三中该空间群下魏克夫位置 1 的不可约表示）+魏克夫位置 2 总原子数×（附录三中该空间群下魏克夫位置 2 的不可约表示）+……=总振动模式下的不可约表示（其中 R 表示有拉曼活性，IR 表示有红外活性，x，y，z 表示有平动模）。

2. 图中信息

峰向下的谱图为红外光谱，峰向上的谱图为拉曼光谱。横坐标表示吸收峰的位置或拉曼位移（单位均为波数，即 cm^{-1}）；纵坐标均表示相对强度，没有单位，以基线为最小值，以最强峰为最大值。每种物相谱图从上到下的顺序为：计算红外光谱、计算拉曼光谱，实测红外光谱（某些未测）、实测拉曼光谱（极个别未测），全对称拉曼活性模谱图（每个峰位上有退偏度值），非全对称拉曼活性模谱图（每个峰的退偏度值均为 0.75，未列出），红外活性模谱图。另外，图中晶体结构图均表示原胞，未给出取向信息。

3. C_{2v} 和 D_{4h} 点群的问题

MS-Castep 软件所用的 C_{2v} 点群（对应 SG=25～46 空间群）的特征标表有误，两个对称面（$\cdot m \cdot$ 和 $\cdot \cdot m$）之间的顺序错了，导致计算结果出现异常：B_1、B_2 模颠倒。

MS-Castep 软件所用的 D_{4h} 点群（对应 SG=123～142 空间群）的特征标表有误，两个 2 次轴（$\cdot 2 \cdot$ 和 $\cdot \cdot 2$）之间、两个对称面（$\cdot m \cdot$ 和 $\cdot \cdot m$）之间的顺序错了，导致计算结果出现异常：B_{1g}、B_{2g} 模颠倒，B_{1u}、B_{2u} 模颠倒。

本书涉及 SG=25～46 空间群相关位置群中同时有两个不同对称面的物相、

SG＝123～142 空间群相关位置群中同时有两个不同二次轴或两个不同对称面的物相，均根据附录二和附录三中的相关信息纠正了计算谱中两对简正振动模颠倒的现象。

2.1　碳 60，巴克敏斯特富勒烯

碳 60［Carbon（60）］，巴克敏斯特富勒烯（Buckminsterfullerene），C$_{60}$，205-$Pa\bar{3}$（T_h^6），$Z＝4$，$24d$（10C^0），ICSD#66729。$10×24d＝10(3A_g+3A_g+3E_g+3E_g+9T_g+9T_u)＝30A_g(R)+30E_g(R)+90T_g(R)+30A_g+30E_g+90T_u(IR,\ x,\ y,\ z)$

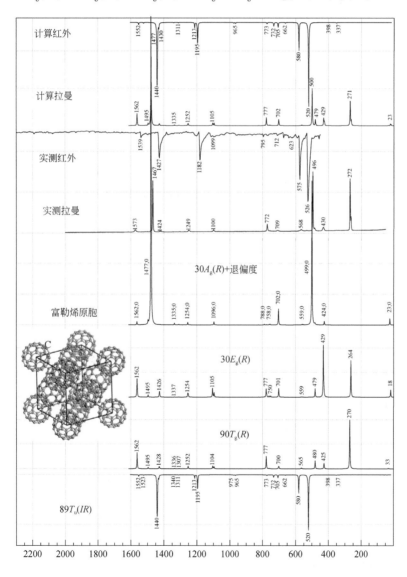

2.2　碳–金刚石

碳（Carbon）–金刚石（Diamond），C，227-$Fd\bar{3}m$（O_h^7），$Z=8$，8a（C^0），ICSD# 28857。8a=（$T_{1u}+T_{2g}$）=T_{2g}（R）+T_{1u}（x，y，z）

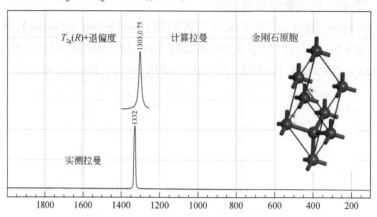

2.3　碳–石墨

碳（Carbon）–石墨（Graphite），C，194-$P6_3/mmc$（D_{6h}^4），$Z=4$，2b（C^0），2c（C^0），ICSD#76767。2b+2c=2（$A_{2u}+B_{2g}+E_{1u}+E_{2g}$）=2$B_{2g}$+2$E_{2g}$（$R$）+2$A_{2u}$（$IR$，$z$）+2$E_{1u}$（$IR$，$x$，$y$）

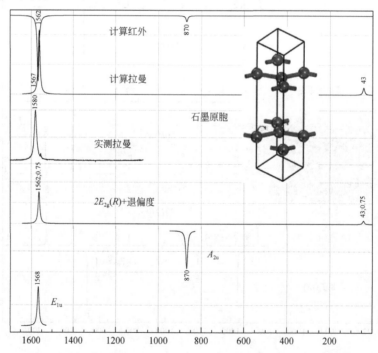

2.4　硅

硅（Silicon），Si，227-Fd$\bar{3}$m（O_h^7），$Z=8$，$8a$（Si^0），ICSD#29287。$8a=(T_{1u}+T_{2g})=T_{2g}(R)+T_{1u}(x, y, z)$

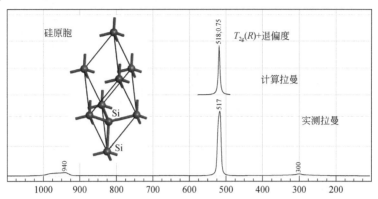

2.5　硫-硫磺

硫（alpha-Sulfur）-硫磺（α-硫，Sulphur），S$_8$，70-$Fddd$（D_{2h}^{24}），$Z=16$，$32h$（4S^0），ICSD#27261。$4\times32h=4(3A_g+3A_u+3B_{1g}+3B_{1u}+3B_{2g}+3B_{2u}+3B_{3g}+3B_{3u})=12A_g(R)+12B_{1g}(R)+12B_{2g}(R)+12B_{3g}(R)+12A_u+12B_{1u}(IR, z)+12B_{2u}(IR, y)+12B_{3u}(IR, x)$

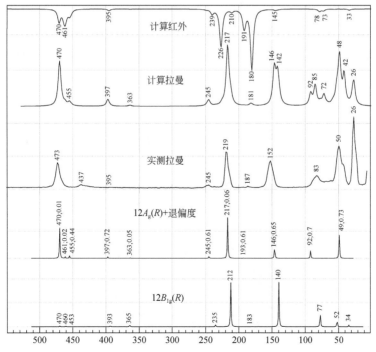

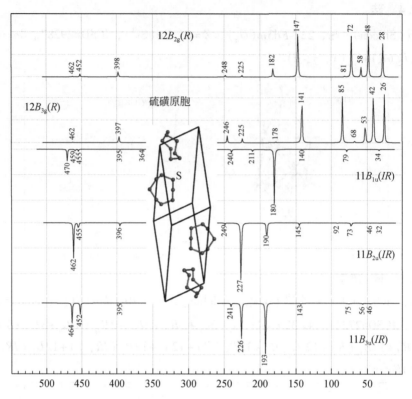

2.6　锗

锗（Germanium），Ge，227-Fd$\bar{3}$m（O_h^7），$Z=8$，$8a$（Ge^0），ICSD#43422。$8a=$（$T_{1u}+T_{2g}$）$=T_{2g}(R)+T_{1u}(x, y, z)$

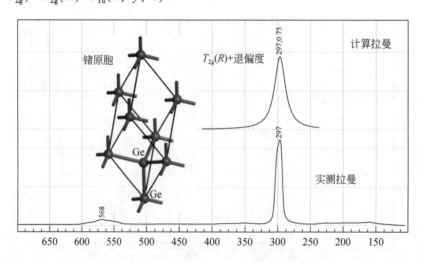

2.7 硒

硒（Selenium），Se，$152\text{-}P3_121(D_3^4)$，$Z=3$，$3a(\mathrm{Se}^0)$，ICSD #23069。$3a=A_1$ $+2A_2+3E=A_1(R)+2A_2(IR,\ z)+3E(R,\ IR,\ x,\ y)$

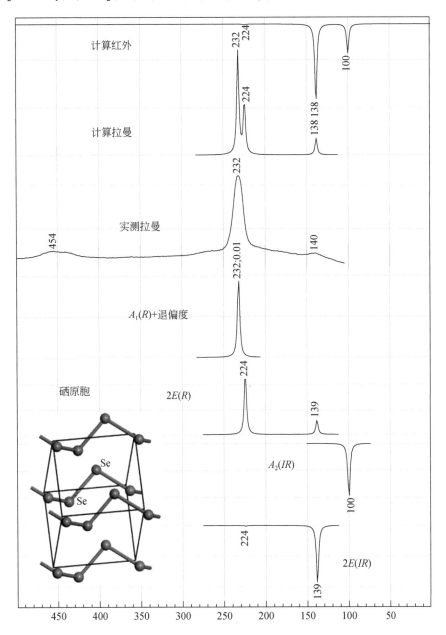

2.8 锑

锑（Antimony），Sb，166-$R\bar{3}m(D_{3d}^5)$，$Z=6$，$6c(Sb^0)$，ICSD#9859。$6c=A_{1g}+A_{2u}+E_g+E_u=A_{1g}(R)+E_g(R)+A_{2u}(z)+E_u(x,y)$

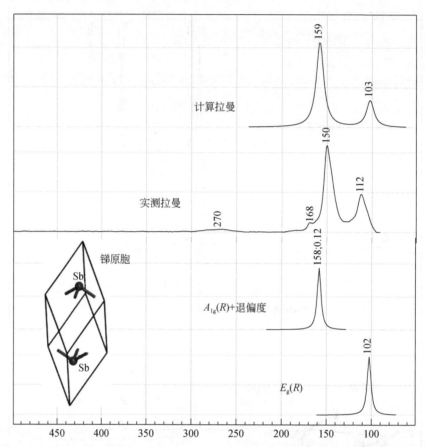

第3章　氢氧化物、氢化物

3.1　氢氧化锂

氢氧化锂（Lithium Hydroxide），LiOH，129-$P4/nmm$（D_{4h}^7），$Z=2$，$2a$（Li^+），$2c$（O^{2-}，H^+），ICSD#34888。$2a+2\times2c=(A_{2u}+B_{2g}+E_g+E_u)+2(A_{1g}+A_{2u}+E_g+E_u)=2A_{1g}(R)+B_{2g}(R)+3E_g(R)+3A_{2u}(IR,z)+3E_u(IR,x,y)$

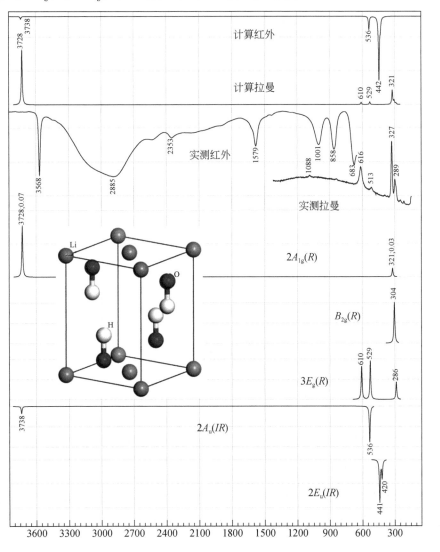

3.2　氢氧化铍-羟铍石

氢氧化铍（beta-Beryllium Hydroxide）-羟铍石（Behoite），β-Be（OH）$_2$，19-$P2_12_12_1(D_2^4)$，$Z=4$，$4a$（Be^{2+}，2O^{2-}，2H$^+$），ICSD#25569。$5\times4a=5(3A+3B_1+3B_2+3B_3)=15A(R)+15B_1(R, IR, z)+15B_2(R, IR, y)+15B_3(R, IR, x)$

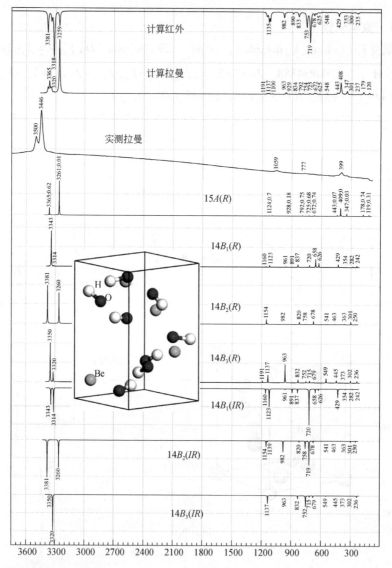

3.3　氢氧化镁-水镁石

氢氧化镁（Magnesium Hydroxide）-水镁石（Brucite），Mg（OH）$_2$，164-$P\bar{3}m1$（D_{3d}^3），$Z=1$，$1a$（Mg^{2+}），$2d$（O^{2-}，H$^+$），ICSD#34401。$1a+2\times2d=(A_{2u}+E_u)+2$

$$(A_{1g}+A_{2u}+E_g+E_u)=2A_{1g}(R)+2E_g(R)+3A_{2u}(IR,~z)+3E_u(IR,~x,~y)$$

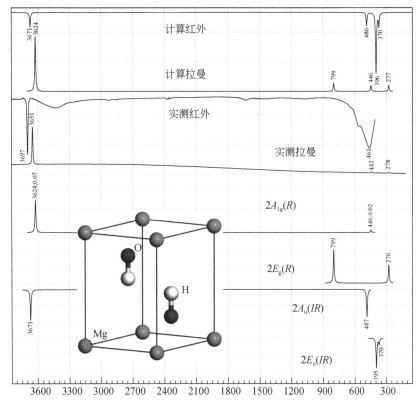

3.4　氢氧化铝-水铝石

氢氧化铝（Aluminum Hydroxide）-水铝石（Gibbsite），Al（OH）$_3$，14-$P2_1/n$（C_{2h}^5），$Z=8$，$4e(2Al^{3+}, 6O^{2-}, 6H^+)$，ICSD#184708。$14\times4e=14(3A_g+3A_u+3B_g+3B_u)=42A_g(R)+42B_g(R)+42A_u(IR, z)+42B_u(IR, x, y)$

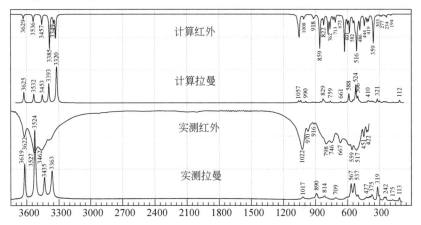

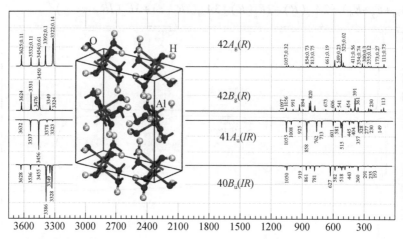

3.5 氢氧化铝–诺三水铝石

氢氧化铝（Aluminum Hydroxide）-诺三水铝石（Nordstrandite），$Al(OH)_3$，2-$P\bar{1}(C_i^1)$，$Z=4$，$2i(3Al^{3+}，6O^{2-}，6H^+)$，ICSD#164050。$15\times2i=15(3A_g+3A_u)=45A_g(R)+45A_u(IR，x，y，z)$

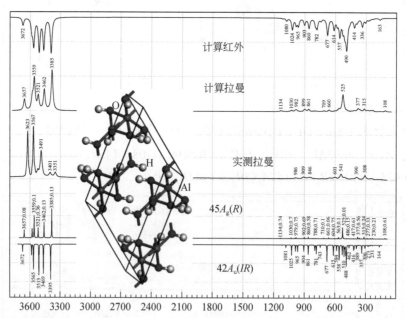

3.6 氢氧化钙，羟钙石

氢氧化钙（Calcium Hydroxide），羟钙石（Portlandite），$Ca(OH)_2$，164-$P\bar{3}m1$（D_{3d}^3），$Z=1$，$1a(Ca^{2+})$，$2d(O^{2-}，H^+)$，ICSD#34240。$1a+2\times2d=(A_{2u}+E_u)+2(A_{1g}+A_{2u}+E_g+E_u)=2A_{1g}(R)+3A_{2u}(IR，z)+E_g(R)+3E_u(IR，x，y)$

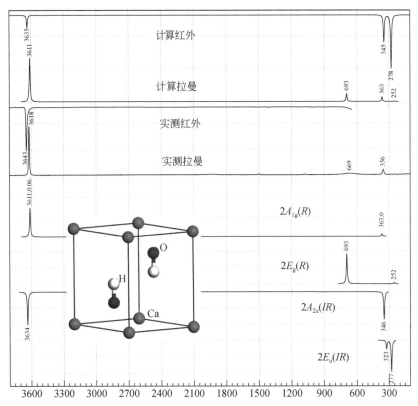

3.7 羟基氧化铝–硬水铝石

羟基氧化铝 (Aluminium Oxide Hydroxide)-硬水铝石 (Diaspore)，AlO(OH)，$62\text{-}Pbnm(D_{2h}^{16})$，$Z=4$，$4\times4c=4(2A_g+A_u+B_{1g}+2B_{1u}+2B_{2g}+B_{2u}+B_{3g}+2B_{3u})=8A_g(R)+4B_{1g}(R)+8B_{2g}(R)+4B_{3g}(R)+4A_u+8B_{1u}(IR,\ z)+4B_{2u}(IR,\ y)+8B_{3u}(IR,\ x)$

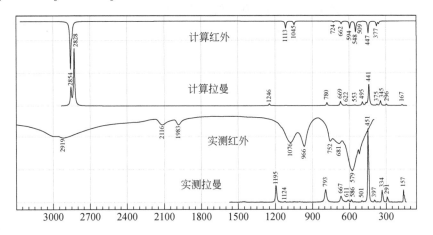

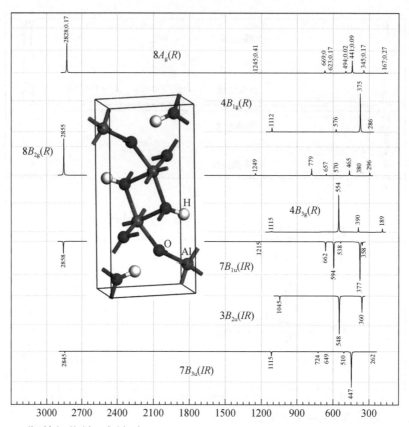

3.8 羟基氧化钴-水钴矿

羟基氧化钴［Cobalt（Ⅲ）Oxide Hydroxide］-水钴矿（Heterogenite），CoO（OH），166-$R\bar{3}m(D_{3d}^5)$，$Z=3$，$3a$（H$^+$），$3b$（Co^{3+}），$6c$（O^{2-}），ICSD#22285。$3a+3b+6c=2(A_{2u}+E_u)+(A_{1g}+A_{2u}+E_g+E_u)=A_{1g}(R)+E_g(R)+3A_{2u}(IR, z)+3E_u(IR, x, y)$

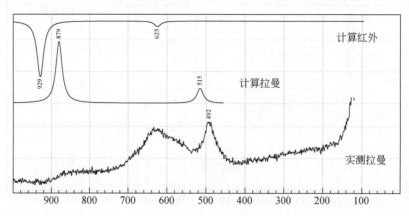

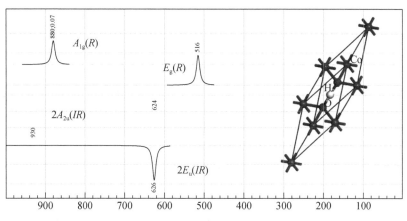

3.9 六氢锑酸钠-羟锑钠石

六氢锑酸钠（Sodium Hexahydroxoantimonate）-羟锑钠石（Mopungite），
$Na[Sb(OH)_6]$，$86\text{-}P4_2/n(C_{4h}^4)$，$Z=4$，$4c(Na^+)$，$4d(Sb^{5+})$，$8g(3O^{2-}，3H^+)$，
ICSD#4211。$4c+4d+6\times8g=2(3A_u+3B_u+3E_u)+6(3A_g+3A_u+3B_g+3B_u+3E_g+3E_u)=$
$18A_g(R)+24A_u(IR，z)+18B_g(R)+24B_u+18E_g(R)+24E_u(IR，x，y)$

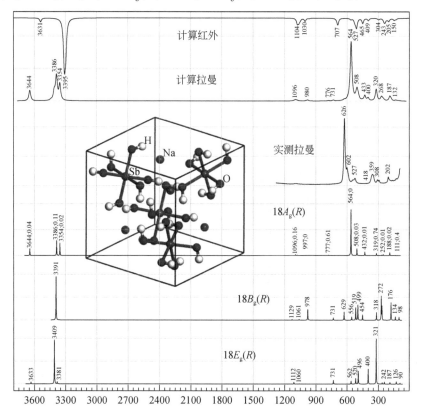

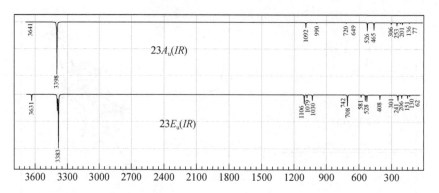

3.10 氢氧化镍–辉镍矿

氢氧化镍（Nickel Hydroxide）-辉镍矿（Theophrastite），$Ni(OH)_2$，164-$P\bar{3}m1$ (D_{3d}^3)，$Z=1$，$1a(Ni^{2+})$，$2d(O^{2-}, H^+)$，ICSD#28101。$1a+2\times2d=(A_{2u}+E_u)+2(A_{1g}+A_{2u}+E_g+E_u)=2A_{1g}(R)+2E_g(R)+3A_{2u}(IR, z)+3E_u(R, x, y)$

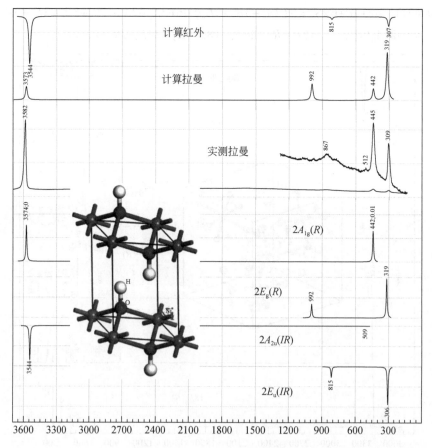

3.11　水合氢氧化锂

水合氢氧化锂（Lithium Hydroxide Hydrated），Li（OH）·H₂O，12-$C2/m$（C_{2h}^{3}），$Z=4$，$4g(O^{2-})$，$4h(Li^{+})$，$4i(O^{2-}, H^{+})$，$8j(H^{+})$，ICSD#9138。$4g+4h+2\times4i+8j=2(A_g+A_u+2B_g+2B_u)+2(2A_g+A_u+B_g+2B_u)+(3A_g+3A_u+3B_g+3B_u)=9A_g(R)+9B_g(R)+7A_u(IR, z)+11B_u(IR, x, y)$

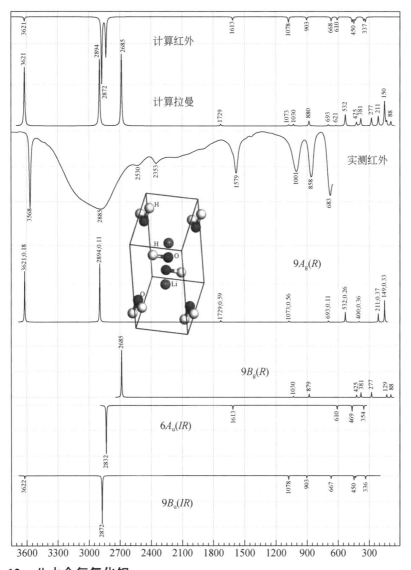

3.12　八水合氢氧化钡

八水合氢氧化钡（Barium Hydroxide Octahydrate），Ba（OH）₂·8H₂O，14-$P2_1/$

$n(C_{2h}^5)$，$Z=4$，$4e(Ba^{2+}$，$10O^{2-}$，$18H^+)$，ICSD#33741。$29 \times 4e = 29 \times (3A_g + 3A_u + 3B_g + 3B_u) = 87A_g(R) + 87B_g(R) + 87A_u(IR, z) + 87B_u(IR, x, y)$

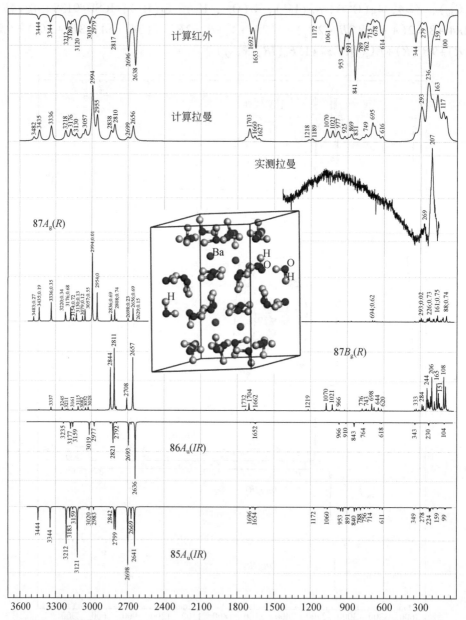

3.13 氢化钙

氢化钙（Calcium Hydride），CaH_2，$62\text{-}Pnma(D_{2h}^{16})$，$Z=4$，$4c(Ca^{2+}$，$2H^-)$，ICSD#23870。$3 \times 4c = 3(2A_g + A_u + B_{1g} + 2B_{1u} + 2B_{2g} + B_{2u} + B_{3g} + 2B_{3u}) = 6A_g(R) + 3B_{1g}(R) +$

$$6B_{2g}(R)+3B_{3g}(R)+3A_u+6B_{1u}(IR,\ z)+3B_{2u}(IR,\ y)+6B_{3u}(IR,\ x)$$

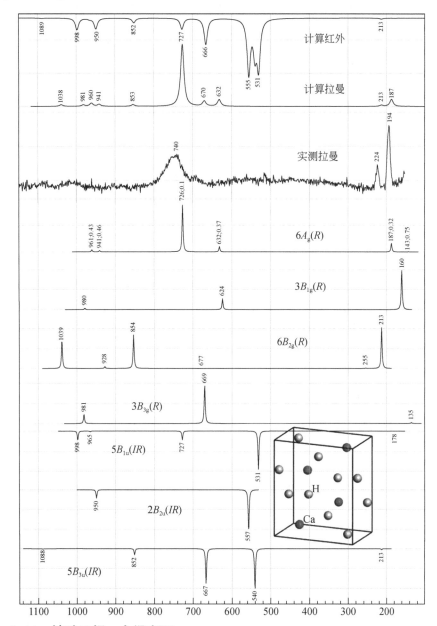

3.14　铍酸二铝，金绿宝石

铍酸二铝（Dialuminium Beryllate），金绿宝石（Chrysoberyl），Al_2BeO_4，162-$Pbnm(D_{2h}^{16})$，$Z=4$，$4a(Al^{3+})$，$4c(Al^{3+}$，Be^{2+}、$2O^{2-})$，$8d(O^{2-})$，ICSD#62501。

$4a+4\times4c+8d=(3A_u+3B_{1u}+3B_{2u}+3B_{3u})+4(2A_g+A_u+B_{1g}+2B_{1u}+2B_{2g}+B_{2u}+B_{3g}+2B_{3u})+$

$$(3A_g+3A_u+3B_{1g}+3B_{1u}+3B_{2g}+3B_{2u}+3B_{3g}+3B_{3u})=11A_g(R)+7B_{1g}(R)+11B_{2g}(R)+7B_{3g}(R)+10A_u+14B_{1u}(R,\ IR,\ z)+10B_{2u}(R,\ IR,\ y)+14B_{3u}(R,\ IR,\ x)$$

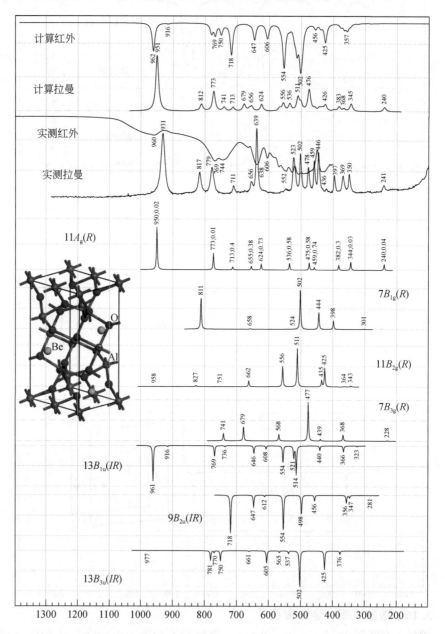

第4章 硼酸盐、硼化物

4.1 偏硼酸–偏硼石

偏硼酸（gamma-Hydrogen Borate）-偏硼石（Metaborite），HBO_2，218-$P\bar{4}3n$（T_d^4），$Z=24$，$24i$（B^{3+}，$2O^{2-}$，H^+），ICSD#34639。$4 \times 24i = 4(3A_1 + 3A_2 + 6E + 9T_1 + 9T_2) = 12A_1(R) + 12A_2 + 24E(R) + 36T_1 + 36T_2(R, IR, x, y, z)$

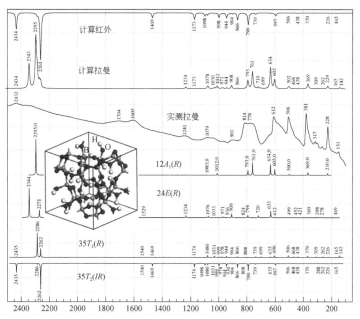

4.2 偏硼酸锂

偏硼酸锂（Lithium Borate），$LiBO_2$，14-$P2_1/c$（C_{2h}^5），$Z=4$，$4e$（Li^+，B^{3+}，$2O^{2-}$），ICSD#16568。$4 \times 4e = 4(3A_g + 3A_u + 3B_g + 3B_u) = 12A_g(R) + 12B_g(R) + 12A_u(IR, z) + 12B_u(IR, x, y)$

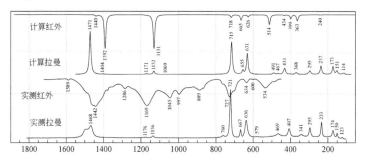

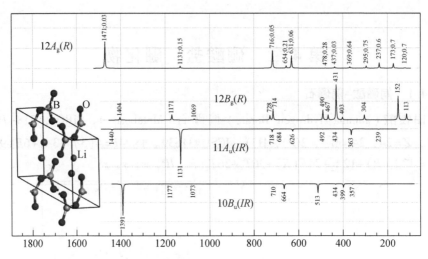

4.3　氢氧化偏硼酸镁，硼镁石

氢氧化偏硼酸镁（Magnesium Borate Hydroxide），硼镁石（Szaibelyite），$Mg[BO_2(OH)]$，$14\text{-}P2_1/a(C_{2h}^5)$，$Z=8$，$4e(2Mg^{2+}，2B^{3+}，6O^{2-}，2H^+)$，ICSD# 161275。$12\times4e=12(3A_g+3A_u+3B_g+3B_u)=36A_g(R)+36B_g(R)+36A_u(IR,z)+36B_u(IR,x,y)$

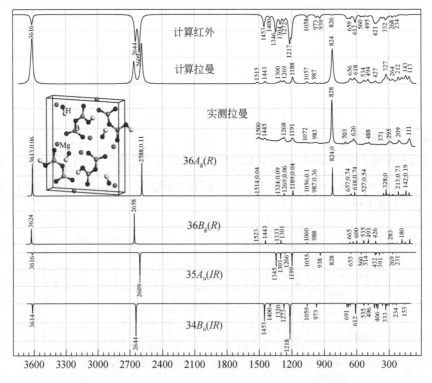

4.4 硼酸，天然硼酸

硼酸（Boric Acid），天然硼酸（Sassolite），H_3BO_3，$2\text{-}P\bar{1}$（C_i^1），$Z=4$，$2i$（$2B^{3+}$，$6O^{2-}$，$6H^+$），ICSD#24711。$14\times2i=14(3A_g+3A_u)=42A_g(R)+42A_u(IR, x, y, z)$

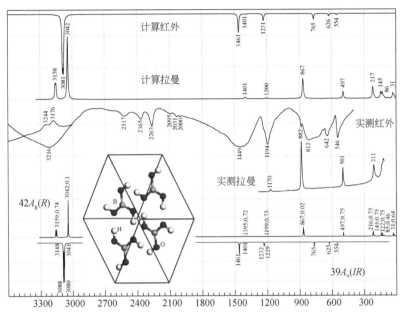

4.5 硼酸镁，镁硼石

硼酸镁（Magnesium Borate），镁硼石（Kotoite），$Mg_3(BO_3)_2$，$58\text{-}Pnnm$（D_{2h}^{12}），$Z=2$，$2a(Mg^{2+})$，$4f(Mg^{2+})$，$4g(B^{3+}, O^{2-})$，$8h(O^{2-})$，ICSD#24036。$2a+4f+2\times4g+8h=8A_g(R)+8B_{1g}(R)+7B_{2g}(R)+7B_{3g}(R)+7A_u+7B_{1u}(IR, z)+11B_{2u}(IR, y)+11B_{3u}(IR, x)$

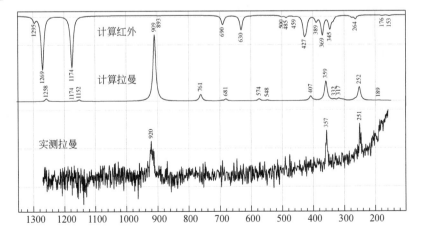

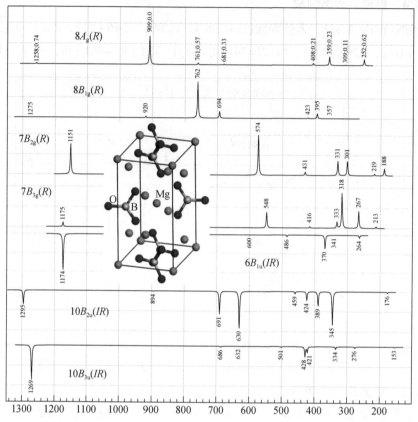

4.6　硼酸锡钙，硼锡钙石

硼酸锡钙（Calcium Tin Borate），硼锡钙石（Nordenskioldine），$CaSn(BO_3)_2$，148-$R\bar{3}$（C_{3i}^2），$Z=3$，$3a(Ca^{2+})$，$3b(Sn^{4+})$，$6c(B^{3+})$，$18f(O^{2-})$，ICSD#30998。$3a+3b+6c+18f=4A_g(R)+4E_g(R)+6A_u(IR, z)+6E_u(IR, x, y)$

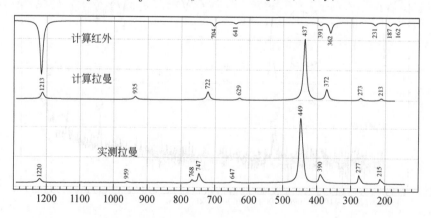

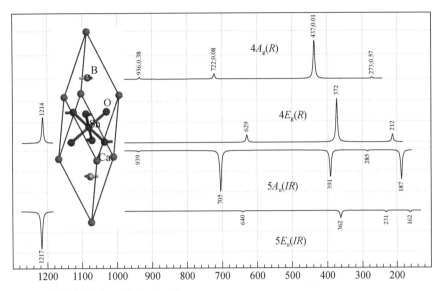

4.7 硼酸氟化镁，氟硼镁石

硼 酸 氟 化 镁（Magnesium Fluoride Borate），氟 硼 镁 石（Fluoborite），
$Mg_3F_3(BO_3)$，176-$P6_3/m$（C_{6h}^2），$Z=2$，$2c$（B^{3+}），$6h$（Mg^{2+}，O^{2-}，F^-），ICSD#
4226。$2c+3\times6h=6A_g(R)+4B_g+3E_{1g}(R)+7E_{2g}(R)+4A_u(IR,\ z)+6B_u+7E_{1u}(IR,\ x,$
$y)+3E_{2u}$

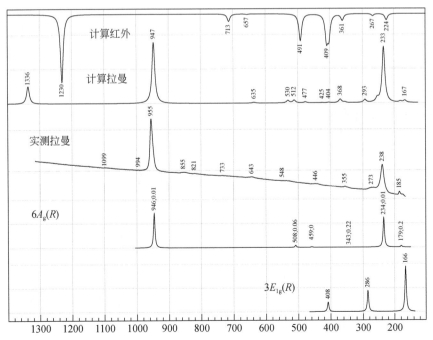

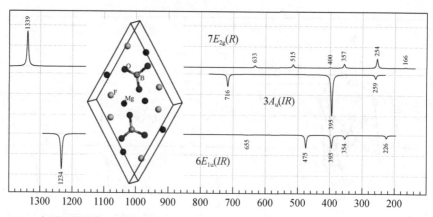

4.8　氟化硼酸铝，硼铝石

氟化硼酸铝(Aluminum Borate Fluoride)，硼铝石(Jeremejevite)，$Al_6(BO_3)_5F_3$，176-$P6_3/m(C_{2h}^6)$，$Z=2$，$4f(B^{3+})$，$6h(F^-$，O^{2-}，$B^{3+})$，$12i(Al^{3+}$，$2O^{2-})$，ICSD# 31363。$4f+3\times6h+3\times12i=16A_g(R)+13B_g+13E_{1g}(R)+16E_{2g}(R)+3A_u(IR,\ z)+16B_u+16E_{1u}(IR,\ x,\ y)+13E_{2u}$

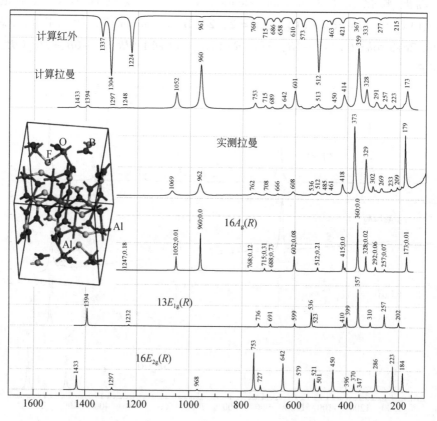

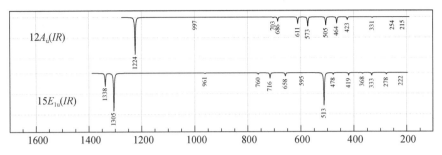

4.9　氢氧化硼酸铍，硼铍石

氢氧化硼酸铍（Beryllium Borate Hydroxide），硼铍石（Hambergite），Be_2BO_3OH，$61\text{-}Pbca(D_{2h}^{15})$，$Z=8$，$8c(2Be^{2+}$，$B^{3+}$，$4O^{2-}$，$H^+)$，ICSD#34650。$8\times 8c=24A_g(R)+24B_{1g}(R)+24B_{2g}(R)+24B_{3g}(R)+24A_u+24B_{1u}(IR,\ z)+24B_{2u}(IR,\ y)+24B_{3u}(IR,\ y)$

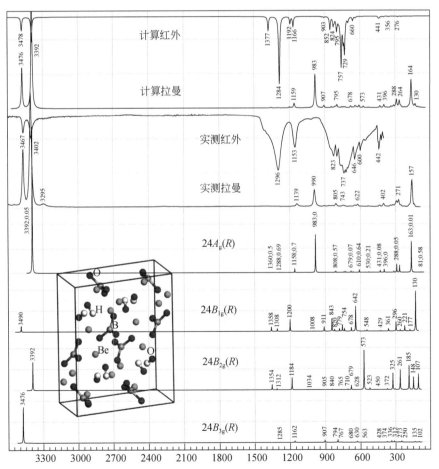

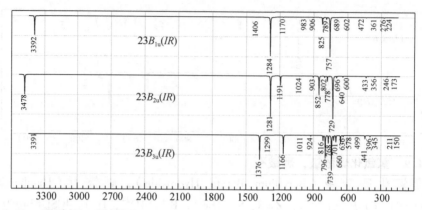

4.10　硼酸铌，硼铌石

硼酸铌（Niobium Borate），硼铌石（Schiavinatoite），$NbBO_4$，141-$I4_1/amd$ （D_{4h}^{19}），$Z=4$，$4a(Nb^{5+})$，$4b(B^{3+})$，$16h(O^{2-})$，ICSD#63202。$4a+4b+16h=2A_{1g}(R)+A_{2g}+4B_{1g}(R)+B_{2g}(R)+5E_g(R)+A_{1u}+4A_{2u}(IR, z)+B_{1u}+2B_{2u}+5E_u(IR, x, y)$

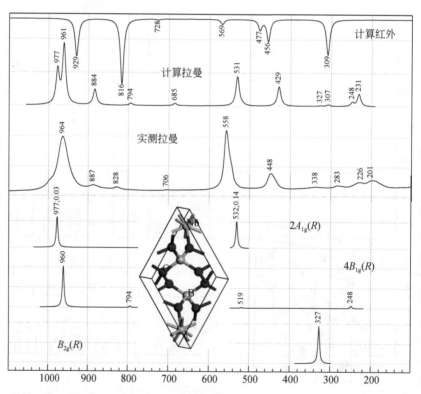

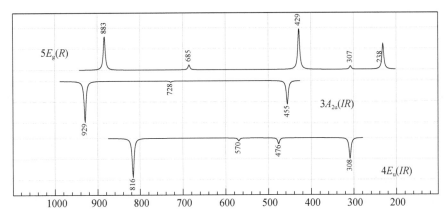

4.11 硼酸钽，硼钽石

硼酸钽（Tantalum Borate），硼钽石（Behierite），$TaBO_4$，141-$I4_1amd$（D_{4h}^{19}），$4a$（Ta^{5+}），$4b$（B^{3+}），$16h$（O^{2-}），ICSD#20383。$4a+4b+16h = 2A_{1g}(R)+A_{2g}+4B_{1g}(R)+B_{2g}(R)+5E_g(R)+A_{1u}+4A_{2u}(IR, z)+2B_{1u}+B_{2u}+5E_u(IR, x, y)$

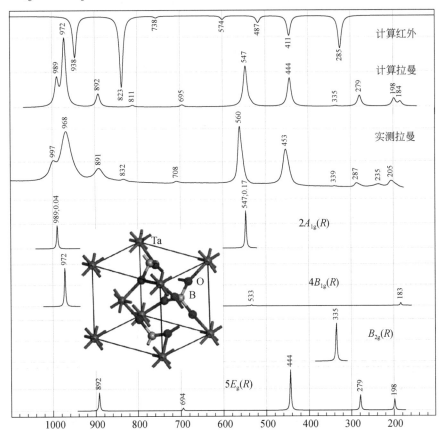

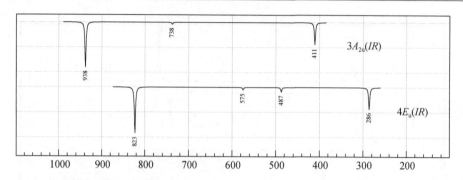

4.12　硼酸铝镁，硼铝镁石

硼酸铝镁（Magnesium Aluminum Borate），硼铝镁石（Sinhalite），$MgAlBO_4$，62-$Pnma$（D_{2h}^{16}），$Z = 4$，$4a$（Al^{3+}），$4c$（Mg^{2+}，B^{3+}，$2O^{2-}$），$8d$（O^{2-}），ICSD # 34349。$4a+4\times4c+8d = 11A_g(R)+7B_{1g}(R)+11B_{2g}(R)+7B_{3g}(R)+10A_u+14B_{1u}(IR, z)+10B_{2u}(IR, y)+14B_{3u}(IR, x)$

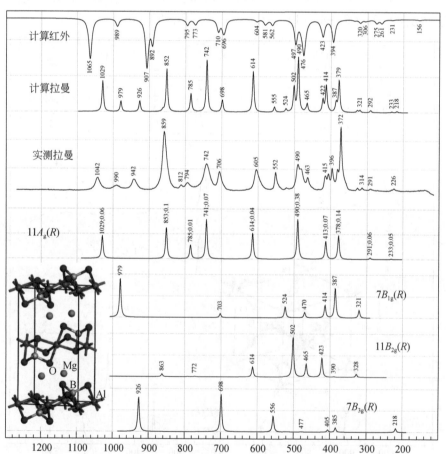

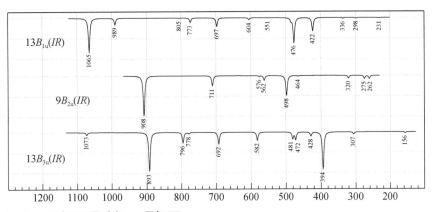

4.13 七氧四硼酸锂，硼锂石

七氧四硼酸锂（Lithium Heptaoxotetraborate），硼锂石（Diomignite），$Li_2B_4O_7$，110-$I4_1cd(C_{4v}^{12})$，$Z=8$，$8a(O^{2-})$，$16b(Li^+，2B^{3+}，3O^{2-})$，ICSD#300010。$8a+6\times16b=19A_1(R，IR，z)+19A_2+19B_1(R)+19B_2(R)+40E(R，IR，x，y)$

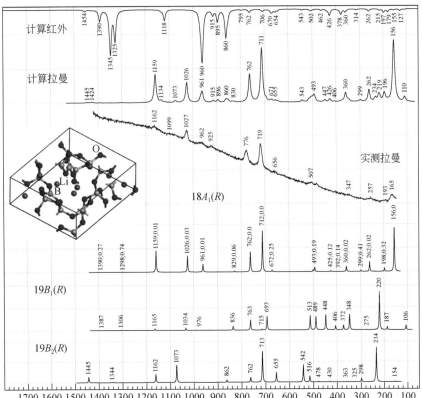

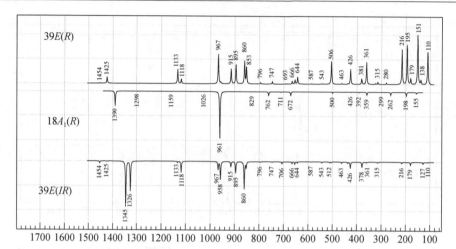

4.14　七氧三硼酸铝钙，硼铝钙石

七氧三硼酸铝钙（Calcium Aluminium Heptaoxotriborate），硼铝钙石（Johachidolite），$CaAl(B_3O_7)$，$67\text{-}Cmma(D_{2h}^{21})$，$Z=4$，$4a(B^{3+})$，$4d(Al^{3+})$，$4f(Ca^{2+})$，$4g(O^{2-})$，$8m(B^{3+}, O^{2-})$，$16o(O^{2-})$，ICSD#10245。$4a+4d+4f+4g+2\times 8m+16o=8A_g(R)+6B_{1g}(R)+7B_{2g}(R)+9B_{3g}(R)+7A_u+13B_{1u}(IR, z)+12B_{2u}(IR, y)+10B_{3u}(IR, y)$

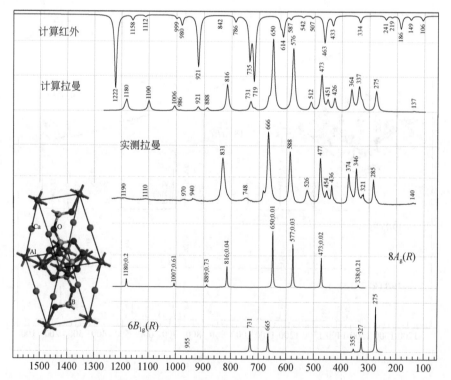

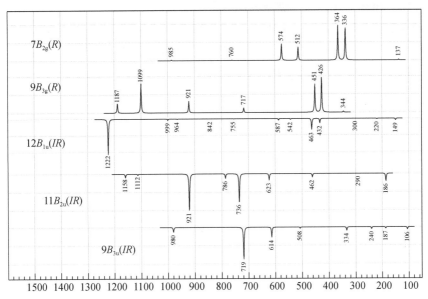

4.15 水合氯化五硼酸二钙，水氯硼钙石

水合氯化五硼酸二钙(Dicalcium Pentaborate Chloride Hydrate)，$Ca_2B_5O_9Cl \cdot H_2O$，水氯硼钙石(Hilgardite)，$1\text{-}P1$（C_1^1），$Z = 1$，$1a$（$2Ca^{2+}$，$5B^{3+}$，$10O^{2-}$，Cl^-，$2H^+$），ICSD#74548。$20 \times 1a = 20(3A) = 60A$（$R$，$IR$，$x$，$y$，$z$）

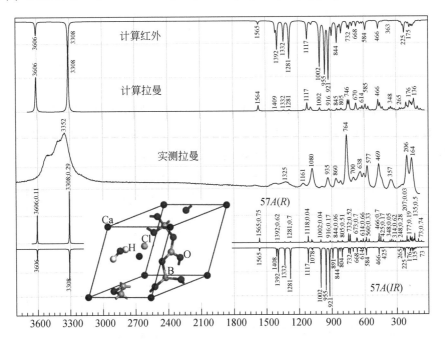

4.16　羟基硼酸钠，水硼钠石

羟基硼酸钠(Sodium Borate Hydrate)，水硼钠石(Ameghinite)，$Na_2[B_3O_3(OH)_4]_2$，$15-C2/c(C_{2h}^6)$，$8f(Na^+$，$7O^{2-}$，$3B^{3+}$，$4H^+)$，ICSD#4219。$15 \times 8f = 45A_g(R) + 45B_g(R) + 45A_u(R，IR，z) + 45B_u(R，IR，x，y)$

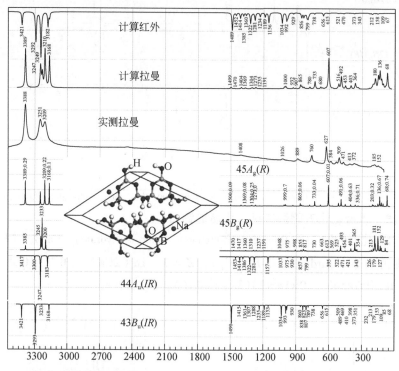

4.17　水合硼酸钙，硼钙石

水合硼酸钙(Calcium Borate Hydrate)，硼钙石(Nobleite)，$14-P2_1/a(C_{2h}^5)$，$CaB_6O_9(OH)_2 \cdot 3H_2O$，$Z=4$，$4e(Ca^{2+}$，$6B^{3+}$，$14O^{2-}$，$8H^+)$，ICSD#7748。$29 \times 4e = 29(3A_g + 3A_u + 3B_g + 3B_u) = 87A_g(R) + 87B_g(R) + 87A_u(IR，z) + 76B_u(IR，x，y)$

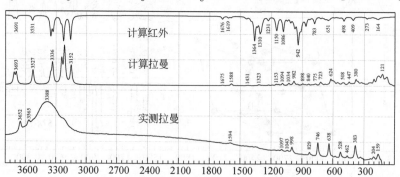

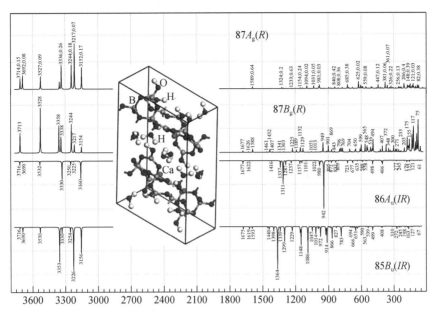

4.18　硼酸镁钙–硼镁钙石

硼酸镁钙（Calcium Magnesium Borate）-硼镁钙石（Kurchatovite），$CaMgB_2O_5$，$14\text{-}P2_1/b(C_{2h}^5)$，$Z=8$，$4e(2Ca^{2+}, 2Mg^{2+}, 4B^{3+}, 10O^{2-})$，ICSD#23013。$18\times4e = 18(3A_g+3A_u+3B_g+3B_u) = 54A_g(R)+54B_g(R)+54A_u(IR, z)+54B_u(IR, x, y)$

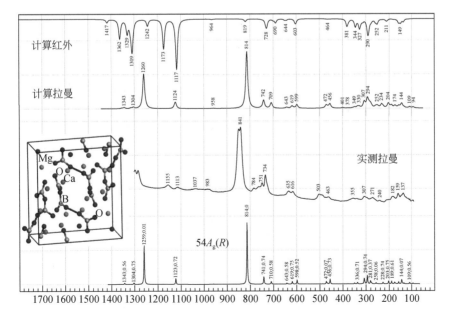

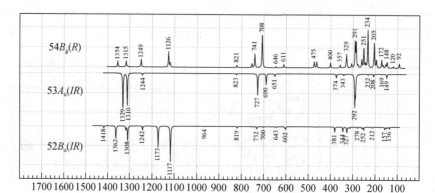

4.19　六硼化钡

六硼化钡〔Barium Boride(1/6)〕，BaB_6，221-$Pm\bar{3}m(O_h^1)$，$Z=1$，$1a(Ba^{0+})$，$6f(B^{0+})$，ICSD#76124。$1a+6f=(T_{1u})+(A_{1g}+E_g+T_{1g}+2T_{1u}+T_{2g}+T_{2u})=A_{1g}(R)+E_g(R)+T_{1g}+T_{2g}(R)+3T_{1u}(IR,\ x,\ y,\ z)+E_{2u}$

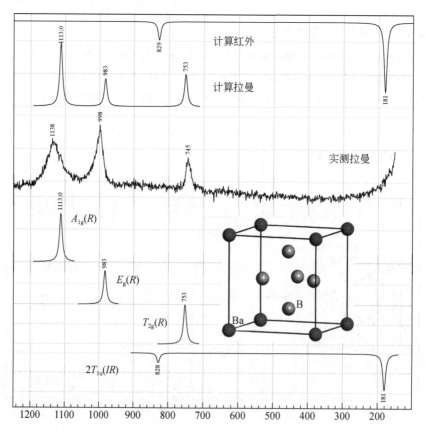

4.20　四氢硼酸钠(硼氢化钠)

四氢硼酸钠(硼氢化钠)(Sodium Tetrahydridoborate)，$NaBH_4$，216-$F\bar{4}3m$
(T_d^2)，$Z=4$，$4a(B^{3+})$，$4b(Na^{1+})$，$16e(H^-)$，ICSD#182733。$4a+4b+16e=2(T_2)+(A_1+E+T_1+2T_2)=A_1(R)+E(R)+T_1+4T_2(R, IR, x, y, z)$

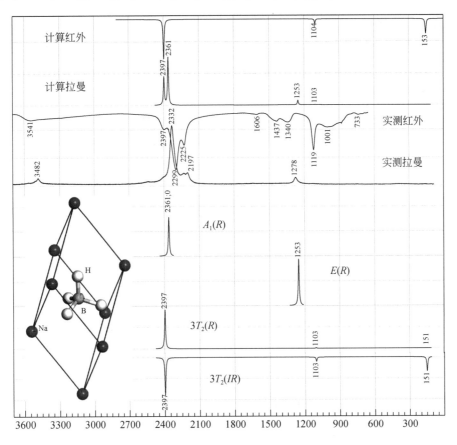

第5章　草酸盐、碳化物

5.1　草酸锂

草酸锂（Lithium Oxalate），$Li_2C_2O_4$，14-$P2_1/n$（C_{2h}^5），$Z=2$，$4e$（C^{3+}，$2O^{2-}$，Li^+），ICSD#173993。$4\times4e=4(3A_g+3A_u+3B_g+3B_u)=12A_g(R)+12B_g(R)+12A_u(IR,z)+12B_u(IR,x,y)$

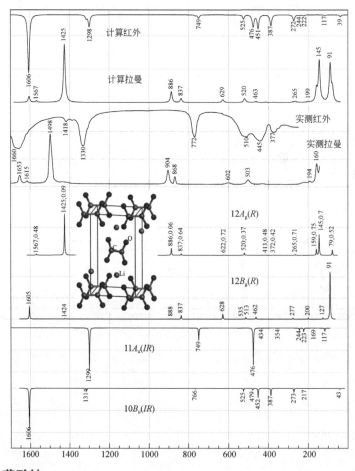

5.2　草酸钠

草酸钠（Sodium Oxalate），$Na_2C_2O_4$，14-$P2_1/c$（C_{2h}^5），$Z=2$，$4e$（C^{3+}，$2O^{2-}$，Na^+），ICSD#171458。$4\times4e=4(3A_g+3A_u+3B_g+3B_u)=12A_g(R)+12B_g(R)+12A_u$

$(IR, z)+12B_u(IR, x, y)$

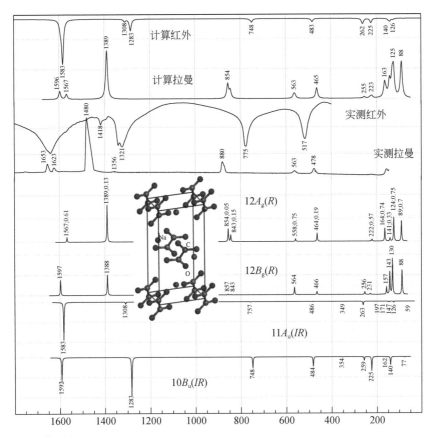

5.3　草酸钙

草酸钙（Calcium Oxalate），CaC_2O_4，$10\text{-}P2/m(C_{2h}^1)$，$Z=4$，$2j(C^{3+})$，$2l(C^{3+})$，$2m(Ca^{2+}, C^{3+}, 2O^{2-})$，$2n(Ca^{2+}, C^{3+}, 2O^{2-})$，$4o(2O^{2-})$，ICSD#246005。$2j+2l+4\times 2m+4\times 2n+2\times 4o=24A_g(R)+18B_g(R)+16A_u(IR, z)+26B_u(IR, x, y)$

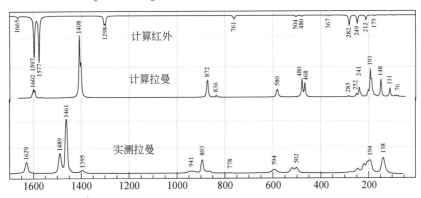

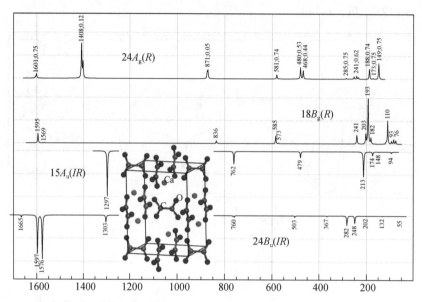

5.4 水合草酸二铵，草酸铵石

水合草酸二铵（Diammonium Oxalate Hydrate），草酸铵石（Oxammite），$(NH_4)_2C_2O_4 \cdot H_2O$，$-18\text{-}P2_12_12\,(D_2^3)$，$Z=2$，$2a\,(O^{2-})$，$4c\,(C^{3+}, 2O^{2-}, N^{3-}, 5H^+)$，ICSD#64934。$2a+9\times4c=28A\,(R)+28B_1\,(R,\ IR,\ z)+29B_2\,(R,\ IR,\ y)+29B_3\,(R,\ IR,\ x)$

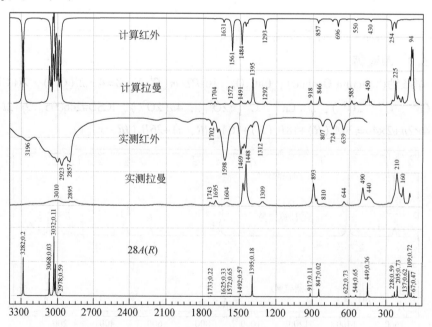

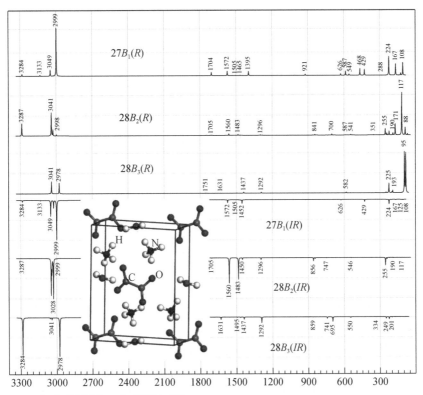

5.5　水合草酸钙，水草酸钙石

水合草酸钙(Calcium Oxalate Hydrate)，水草酸钙石(Whewellite)，$Ca(C_2O_4)\cdot H_2O$，$14\text{-}P2_1/c(C_{2h}^5)$，$Z=8$，$4e(4C^{3+}，10O^{2-}，2Ca^{2+}，4H^+)$，ICSD#153499。$20\times4e=20$
$(3A_g+3A_u+3B_g+3B_u)=60A_g(R)+60B_g(R)+60A_u(IR,z)+60B_u(IR,x,y)$

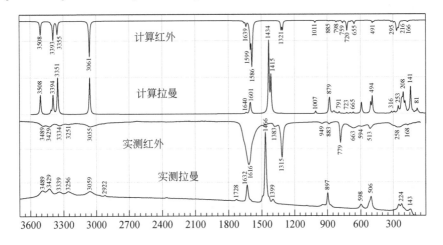

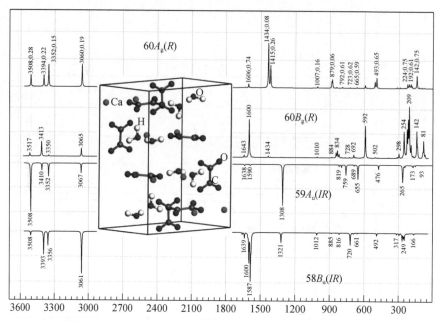

5.6　六羰基钼

六羰基钼（Hexacarbonylmolybdenum），$Mo(CO)_6$，$62\text{-}Pnma(D_{2h}^{16})$，$Z=4$，$4c$（$Mo^{0+}$，$2C^{2+}$，$2O^{2-}$），$8d(2C^{2+}$，$2O^{2-})$。ICSD#30809。$5\times4c+4\times8d=22A_g(R)+17B_{1g}(R)+22B_{2g}(R)+17B_{3g}(R)+17A_u+22B_{1u}(IR，z)+17B_{2u}(IR，y)+22B_{3u}(IR，x)$

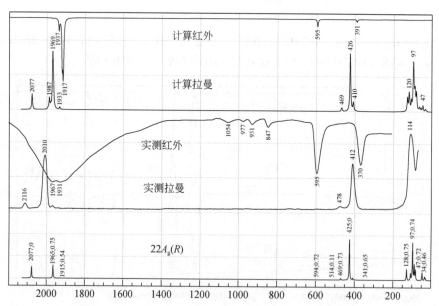

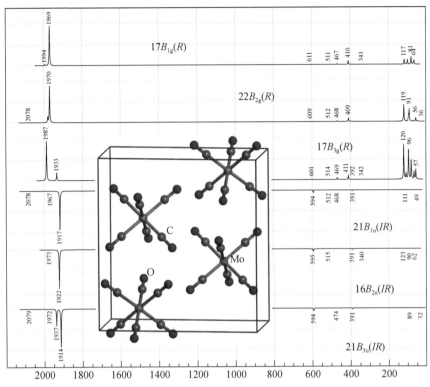

5.7 碳化硼

碳化硼［Boron（Ⅰ）Carbide）］，B_4C，166-$R\bar{3}m$（D_{3d}^5），$Z=9$，$3a$（C^0），$6c$（C^0），$18h$（$2B^0$），ICSD#29093。$3a+6c+2\times18h=5A_{1g}(R)+2A_{2g}+7E_g(R)+2A_{1u}+6A_{2u}(IR,\ z)+8E_u(IR,\ x,\ y)$

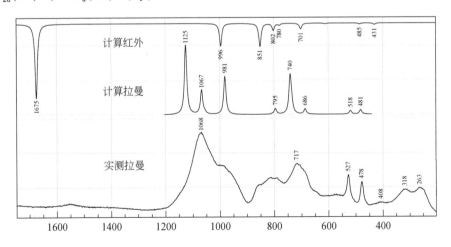

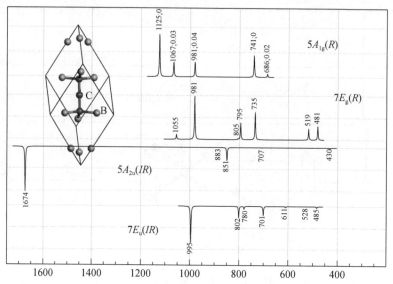

5.8 碳化硅，碳硅石

碳化硅（Silicon Carbide），碳硅石（Moissanite 6H），SiC，186-$P6_3mc$（C_{6v}^4），$Z=6$，$2a$（Si^{0+}，C^{0+}），$2b$（2Si^{0+}，2C^{0+}），ICSD#15325。$2\times 2a+4\times 2b=6A_1$（$R$，$IR$，$z$）$+6B_1+6E_1$（$R$，$IR$，$x$，$y$）$+6E_2$（$R$）

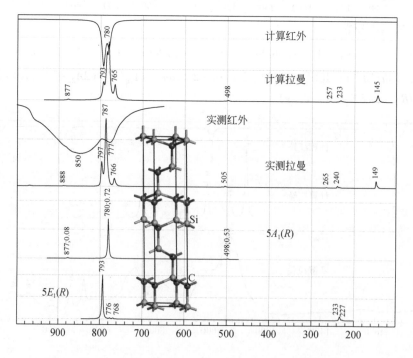

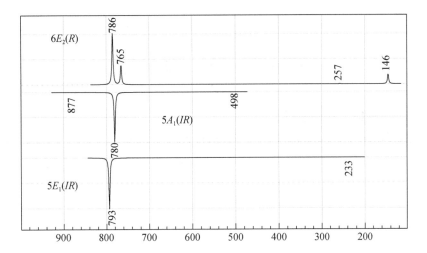

第6章 碳 酸 盐

6.1 碳酸锂，扎布耶石

碳酸锂（Lithium Carbonate），扎布耶石（Zabuyelite），Li_2CO_3，15-$C2/c$（C_{2h}^6），$Z=4$，$8f(Li^+，O^{2-})$，$4e(C^{4+}，O^{2-})$，ICSD#16713。$2\times4e+2\times8f=8A_g(R)+10B_g(R)+8A_u(IR，z)+10B_u(IR，x，y)$

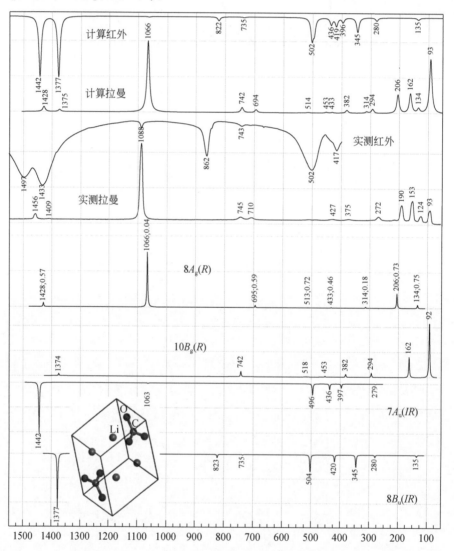

6.2 碳酸钠

碳酸钠（beta-Sodium Carbonate），$\beta\text{-Na}_2\text{CO}_3$，$12\text{-}C2/m$（$C_{2h}^3$），$Z = 4$，$2a$（$\text{Na}^+$），$2c(\text{Na}^+)$，$4i(\text{Na}^+$，$\text{C}^{4+}$，$\text{O}^{2-}$），$8j(\text{O}^{2-})$，ICSD#80997。$2a+2c+3\times4i+8j$
$=9A_g(R)+6B_g(R)+8A_u(IR，z)+13B_u(IR，x，y)$

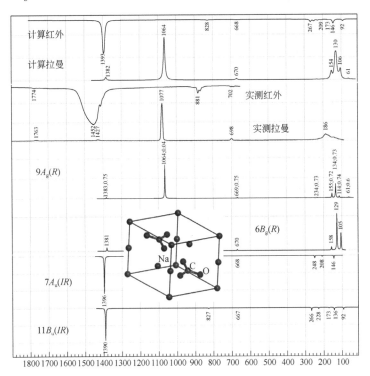

6.3 碳酸镁，菱镁矿

碳酸镁（Magnesium Carbonate），菱镁矿（Magnesite），MgCO_3，$167\text{-}R\bar{3}c(D_{3d}^6)$，$Z=6$，$6a(\text{C}^{4+})$，$6b(\text{Mg}^{2+})$，$18e(\text{O}^{2-})$，ICSD#10264。$6a+6b+18e=A_{1g}(R)+3A_{2g}+4E_g(R)+2A_{1u}+4A_{2u}(IR，z)+6E_u(IR，x，y)$

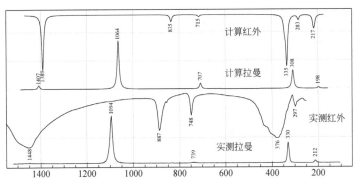

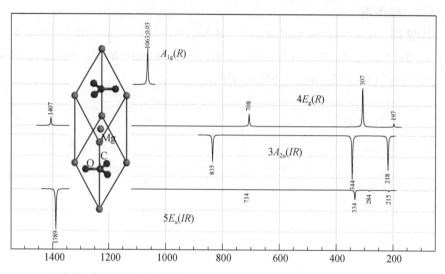

6.4 三水合碳酸镁，水碳镁石

三水合碳酸镁（Magnesium Carbonate Trihydrate），水碳镁石（Nesquehonite），$MgCO_3 \cdot 3H_2O$，14-$P2_1/n$（C_{2h}^5），$Z = 4$，$4e$（Mg^{2+}，$6O^{2-}$，C^{4+}，$6H^+$），ICSD # 91710。$14 \times 4e = 14(3A_g + 3A_u + 3B_g + 3B_u) = 42A_g(R) + 42B_g(R) + 42A_u(IR, z) + 42B_u(IR, x, y)$

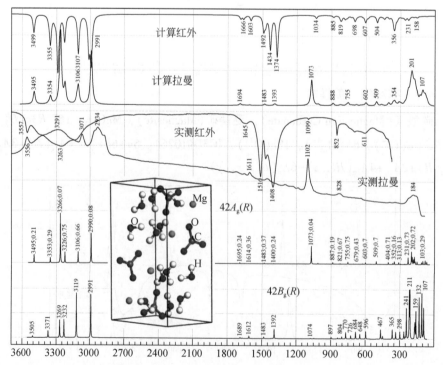

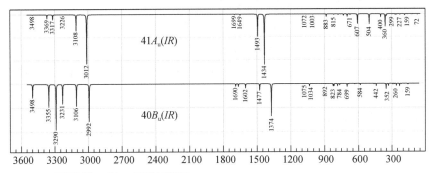

6.5 二碳酸镁二钠，碳钠镁石

二碳酸镁二钠 [Disodium Magnesium Bis (carbonate)]，碳钠镁石 (Eitelite)，

$Na_2Mg(CO_3)_2$，148-$R\bar{3}$ (C_{3i}^2)，$Z=3$，$3a$ (Mg^{2+})，$6c$ (Na^+，C^{4+})，$18f$ (O^{2-})，

ICSD#9518。$3a+2\times6c+18f=5A_g(R)+5E_g(R)+6A_u(IR，z)+6E_u(IR，x，y)$

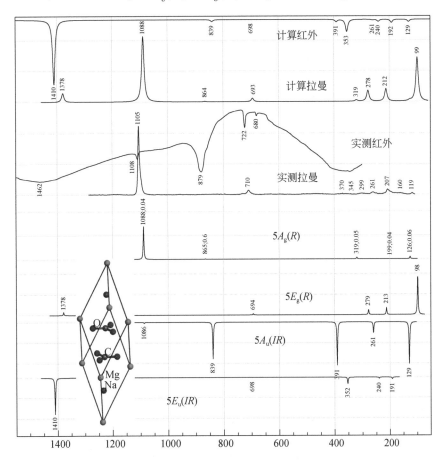

6.6　二水合二碳酸二钠钙，钙水碱

二水合二碳酸二钠钙［Calcium Disodium Bis（carbonate）Dihydrate］，钙水碱（Pirssonite），$CaNa_2(CO_3)_2 \cdot 2H_2O$，43-$Fdd2$（$C_{2v}^{19}$），$Z=8$，$8a$（$Ca^{2+}$），$16b$（$Na^+$，$C^{4+}$，$4O^{2-}$，$2H^+$），ICSD#9012。$8a+8\times16b=25A_1$（$R$，$IR$，$z$）$+25A_2$（$R$）$+26B_1$（$R$，$IR$，$x$）$+26B_2$（$R$，$IR$，$y$）

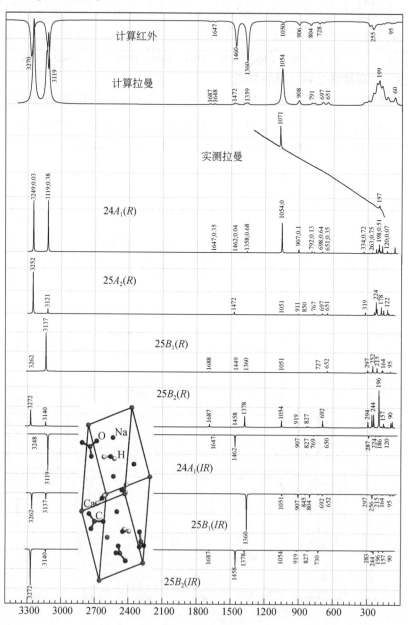

6.7 五水合二碳酸钙二钠，针碳钠钙石

五水合二碳酸钙二钠（Disodium Calcium Dicarbonate Pentahydrate），针碳钠钙石（Gaylussite），$Na_2Ca(CO_3)_2 \cdot 5H_2O$，$15\text{-}C2/c(C_{2h}^6)$，$Z=4$，$4e(Ca^{2+}$，$O^{2-})$，$8f$（$Na^+$，$5O^{2-}$，$C^{4+}$，$5H^+$），ICSD#26969。$2 \times 4e + 12 \times 8f = 38A_g(R) + 40B_g(R) + 38A_u(IR, z) + 40B_u(IR, x, y)$

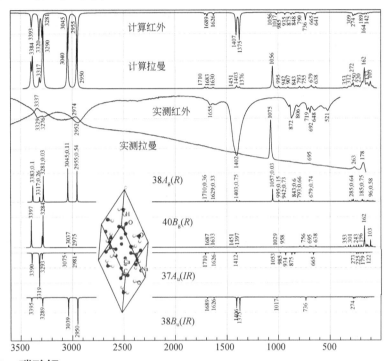

6.8 碳酸钾

碳酸钾（gamma-Potassium Carbonate），$\gamma\text{-}K_2(CO_3)$，$14\text{-}P2_1/c(C_{2h}^5)$，$Z=4$，$4e(2K^+$，$C^{4+}$，$3O^{2-})$，ICSD#10191。$6 \times 4e = 6(3A_g + 3A_u + 3B_g + 3B_u) = 18A_g(R) + 18B_g(R) + 18A_u(IR, z) + 18B_u(IR, x, y)$

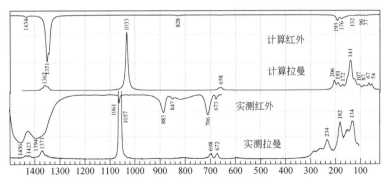

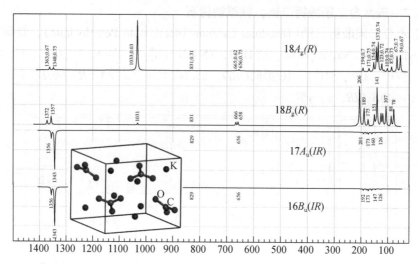

6.9　碳酸钙，方解石

碳酸钙（Calcium Carbonate），方解石（Calcite），$CaCO_3$，$167\text{-}R\bar{3}c$（D_{3d}^6），$Z=6$，$6a$（C^{4+}），$6b$（Ca^{2+}），$18e$（O^{2-}），ICSD#16710。$6a+6b+18e=(A_{2g}+A_{2u}+E_g+E_u)+(A_{1u}+A_{2u}+2E_u)+(A_{1g}+A_{1u}+2A_{2g}+2A_{2u}+3E_g+3E_u)=A_{1g}(R)+3A_{2g}+4E_g(R)+2A_{1u}+4A_{2u}(IR,\ z)+6E_u(IR,\ x,\ y)$

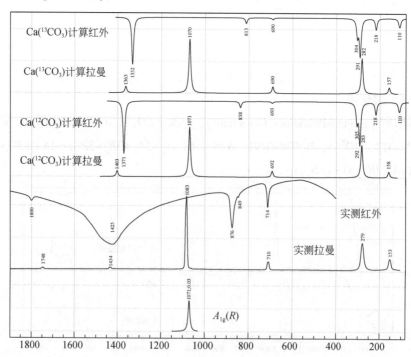

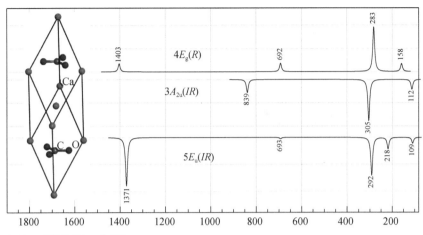

6.10 碳酸钙，文石

碳酸钙（Calcium Carbonate），文石（Aragonite），$CaCO_3$，62-$Pmcn$（D_{2h}^{16}），$Z = 4$，$4c$（Ca^{2+}，C^{4+}，O^{2-}），$8d$（O^{2-}），ICSD#15194。$3 \times 4c + 8d = 9A_g(R) + 6B_{1g}(R) + 9B_{2g}(R) + 6B_{3g}(R) + 6A_u + 9B_{1u} + 6B_{2u} + 9B_{3u}$

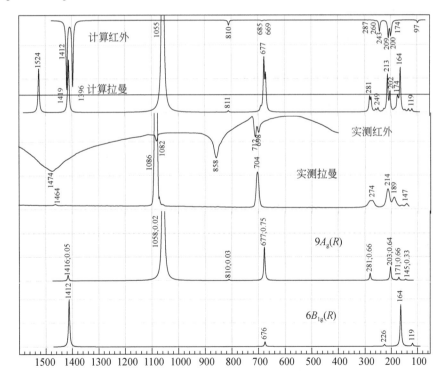

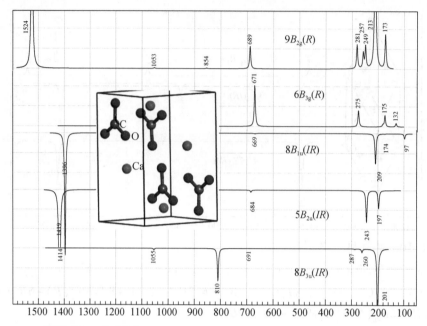

6.11 碳酸钙，球文石

碳酸钙(Calcium Carbonate)，球文石(Vaterite)，$CaCO_3$，15-$C2/c$(C_{2h}^6)，$Z=$ 12，$4c$(Ca^{2+})，$4e$(C^{4+}，O^{2-})，$8f$(Ca^{2+}，C^{4+}，$4O^{2-}$)，ICSD#424575。$4c+2\times4e+6\times8f=(3A_u+3B_u)+2(A_g+A_u+2B_g+2B_u)+6(3A_g+3A_u+3B_g+3B_u)=20A_g(R)+22B_g(R)+23A_u(IR, z)+25B_u(IR, x, y)$

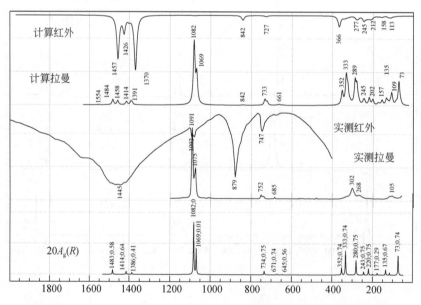

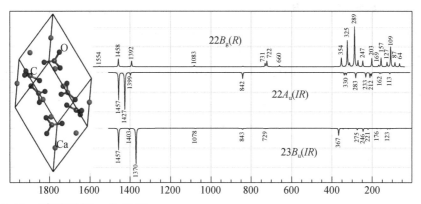

6.12 碳酸镁钙，白云石

碳酸镁钙(Calcium Magnesium Carbonate)，白云石(Dolomite)，$CaMg(CO_3)_2$，

$148\text{-}R\bar{3}(C_{3i}^2)$，$Z=3$，$3a(Ca^{2+})$，$3b(Mg^{2+})$，$6c(C^{4+})$，$18f(O^{2-})$，ICSD#27540。

$3a+3b+6c+18f = 4A_g(R)+4E_g(R)+6A_u(IR,z)+6E_u(IR,x,y)$

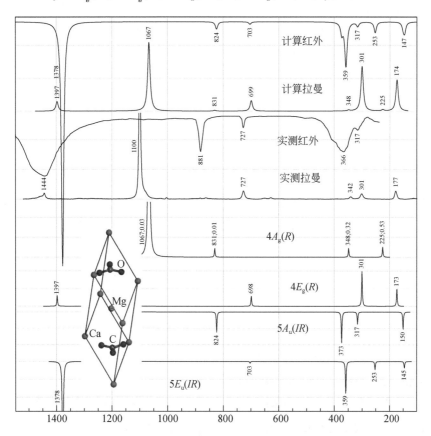

6.13　碳酸三镁钙，碳钙镁石

碳酸三镁钙(Calcium Trimagnesium Carbonate)，碳钙镁石(Huntite)，$CaMg_3(CO_3)_4$，155-$R32$(D_3^7)，$Z=3$，$3a$(C^{4+})，$3b$(Ca^{2+})，$9d$(C^{4+}，$2O^{2-}$)，$9e$(Mg^{2+})，$18f$(O^{2-})，ICSD#201729。$3a+3b+3×9d+9e+18f=7A_1(R)+13A_2(IR，z)+20E(R，IR，x，y)$

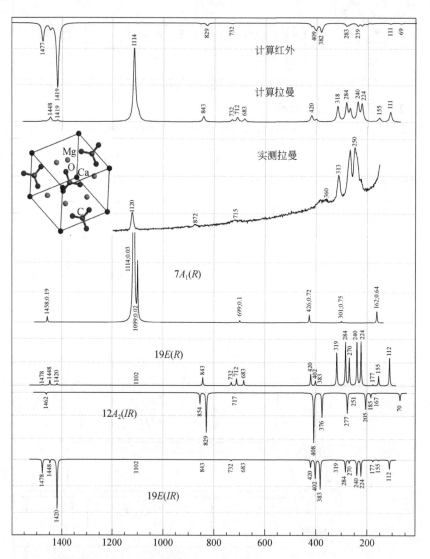

6.14　二碳酸钙二钾，碳钾钙石

二碳酸钙二钾 [Dipotassium Calcium Bis (carbonate)]，碳钾钙石 (Buetschliite)，$K_2Ca(CO_3)_2$，166-$R\bar{3}m$(D_{3d}^5)，$Z=3$，$3a$(Ca^{2+})，$6c$(K^+，C^{4+})，

$18h(O^{2-})$，ICSD#6177。$3a+2\times6c+18h=(A_{2u}+E_u)+2(A_{1g}+A_{2u}+E_g+E_u)+(2A_{1g}+A_{1u}+A_{2g}+2A_{2u}+3E_g+3E_u)=4A_{1g}(R)+A_{2g}+5E_g(R)+A_{1u}+5A_{2u}(IR, z)+6E_u(IR, x, y)$

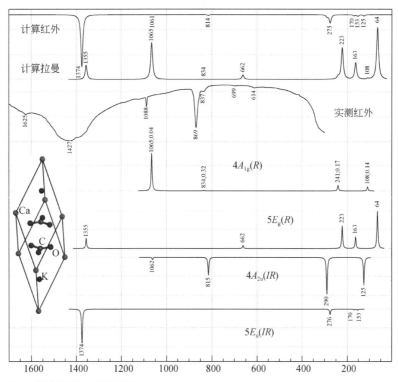

6.15 碳酸钡钙，钡解石

碳酸钡钙（Calcium Barium Carbonate），钡解石（Barytocalcite），$CaBa(CO_3)_2$，$4\text{-}P2_1(C_2^2)$，$Z=2$，$2a(Ca^{2+}, Ba^{2+}, 2C^{4+}, 6O^{2-})$，ICSD#24442。$10\times2a=10(3A+3B)=30A(R, IR, z)+30B(R, IR, x, y)$

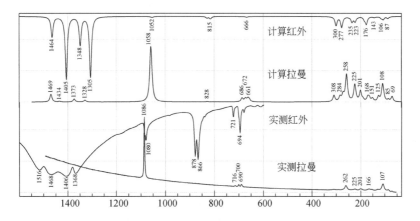

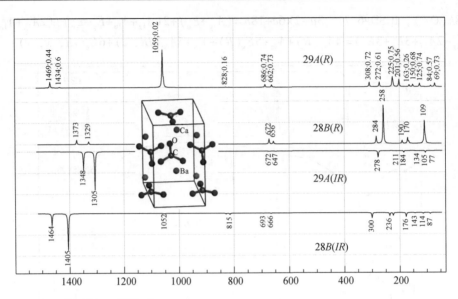

6.16　碳酸铁，菱铁矿

碳酸铁(Iron Carbonate)，菱铁矿(Siderite)，$Fe^{2+}(CO_3)$，167-$R\bar{3}c(D_{3d}^6)$，$Z=$ 6，$6a(C^{4+})$，$6b(Fe^{2+})$，$18e(O^{2-})$，ICSD#169790。$6a+6b+18e=(A_{2g}+A_{2u}+E_g+E_u)+(A_{1u}+A_{2u}+2E_u)+(A_{1g}+A_{1u}+2A_{2g}+2A_{2u}+3E_g+3E_u)=A_{1g}(R)+3A_{2g}+4E_g(R)+2A_{1u}+4A_{2u}(IR,\ z)+6E_u(IR,\ x,\ y)$

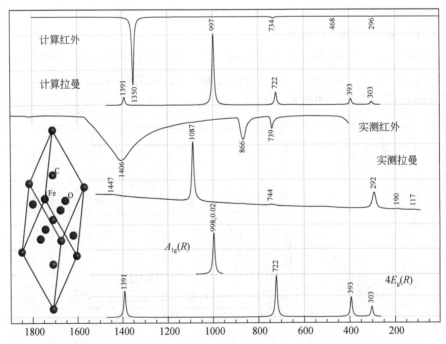

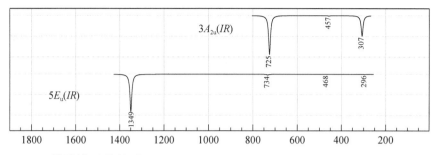

6.17 碳酸锌，菱锌矿

碳酸锌（Zinc Carbonate），菱锌矿（Smithsonite），$ZnCO_3$，167-$R\bar{3}c$（D_{3d}^6），$Z=$ 6，$6a$（C^{4+}），$6b$（Zn^{2+}），$18e$（O^{2-}），ICSD#100679。$6a+6b+18e=(A_{2g}+A_{2u}+E_g+E_u)+(A_{1u}+A_{2u}+2E_u)+(A_{1g}+A_{1u}+2A_{2g}+2A_{2u}+3E_g+3E_u)=A_{1g}(R)+3A_{2g}+4E_g(R)+2A_{1u}+4A_{2u}(IR,z)+6E_u(IR,x,y)$

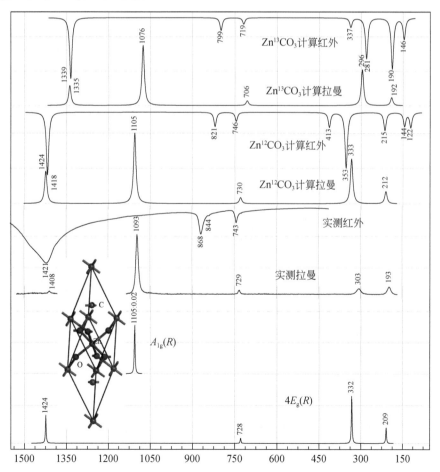

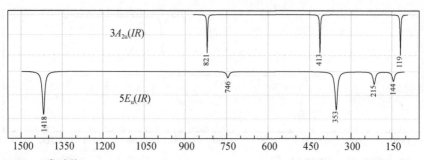

6.18　碳酸铷

碳酸铷（Rubidium Carbonate），Rb_2CO_3，$14\text{-}P2_1/c$（C_{2h}^5），$Z=4$，$4e$（$2Rb^+$，C^{4+}，$3O^{2-}$），ICSD#14155。$6\times4e=6(3A_g+3A_u+3B_g+3B_u)=18A_g(R)+18B_g(R)+18A_u(IR,\ z)+18B_u(IR,\ x,\ y)$

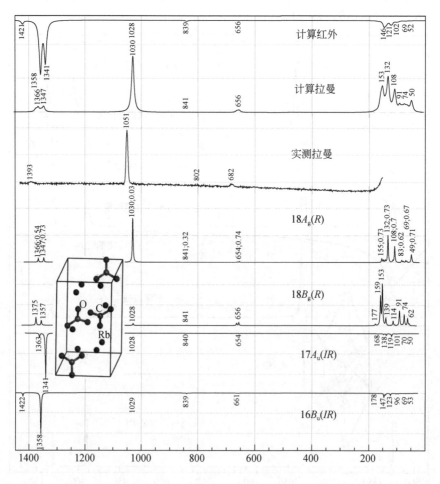

6.19 碳酸锶，菱锶矿

碳酸锶(Strontium Carbonate)，菱锶矿(Strontianite)，$SrCO_3$，62-$Pmcn$(D_{2h}^{16})，$Z=4$，$4c$(Sr^{2+}，C^{4+}，O^{2-})，$8d$(O^{2-})，ICSD#166088。$3\times4c+8d=3(2A_g+A_u+B_{1g}+2B_{1u}+2B_{2g}+B_{2u}+B_{3g}+2B_{3u})+(3A_g+3A_u+3B_{1g}+3B_{1u}+3B_{2g}+3B_{2u}+3B_{3g}+3B_{3u})=9A_g(R)+6B_{1g}(R)+9B_{2g}(R)+6B_{3g}(R)+6A_u+9B_{1u}(IR，z)+6B_{2u}(IR，y)+9B_{3u}(IR，x)$

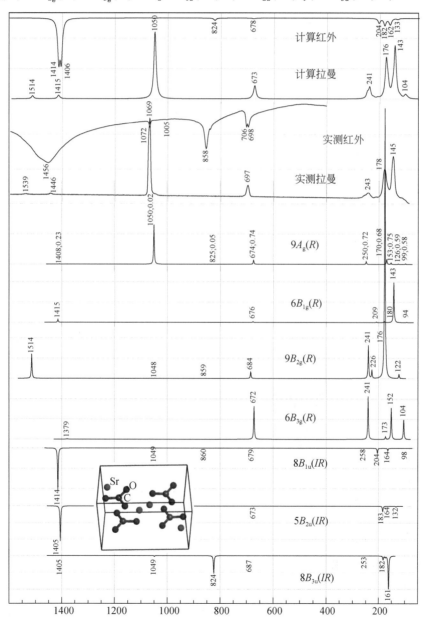

6.20　碳酸镉，菱镉矿

碳酸镉（Cadmium Carbonate），菱镉矿（Otavite），$CdCO_3$，$167\text{-}R\bar{3}c(D_{3d}^6)$，$Z=6$，$6a(C^{4+})$，$6b(Cd^{2+})$，$18e(O^{2-})$，ICSD#20181。$6a+6b+18e=(A_{2g}+A_{2u}+E_g+E_u)+(A_{1u}+A_{2u}+2E_u)+(A_{1g}+A_{1u}+2A_{2g}+2A_{2u}+3E_g+3E_u)=A_{1g}(R)+3A_{2g}+4E_g(R)+2A_{1u}+4A_{2u}(IR,z)+6E_u(IR,x,y)$

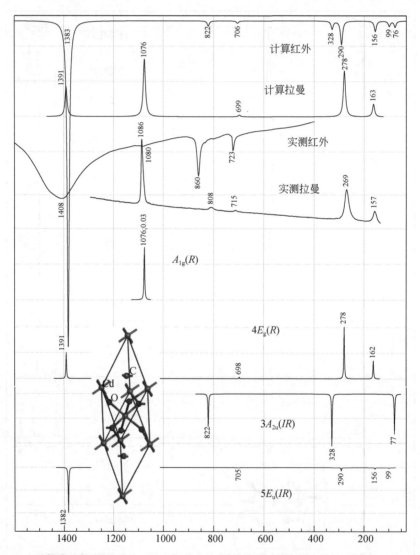

6.21　碳酸二银

碳酸二银（beta-Disilver Carbonate），Ag_2CO_3，$159\text{-}P3_1c(C_{3v}^4)$，$Z=6$，$6c(2Ag^+,3O^{2-})$，$2a(C^{4+})$，$2b(2C^{4+})$，ICSD#93988。$2a+2\times2b+5\times6c=3(A_1+A_2+$

$2E)+5(3A_1+3A_2+6E)=18A_1(R, IR, z)+18A_2+36E(R, IR, x, y)$

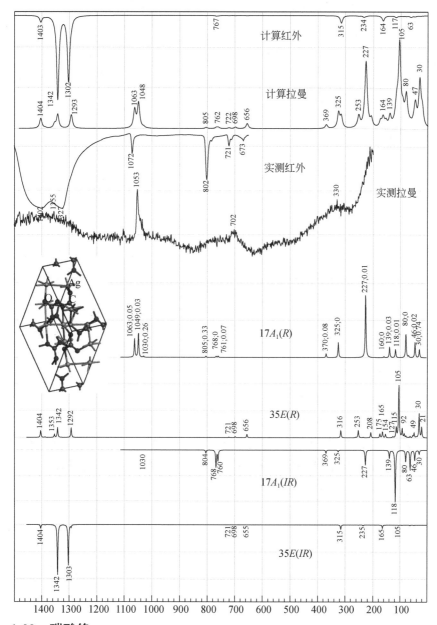

6. 22 碳酸铯

碳酸铯（Cesium Carbonate），Cs_2CO_3，$14\text{-}P2_1/c(C_{2h}^5)$，$Z=4$，$4e(2Cs^+$，$C^{4+}$，$3O^{2-})$，ICSD#14156。$6×4e=6(3A_g+3A_u+3B_g+3B_u)=18A_g(R)+18B_g(R)+18A_u(IR, z)+18B_u(IR, x, y)$

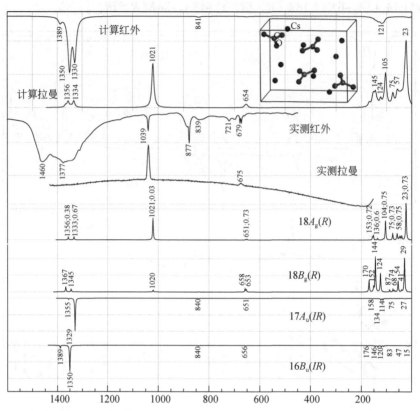

6.23　碳酸钡，碳钡矿

碳酸钡（alpha-Barium Carbonate），碳钡矿（Witherite），$BaCO_3$，62-$Pmcn$（D_{2h}^{16}），$Z=4$，$4c(Ba^{2+}$，C^{4+}，$O^{2-})$，$8d(O^{2-})$，ICSD#158379。$3×4c+8d=9A_g(R)+6B_{1g}(R)+9B_{2g}(R)+6B_{3g}(R)+6A_u+9B_{1u}(IR$，$z)+6B_{2u}(IR$，$y)+9B_{3u}(IR$，$x)$

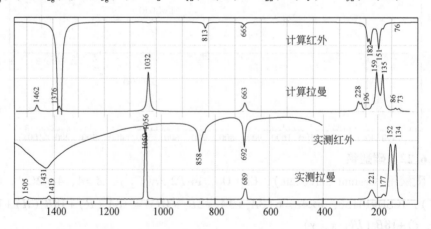

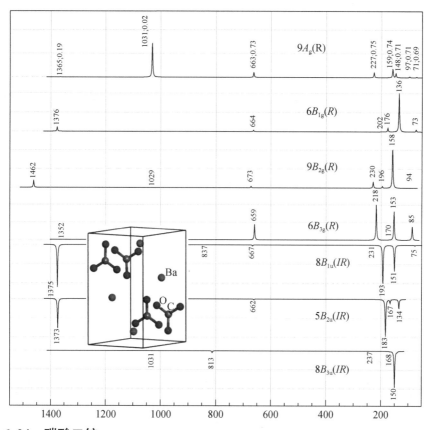

6.24 碳酸二铊

碳酸二铊（Dithallium Carbonate），Tl_2CO_3，12-$C2/m$（C_{2h}^3），$Z=4$，$4i$（$2Tl^+$，C^{4+}，O^{2-}），$8j$（O^{2-}），ICSD#4239。$4\times4i+8j=4(2A_g+A_u+B_g+2B_u)+(3A_g+3A_u+3B_g+3B_u)=11A_g(R)+7B_g(R)+7A_u(IR,\ z)+11B_u(IR,\ x,\ y)$

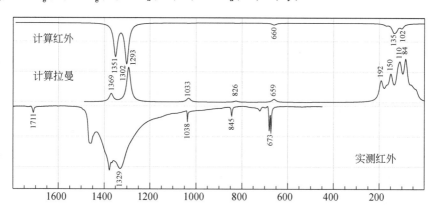

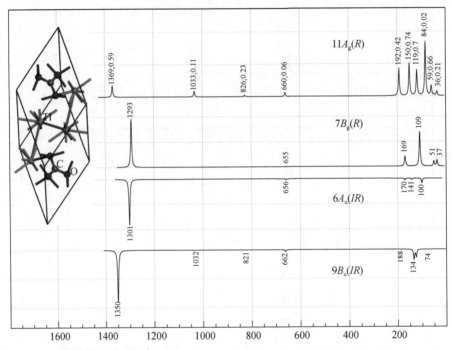

6.25　碳酸铅，白铅矿

碳酸铅（Lead Carbonate），白铅矿（Cerussite），$PbCO_3$，$62\text{-}Pmcn\,(D_{2h}^{16})$，$Z=4$，$4c(Pb^{2+}、C^{4+}、O^{2-})$，$8d(O^{2-})$，ICSD#36164。$3\times4c+8d=9A_g(R)+6B_{1g}(R)+9B_{2g}(R)+6B_{3g}(R)+6A_u+9B_{1u}(IR,\ z)+6B_{2u}(IR,\ y)+9B_{3u}(IR,\ x)$

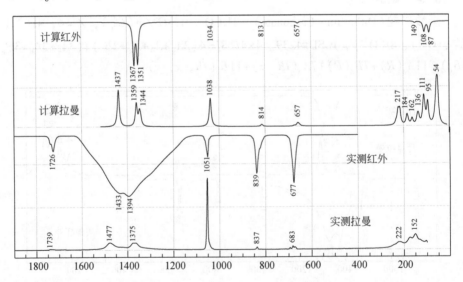

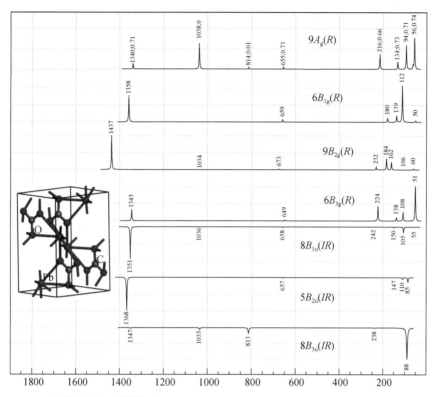

6.26　碳酸氢铵，碳铵石

碳酸氢铵（Ammonium Hydrogencarbonate），碳铵石（Teschemacherite），（NH_4）（HCO_3），56-$Pccn$（D_{2h}^{10}），$Z = 8$，$8e$（C^{4+}，$3O^{2-}$，N^{3-}，$5H^+$），ICSD # 100877。$10×8e = 30A_g(R) + 30B_{1g}(R) + 30B_{2g}(R) + 30B_{3g}(R) + 30A_u + 30B_{1u}(IR, z) + 30B_{2u}(IR, y) + 30B_{3u}(IR, x)$

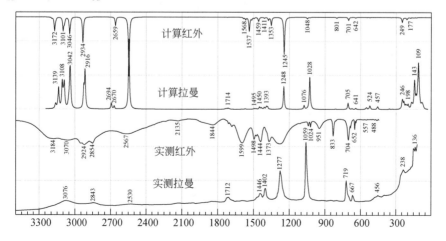

6.27　碳酸氢钠，苏打石

碳酸氢钠（Sodium Hydrogencarbonate），苏打石（Nahcolite），NaHCO$_3$，14-$P2_1/c$（C_{2h}^5），$Z=4$，$4e$（Na$^+$，H$^+$，C^{4+}，3O^{2-}），ICSD#18183。$6\times4e=6$（$3A_g+3A_u+3B_g+3B_u$）$=18A_g(R)+18B_g(R)+18A_u(IR,\ z)+18B_u(IR,\ x,\ y)$

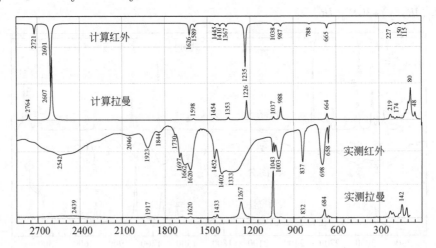

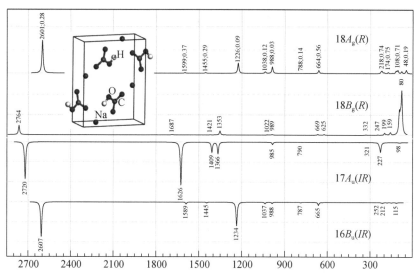

6.28 碳酸氢钾，重碳钾石

碳酸氢钾（Potassium Hydrogencarbonate），重碳钾石（Kalicinite），$KHCO_3$，$14\text{-}P2_1/c(C_{2h}^5)$，$Z=4$，$4e(K^+$，$H^+$，$C^{4+}$，$3O^{2-})$，ICSD#2074。$6\times4e=6(3A_g+3A_u+3B_g+3B_u)=18A_g(R)+18B_g(R)+18A_u(IR，z)+18B_u(IR，x，y)$

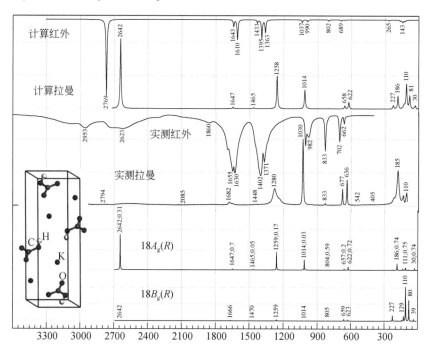

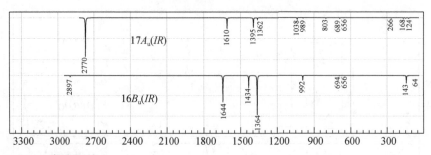

6.29　碳酸氢铯

碳酸氢铯（Cesium Hydrogencarbonate），$CsHCO_3$，14-$P2_1/n$（C_{2h}^5），$Z=4$，$4e$（Cs^+，H^+，C^{4+}，$3O^{2-}$），ICSD#300259。$6\times4e=6(3A_g+3A_u+3B_g+3B_u)=18A_g(R)+18B_g(R)+18A_u(IR,z)+18B_u(IR,x,y)$

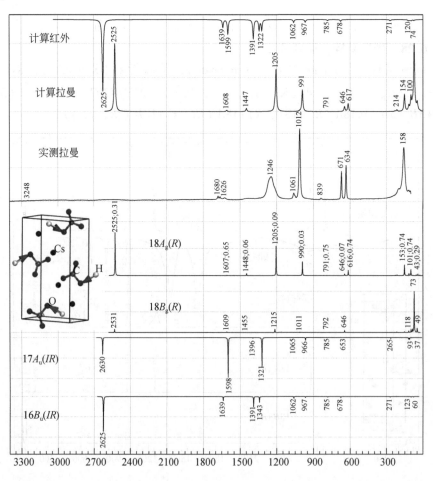

6.30 碳酸氟化镧

碳酸氟化镧(Lanthanum Fluoride Carbonate)，$LaFCO_3$，$189\text{-}P\bar{6}2m(D_{3h}^3)$，$Z =$
3，$1a(F^-)$，$2c(F^-)$，$3f(La^{3+})$，$3g(C^{4+}, O^{2-})$，$6f(O^{2-})$，ICSD#26678。$1a+2c+$
$3f+2\times3g+6f=(A_2''+E')+(A_1''+A_2''+2E')+3(A_1'+A_2'+A_2''+2E'+E'')+(2A_1'+A_1''+A_2'+2A_2''+$
$3E'+3E'')=5A_1'(R)+2A_2''+4A_2'+7A_2''(IR, z)+12E'(R, IR, x, y)+6E''(R)$

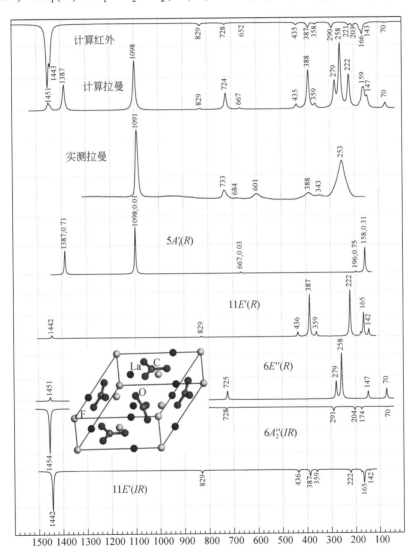

6.31 碳酸二氟化二钙，氟碳钙矿

碳酸二氟化二钙(Dicalcium Difluoride Carbonate)，氟碳钙矿(Brekite)，
$Ca_2F_2CO_3$，$60\text{-}Pbcn(D_{2h}^{14})$，$Z = 4$，$4c(C^{4+}, O^{2-})$，$8d(Ca^{2+}, O^{2-}, F^-)$，ICSD#

100607。 $2 \times 4c + 3 \times 8d = 2(A_g + A_u + 2B_{1g} + 2B_{1u} + B_{2g} + B_{2u} + 2B_{3g} + 2B_{3u}) + 3(3A_g + 3A_u + 3B_{1g} + 3B_{1u} + 3B_{2g} + 3B_{2u} + 3B_{3g} + 3B_{3u}) = 11A_g(R) + 13B_{1g}(R) + 11B_{2g}(R) + 13B_{3g}(R) + 11A_u + 13B_{1u}(IR, z) + 11B_{2u}(IR, y) + 13B_{3u}(IR, x)$

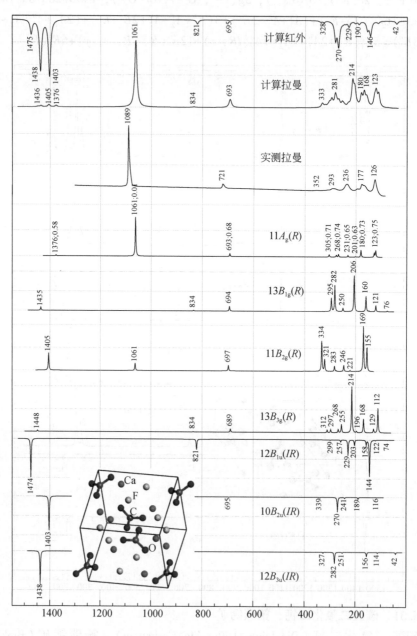

6.32 碳酸二氢氧化铝钠，碳钠铝石

碳酸二氢氧化铝钠（Sodium Aluminium Dihydroxide Carbonate），碳钠铝石（Dawsonite），$NaAl(OH)_2(CO_3)$，$74\text{-}Imma(D_{2h}^{28})$，$Z=4$，$4b(Al^{3+})$，$4d(Na^+)$，$4e(C^{4+}, O^{2-})$，$8h(O^{2-})$，$8i(H^+, O^{2-})$，ICSD#100140。$4b+4d+2\times4e+8h+2\times8i=8A_g(R)+3B_{1g}(R)+7B_{2g}(R)+6B_{3g}(R)+5A_u+12B_{1u}(IR, z)+9B_{2u}(IR, y)+10B_{3u}(IR, x)$

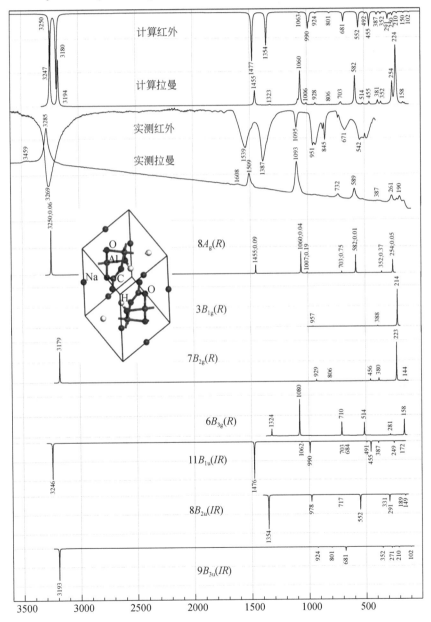

6.33 碳酸氧化铅，碳氧铅石

碳酸氧化铅（Dilead Oxide Carbonate），碳氧铅石（Shannonite），Pb_2OCO_3，19-$P2_12_12_1(D_2^4)$，$Z=4$，$4a(2Pb^{2+}, C^{4+}, 4O^{2-})$，ICSD#91714。$7\times4a=7(3A+3B_1+3B_2+3B_3)=21A(R)+21B_1(R, IR, z)+21B_2(R, IR, y)+21B_3(R, IR, x)$

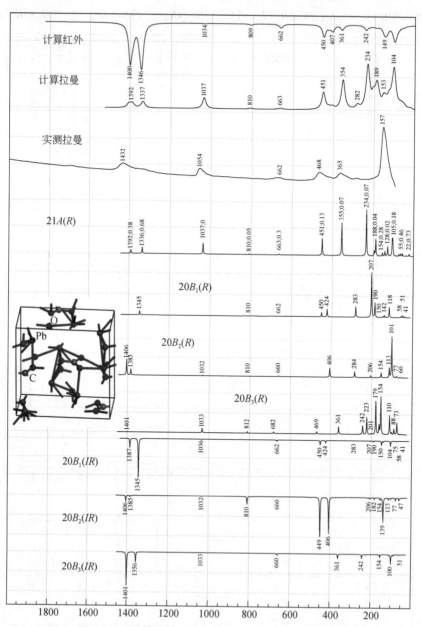

6.34 碳酸氯化铅，角铅矿

碳酸氯化铅（Dilead Dichloride Carbonate），角铅矿（Phosgenite），$Pb_2Cl_2CO_3$，127-$P4/mbm(D_{4h}^5)$，$Z=4$，$4e(Cl^-)$，$4g(O^{2-}$，$C^{4+})$，$4h(Cl^-)$，$8k(Pb^{2+}$，$O^{2-})$，ICSD#4240。$4e+2\times4g+4h+2\times8k=8A_{1g}(R)+6A_{2g}+5B_{1g}(R)+7B_{2g}(R)+11E_g(R)+3A_{1u}+8A_{2u}(IR, z)+7B_{1u}+5B_{2u}+14E_u(IR, x, y)$

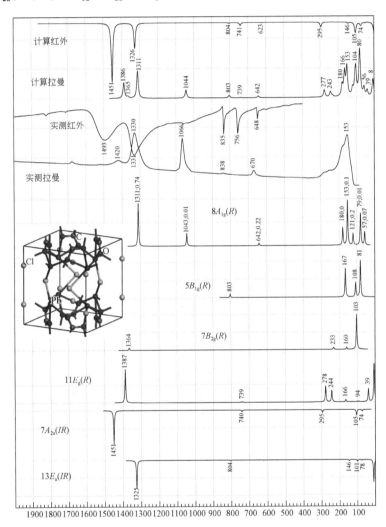

6.35 碳酸二硅酸五钙，灰硅钙石

碳酸二硅酸五钙[Pentacalcium Bis(silicate) Carbonate]，灰硅钙石（Spurrite），$Ca_5(SiO_4)_2(CO_3)$，14-$P2_1/a(C_{2h}^5)$，$Z=4$，$4e(5Ca^{2+}$，$2Si^{4+}$，$11O^{2-}$，$C^{4+})$，ICSD#25830。$19\times4e=19(3A_g+3A_u+3B_g+3B_u)=57A_g(R)+57B_g(R)+57A_u(IR, z)+57B_u(IR, x, y)$

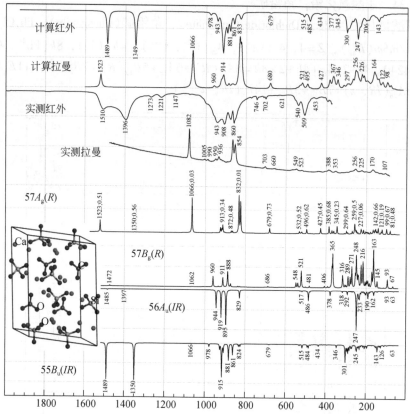

6.36　碳酸硅酸钙，粒硅钙石

碳酸硅酸钙(Calcium Silicate Carbonate)，粒硅钙石(Tilleyite)，$Ca_5(Si_2O_7)(CO_3)_2$，$14\text{-}P2_1/a(C_{2h}^5)$，$Z=4$，$4e(5Ca^{2+}, 2Si^{4+}, 2C^{4+}, 13O^{2-})$，ICSD#14256。$22\times4e=22(3A_g+3A_u+3B_g+3B_u)=66A_g(R)+66A_u(IR, z)+66B_g(R)+66B_u(IR, x, y)$

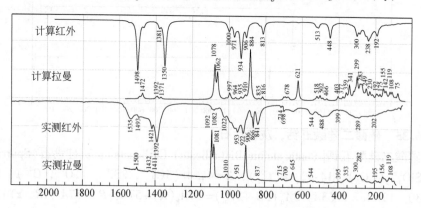

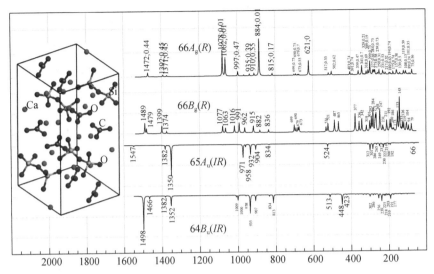

6.37 碳酸硅酸二钇，羟硅钇石

碳酸硅酸二钇（Diyttrium Silicate Carbonate），羟硅钇石［Iimoriite-（Y）］，$Y_2(SiO_4)(CO_3)$，$2-P\bar{1}(C_i^1)$，$Z=2$，$2i(2Y^{3+}$，Si^{4+}，C^{4+}，$7O^{2-})$，ICSD#88878。

$11 \times 2i = 33A_g(R) + 33A_u(IR, x, y, z)$

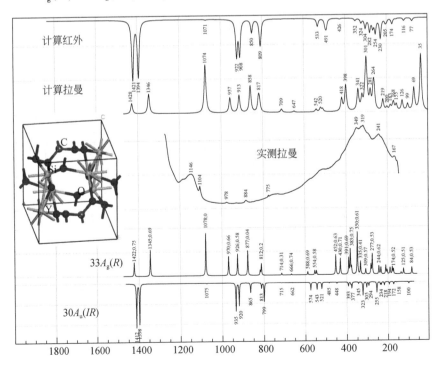

6.38　二水合碳酸氢钠–天然碱

二水合碳酸氢钠（Sodium Hydrogen Carbonate Dihydrate）-天然碱（Trona）$Na_3H(CO_3)_2 \cdot 2H_2O$，$15-C2/c(C_{2h}^6)$，$Z=4$，$4a(H^+)$，$4e(Na^+)$，$8f(C^{4+}, 4O^{2-}, 3H^+)$，ICSD#34627。$4a+4e+8\times8f=25A_g(R)+28A_u(IR, z)+26B_g(R)+29B_u(IR, x, y)$

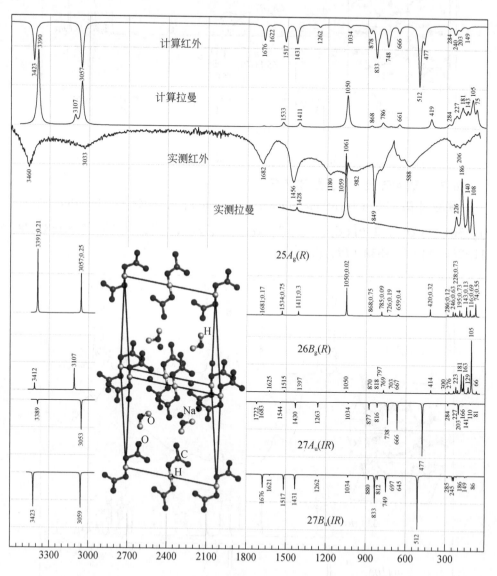

第7章 氰化物、氮化物

7.1 硫氰酸锂

硫氰酸锂（Lithium Thiocyanate），$Li(SCN)$，62-$Pnma$（D_{2h}^{16}），$Z=4$，$4c$（Li^+，S^{2-}，C^{4+}，N^{3-}），ICSD#425061。$4\times4c=4(2A_g+A_u+B_{1g}+2B_{1u}+2B_{2g}+B_{2u}+B_{3g}+2B_{3u})=8A_g(R)+4B_{1g}(R)+8B_{2g}(R)+4B_{3g}(R)+4A_u+8B_{1u}(IR,\ z)+4B_{2u}(IR,\ y)+8B_{3u}(IR,\ x)$

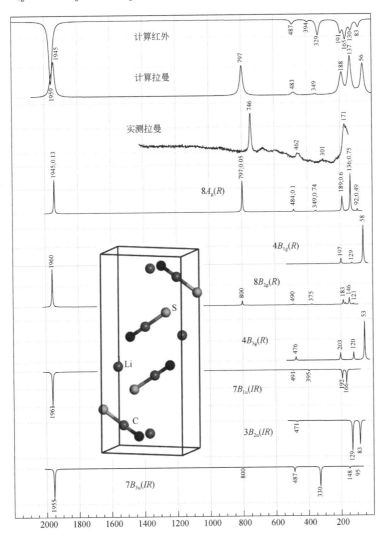

7.2　硫氰酸钠

硫氰酸钠（Sodium Thiocyanate），Na（SCN），62-$Pmcn$（D_{2h}^{16}），$Z=4$，$4c$（Na$^+$，S^{2-}，C^{4+}，N^{3-}），ICSD#952。$4\times4c=4(2A_g+A_u+B_{1g}+2B_{1u}+2B_{2g}+B_{2u}+B_{3g}+2B_{3u})=8A_g(R)+4B_{1g}(R)+8B_{2g}(R)+4B_{3g}(R)+4A_u+8B_{1u}(IR,\ z)+4B_{2u}(IR,\ y)+8B_{3u}(IR,\ x)$

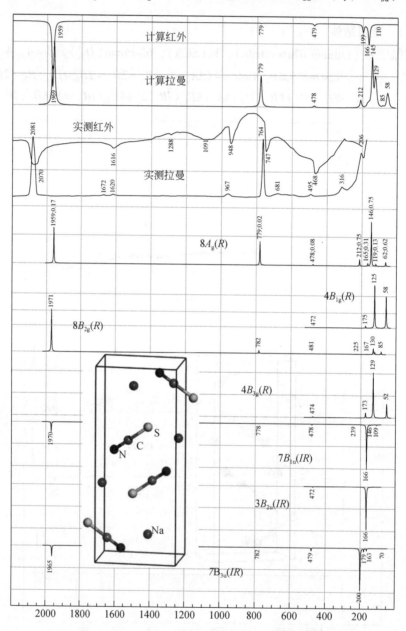

7.3 硫氰酸钾

硫氰酸钾（Potassium Thiocyanate），K（SCN），57-$Pbcm$（D_{2h}^{11}），$Z=4$，$4c$（K^+），$4d$（S^{2-}，C^{4+}，N^{3-}），ICSD#28355。$4c+3\times4d=（A_g+A_u+2B_{1g}+2B_{1u}+2B_{2g}+2B_{2u}+B_{3g}+B_{3u}）+3（2A_g+A_u+2B_{1g}+B_{1u}+B_{2g}+2B_{2u}+B_{3g}+2B_{3u}）=7A_g（R）+8B_{1g}（R）+5B_{2g}（R）+4B_{3g}（R）+4A_u+5B_{1u}（IR,z）+8B_{2u}（IR,y）+7B_{3u}（IR,x）$

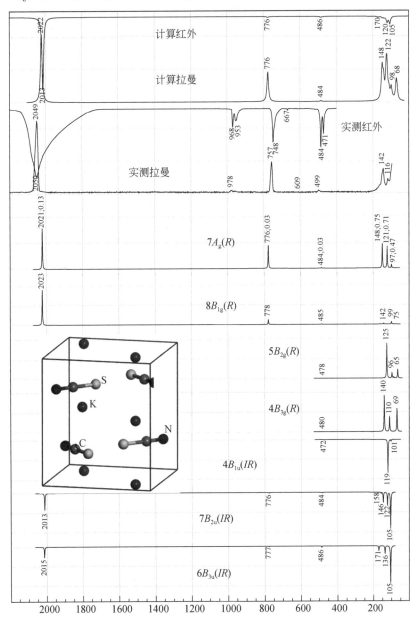

7.4　硫氰酸铯

硫氰酸铯（Cesium Thiocyanate），CsSCN，62-$Pnma$（D_{2h}^{16}），$Z=4$，$4c$（Cs$^+$，S^{6+}，C^{4-}，N^{3-}），ICSD#19001。$4\times4c=4(2A_g+A_u+B_{1g}+2B_{1u}+2B_{2g}+B_{2u}+B_{3g}+2B_{3u})=8A_g(R)+4B_{1g}(R)+8B_{2g}(R)+4B_{3g}(R)+4A_u+8B_{1u}(IR)+4B_{2u}(IR)+8B_{3u}(IR)$

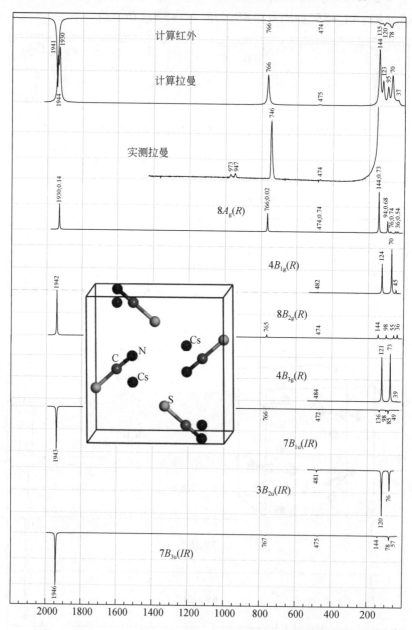

7.5　硒氰酸钾

硒氰酸钾（Potassium Selenocyanate），KSeCN，14-$P2_1/c$(C_{2h}^5)，$Z=4$，$4e$(K^+，Se^{2-}，C^{4+}，N^{3-})，ICSD#23951。$4\times4e = 4(3A_g+3A_u+3B_g+3B_u) = 12A_g(R) + 12B_g(R) + 12A_u(IR, z) + 12B_u(IR, x, y)$

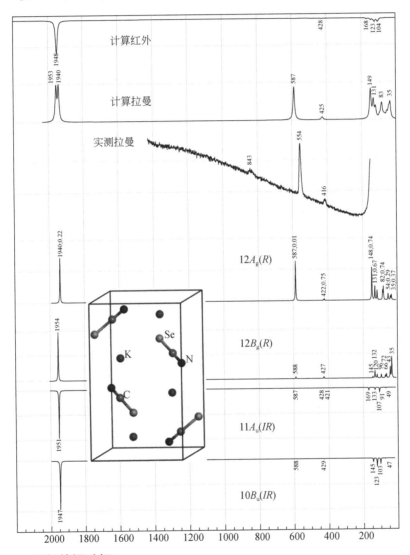

7.6　四氰基镉酸钾

四氰基镉酸钾（Potassium Tetracyanocadmate），$K_2Cd(CN)_4$，227-$Fd\bar{3}m$(O_h^7)，$Z=8$，$8b$(Cd^{2+})，$16c$(K^+)，$32e$(C^{2+}，N^{3-})，ICSD#23994。$8b+16c+2\times32e = (T_{1u}+T_{2g})+(A_{2u}+E_u+2T_{1u}+T_{2u})+2(A_{1g}+A_{2u}+E_g+E_u+T_{1g}+2T_{1u}+2T_{2g}+T_{2u}) = 2A_{1g}(R)+$

$2E_g(R)+2T_{1g}+5T_{2g}(R)+3A_{2u}+3E_u+7T_{1u}(IR,\ x,\ y,\ z)+3E_{2u}$

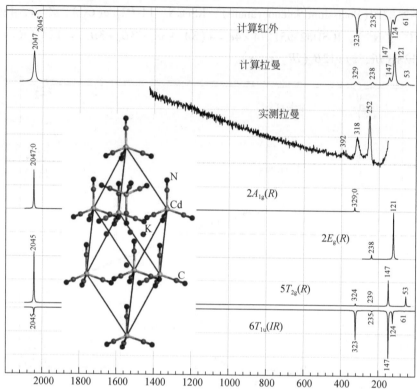

7.7　氰化汞

氰化汞（Mercury Cyanide），$Hg(CN)_2$，122-$I\bar{4}2d$（D_{2d}^{12}），$Z=8$，$8d(Hg^{2+})$，$16e(C^{2+},\ N^{3-})$，ICSD#22393。$8d+2\times16e=(A_1+2A_2+B_1+2B_2+3E)+2(3A_1+3A_2+3B_1+3B_2+6E)=7A_1(R)+8A_2+7B_1(R)+8B_2(R,\ IR,\ z)+15E(R,\ I,\ x,\ y)$

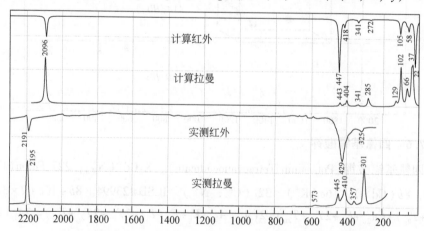

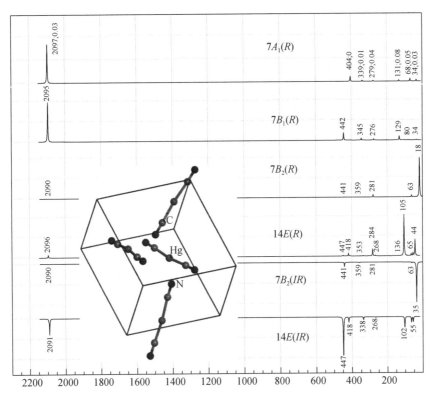

7.8　氮化镁

氮化镁（Magnesium Nitride），Mg_3N_2，$206\text{-}Ia\bar{3}$（T_h^7），$Z=16$，$8b$（N^{3-}），$24d$（N^{3-}），$48e$（Mg^{2+}），ICSD#23522。$8b+24d+48e=(A_u+E_u+3T_u)+(A_g+A_u+E_g+E_u+5T_g+5T_u)+(3A_g+3A_u+3E_g+3E_u+9T_g+9T_u)==4A_g(R)+4E_g(R)+14T_g(R)+5A_u+5E_u+17T_u(IR, x, y, z)$

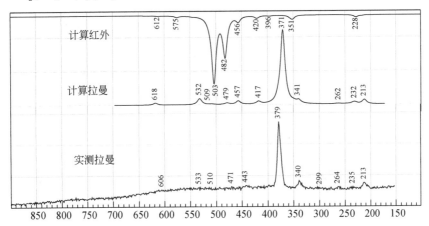

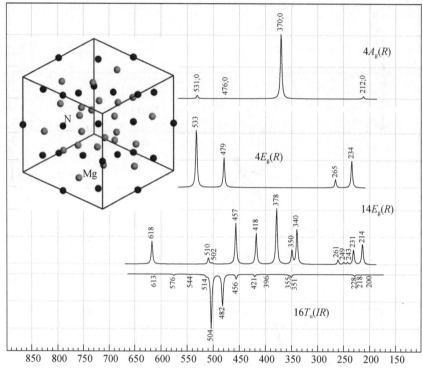

7.9　氮化铝

氮化铝（Aluminum Nitride），AlN，216-$F\bar{4}3m$（T_d^2），$Z=4$，$4a$（N^{3-}），$4c$（Al^{3+}），ICSD#41545。$4a+4c=2(T_2)=2T_2(R，IR，x，y，z)$

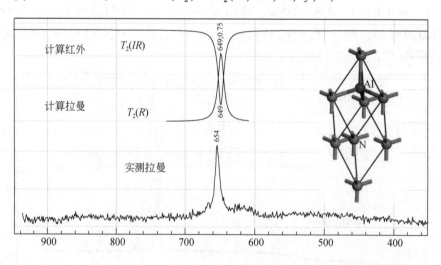

7.10　氮化硅，氮硅石

氮化硅（alpha-Silicon Nitride），氮硅石（Nierite），Si_3N_4，159-$P3_1/c$（C_{3v}^4），$Z=4$，$2a(N^{3-})$，$2b(N^{3-})$，$6c(2N^{3-}, 2Si^{4+})$，ICSD#34096。$2a+2b+4\times6c=2(A_1+A_2+2E)+4(3A_1+3A_2+6E)=14A_1(R, IR, z)+14A_2+28E(R, IR, x, y)$

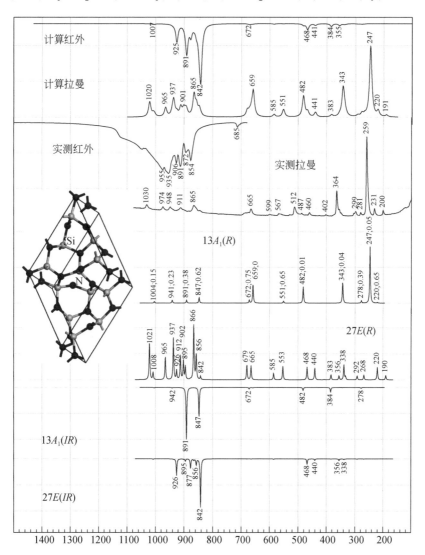

7.11　氮化钙

氮化钙（alpha-Calcium Nitride），Ca_3N_2，206-$Ia\bar{3}$（T_h^7），$Z=16$，$8a(N^{3-})$，$24d(N^{3-})$，$48e(Ca^{2+})$，ICSD#34678。$8a+24d+48e=(A_u+E_u+3T_u)+(A_g+A_u+E_g+E_u+5T_g+5T_u)+(3A_g+3A_u+3E_g+3E_u+9T_g+9T_u)=4A_g(R)+4E_g(R)+14T_g(R)+5A_u+$

$5E_u+17T_u(IR,\ x,\ y,\ z)$

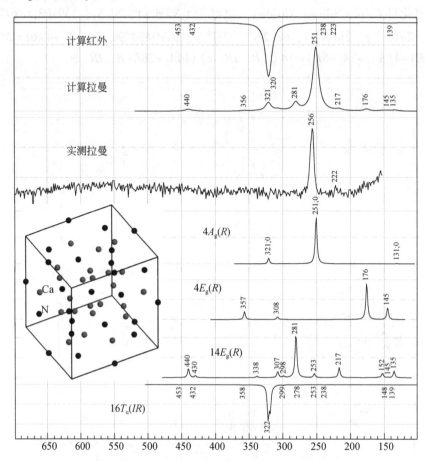

第8章 硝 酸 盐

8.1 硝酸锂

硝酸锂（Lithium Nitrate），$Li(NO_3)$，167-$R\bar{3}c$（D_{3d}^6），$Z=6$，$6a$（N^{5+}），$6b$（Li^+），$18e$（O^{2-}），ICSD#67981。$6a+6b+18e=(A_{2g}+A_{2u}+E_g+E_u)+(A_{1u}+A_{2u}+2E_u)+(A_{1g}+A_{1u}+2A_{2g}+2A_{2u}+3E_g+3E_u)=A_{1g}(R)+3A_{2g}+4E_g(R)+2A_{1u}+4A_{2u}(IR,\ z)+6E_u$（$IR$，$x$，$y$）

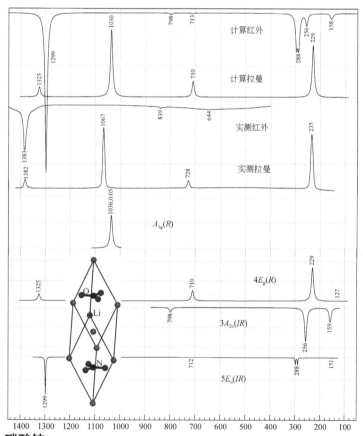

8.2 硝酸铵

硝酸铵［Ammonium Nitrate（V）］，$(NH_4)(NO_3)$，59-$Pmmn$（D_{2h}^{13}），$Z=2$，$2a$（N^{5+}，O^{2-}），$2b$（N^{3-}），$4e$（H^+），$4f$（O^{2-}，H^+），ICSD#2772。$2a+2b+4e+4f=3(A_g+B_{1u}+B_{2g}+B_{2u}+B_{3g}+B_{3u})+(2A_g+A_u+B_{1g}+2B_{1u}+B_{2g}+2B_{2u}+2B_{3g}+B_{3u})+2(2A_g+A_u+$

$B_{1g}+2B_{1u}+2B_{2g}+B_{2u}+B_{3g}+2B_{3u}) = 9A_g(R)+3B_{1g}(R)+8B_{2g}(R)+7B_{3g}(R)+3A_u+9B_{1u}$
$(IR,\ z)+7B_{2u}(IR,\ y)+8B_{3u}(IR,\ x)$

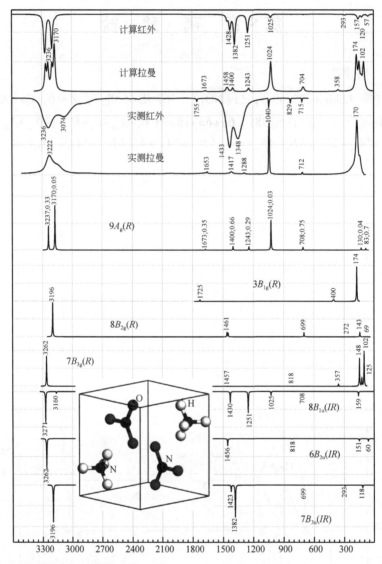

8.3 硝酸钠，钠硝石

硝酸钠[Sodium Nitrate(V)]，钠硝石(Nitratine)，Na(NO$_3$)，167-$R\bar{3}c(D_{3d}^6)$，$Z=6$，$6a(N^{5+})$，$6b(Na^+)$，$18e(O^{2-})$，ICSD#64871。$6a+6b+18e=(A_{2g}+A_{2u}+E_g+E_u)+(A_{1u}+A_{2u}+2E_u)+(A_{1g}+A_{1u}+2A_{2g}+2A_{2u}+3E_g+3E_u)=A_{1g}(R)+3A_{2g}+4E_g(R)+2A_{1u}+4A_{2u}(IR,\ z)+6E_u(IR,\ x,\ y)$

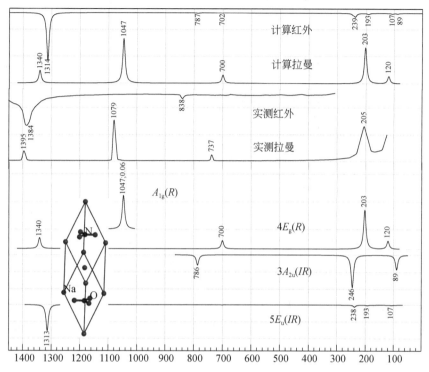

8.4 水合硝酸铝

水合硝酸铝[Hexaaquaaluminium Trinitrate（Ⅴ）]，[Al（H$_2$O）$_6$]（NO$_3$）$_3$，15-C2/c（C_{2h}^6），4c（Al^{3+}），4e（O^{2-}，N^{5+}），8f（7O^{2-}，N^{5+}，6H$^+$），ICSD#96764。4c+2×4e+14×8f=（3A$_u$+3B$_u$）+2（A$_g$+A$_u$+2B$_g$+2B$_u$）+14（3A$_g$+3A$_u$+3B$_g$+3B$_u$）=44A$_g$（R）+46B$_g$（R）+47A$_u$（R，z）+49B$_u$（R，x，y）

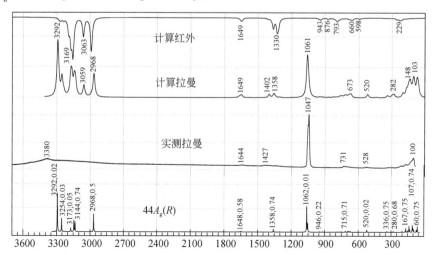

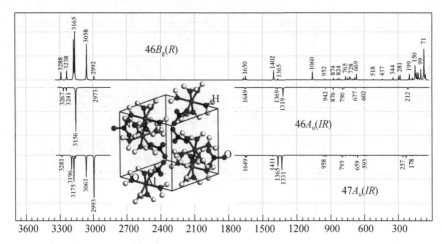

8.5　硝酸钾，钾硝石

硝酸钾［alpha-Potassium Nitrate（Ⅴ）］，钾硝石（Niter），α-K（NO₃），62-*Pmcn*（D_{2h}^{16}），$Z=4$，$4c$（K⁺，N⁵⁺，O²⁻），$8d$（O²⁻），ICSD#10289。$3\times4c+8d=3（2A_g+A_u+B_{1g}+2B_{1u}+2B_{2g}+B_{2u}+B_{3g}+2B_{3u}）+（3A_g+3A_u+3B_{1g}+3B_{1u}+3B_{2g}+3B_{2u}+3B_{3g}+3B_{3u}）=9A_g（R）+6B_{1g}（R）+9B_{2g}（R）+6B_{3g}（R）+6A_u+9B_{1u}（IR，z）+6B_{2u}（IR，y）+9B_{3u}（IR，x）$

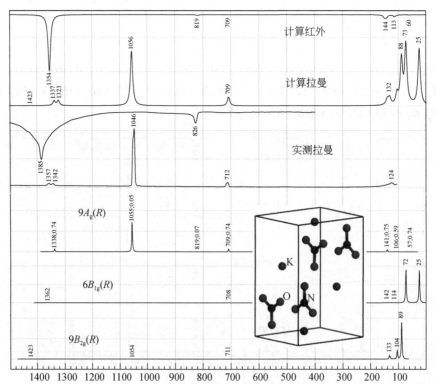

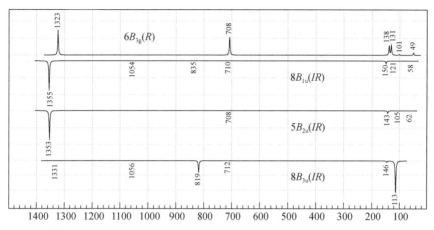

8.6 硝酸铷

硝酸铷〔Rubidium Nitrate（V）〕，Rb（NO$_3$），144-P3$_1$（C_3^2），$Z=9$，$3a$（3Rb$^+$，3N^{5+}，9O^{2-}），ICSD#35102。$15×3a=15（3A+3E）=45A（R，IR，z）+45E（R，IR，x，y）$

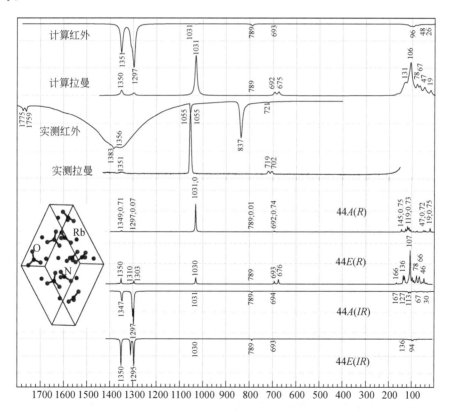

8.7　硝酸锶

硝酸锶（Strontium Nitrate），$Sr(NO_3)_2$，$205\text{-}Pa\bar{3}(T_h^6)$，$Z=4$，$4a(Sr^{2+})$，$8c$ (N^{5+})，$24d(O^{2-})$，ICSD#35494。$4a+8c+24d=(A_u+E_u+3T_u)+(A_g+A_u+E_g+E_u+3T_g+3T_u)+(3A_g+3A_u+3E_g+3E_u+9T_g+9T_u)=4A_g(R)+4E_g(R)+12T_g(R)+5A_u+5E_u+15T_u(IR,\ x,\ y,\ z)$

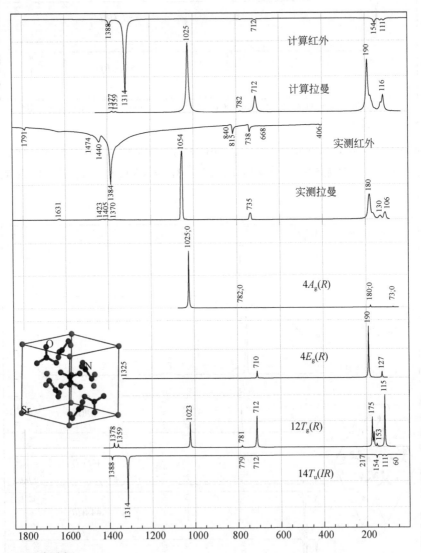

8.8　硝酸银

硝酸银（Silver Nitrate），$Ag(NO_3)$，$61\text{-}Pbca(D_{2h}^{15})$，$Z=8$，$8c(Ag^+,\ N^{5+},\ 3O^{2-})$，ICSD#201605。$5\times8c=5(3A_g+3A_u+3B_{1g}+3B_{1u}+3B_{2g}+3B_{2u}+3B_{3g}+3B_{3u})=$

$$15A_g(R) + 15B_{1g}(R) + 15B_{2g}(R) + 15B_{3g}(R) + 15A_u + 15B_{1u}(IR,\ z) + 15B_{2u}(IR,\ y) +$$
$$15B_{3u}(IR,\ x)$$

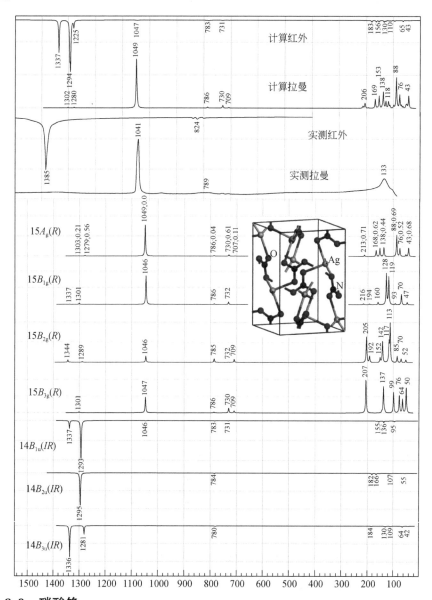

8.9　硝酸铯

硝酸铯(Cesium Nitrate)，$Cs(NO_3)$，59-$Pmmn(D_{2h}^{13})$，$Z=2$，$2a(N^{5+}$，$O^{2-})$，$2b(Cs^+)$，$4f(O^{2-})$，ICSD#16339。$2\times2a + 2b + 4f = 2(A_g + B_{1u} + B_{2g} + B_{2u} + B_{3g} + B_{3u}) + (A_g + B_{1u} + B_{2g} + B_{2u} + B_{3g} + B_{3u}) + (2A_g + A_u + B_{1g} + 2B_{1u} + 2B_{2g} + B_{2u} + B_{3g} + 2B_{3u}) = 5A_g(R) + B_{1g}$

$(R) + 5B_{2g}(R) + 4B_{3g}(R) + A_u + 5B_{1u}(IR,\ z) + 4B_{2u}(IR,\ y) + 5B_{3u}(IR,\ x)$

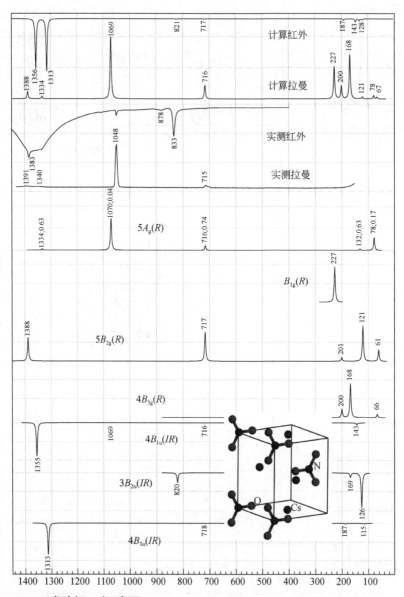

计算红外

计算拉曼

实测红外

实测拉曼

$5A_g(R)$

$B_{1g}(R)$

$5B_{2g}(R)$

$4B_{3g}(R)$

$4B_{1u}(IR)$

$3B_{2u}(IR)$

$4B_{3u}(IR)$

8.10 二硝酸钡，钡硝石

二硝酸钡[Barium Bis(nitrate(Ⅴ))]，钡硝石(Nitrobarite)，$Ba(N^{5+}O_3)_2$，205-$Pa\bar{3}(T_h^6)$，$Z = 4$，$4a(Ba^{2+})$，$8c(N^{5+})$，$24d(O^{2-})$，ICSD#35495。$4a + 8c + 24d = (A_u + E_u + 3T_u) + (A_g + A_u + E_g + E_u + 3T_g + 3T_u) + (3A_g + 3A_u + 3E_g + 3E_u + 9T_g + 9T_u) = 4A_g(R) + 4E_g(R) + 12T_g(R) + 5A_u + 5E_u + 15T_u(IR,\ x,\ y,\ z)$

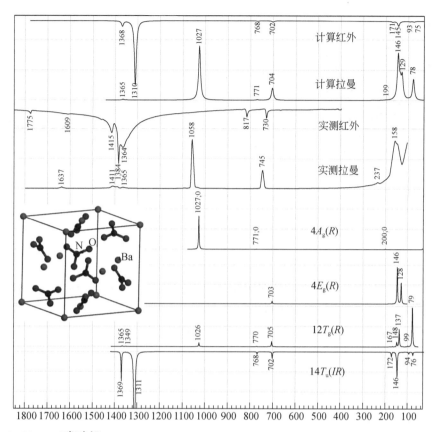

8.11 二硝酸铅

二硝酸铅〔(Lead Dinitrate(Ⅴ))〕，Pb(N^{5+}O$_3$)$_2$，205-Pa$\bar{3}$(T_h^6)，$Z=4$，$4a$(Pb^{2+})，$8c$(N^{5+})，$24d$(O^{2-})，ICSD#62698。$4a+8c+24d=(A_u+E_u+3T_u)+(A_g+A_u+E_g+E_u+3T_g+3T_u)+(3A_g+3A_u+3E_g+3E_u+9T_g+9T_u)=4A_g(R)+5A_u+4E_g(R)+5E_u+12T_g(R)+15T_u(IR,\ x,\ y,\ z)$

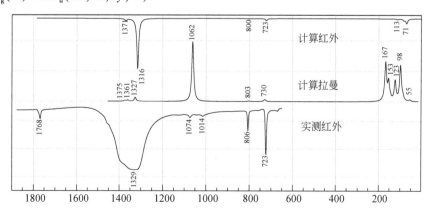

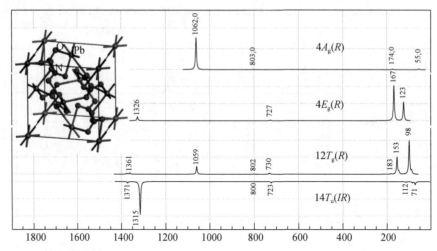

8.12 亚硝酸钠

亚硝酸钠 [Sodium Nitrate (Ⅲ)]，Na ($N^{3+}O_2$)，44-$Im2m$ (C_{2v}^{20})，$Z=2$，$2a$（Na^+，N^{3+}），$4c$（O^{2-}），ICSD#43485。$2\times2a+4c=2(A_1+B_1+B_2)+(2A_1+A_2+2B_1+B_2)=4A_1(R，IR，z)+A_2(R)+4B_1(R，IR，x)+3B_2(R，IR，y)$

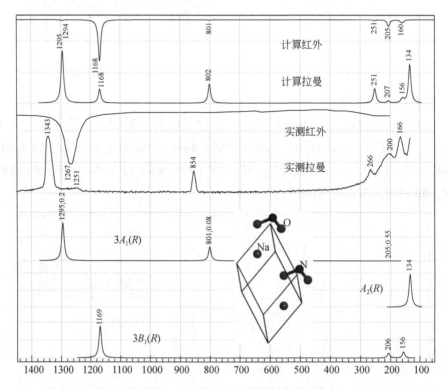

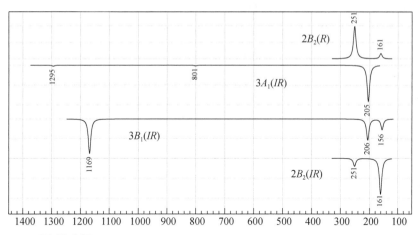

8.13　亚硝酸钾

亚硝酸钾 [Potassium Nitrate（Ⅲ）]，$K(N^{3+}O_2)$，$8\text{-}Am(C_s^3)$，$Z=2$，$2a(K^+,N^{3+})$，$4b(O^{2-})$，ICSD#26764。$2\times2a+4b=2(2A'+A'')+(3A'+3A'')=7A'(R, IR, x, y)+5A''(R, IR, z)$

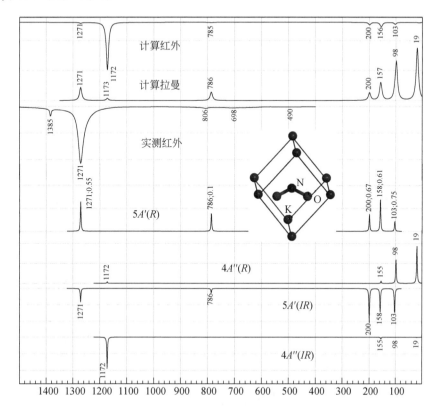

8.14　氧二氮化二硅，氧氮硅石

氧二氮化二硅（Disilicon Dinitride Oxide），氧氮硅石（Sinoite），Si_2N_2O，36- $Cmc2_1(C_{2v}^{12})$，$Z=4$，$4a(O^{2-})$，$8b(Si^{4+}, N^{3-})$，ICSD#34025。$4a+2\times8b=(2A_1+A_2+B_1+2B_2)+2(3A_1+3A_2+3B_1+3B_2)=8A_1(R, IR, z)+7A_2(R)+7B_1(R, IR, x)+8B_2(R, IR, y)$

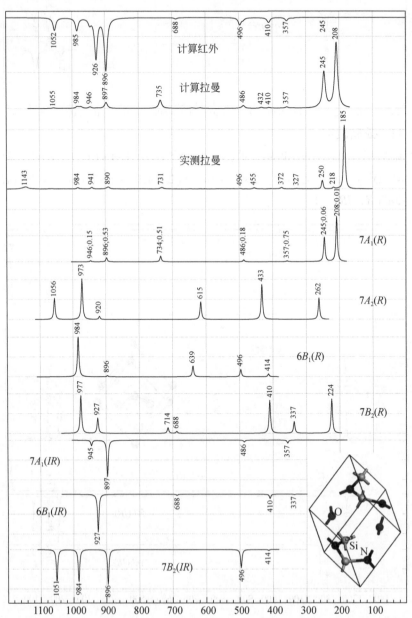

8.15 四水合二硝酸钙，水钙硝石

四水合二硝酸钙 [Calcium Dinitrate (V) Tetrahydrate]，水钙硝石（Nitrocalcite），$Ca(N^{5+}O_3)_2 \cdot 4H_2O$，$14\text{-}P2_1/c$ （C_{2h}^5），$Z=4$，$4e$（Ca^{2+}，$2N^{5+}$，$10O^{2-}$，$8H^+$），ICSD#2594。$21 \times 4e = 21(3A_g+3A_u+3B_g+3B_u) = 63A_g(R)+63A_u(IR, z)+63B_g(R)+63B_u(R, x, y)$

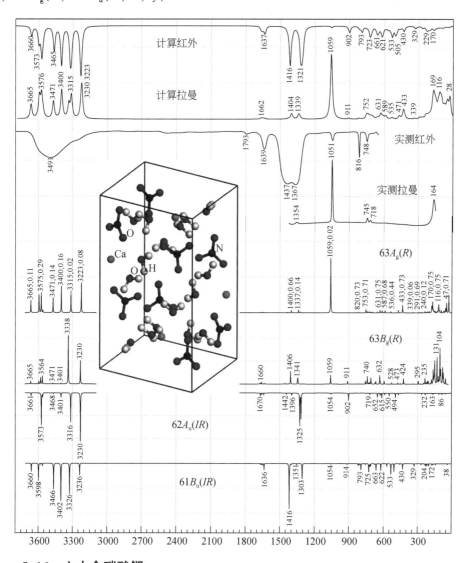

8.16 六水合硝酸镧

六水合硝酸镧（Lanthanum Nitrate Hydrate），$La(NO_3)_3 \cdot 6H_2O$，$2\text{-}P\bar{1}$（C_i^1），$Z=2$，$2i$（La^{3+}，$15O^{2-}$，$3N^{5+}$，$12H^+$），ICSD#25030。$19 \times 2i = 19(3A_g+3A_u) = 93A_g(R)+$

$93A_u(IR, x, y, z)$

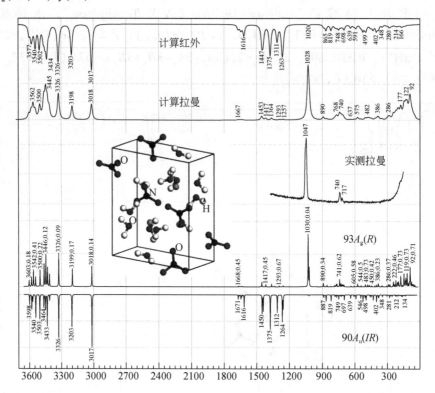

第9章 氧 化 物

9.1 过氧化锂

过氧化锂（Dilithium Peroxide），Li_2O_2，194-$P6_3/mmc$（D_{6h}^4），$Z=2$，$2a$（Li^+），$2c$（Li^+），$4f$（O^-），ICSD#152183。$2a+2c+4f=A_{1g}(R)+2B_{2g}+E_{1g}(R)+2E_{2g}(R)+3A_{2u}$（$IR$，$z$）$+2B_{1u}+3E_{1u}(IR，x，y)+2E_{2u}$

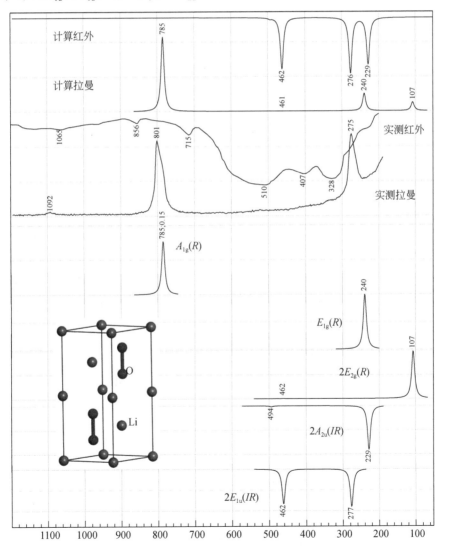

9.2　三氧化二硼

三氧化二硼（Boron Oxide），B_2O_3，144-$P3_1$（C_3^2），$Z=3$，$3a$（$2B^{3+}$，$3O^{2-}$），ICSD#24047。$5×3a=5(3A+3E)=15A(R，IR，z)+15E(R，IR，x，y)$

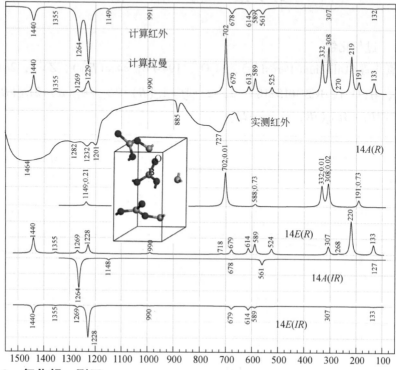

9.3　氧化铝，刚玉

氧化铝（Aluminium Oxide），刚玉（Corundum），Al_2O_3，167-$R\bar{3}c$（D_{3d}^6），$Z=6$，$4c$（Al^{3+}），$6e$（O^{2-}），ICSD#9770。$6e+4c=2A_{1g}(R)+3A_{2g}+5E_g(R)+2A_{1u}+3A_{2u}(IR，z)+5E_u(IR，x，y)$

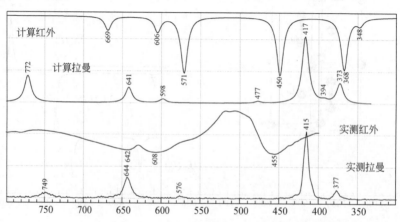

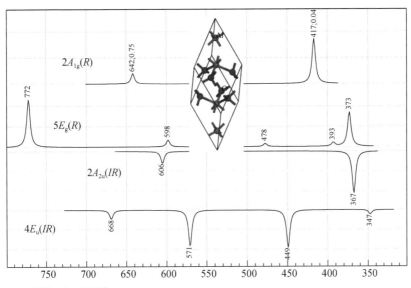

9.4 氧化硅，石英

氧化硅（Silicon Oxide），石英（Quartz），SiO_2，154-$P3_221$（D_3^6），$Z=3$，$3a$（Si^{4+}）、$6c$（O^{2-}），ICSD#174。$6c+3a=(3A_1+3A_2+6E)+(A_1+2A_2+3E)=4A_1(R)+5A_2(IR, z)+9E(R, IR, x, y)$

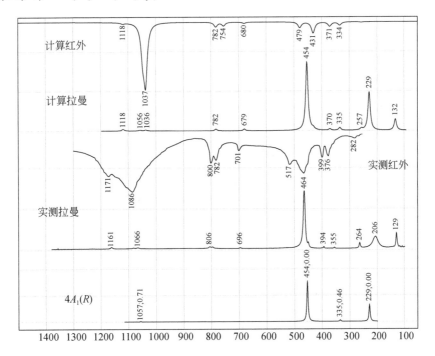

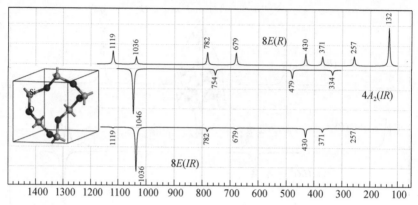

9.5　氧化硅，方石英

氧化硅（Silicon Oxide），方石英（Cristobalite），SiO_2，92-$P4_12_12(D_4^4)$，$Z=4$，$4a(Si^{4+})$、$8b(O^{2-})$，ICSD#9327。$8b+4a=4A_1(R)+5A_2(IR, x)+4B_1(R)+5B_2(R)+9E(R, IR, x, y)$

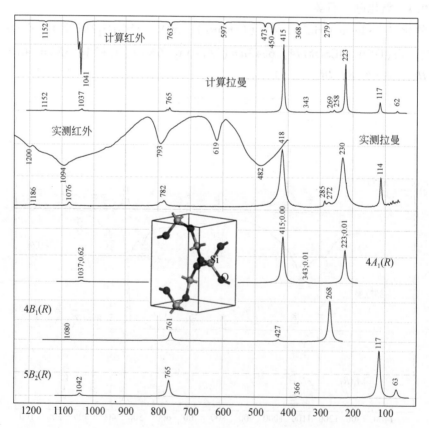

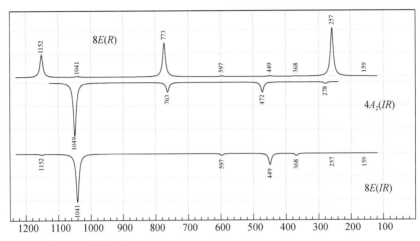

9.6 氧化硅，磷石英

氧化硅（Silicon Oxide），磷石英（Tridymite），SiO_2，9-C_C（C_8^4），$Z = 48$，$4a$（$12Si^{4+}$，$24O^{2-}$），ICSD#176。$36 \times 4a = 36(3A' + 3A'') = 108A'(R, IR, x, y) + 108A''(R, IR, z)$

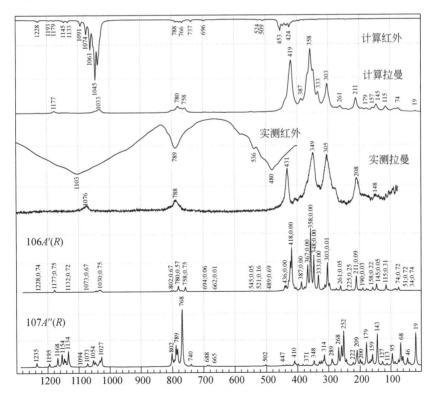

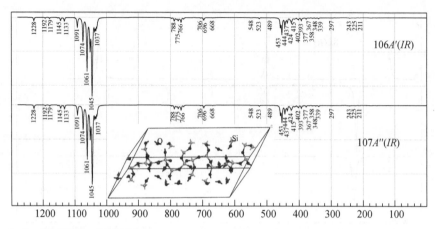

9.7　氧化硅，柯石英

氧化硅（Silicon Oxide），柯石英（Coesite），SiO_2，$15\text{-}C2/c\,(C_{2h}^6)$，$Z=16$，$8f$ $(2Si^{4+}，3O^{2-})$，$4c(O^{2-})$，$4e(O^{2-})$，ICSD#18112。$5\times8f+4c+4e=5\,(3A_g+3A_u+3B_g+3B_u)+(3A_u+3B_u)+(A_g+A_u+2B_g+2B_u)=16A_g(R)+17B_g(R)+19A_u(IR，z)+20B_u(IR，x，y)$

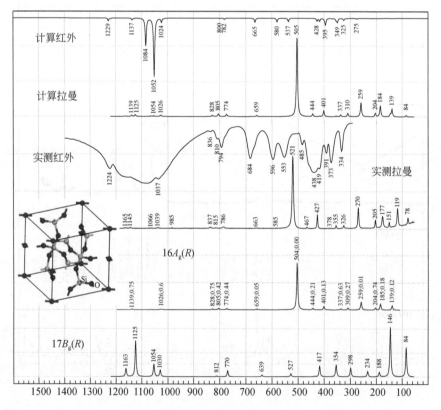

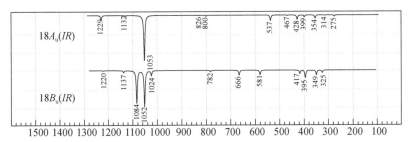

9.8 氧化硅，斯石英

氧化硅(Silicon Oxide)，斯石英(Stishovite)，SiO_2，$136\text{-}P4_2/mnm$(D_{4h}^{14})，$Z=2$，$2a(Si^{4+})$，$4f(O^{2-})$，ICSD#68409。$2a+4f=(A_{2u}+B_{1u}+2E_u)+(A_{1g}+A_{2g}+A_{2u}+B_{1g}+B_{2g}+B_{1u}+E_g+2E_u)=A_{1g}(R)+A_{2g}+B_{1g}(R)+B_{2g}(R)+E_g(R)+2A_{2u}(IR, z)+2B_{1u}+4E_u(IR, x, y)$

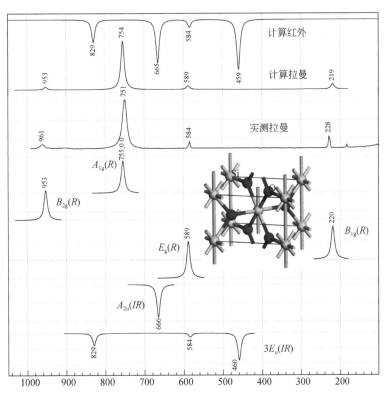

9.9 氧化钪

氧化钪(Scandium Oxide)，Sc_2O_3，$206\text{-}Ia\bar{3}$(T_h^7)，$Z=8a(Sc^{3+})$，$Z=16$，$24d$(Sc^{3+})，$48e(O^{2-})$，ICSD#24200。$a+24d+48e=(A_u+E_u+3T_u)+(A_g+A_u+E_g+E_u+5T_g+5T_u)+(3A_g+3A_u+3E_g+3E_u+9T_g+9T_u)=4A_g(R)+5A_u+4E_g(R)+5E_u+14T_g(R)+$

$17T_u(IR, x, y, z)$

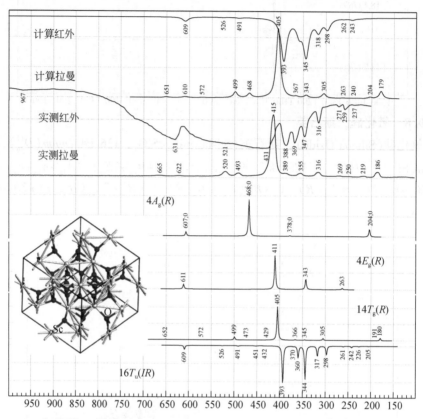

9.10　氧化钛，锐钛矿

氧化钛（Titanium Oxide），锐钛矿（Anatase），TiO_2，141-$I4_1/amd$（D_{4h}^{19}），$Z=4$，$4a(Ti^{4+})$，$8e(O^{2-})$，ICSD#76173。$4b+8e=(A_{2u}+B_{1g}+E_g+E_u)+(A_{1g}+A_{2u}+B_{1g}+B_{2u}+2E_g+2E_u)=A_{1g}(R)+2B_{1g}(R)+3E_g(R)+2A_{2u}(IR, z)+B_{2u}+3E_u(IR, x, y)$

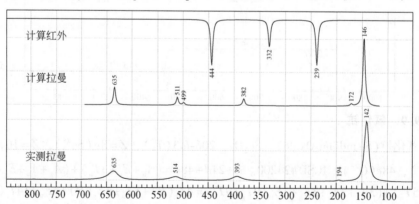

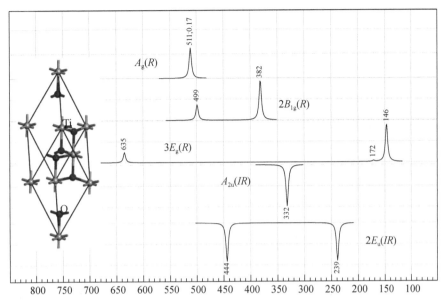

9.11 氧化钛，金红石

氧化钛（Titanium Oxide），金红石（Rutile），TiO_2，$136\text{-}P4_2/mnm$（D_{4h}^{14}），$Z=2$，$2a(Ti^{4+})$，$4f(O^{2-})$，ICSD#23697。$2a+4f=(A_{2u}+B_{1u}+2E_u)+(A_{1g}+A_{2g}+A_{2u}+B_{1g}+B_{1u}+B_{2g}+E_g+2E_u)=A_{1g}(R)+A_{2g}+B_{1g}(R)+B_{2g}(R)+E_g(R)+2A_{2u}(IR, z)+2B_{1u}+4E_u(IR, x, y)$

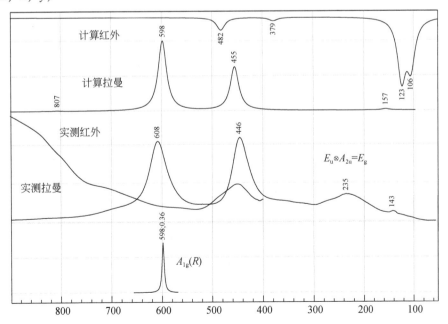

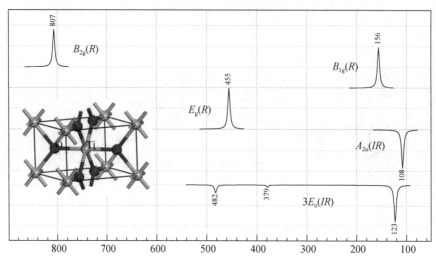

9.12 氧化钛，板钛矿

氧化钛（Titanium Oxide），板钛矿（Brookite），TiO_2，$61\text{-}Pbca(D_{2h}^{15})$，$Z=8$，$8c(Ti^{4+}, 2O^{2-})$，$4f(O^{2-})$，ICSD#154606。$3\times8c=3(3A_g+3A_u+3B_{1g}+3B_{1u}+3B_{2g}+3B_{2u}+3B_{3g}+3B_{3u})=9A_g(R)+9B_{1g}(R)+9B_{2g}(R)+9B_{3g}(R)+9A_u+9B_{1u}(IR, z)+9B_{2u}(IR, y)+9B_{3u}(IR, z)$

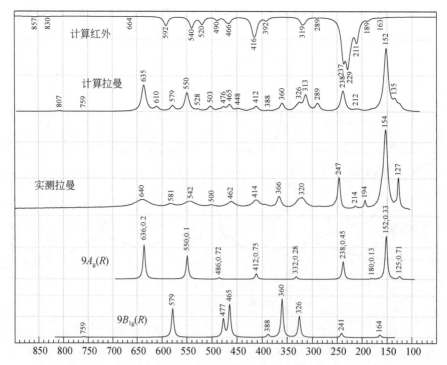

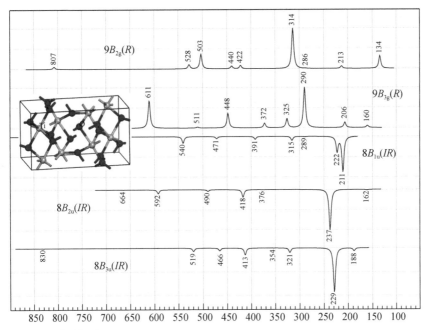

9.13 二氧化钒

二氧化钒 [Vanadium（Ⅳ）Oxide]，VO_2，14-$P2_1/c$（C_{2h}^5），$Z=4$，$4e$（$2O^{2-}$，V^{4+}），ICSD#34033。$3 \times 4e = 3(3A_g + 3A_u + 3B_g + 3B_u) = 9A_g(R) + 9B_g(R) + 9A_u(IR, z) + 9B_u(IR, x, y)$

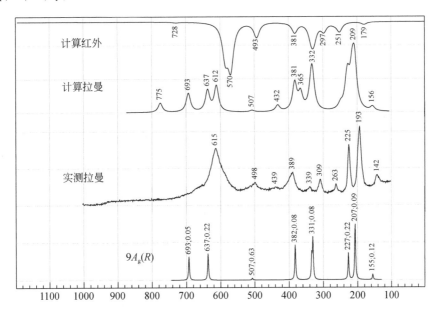

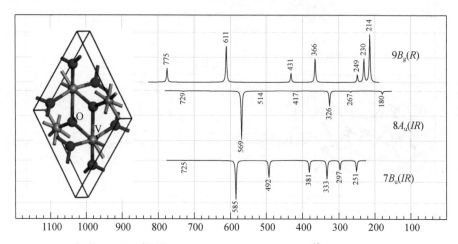

9.14　五氧化二钒，钒赭石，V_2O_5，59-$Pmmn$(D_{2h}^{13})

五氧化二钒（Vanadium Oxide），钒赭石（Shcherbinaite），V_2O_5，59-$Pmmn$（D_{2h}^{13}），$Z=2$，$2b$(O^{2-})，$4e$($2O^{2-}$，V^{5+})，ICSD#43132。$2b+3\times4e=(A_g+B_{1u}+B_{2g}+B_{2u}+B_{3g}+B_{3u})+3(2A_g+A_u+B_{1g}+2B_{1u}+2B_{2g}+B_{2u}+B_{3g}+2B_{3u})=7A_g(R)+3B_{1g}(R)+7B_{2g}(R)+4B_{3g}(R)+3A_u+7B_{1u}(IR,\ z)+4B_{2u}(IR,\ y)+7B_{3u}(IR,\ x)$

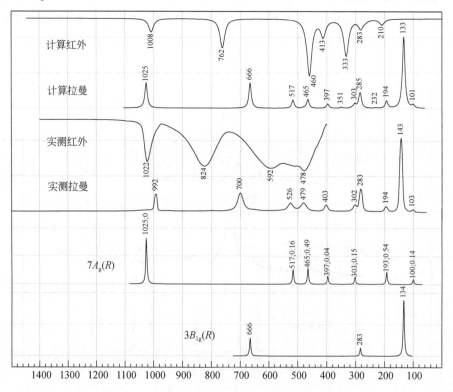

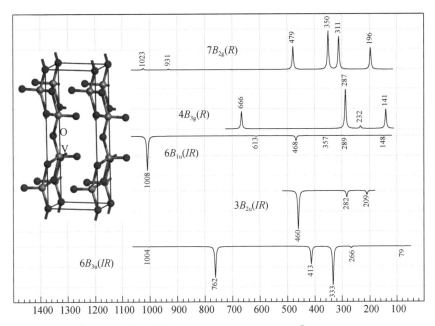

9.15 五氧化二钒，钒赭石，V₂O₅，31-*Pmn2₁*(C_{2v}^7)

五氧化二钒（Vanadium Oxide），钒赭石（Shcherbinaite），V_2O_5，31-*Pmn2₁* (C_{2v}^7)，$Z=2$，$2a(O^{2-})$，$4b(2O^{2-}$，$V^{5+})$，ICSD#157988。$2a+3\times4b=(2A_1+A_2+B_1+2B_2)+3(3A_1+3A_2+3B_1+3B_2)=11A_1(R$，$IR$，$z)+10A_2(R)+10B_1(R$，$IR$，$x)+11B_2(R$，$IR$，$y)$

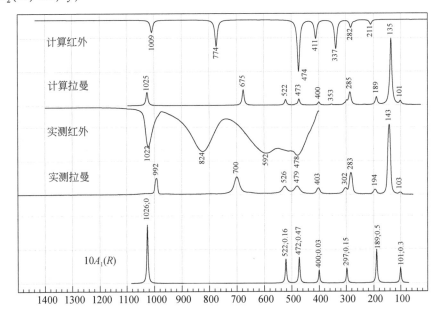

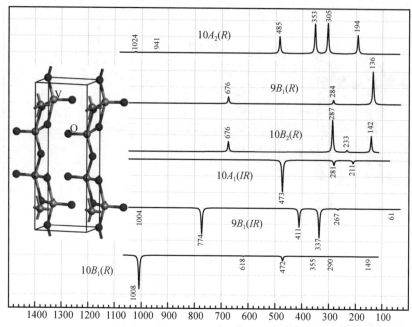

9.16　氧化锌，锌白

氧化锌（Zinc Oxide），锌白（Zincite），ZnO，186-$P6_3mc$（C_{6v}^4），$Z=2$，$2b$（Zn^{2+}，O^{2-}），ICSD#26170。$2\times 2b=2(A_1+B_2+E_1+E_2)=2A_1(R，IR，z)+2B_2+2E_1(R，IR，x，y)+2E_2(R)$

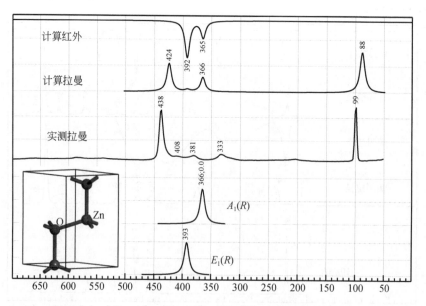

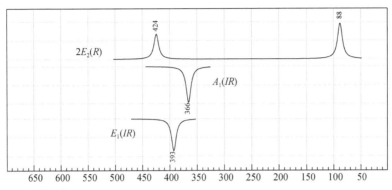

9.17　氧化镓

氧化镓（beta-Gallium Oxide），Ga_2O_3，$12\text{-}C2/m$（C_{2h}^3），$Z = 4$，$4i$（$2Ga^{3+}$、$3O^{2-}$），ICSD#27699。$5\times4i=5(2A_g+A_u+B_g+2B_u)=10A_g(R)+5B_g(R)+5A_u(IR, z)+10B_u(IR, x, y)$

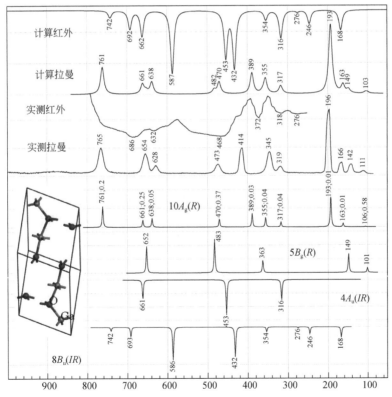

9.18　氧化锗，锗石

氧化锗（Germanium Oxide），锗石（Argutite），GeO_2，$136\text{-}P4_2/mnm$（D_{4h}^{14}），$2a$

（Ge^{4+}）、$4f$（O^{2-}），ICSD#9162。$2a+4f=(A_{2u}+B_{1u}+2E_u)+(A_{1g}+A_{2g}+A_{2u}+B_{1g}+B_{2g}+B_{1u}+E_g+2E_u)=A_{1g}(R)+A_{2g}+B_{1g}(R)+B_{2g}(R)+E_g(R)+2A_{2u}(IR,~z)+2B_{1u}+4E_u(IR,~x,~y)$

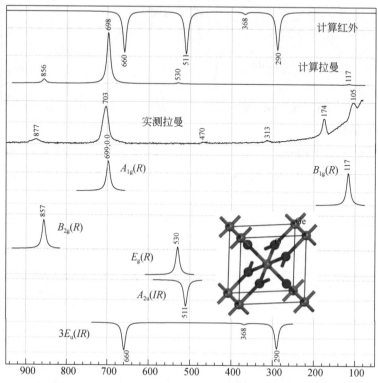

9.19　氧化锗

氧化锗（Germanium Oxide），GeO_2，154-$P3_221$（D_3^6），$Z=3$，$3a$（Ge^{4+}）、$6c$（O^{2-}），ICSD#53869。$6c+3a=(3A_1+3A_2+6E)+(A_1+2A_2+3E)=4A_1(R)+5A_2(IR,~z)+9E(R,~IR,~x,~y)$

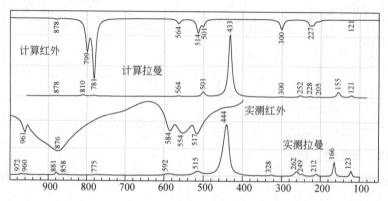

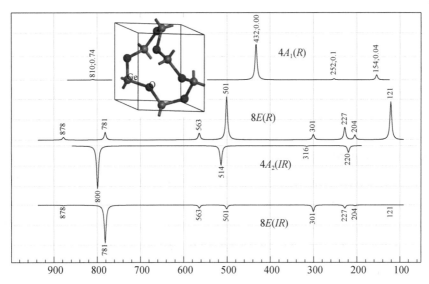

9.20 氧化砷，砷华

氧化砷（Arsenic Oxide），砷华（Arsenolite），As_2O_3，$227\text{-}Fd\bar{3}m(O_h^7)$，$Z=16$，$32e(As^{3+})$，$48f(O^{2-})$，ICSD#16850。$32e+48f=(A_{1g}+A_{2u}+E_g+E_u+T_{1g}+2T_{1u}+2T_{2g}+T_{2u})+(A_{1g}+A_{2u}+E_g+E_u+2T_{1g}+3T_{1u}+3T_{2g}+2T_{2u})=2A_{1g}(R)+2E_g(R)+3T_{1g}+5T_{2g}(R)+2A_{2u}+2E_u+5T_{1u}(IR, x, y, z)+3E_{2u}$

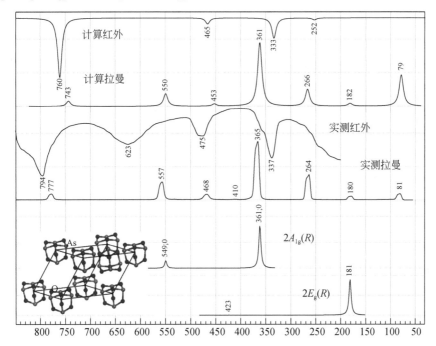

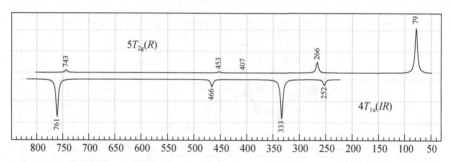

9.21　二氧化硒，氧硒石

二氧化硒（Selenium Dioxide），氧硒石（Downeyite），SeO_2，135-$P4_2/mbc$（D_{4h}^{13}），$Z=8$，$8g(O^{2-})$，$8h(Se^{4+}, O^{2-})$，ICSD#24022。$8g+2\times 8h=(A_{1g}+A_{1u}+2A_{2g}+2A_{2u}+2B_{1g}+2B_{1u}+B_{2g}+B_{2u}+3E_g+3E_u)+2(2A_{1g}+A_{1u}+2A_{2g}+A_{2u}+2B_{1g}+B_{1u}+2B_{2g}+B_{2u}+2E_g+4E_u)=5A_{1g}(R)+6A_{2g}+6B_{1g}(R)+5B_{2g}(R)+7E_g(R)+3A_{1u}+4A_{2u}(IR, z)+4B_{1u}+3B_{2u}+11E_u(IR, x, y)$

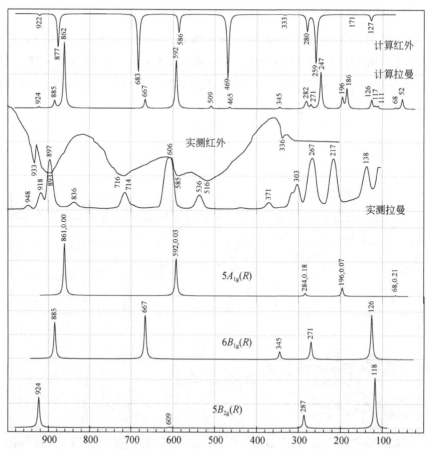

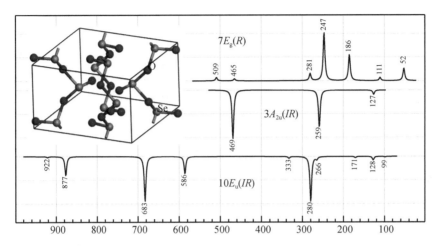

9.22 氧化钇

氧化钇（Yttrium Oxide），Y_2O_3，$206\text{-}Ia\bar{3}(T_h^7)$，$Z=16$，$8a(Y^{3+})$，$24d(Y^{3+})$，$48e(O^{2-})$，ICSD#16394。$8a+24d+48e=(A_u+E_u+3T_u)+(A_g+A_u+E_g+E_u+5T_g+5T_u)+(3A_g+3A_u+3E_g+3E_u+9T_g+9T_u)=4A_g(R)+5A_u+4E_g(R)+5E_u+14T_g(R)+17T_u(IR,$
$x,y,z)$

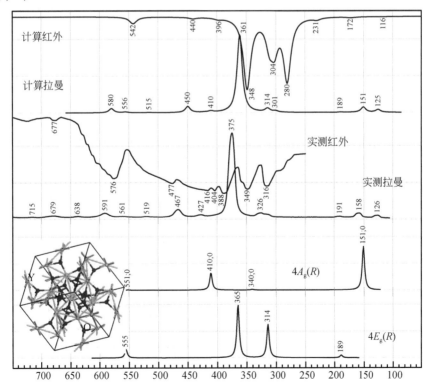

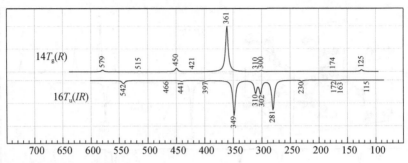

9.23 氧化锆，斜锆石

氧化锆（Zirconium Oxide），斜锆石（Baddeleyite），ZrO_2，14-$P2_1/c(C_{2h}^5)$，$Z=$ 4，$4e(Zr^{4+}, 2O^{2-})$，ICSD#26488。$3 \times 4e = 3(3A_g + 3A_u + 3B_g + 3B_u) = 9A_g(R) + 9B_g (R) + 9A_u(IR, z) + 9B_u(IR, x, y)$

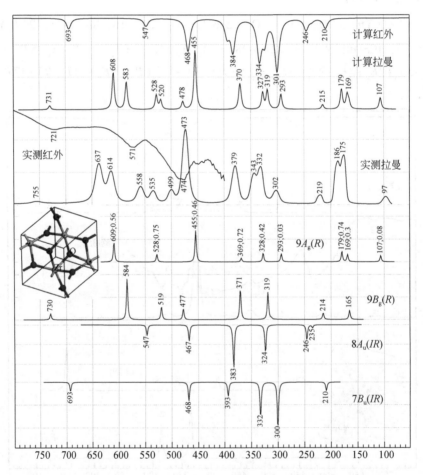

9.24 二氧化钼，氧钼矿

二氧化钼[Molybdenum（Ⅳ）Oxide]，氧钼矿（Tugarinovite），$Mo^{4+}O_2$，14-$P2_1/c(C_{2h}^5)$，$Z=4$，$4e(Mo^{4+}, 2O^{2-})$，ICSD#24322。$3×4e=3(3A_g+3A_u+3B_g+3B_u)$ $=9A_g(R)+9B_g(R)+9A_u(IR, z)+9B_u(IR, x, y)$

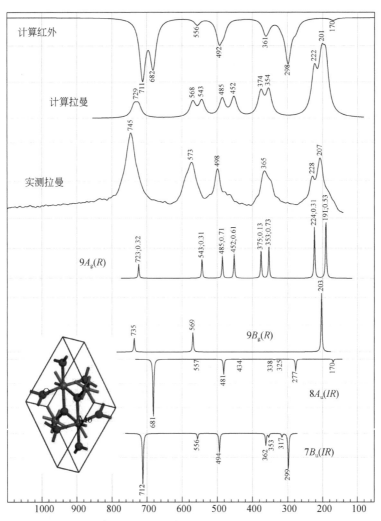

9.25 三氧化钼，钼华

三氧化钼（Molybdenum Oxide），钼华（Molybdite），MoO_3，62-$Pbnm(D_{2h}^{16})$，$Z=4$，$4c(Mo^{6+}, 3O^{2-})$，ICSD#35076。$4×4c=4(2A_g+A_u+B_{1g}+2B_{1u}+2B_{2g}+B_{2u}+B_{3g}+2B_{3u})=8A_g(R)+4B_{1g}(R)+8B_{2g}(R)+4B_{3g}(R)+4A_u+8B_{1u}(IR, z)+4B_{2u}(IR, y)+8B_{3u}(IR, x)$

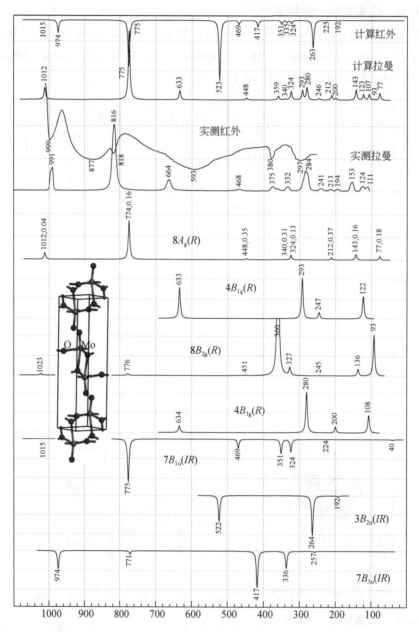

9.26　三氧化二铑

三氧化二铑［Rhodium（Ⅲ）Oxide］，Rh_2O_3，$167\text{-}R\bar{3}c$（D_{3d}^6），$Z=6$，$4c$（Rh^{3+}），$6e$（O^{2-}），ICSD#108941。$6e+4c=(A_{1g}+A_{1u}+2A_{2g}+2A_{2u}+3E_g+3E_u)+(A_{1g}+A_{1u}+A_{2g}+A_{2u}+2E_g+2E_u)=2A_{1g}(R)+3A_{2g}+5E_g(R)+2A_{1u}+3A_{2u}(IR,\ z)+5E_u(IR,\ x,\ y)$

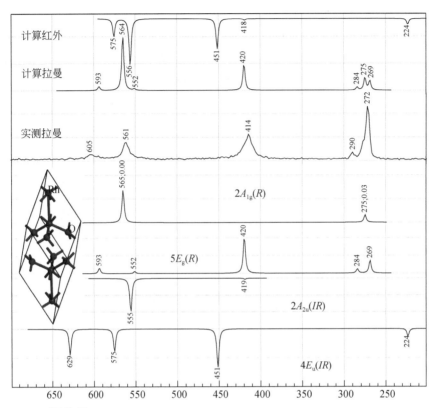

9.27 氧化银

氧化银［Silver（Ⅰ）Oxide］，Ag_2O，224-$Pn\bar{3}m$（O_h^4），$Z=2$，$2a$（O^{2-}），$4b$（Ag^+），ICSD#246904。$2a+4b=(T_{1u}+T_{2g})+(A_{2u}+E_u+2T_{1u}+T_{2u})=T_{2g}(R)+A_{2u}+E_u+3T_{1u}(IR, x, y, z)+E_{2u}$

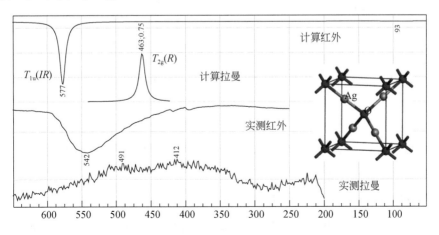

9.28　氧化铟

氧化铟(Indium Oxide)，In_2O_3，206-$Ia\bar{3}$(T_h^7)，$Z=16$，$8a$(In^{3+})，$24d$(In^{3+})，$48e$(O^{2-})，ICSD#14387。$8a+24d+48e=(A_u+E_u+3T_u)+(A_g+A_u+E_g+E_u+5T_g+5T_u)+(3A_g+3A_u+3E_g+3E_u+9T_g+9T_u)=4A_g(R)+5A_u+4E_g(R)+5E_u+14T_g(R)+17T_u(IR,$ x，y，z)

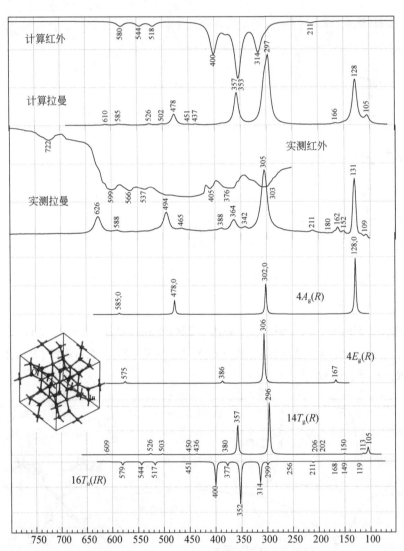

9.29　氧化锡，黑锡矿

氧化锡(Tin Oxide)，黑锡矿(Romarchite)，SnO，129-$P4/nmm$(D_{4h}^7)，$Z=2$，$2a$(O^{2-})，$2c$(Sn^{2+})，ICSD#15516。$2a+2c=(A_{2u}+B_{1g}+E_g+E_u)+(A_{1g}+A_{2u}+E_g+E_u)=$

$A_{1g}(R)+B_{1g}(R)+2E_g(R)+2A_{2u}(IR,\ z)+2E_u(IR,\ x,\ y)$

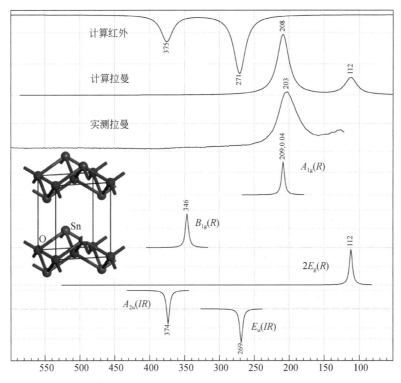

9.30 二氧化锡，锡石

二氧化锡［Tin（Ⅳ）Oxide］，锡石（Cassiterite），SnO_2，136-$P4_2/mnm$（D_{4h}^{14}），$Z=2$，$2a(Sn^{4+})$、$4f(O^{2-})$，ICSD#9163。$2a+4f=(A_{2u}+B_{1u}+2E_u)+(A_{1g}+A_{2g}+A_{2u}+B_{1g}+B_{2g}+B_{1u}+E_g+2E_u)=A_{1g}(R)+A_{2g}+B_{1g}(R)+B_{2g}(R)+E_g(R)+2A_{2u}(IR,\ z)+2B_{1u}+4E_u(IR,\ x,\ y)$

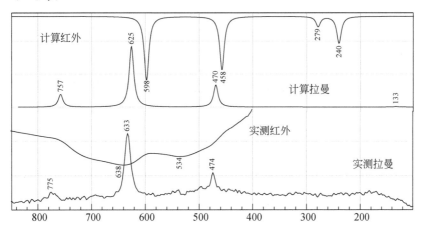

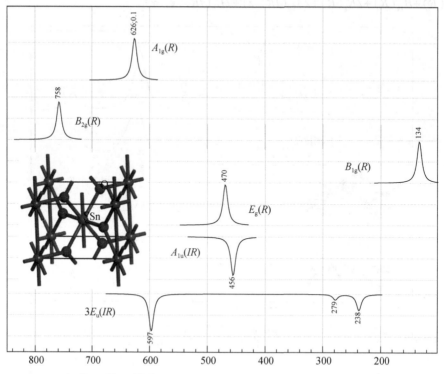

9.31　三氧化二锑，锑华

三氧化二锑（Antimony Oxide），锑华（Valentinite），Sb_2O_3，$56\text{-}Pccn(D_{2h}^{10})$，$Z=4$，$8e(Sb^{3+}, 2O^{2-})$，$4c(O^{2-})$，ICSD#2033。$2\times8e+4c = 2(3A_g+3A_u+3B_{1g}+3B_{1u}+3B_{2g}+3B_{2u}+3B_{3g}+3B_{3u}) + (A_g+A_u+B_{1g}+B_{1u}+2B_{2g}+2B_{2u}+2B_{3g}+2B_{3u}) = 7A_g(R) + 7B_{1g}(R) + 8B_{2g}(R) + 8B_{3g}(R) + 7A_u + 7B_{1u}(IR, z) + 8B_{2u}(IR, y) + 8B_{3u}(IR, x)$

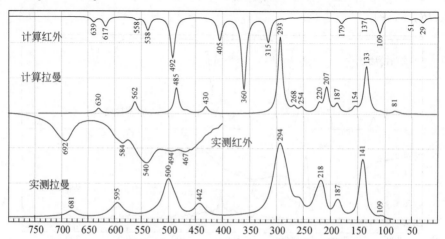

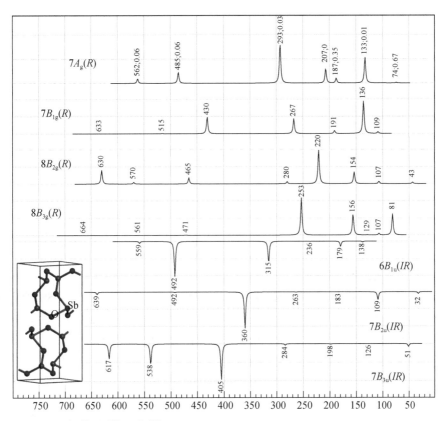

9.32 三氧化二锑，方锑石

三氧化二锑（Antimony Oxide），方锑石（Senarmontite），Sb_2O_3，227-$Fd\bar{3}m$（O_h^7），$Z=16$，$32e$（Sb^{3+}），$48f$（O^{2-}），ICSD#1944。$32e+48f=(A_{1g}+A_{2u}+E_g+E_u+T_{1g}+2T_{1u}+2T_{2g}+T_{2u})+(A_{1g}+A_{2u}+E_g+E_u+2T_{1g}+3T_{1u}+3T_{2g}+2T_{2u})=2A_{1g}(R)+2E_g(R)+3T_{1g}+5T_{2g}(R)+2A_{2u}+2E_u+5T_{1u}(IR,\ x,\ y,\ z)+3E_{2u}$

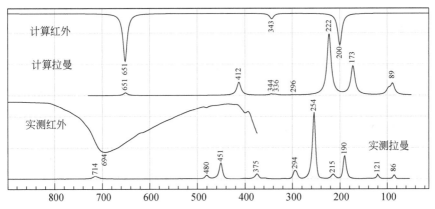

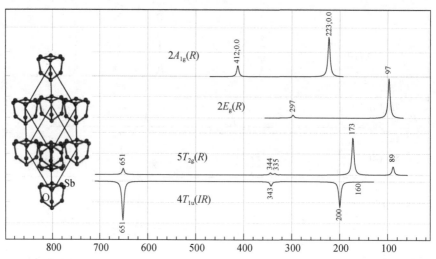

9.33　锑酸锑，黄锑矿

锑酸锑（alpha-Antimony Antimonate），黄锑矿（Cervantite），α-$Sb^{3+}Sb^{5+}O_4$，33-$Pna2_1(C_{2v}^9)$，$Z=4$，$4a(Sb^{3+}$，Sb^{5+}，$4O^{2-})$，ICSD#919。$6\times4a=6(3A_1+3A_2+3B_1+3B_2)=18A_1(R，IR，z)+18B_2(R，IR，y)+18B_1(R，IR，x)+18A_2(R)$

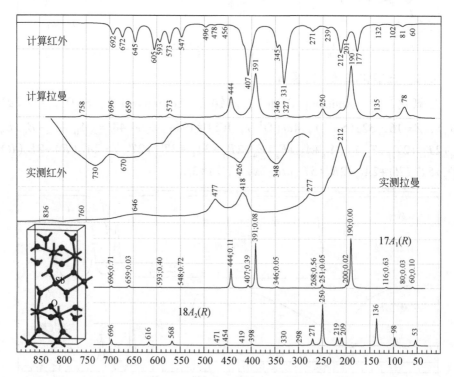

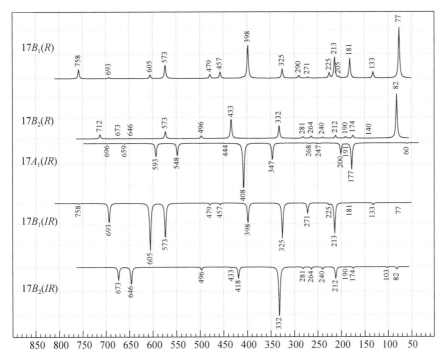

9.34　氧化碲，副黄碲矿

氧化碲（alpha-Tellurium Oxide），副黄碲矿（Paratellurite），TeO_2，92-$P4_12_12$（D_4^4），$Z=4$，$4a$（Te^{4+}），$8b$（O^{2-}），ICSD#62897。$8b+4a=(3A_1+3A_2+3B_1+3B_2+6E)+(A_1+2A_2+2B_1+B_2+3E)=4A_1(R)+5B_1(R)+4B_2(R)+5A_2(IR,\ z)+9E(R,\ IR,\ x,\ y)$

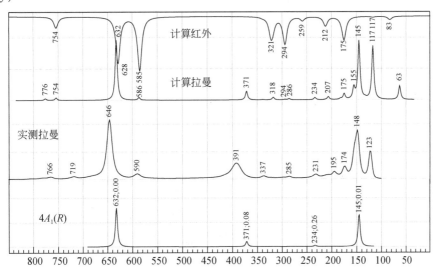

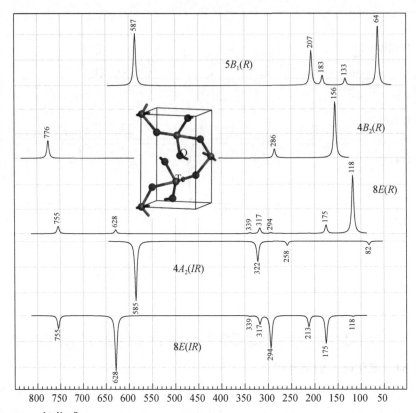

9.35　氧化碘

氧化碘(Iodine Oxide)，I_2O_5，14-$P2_1/c$(C_{2h}^5)，$Z=4$，$4e$($2I^{5+}$，$5O^{2-}$)，ICSD #182671。$7×4e=7(3A_g+3A_u+3B_g+3B_u)=21A_g(R)+21B_g(R)+21A_u(IR,z)+21B_u(IR,x,y)$

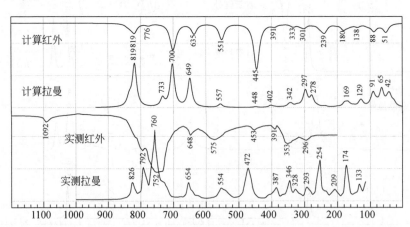

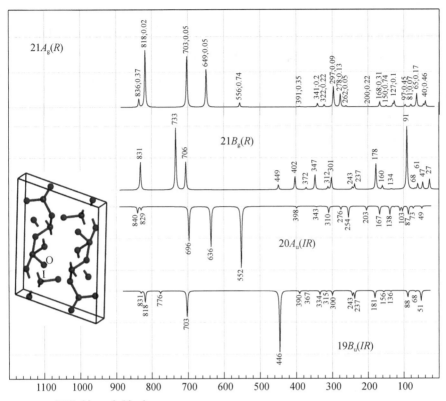

9.36　氧化铈，方铈矿

氧化铈[Cerium(Ⅳ) Oxide]，方铈矿(Cerianite)，CeO_2，$225\text{-}Fm\bar{3}m(O_h^5)$，$Z=4$，$4a(Ce^{4+})$，$8c(O^{2-})$，ICSD#28753。$4a+8c=T_{1u}+(T_{1u}+T_{2g})=T_{2g}(R)+2T_{1u}(IR, x, y, z)$

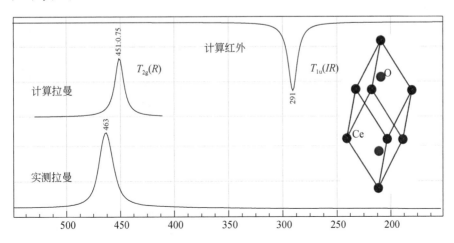

9.37　氧化镥

氧化镥（Lutetium Oxide），Lu_2O_3，$206\text{-}Ia\bar{3}$（T_h^7），$Z=16$，$8a$（Lu^{3+}），$24d$（Lu^{3+}），$48e$（O^{2-}），ICSD#40471。$a+24d+48e=(A_u+E_u+3T_u)+(A_g+A_u+E_g+E_u+5T_g+5T_u)+(3A_g+3A_u+3E_g+3E_u+9T_g+9T_u)=4A_g(R)+5A_u+4E_g(R)+5E_u+14T_g(R)+17T_u(IR,\ x,\ y,\ z)$

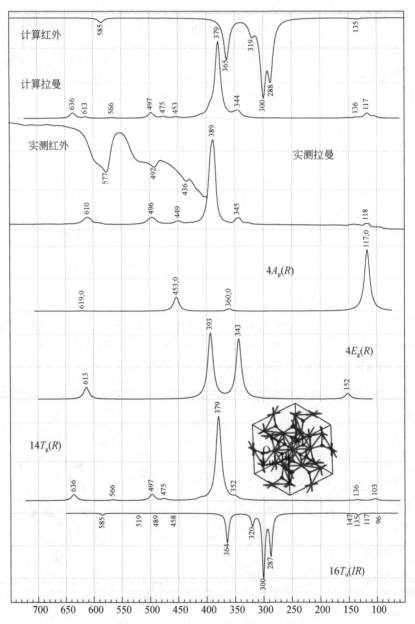

9.38　氧化铪

氧化铪（Hafnium Oxide），HfO_2，14-$P2_1/c$（C_{2h}^5），$Z = 4$，$4e$（Hf^{4+}，$2O^{2-}$），
ICSD#638740。$3 \times 4e = 3(3A_g + 3A_u + 3B_g + 3B_u) = 9A_g(R) + 9B_g(R) + 9A_u(IR, z) + 9B_u(IR, x, y)$

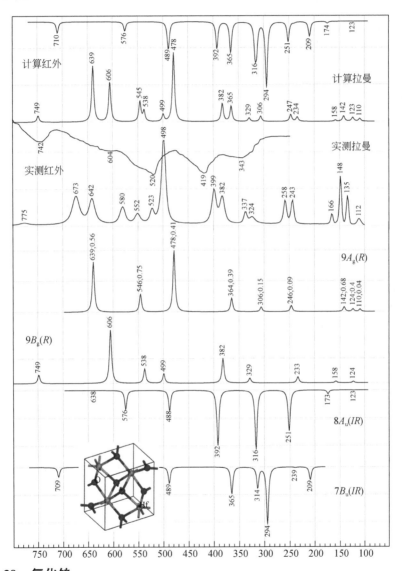

9.39　氧化钨

氧化钨（Tungsten Oxide），WO_3，2-$P\bar{1}$（C_i^1），$Z = 8$，$2i$（$4W^{6+}$，$12O^{2-}$），ICSD
#1620。$16 \times 2i = 16(3A_g + 3A_u) = 48A_g(R) + 48A_u(IR, x, y, z)$

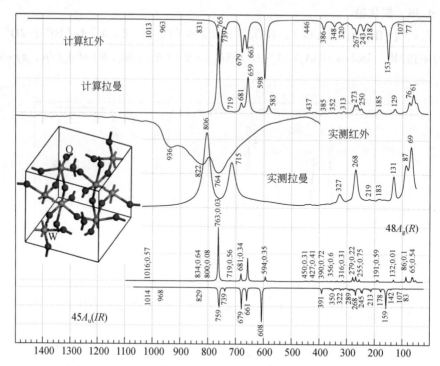

9.40　氧化汞，橙汞矿

氧化汞（Mercury Oxide），橙汞矿（Montroydite），HgO，62-$Pnma$（D_{2h}^{16}），$Z=4$，$4c$（Hg^{2+}，O^{2-}），ICSD#14124。$2\times 4c=2（2A_g+A_u+B_{1g}+2B_{1u}+2B_{2g}+B_{2u}+B_{3g}+2B_{3u}）=4A_g(R)+2B_{1g}(R)+4B_{2g}(R)+2B_{3g}(R)+2A_u+4B_{1u}(IR, z)+2B_{2u}(IR, y)+4B_{3u}(IR, x)$

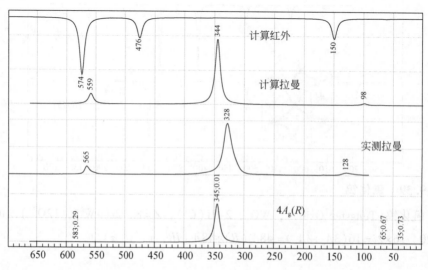

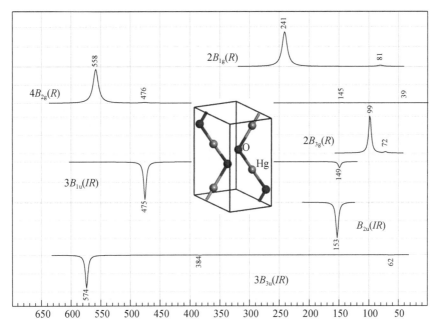

9.41 三氧化二铊，褐铊矿

三氧化二铊［Thallium（Ⅲ）Oxide］，褐铊矿（Avicennite），Tl_2O_3，199-$I2_13$（T^6），$Z=16$，$8a(Tl^{3+})$，$12b(2Tl^{3+})$，$24c(2O^{2-})$，ICSD#27988。$8a+2\times12b+2\times24c=(A+E+3T)+2(A+E+5T)+2(3A+3E+9T)=9A(R)+9E(R)+31T(R，IR，x，y，z)$

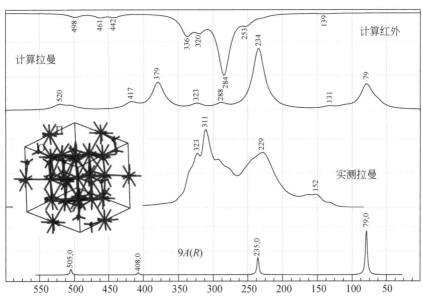

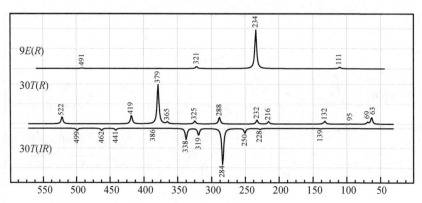

9.42　一氧化铅，密陀僧

一氧化铅（Lead Oxide），密陀僧（Litharge），PbO，129-$P4/nmm$（D_{4h}^{7}），$Z=2$，$2a$（Pb^{2+}），$2c$（O^{2-}），ICSD#15466。$2a+2c=(A_{2u}+B_{1g}+E_{g}+E_{u})+(A_{1g}+A_{2u}+E_{g}+E_{u})=A_{1g}(R)+B_{1g}(R)+2E_{g}(R)+2A_{2u}(IR,\ z)+2E_{u}(IR,\ x,\ y)$

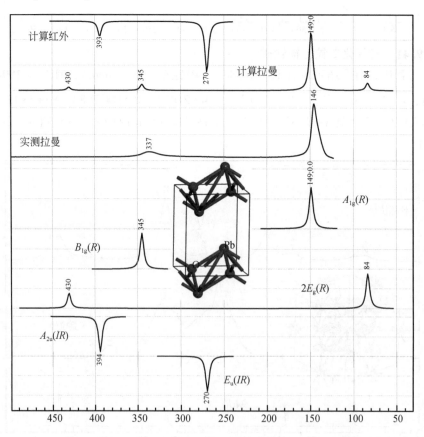

9.43 二氧化铅，块黑铅矿

二氧化铅［Lead（Ⅳ）Oxide-beta］，块黑铅矿（Plattnerite），PbO_2，136-$P4_2/$ mnm（D_{4h}^{14}），$Z=2$，$2a$（Pb^{4+}），$4f$（O^{2-}），ICSD#23292。$2a+4f=$（$A_{2u}+B_{1u}+2E_u$）+ （$A_{1g}+A_{2g}+A_{2u}+B_{1g}+B_{1u}+B_{2g}+E_g+2E_u$）=$A_{1g}$（$R$）+$A_{2g}$+$B_{1g}$（$R$）+$B_{2g}$（$R$）+$E_g$（$R$）+$2A_{2u}$ （IR，z）+$2B_{1u}$+$4E_u$（IR，x，y）

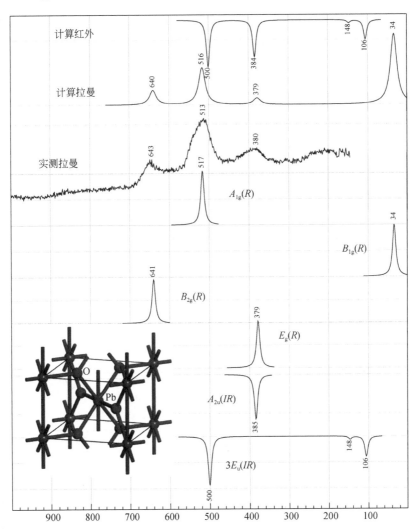

9.44 四氧化三铅，铅丹

四氧化三铅［Dilead Lead（Ⅳ）Oxide］，铅丹（Minium），$Pb_2^{2+}Pb^{4+}O_4$，55-$Pbam$ （D_{2h}^9），$Z=4$，$4e$（Pb^{4+}），$4g$（Pb^{2+}，O^{2-}），$4h$（Pb^{2+}，O^{2-}），$8i$（O^{2-}），ICSD# 4107。$4e+2×4g+2×4h+8i=$（$A_g+A_u+B_{1g}+B_{1u}+2B_{2g}+2B_{2u}+2B_{3g}+2B_{3u}$）+4（$2A_g+A_u+$

$$2B_{1g}+B_{1u}+B_{2g}+2B_{2u}+B_{3g}+2B_{3u})+(3A_g+3A_u+3B_{1g}+3B_{1u}+3B_{2g}+3B_{2u}+3B_{3g}+3B_{3u})=$$
$$12A_g(R)+12B_{1g}(R)+9B_{2g}(R)+9B_{3g}(R)+8A_u+8B_{1u}(IR,\ z)+13B_{2u}(IR,\ y)+13B_{3u}$$
$$(IR,\ x)$$

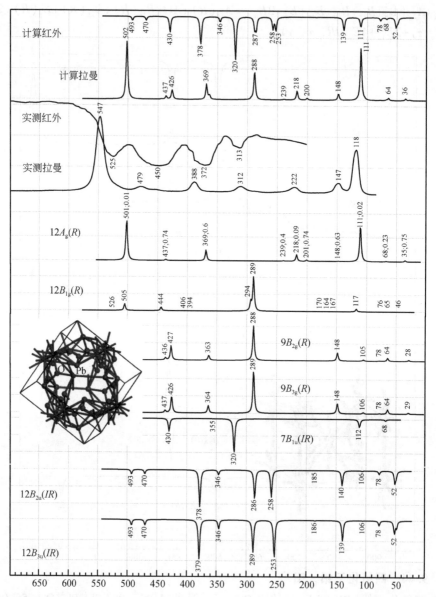

9.45　氧化铋

氧化铋（alpha-bismuth Oxide），Bi_2O_3，14-$P2_1/c$（C_{2h}^5），$Z=4$，$4e$（$2Bi^{3+}$、$3O^{2-}$），ICSD#2374。$5\times4e=5(3A_g+3A_u+3B_g+3B_u)=15A_g(R)+15B_g(R)+15A_u(IR,$

$z)+15B_u(IR,\ x,\ y)$

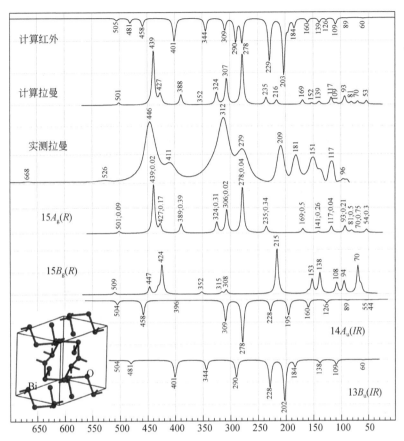

9.46 二氧化钍，方钍石

二氧化钍（Thorium Oxide），方钍石（Thorianite），ThO_2，$225\text{-}Fm\bar{3}m$（O_h^5），$Z=4$，$4a$（Th^{4+}），$8c$（O^{2-}），ICSD#61586。$4a+8c=T_{1u}+(T_{1u}+T_{2g})=T_{2g}(R)+2T_{1u}$（$IR,\ x,\ y,\ z$）

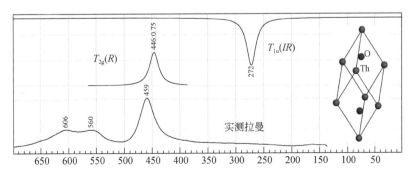

第10章 氟 化 物

10.1 氟化镁，氟镁石

氟化镁（Magnesium Fluoride），氟镁石（Sellaite），MgF_2，136-$P4_2/mnm$（D_{4h}^{14}），$Z=2$，$2a(Mg^{2+})$，$4f(F^-)$，ICSD#9164。$2a+4f=A_{1g}(R)+A_{2g}+B_{1g}(R)+B_{2g}(R)+E_g(R)+2A_{2u}(IR, z)+2B_{2u}+4E_u(IR, x, y)$

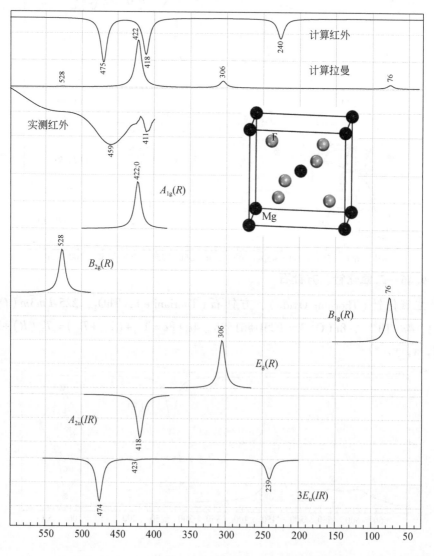

10.2 氟化钙，萤石

氟化钙（Calcium Fluoride），萤石（Fluorite），CaF_2，$225\text{-}Fm\bar{3}m$（O_h^5），$Z=4$，$4a$（Ca^{2+}），$8c$（F^-），ICSD#28730。$4a+8c=T_{2g}(R)+2T_{1u}(IR，x，y，z)$

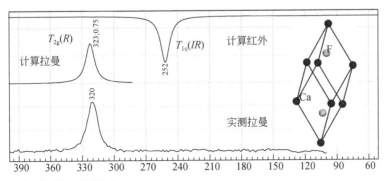

10.3 氟化镧，氟镧矿

氟化镧（Lanthanum Fluoride），氟镧矿［Fluocerite-(La)］，LaF_3，$165\text{-}P\bar{3}c1$（D_{3d}^4），$Z=6$，$2a$（F^-），$4d$（F^-），$6f$（La^{3+}），$12g$（F^-），ICSD#3。$2a+4d+6f+12g=5A_{1g}(R)+7A_{2g}+12E_g(R)+5A_{1u}+7A_{2u}(IR，z)+12E_u(IR，x，y)$

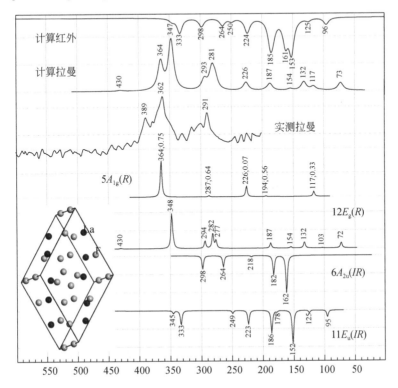

10.4　四氟铍酸二钾

四氟铍酸二钾（Dipotassium Tetrafluoroberyllate），K_2BeF_4，62-$Pnam$（D_{2h}^{16}），$Z=4$，$4c$（$2K^+$，Be^{2+}，$2F^-$），$8d$（F^-），ICSD#86154。$5×4c+8d=13A_g$（R）$+8B_{1g}$（R）$+13B_{2g}$（R）$+8B_{3g}$（R）$+8A_u+13B_{1u}$（IR，z）$+8B_{2u}$（IR，y）$+13B_{3u}$（IR，x）

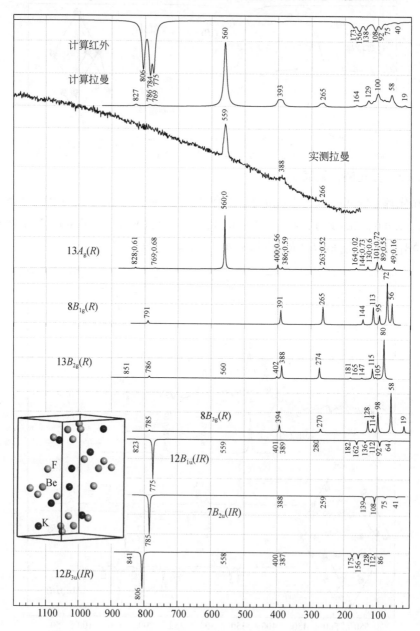

10.5 四氟硼酸锂

四氟硼酸锂（Lithium Tetrafluoroborate），$LiBF_4$，152-$P3_121$（D_3^4），$Z=3$，$3a$（B^{3+}），$3b$（Li^+），$6c$（$2F^-$），ICSD#171375。$3a+3b+2×6c=8A_1(R)+10A_2(IR,z)+18E(R,IR,x,y)$

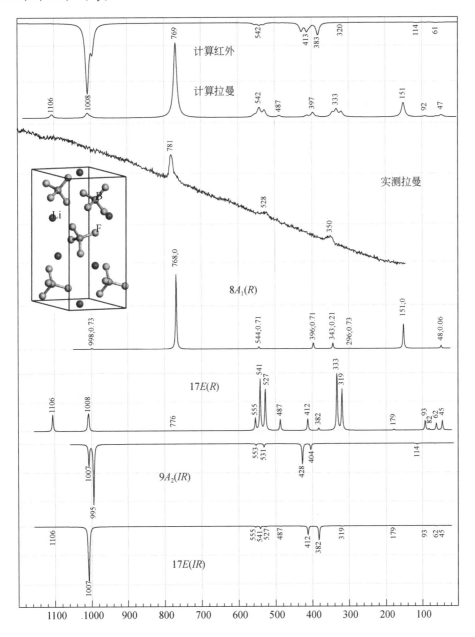

10.6　四氟硼酸钾，氟硼钾石

四氟硼酸钾（Potassium Tetrafluoroborate），氟硼钾石（Avogadrite），KBF_4，62-$Pnma(D_{2h}^{16})$，$Z=4$，$4c(K^+$，B^{3+}，$2F^-)$，$8d(F^-)$，ICSD#9875。$4×4c+8d=11A_g$ $(R)+7B_{1g}(R)+11B_{2g}(R)+7B_{3g}(R)+7A_u+11B_{1u}(IR，z)+7B_{2u}(IR，y)+11B_{3u}(IR，x)$

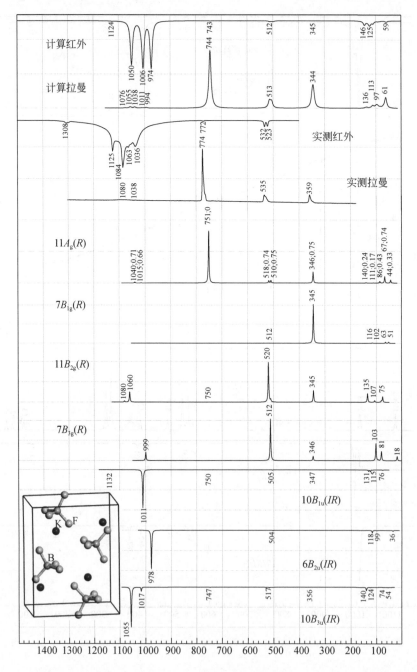

10.7 氟化镁钠，氟镁钠石

氟化镁钠（Sodium Magnesium Fluoride），氟镁钠石（Neighborite），$NaMgF_3$，$62\text{-}Pbnm(D_{2h}^{16})$，$Z=4$，$4a(Mg^{2+})$，$4c(Na^+, F^-)$，$8d(F^-)$，ICSD#72318。$4a+2\times 4c+8d = 7A_g(R)+5B_{1g}(R)+7B_{2g}(R)+5B_{3g}(R)+8A_u+10B_{1u}(IR, z)+8B_{2u}(IR, y)+10B_{3u}(IR, x)$

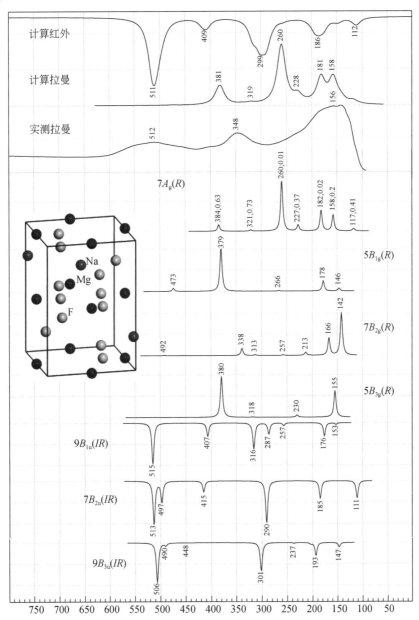

10.8 六氟硅酸二钠，氟硅钠石

六氟硅酸二钠（Disodium Hexafluorosilicate），氟硅钠石（Malladrite），Na_2SiF_6，150-$P321$（D_3^2），$Z=3$，$1a$（Si^{4+}），$2d$（Si^{4+}），$3e$（Na^+），$3f$（Na^+），$6g$（$3F^-$），ICSD#16598。$1a+2d+3e+3f+3×6g=12A_1(R)+15A_2(IR, z)+27E(IR, R, x, y)$

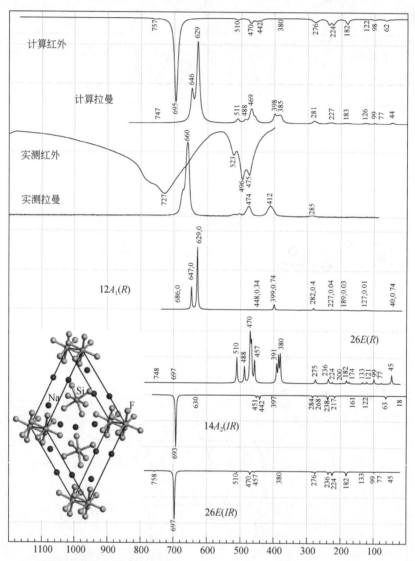

10.9 六氟硅酸钾，氟硅钾石

六氟硅酸钾（Potassium Hexafluorosilicate），氟硅钾石（Hieratite），K_2SiF_6，225-$Fm\bar{3}m$（O_h^5），$Z=4$，$4a$（Si^{4+}），$8c$（K^+），$24e$（F^-），ICSD#29407。$4a+8c+24e$

$$= A_{1g}(R) + E_g(R) + T_{1g} + 2T_{2g}(R) + 4T_{1u}(IR,\ x,\ y,\ z) + E_{2u}$$

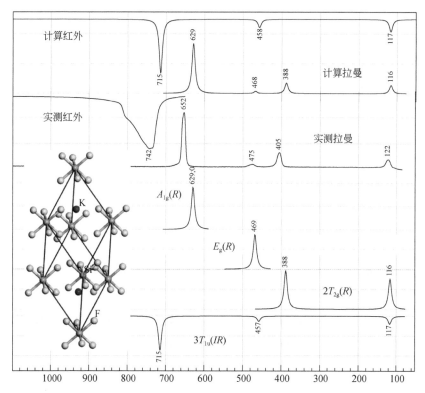

10.10　六氟钛酸钾

六氟钛酸钾(Potassium Hexafluorotitanate)，K_2TiF_6，164-$P\bar{3}m1$(D_{3d}^3)，$Z=1$，$1a(Ti^{4+})$，$2d(K^+)$，$6i(F^-)$，ICSD#24659。$1a+2d+6i = (A_{2u}+E_u) + (A_{1g}+A_{2u}+E_g+E_u) + (2A_{1g}+A_{1u}+A_{2g}+2A_{2u}+3E_g+3E_u) = 3A_{1g}(R) + A_{2g} + 4E_g(R) + A_{1u} + 4A_{2u}(IR,\ z) + 5E_u(IR,\ x,\ y)$

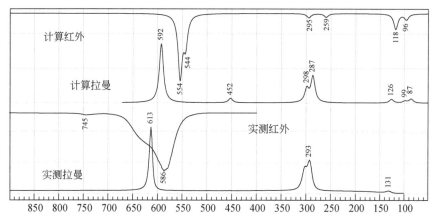

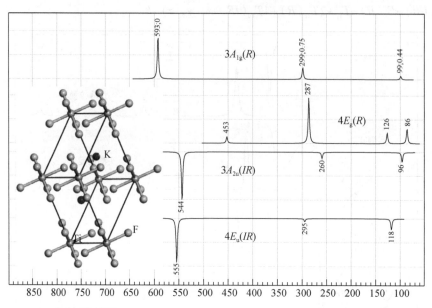

10.11　六氟砷酸钾

六氟砷酸钾［Potassium Hexafluoroarsenate（V）］，$KAsF_6$，166-$R\bar{3}m$（D_{3d}^5），Z = 3，$3a(As^{5+})$，$3b(K^+)$，$18h(F^-)$，ICSD#16663。$3a + 3b + 18h = 2(A_{2u} + E_u) + (2A_{1g} + A_{1u} + A_{2g} + 2A_{2u} + 3E_g + 3E_u) = 2A_{1g}(R) + A_{2g} + 3E_g(R) + A_{1u} + 4A_{2u}(IR,~z) + 5E_u(IR,~x,~y)$

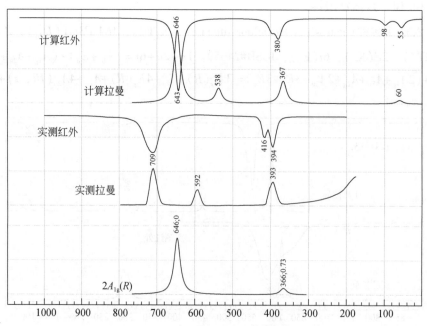

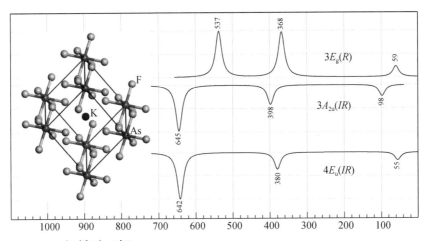

10.12　六氟锆酸二钾

六氟锆酸二钾（Dipotassium Hexafluorozirconate），K_2ZrF_6，15-$C2/c$（C_{2h}^6），$Z =$ 4，$4e$（Zr^{4+}），$8f$（K^+，$3F^-$），ICSD#865。$4e + 2 \times 8f = (A_g + A_u + 2B_g + 2B_u) + 4(3A_g + 3A_u + 3B_g + 3B_u) = 13A_g(R) + 14B_g(R) + 13A_u(IR, z) + 14B_u(IR, x, y)$

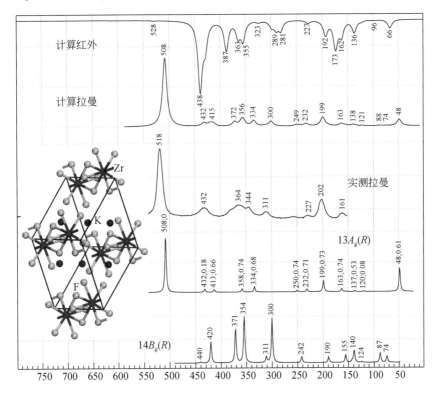

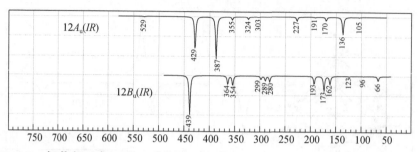

10.13　氟化钽二钾

氟化钽二钾（Dipotassium Tantalum Fluoride），K_2TaF_7，14-$P2_1/c(C_{2h}^5)$，$Z=4$，$4e(Ta^{5+}, 2K^+, 7F^-)$，ICSD#202212。$10×4e=10(3A_g+3A_u+3B_g+3B_u)=30A_g(R)+30B_g(R)+30A_u(IR, z)+30B_u(IR, x, y)$

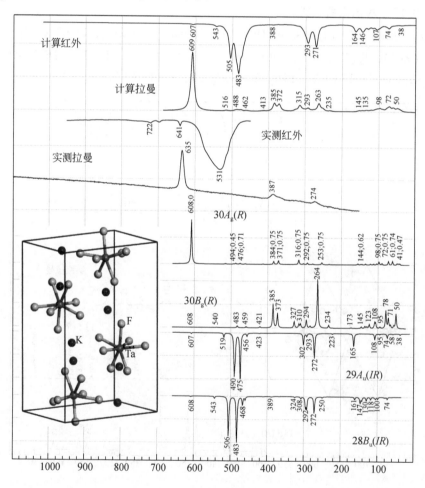

10.14　六氟铝酸锂二钠

六氟铝酸锂二钠(Disodium Lithium Hexafluoroaluminate)，Na_2LiAlF_6，14-$P2_1/n$(C_{2h}^5)，$Z=2$，$2a$(Al^{3+})，$2d$(Li^+)，$4e$(Na^+，$3F^-$)，ICSD#96477。$2a+2d+4\times4e = 2(3A_u+3B_u)+4(3A_g+3A_u+3B_g+3B_u) = 12A_g(R)+12B_g(R)+18A_u(IR,z)+18B_u(IR,x,y)$

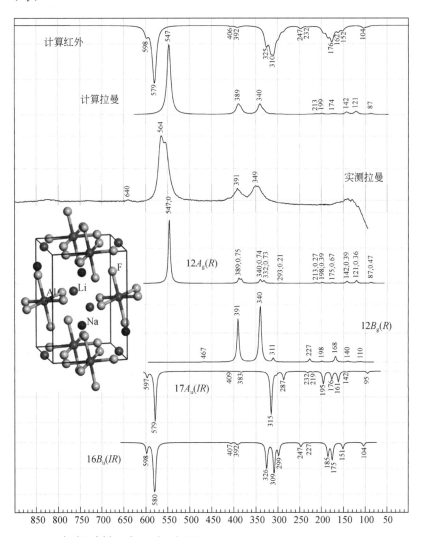

10.15　六氟铝酸钠二钾，钾冰晶石

六氟铝酸钠二钾(Dipotassium Sodium Hexafluoroaluminate)，钾冰晶石(Elpasolite)，$K_2Na(AlF_6)$，225-$Fm\bar{3}m$(O_h^5)，$Z=4$，$4a$(Al^{3+})，$4b$(Na^+)，$8c$(K^+)，$24e$(F^-)，ICSD#6027。$4a+4b+8c+24e = 2(T_{1u})+(T_{1u}+T_{2g})+(A_{1g}+E_g+T_{1g}+$

$$2T_{1u}+T_{2g}+T_{2u})=A_{1g}(R)+E_g(R)+T_{1g}+2T_{2g}(R)+5T_{1u}(IR,\ x,\ y,\ z)+E_{2u}$$

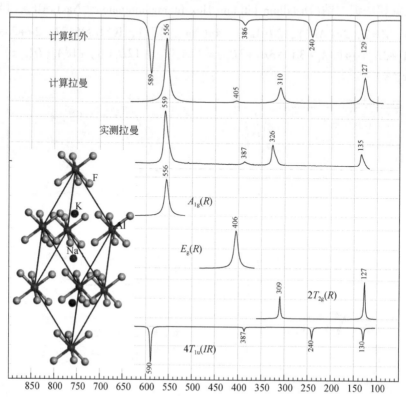

10.16　三氟二羟基铝酸铅，羟氟铝铅矿

三氟二羟基铝酸铅（Lead Trifluorodihydroxoaluminate），羟氟铝铅矿（Artroeite），$Pb[AlF_3(OH)_2]$，$2\text{-}P\bar{1}$（C_i^1），$Z=2$，$2i$（Pb^{2+}，Al^{3+}，$3F^-$，$2O^{2-}$，$2H^+$），ICSD#79740。$9\times2i=9(3A_g+3A_u)=27A_g(R)+27A_u(IR,\ x,\ y,\ z)$

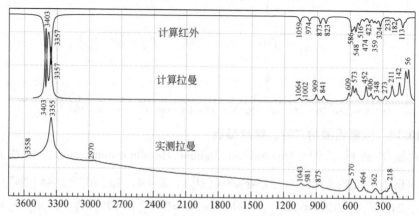

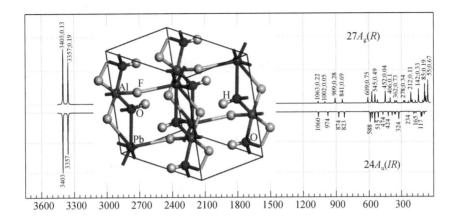

第11章 铝 酸 盐

11.1 铝酸锂

铝酸锂（Lithium Aluminate），$LiAlO_2$，92-$P4_12_12$（D_4^4），$Z = 4$，4a（Li^+、Al^{3+}），8b（O^{2-}），ICSD#23815。$4a+2×8b=(3A_1+3A_2+3B_1+3B_2+6E)+2(A_1+2A_2+B_1+2B_2+3E)=5A_1(R)+7A_2(IR, z)+5B_1(R)+7B_2(R)+12E(R, IR, x, y)$

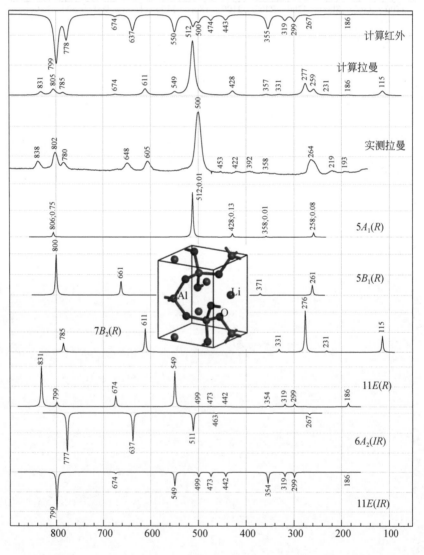

11.2　铝酸镁，尖晶石

铝酸镁(Magnesium Dialuminium Oxide)，尖晶石(Spinel)，$MgAl_2O_4$，227-$Fd\bar{3}m(O_h^7)$，$Z=8$，$8b(Mg^{2+})$，$16c(Al^{3+})$，$32e(O^{2-})$，ICSD#31373。$8b+16c+32e=A_{1g}(R)+E_g(R)+T_{1g}+3T_{2g}(R)+2A_{2u}+2E_u+5T_{1u}(IR，x，y，z)+2E_{2u}$

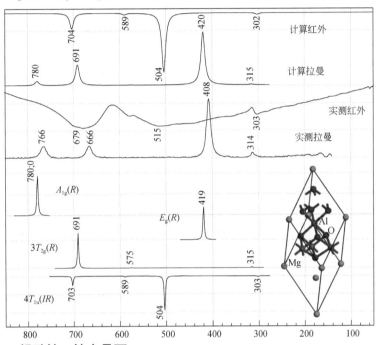

11.3　铝酸锌，锌尖晶石

铝酸锌(Zinc Dialuminium Oxide)，锌尖晶石(Gahnite)，$ZnAl_2O_4$，227-$Fd\bar{3}m$(O_h^7)，$Z=8$，$8b(Zn^{2+})$，$16c(Al^{3+})$，$32e(O^{2-})$，ICSD#24494。$8b+16c+32e=(T_{1u}+T_{2g})+(A_{2u}+E_u+2T_{1u}+T_{2u})+(A_{1g}+A_{2u}+E_g+E_u+T_{1g}+2T_{1u}+2T_{2g}+T_{2u})=A_{1g}(R)+E_g(R)+T_{1g}+3T_{2g}(R)+2A_{2u}+2E_u+5T_{1u}(IR，x，y，z)+2E_{2u}$

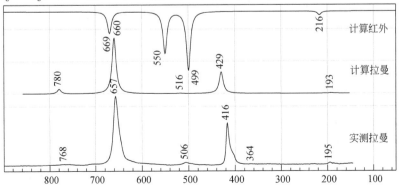

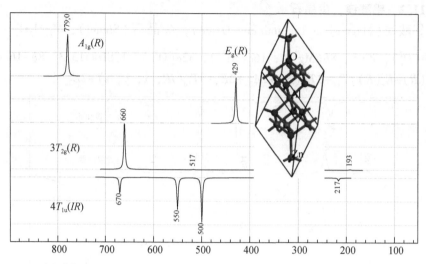

11.4　铝酸钡

铝酸钡（Barium Dialuminium Oxide），$BaAl_2O_4$，$182\text{-}P6_322$（D_6^6），$Z = 2$，$2b$（Ba^{2+}），$2c$（O^{2-}），$4f$（Al^{3+}），$6g$（O^{2-}），ICSD#21080。$2b + 2c + 4f + 6g = (A_1 + 2A_2 + B_1 + 2B_2 + 3E_1 + 3E_2) + (A_1 + A_2 + B_1 + B_2 + 2E_1 + 2E_2) + 2(A_2 + B_2 + E_1 + E_2) = 2A_1(R) + 5A_2(IR, z) + 3B_1 + 4B_2 + 7E_1(R, IR, x, y) + 7E_2(R)$

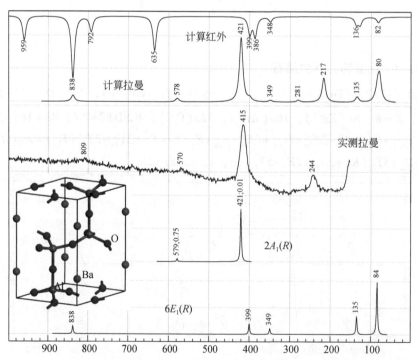

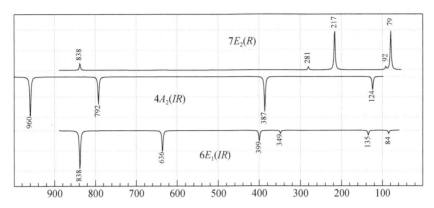

11.5 铝酸钙，陨铝钙石

铝酸钙［Calcium Oxide Bis（dialuminate）］，陨铝钙石（Grossite），CaO（Al$_2$O$_3$）$_2$，15-C2/c（C_{2h}^6），Z = 4，4e（Ca^{2+}，O^{2-}），8f（2Al^{3+}，3O^{2-}），ICSD # 44519。2×4e+5×8f=2（A$_g$+A$_u$+2B$_g$+2B$_u$）+5（3A$_g$+3A$_u$+3B$_g$+3B$_u$）= 17A$_g$（R）+19B$_g$（R）+17A$_u$（IR，x，y）+19B$_u$（IR，z）

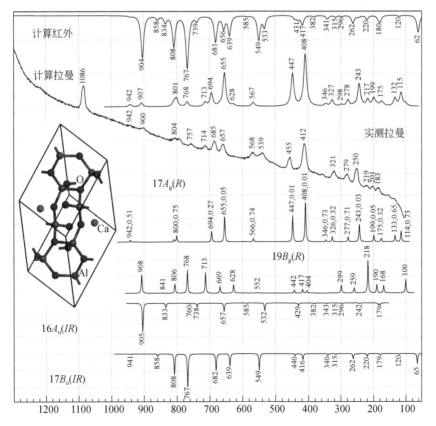

11.6　氧化铝钠，钓鱼岛石

氧化铝钠(Sodium Aluminum Oxide)，钓鱼岛石(Diaoyudaoite)，$NaAl_{11}O_{17}$，194-$P6_3/mmc(D_{6h}^4)$，$Z=2$，$2a(Al^{3+})$，$2c(O^{2-})$，$2d(Na^+)$，$4e(O^{2-})$，$4f(O^{2-}$，$2Al^{3+})$，$12k(2O^{2-}$，$Al^{3+})$，ICSD#67545。$2a+2c+2d+4e+3\times4f+3\times12k=(A_{2u}+B_{1u}+E_{1u}+E_{2u})+2(A_{2u}+B_{2g}+E_{1u}+E_{2g})+4(A_{1g}+A_{2u}+B_{1u}+B_{2g}+E_{1g}+E_{1u}+E_{2g}+E_{2u})+3(2A_{1g}+A_{1u}+A_{2g}+2A_{2u}+B_{1g}+2B_{1u}+2B_{2g}+B_{2u}+3E_{1g}+3E_{1u}+3E_{2g}+3E_{2u})=10A_{1g}(R)+3A_{2g}+3B_{1g}+12B_{2g}+13E_{1g}(R)+15E_{2g}(R)+3A_{1u}+13A_{2u}(IR,\ z)+11B_{1u}+3B_{2u}+16E_{1u}(IR,\ x,\ y)+14E_{2u}$

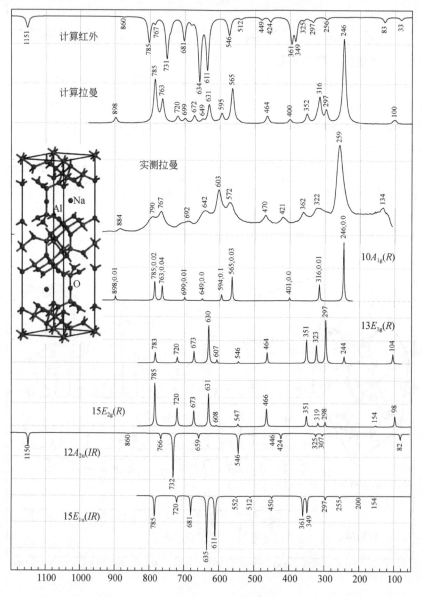

11.7 铝酸钙，黑铝钙石

铝酸钙[Calcium Oxide Hexakis(dialuminate)]，黑铝钙石(Hibonite 5H)，CaO $(Al_2O_3)_6$，194-$P6_3/mmc$（D_{6h}^4），$Z = 2$，$2a$（Al^{3+}），$2b$（Al^{3+}），$2d$（Ca^{2+}），$4e$（O^{2-}），$4f(2Al^{3+}$，$O^{2-})$，$6h(O^{2-})$，$12k(Al^{3+}$，$2O^{2-})$，ICSD#34394。$2a+2b+2d+4e+3×4f+6h+3×12k=(A_{2u}+B_{1u}+E_{1u}+E_{2u})+2（A_{2u}+B_{2g}+E_{1u}+E_{2g}）+4（A_{1g}+A_{2u}+B_{1u}+B_{2g}+E_{1g}+E_{1u}+E_{2g}+E_{2u}）+(A_{1g}+A_{2g}+A_{2u}+B_{1u}+B_{2g}+B_{2u}+E_{1g}+2E_{1u}+2E_{2g}+E_{2u})+3（2A_{1g}+A_{1u}+A_{2g}+2A_{2u}+B_{1u}+2B_{1u}+2B_{2g}+B_{2u}+3E_{1g}+3E_{1u}+3E_{2g}+3E_{2u}）=11A_{1g}(R)+4A_{2g}+3B_{1g}+13B_{2g}+14E_{1g}(R)+17E_{2g}(R)+3A_{1u}+14A_{2u}(IR, z)+12B_{1u}+4B_{2u}+18E_{1u}(IR, x, y)+15E_{2u}$

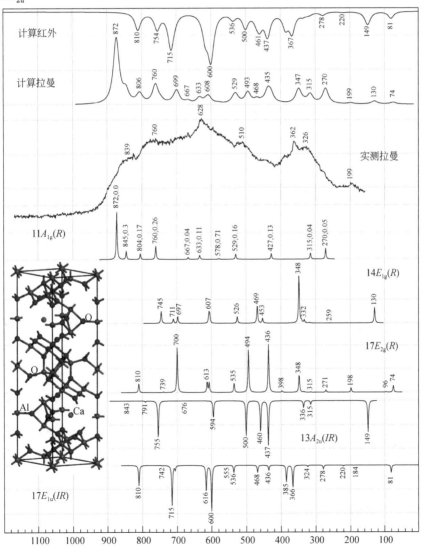

第 12 章 硅 酸 盐

12.1 硅酸铍，硅铍石

硅酸铍（Diberyllium Silicate），硅铍石（Phenakite），Be_2SiO_4，148-$R\bar{3}$（C_{3i}^2），$Z=18$，$18f(2Be^{2+}$，Si^{4+}，$4O^{2-})$，ICSD#28003。$7\times18f=7(3A_g+3A_u+3E_g+3E_u)=21A_g(R)+21E_g(R)+21A_u(IR, z)+21E_u(IR, x, y)$

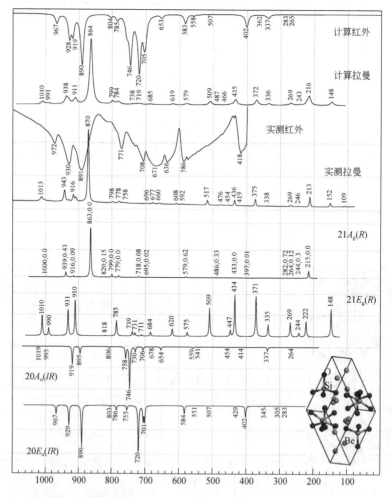

12.2 硅酸镁，镁橄榄石

硅酸镁（Magnesium Silicate），镁橄榄石（Forsterite），Mg_2SiO_4，62-$Pbnm$

(D_{2h}^{6})，$Z=4$，$4a(Mg^{2+})$，$4c(Mg^{2+}$，Si^{4+}，$2O^{2-})$，$8d(O^{2-})$，ICSD#9685。$4a+4\times$
$4c+8d=11A_{g}(R)+7B_{1g}(R)+11B_{2g}(R)+7B_{3g}(R)+10A_{u}+14B_{1u}(IR,z)+10B_{2u}(IR,$
$y)+14B_{3u}(IR,z)$

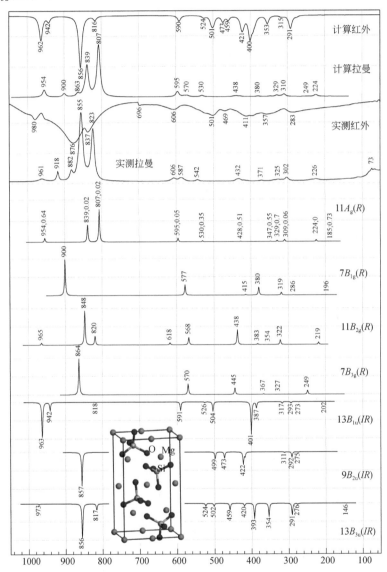

12.3 硅酸镁，瓦兹利石

硅酸镁（beta-Magnesium Silicate），瓦兹利石（Wadsleyite），β-Mg_2SiO_4，74-
$Imma(D_{2h}^{28})$，$Z=8$，$4a(Mg^{2+})$，$4e(Mg^{2+}$，$2O^{2-})$，$8g(Mg^{2+})$，$8h(Si^{4+}$，$O^{2-})$，
$16j(O^{2-})$，ICSD#100725。$4a+3\times4e+8g+2\times8h+16j=(A_u+2B_{1u}+2B_{2u}+B_{3u})+3(A_g+$

$$B_{1u}+B_{2g}+B_{2u}+B_{3g}+B_{3u})+(A_g+A_u+2B_{1g}+2B_{1u}+B_{2g}+B_{2u}+2B_{3g}+2B_{3u})+2(2A_g+A_u+B_{1g}+2B_{1u}+B_{2g}+2B_{2u}+2B_{3g}+B_{3u})+(3A_g+3A_u+3B_{1g}+3B_{1u}+3B_{2g}+3B_{2u}+3B_{3g}+3B_{3u})=11A_g(R)+7B_{1g}(R)+9B_{2g}(R)+12B_{3g}(R)+7A_u+14B_{1u}(IR,\ z)+13B_{2u}(IR,\ y)+11B_{3u}(IR,\ z)$$

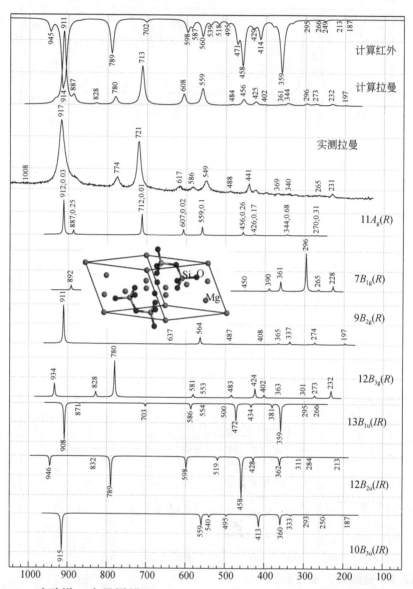

12.4　硅酸镁，尖晶橄榄石

硅酸镁（gamma-Magnesium Silicate），尖晶橄榄石（Ringwoodite），γ-Mg_2（SiO_4），227-$Fd\bar{3}m$（O_h^7），$Z=8$，$8b$（Si^{4+}），$16c$（Mg^{2+}），$32e$（O^{2-}），ICSD#27531。

$$8b+16c+32e=A_{1g}(R)+E_g(R)+T_{1g}+3T_{2g}(R)+2A_{2u}+2E_u+5T_{1u}(IR, x, y, z)+2E_{2u}$$

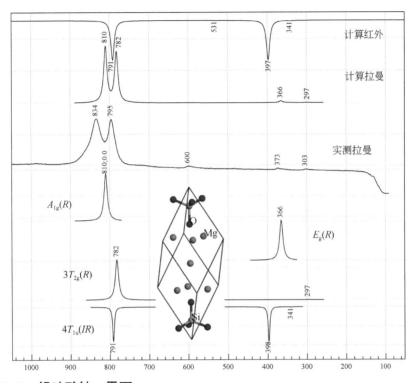

12.5 铝硅酸钠，霞石

铝硅酸钠（Sodium Aluminosilicate），霞石（Nepheline），$Na(AlSiO_4)$，173-$P6_3$（C_6^6），$Z=8$，$2a(Na^+)$，$2b(Al^{3+}, Si^{4+}, O^{2-})$，$6c(Na^+, Al^{3+}, Si^{4+}, 5O^{2-})$，ICSD#191581。$2a+3\times2b+8\times6c=4(A+B+E_1+E_2)+8(3A+3B+3E_1+3E_2)=28A(R, IR, z)+28B+28E_1(R, IR, x, y)+28E_2(R)$

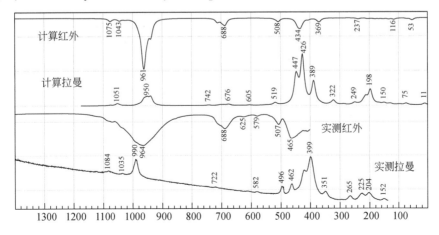

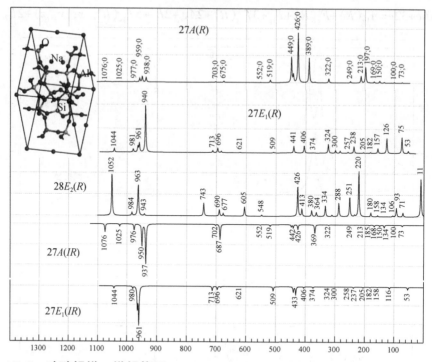

12. 6　硅酸铝镁，镁铝榴石

硅酸铝镁（Magnesium Aluminum Silicate），镁铝榴石（Pyrope），$Mg_3Al_2(SiO_4)_3$，

230-$Ia\bar{3}d(O_h^{10})$，$Z=8$，$16a(Al^{3+})$，$24c(Mg^{2+})$，$24d(Si^{4+})$，$96h(O^{2-})$，ICSD#

15438。$16a+24c+24d+96h=(A_{1u}+A_{2u}+2E_u+3T_{1u}+3T_{2u})+(A_{2g}+A_{2u}+E_g+E_u+3T_{1g}+$

$3T_{1u}+2T_{2g}+2T_{2u})+(A_{1u}+A_{2g}+E_g+E_u+2T_{1g}+3T_{1u}+3T_{2g}+2T_{2u})+(3A_{1g}+3A_{1u}+3A_{2g}+3A_{2u}+$

$6E_g+6E_u+9T_{1g}+9T_{1u}+9T_{2g}+9T_{2u})=3A_{1g}(R)+5A_{2g}+8E_g(R)+14T_{1g}+14T_{2g}(R)+5A_{1u}+$

$5A_{2u}+10E_u+18T_{1u}(IR, \ x, \ y, \ z)+16T_{2u}$

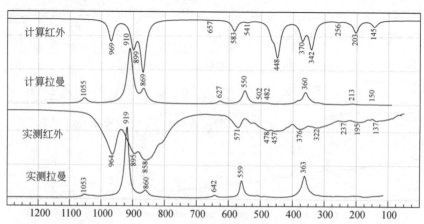

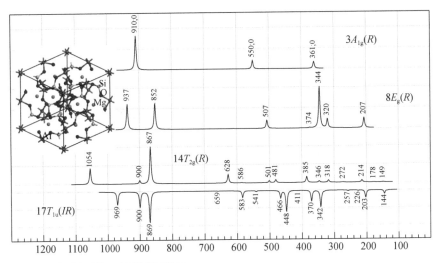

12.7 硅酸钙镁，钙镁橄榄石

硅酸钙镁(Magnesium Calcium Silicate)，钙镁橄榄石(Monticellite)，$CaMg(SiO_4)$，

62-$Pbnm$(D_{2h}^{16})，$Z = 4$，$4a$(Mg^{2+})，$4c$(Ca^{2+}，Si^{4+}，$2O^{2-}$)，$8d$(O^{2-})，ICSD #

34591。$4a+4\times4c+8d = 11A_g(R)+7B_{1g}(R)+11B_{2g}(R)+7B_{3g}(R)+10A_u+14B_{1u}(IR, z)$

$+10B_{2u}(IR, y)+14B_{3u}(IR, x)$

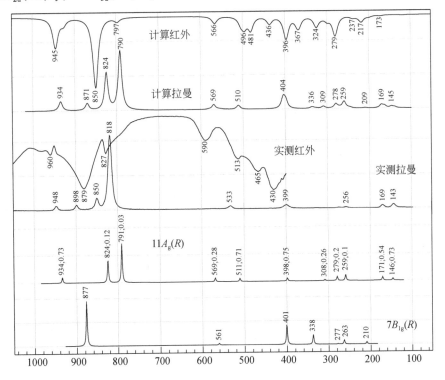

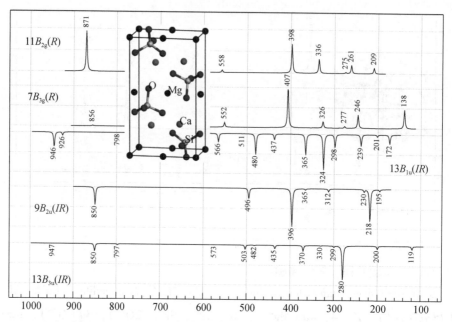

12.8　硅酸镁钙，默硅镁钙石

硅酸镁钙［Tricalcium Magnesium Bis（silicate）］，默硅镁钙石（Merwinite），
$Ca_3Mg(SiO_4)_2$，14-$P2_1/a$（C_{2h}^5），$Z=4$，$4e$（$3Ca^{2+}$，Mg^{2+}，$2Si^{4+}$，$8O^{2-}$），ICSD#
26002。$14\times4e=14(3A_g+3A_u+3B_g+3B_u)=42A_g(R)+42B_g(R)+42A_u(IR,z)+42B_u$
（IR，x，y）

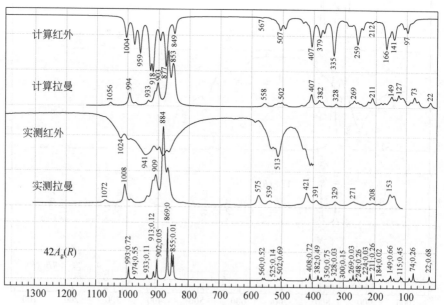

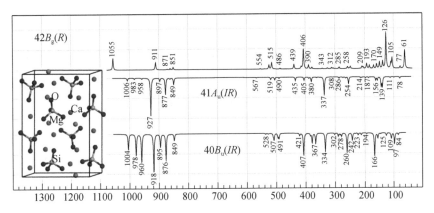

12.9 硅酸铝钾，原钾霞石

硅酸铝钾（Potassium Aluminium Silicate），原钾霞石（Kalsilite），$KAl(SiO_4)$，$159\text{-}P31c(C_{3v}^4)$，$Z=2$，$2a(K^+)$，$2b(Al^{3+}, Si^{4+}, O^{2-})$，$6c(O^{2-})$，ICSD#83449。
$2a+3\times2b+6c=4(A_1+A_2+2E)+(3A_1+3A_2+6E)=7A_1(R, IR, z)+7A_2+14E(R, IR, x, y)$

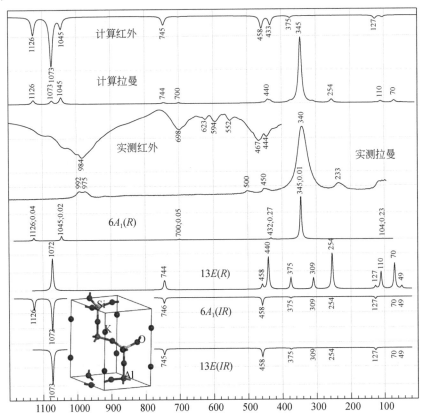

12.10　硅酸钙，斜硅钙石

硅酸钙(beta-Calcium Silicate)，斜硅钙石(Larnite)，β-Ca$_2$(SiO$_4$)，14-$P2_1/n$ (C_{2h}^5)，$Z=4$，$4e$($2Ca^{2+}$，Si^{4+}，$4O^{2-}$)，ICSD#79551。$7×4e=7(3A_g+3A_u+3B_g+3B_u)=21A_g(R)+21B_g(R)+21A_u(IR, z)+21B_u(IR, x, y)$

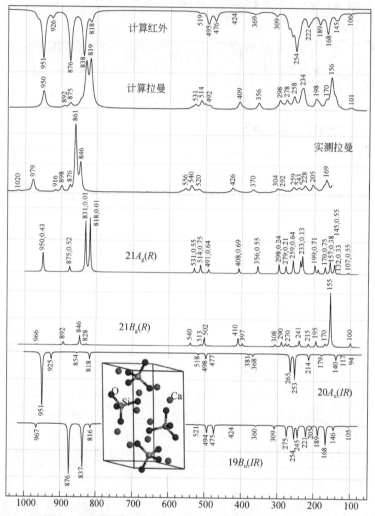

12.11　硅酸钙，钙橄榄石

硅酸钙(gamma-Calcium Silicate)，钙橄榄石(Calcio-olivine)，γ-Ca$_2$(SiO$_4$)，62-$Pbnm$(D_{2h}^{16})，$Z=4$，$4a$(Ca^{2+})，$4c$(Ca^{2+}，Si^{4+}，$2O^{2-}$)，$8d$(O^{2-})，ICSD#9095。$4a+4×4c+8d=11A_g(R)+7B_{1g}(R)+11B_{2g}(R)+7B_{3g}(R)+10A_u+14B_{1u}(IR, z)+10B_{2u}(IR, y)+14B_{3u}(IR, x)$

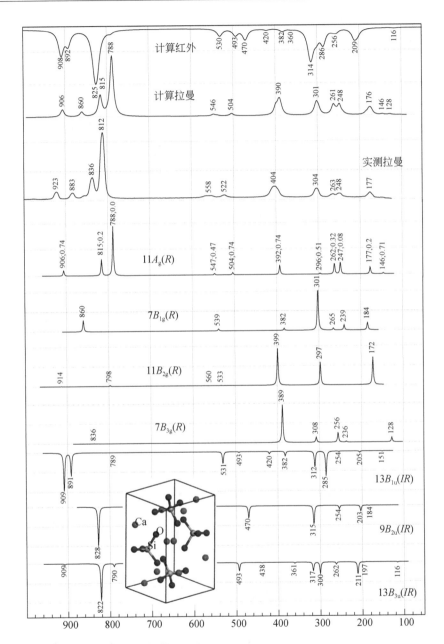

12.12 硅酸硼钙石，赛黄晶

硅酸硼钙石（Calcium Boron Silicate），赛黄晶（Danburite），$Ca(B_2Si_2O_8)$，62-$Pnam(D_{2h}^{16})$，$Z=4$，$4c(Ca^{2+}, 2O^{2-})$，$8d(Si^{4+}, 3O^{2-}, B^{3+})$，ICSD#6254。$3\times4c+5\times8d=3(2A_g+A_u+B_{1g}+2B_{1u}+2B_{2g}+B_{2u}+B_{3g}+2B_{3u})+5(3A_g+3A_u+3B_{1g}+3B_{1u}+3B_{2g}+3B_{2u}+3B_{3g}+3B_{3u})=21A_g(R)+18B_{1g}(R)+21B_{2g}(R)+18B_{3g}(R)+18A_u+21B_{1u}(IR,$

$z)+18B_{2u}(IR, y)+21B_{3u}(IR, x)$

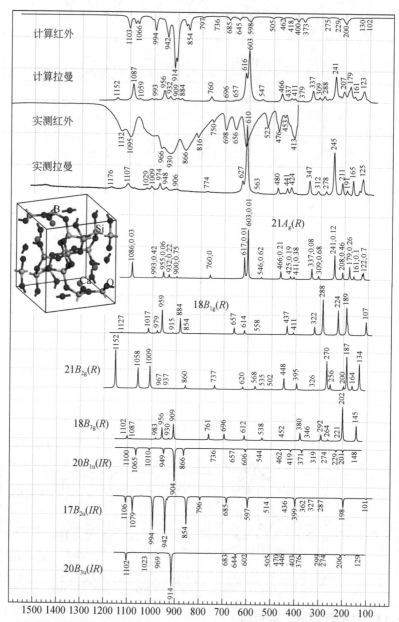

12.13　硅酸铝钙，钙铝榴石

硅酸铝钙(Calcium Aluminum Silicate)，钙铝榴石(Grossular)，$Ca_3Al_2(SiO_4)_3$，

230-$Ia\bar{3}d(O_h^{10})$，$16a(Al^{3+})$，$24c(Ca^{2+})$，$24d(Si^{4+})$，$96h(O^{2-})$，ICSD#16750。

$16a+24c+24d+96h=(A_{1u}+A_{2u}+2E_u+3T_{1u}+3T_{2u})+(A_{2g}+A_{2u}+E_g+E_u+3T_{1g}+3T_{1u}+2T_{2g}+$

$2T_{2u}) + (A_{1u} + A_{2g} + E_g + E_u + 2T_{1g} + 3T_{1u} + 3T_{2g} + 2T_{2u}) + (3A_{1g} + 3A_{1u} + 3A_{2g} + 3A_{2u} + 6E_g + 6E_u + 9T_{1g} + 9T_{1u} + 9T_{2g} + 9T_{2u}) = 3A_{1g}(R) + 5A_{2g} + 8E_g(R) + 14T_{1g} + 14T_{2g}(R) + 5A_{1u} + 5A_{2u} + 10E_u + 18T_{1u}(IR, x, y, z) + 16E_{2u}$

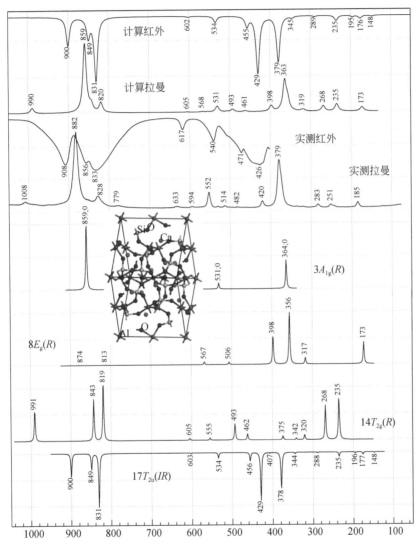

12.14 硅酸铝钙，钙长石

硅酸铝钙（Calcium Aluminum Silicate），钙长石（Anorthite），$Ca(Al_2Si_2O_8)$，

$2\text{-}P\bar{1}(C_i^1)$，$Z = 8$，$2i(4Ca^{2+}, 8Si^{4+}, 8Al^{3+}, 32O^{2-})$，ICSD#654。$52 \times 2i = 52(3A_g + 3A_u) = 156A_g(R) + 156A_u(IR, x, y, z)$

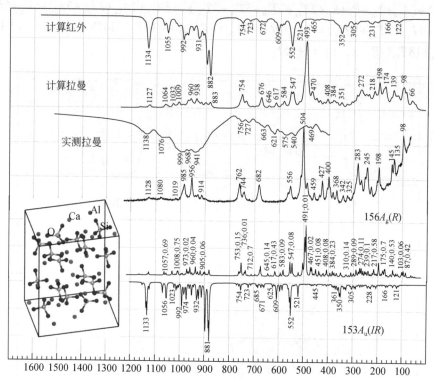

12.15 硅酸锆，锆石

硅酸锆（Zirconium Silicate），锆石（Zircon），$Zr(SiO_4)$，$141\text{-}I4_1/amd(D_{4h}^{19})$，$Z=4$，$4a(Zr^{4+})$，$4b(Si^{4+})$，$16h(O^{2-})$，ICSD#15759。$4a+4b+16h=2A_{1g}(R)+A_{2g}+4B_{1g}(R)+B_{2g}(R)+5E_g(R)+A_{1u}+4A_{2u}(IR, z)+B_{1u}+2B_{2u}+5E_u(IR, x, y)$

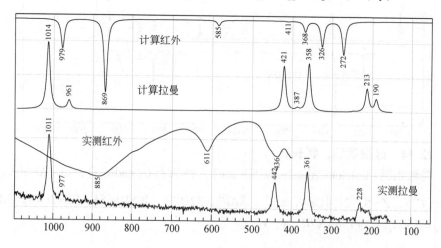

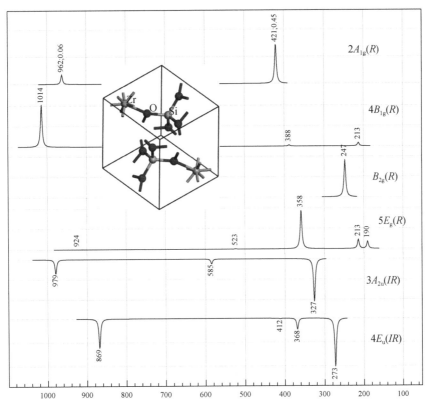

12.16 硅酸铪，铪石

硅酸铪（Hafnium Silicate），铪石（Hafnon），$Hf(SiO_4)$，141-$I4_1/amd$（D_{4h}^{19}），$Z=4$，$4a(Hf^{4+})$，$4b(Si^{4+})$，$16h(O^{2-})$，ICSD#31177。$4a+4b+16h=2A_{1g}(R)+A_{2g}+4B_{1g}(R)+B_{2g}(R)+5E_g(R)+A_{1u}+4A_{2u}(IR,\ z)+B_{1u}+2B_{2u}+5E_u(IR,\ x,\ y)$

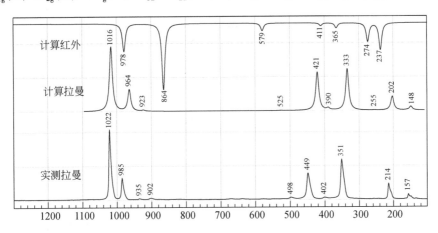

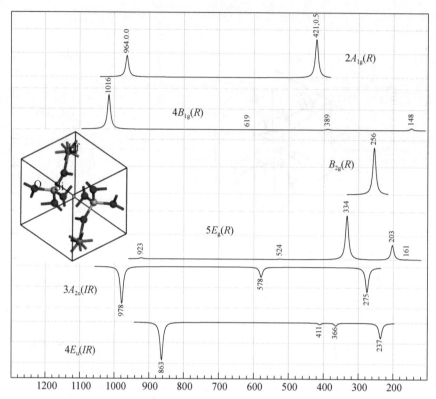

12.17　硅酸锌铅钙，硅钙铅锌矿

硅酸锌铅钙(Calcium Lead Zinc Silicate)，硅钙铅锌矿(Esperite)，$PbCa_2Zn_3(SiO_4)_3$，$14\text{-}P2_1/n(C_{2h}^5)$，$Z=4$，$4e(Pb^{2+}, 2Ca^{2+}, 3Zn^{2+}, 3Si^{4+}, 12O^{2-})$，ICSD#168082。$21\times4e=21(3A_g+3A_u+3B_g+3B_u)=63A_g(R)+63B_g(R)+63A_u(IR, z)+63B_u(IR, x, y)$

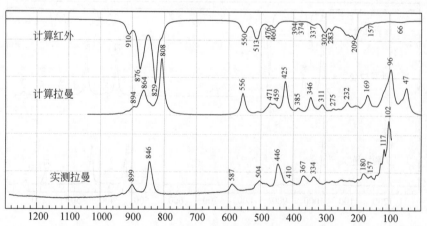

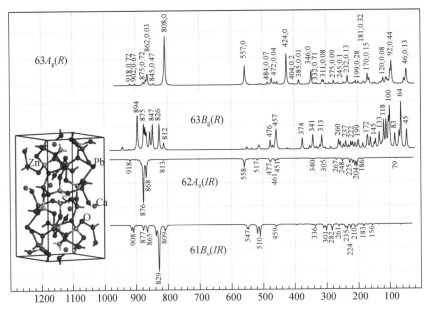

12.18 硅酸铋，硅铋石

硅酸铋（Tetrabismuth Silicate），硅铋石（Eulytine），$Bi_4Si_3O_{12}$，$220\text{-}I\bar{4}3d(T_d^6)$，$Z=4$，$12a(Si^{4+})$，$16c(Bi^{3+})$，$48e(O^{2-})$，ICSD#26787。$12a+16c+48e=(A_2+E+2T_1+3T_2)+(A_1+A_2+2E+3T_1+3T_2)+(3A_1+3A_2+6E+9T_1+9T_2)=4A_1(R)+5A_2+9E(R)+14T_1+15T_2(R, IR, x, y, z)$

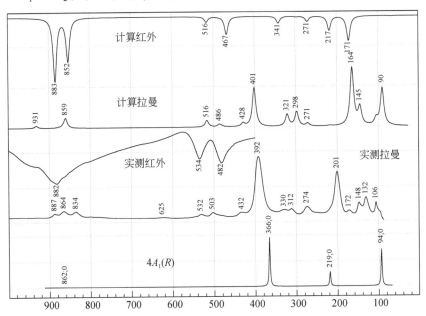

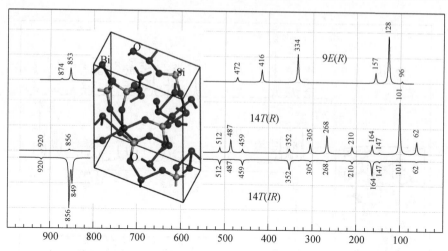

12.19　硅酸氟化镁，块硅镁石

硅酸氟化镁（Magnesium Fluoride Silicate），块硅镁石（Norbergite），$Mg_3SiO_4F_2$，62-$Pbnm(D_{2h}^{16})$，$Z=4$，$4c(Mg^{2+}$，Si^{4+}，$2O^{2-})$，$8d(Mg^{2+}$，O^{2-}，$F^-)$，ICSD#15203。$4×4c+3×8d=4(2A_g+A_u+B_{1g}+2B_{1u}+2B_{2g}+B_{2u}+B_{3g}+2B_{3u})+3(3A_g+3A_u+3B_{1g}+3B_{1u}+3B_{2g}+3B_{2u}+3B_{3g}+3B_{3u})=17A_g(R)+13B_{1g}(R)+17B_{2g}(R)+13B_{3g}(R)+13A_u+17B_{1u}(IR，z)+13B_{2u}(IR，y)+17B_{3u}(IR，x)$

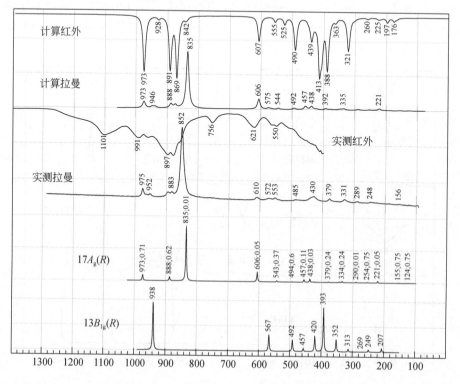

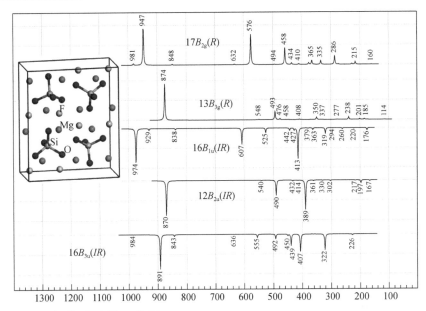

12.20 氟化硅酸铝，黄玉

氟化硅酸铝（Aluminum Silicate Fluoride），黄玉（Topaz），$Al_2(SiO_4)F_2$，62-$Pbnm(D_{2h}^{16})$，$Z=4$，$4c(Si^{4+}, 2O^{2-})$，$8d(Al^{3+}, O^{2-}, F^-)$，ICSD#158135。$3\times4c+3\times8d=3(2A_g+A_u+B_{1g}+2B_{1u}+2B_{2g}+B_{2u}+B_{3g}+2B_{3u})+3(3A_g+3A_u+3B_{1g}+3B_{1u}+3B_{2g}+3B_{2u}+3B_{3g}+3B_{3u})=15A_g(R)+12B_{1g}(R)+15B_{2g}(R)+12B_{3g}(R)+12A_u+15B_{1u}(IR, z)+12B_{2u}(IR, y)+15B_{3u}(IR, x)$

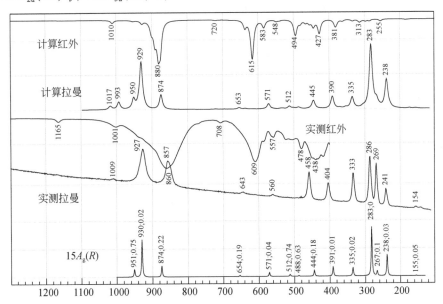

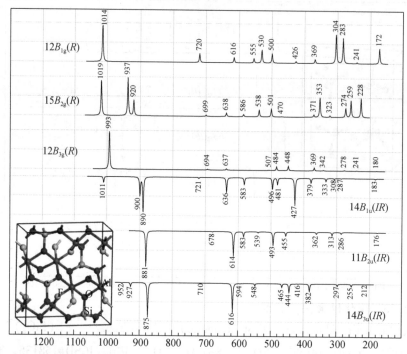

12.21　硅酸钍，斜钍石

硅酸钍（Thorium Silicate），斜钍石（Huttonite），$Th(SiO_4)$，$14\text{-}P2_1/n(C_{2h}^5)$，$Z=4$，$4e(Th^{4+}$，$Si^{4+}$，$4O^{2-})$，ICSD#1614。$6\times4e=6(3A_g+3A_u+3B_g+3B_u)=18A_g(R)+18B_g(R)+18A_u(IR，z)+18B_u(IR，x，y)$

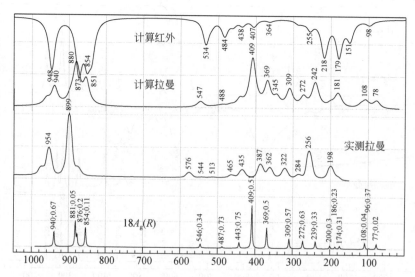

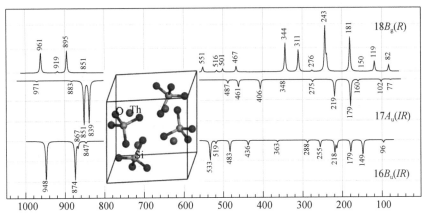

12.22 氯化硅酸铝钠，方钠石

氯化硅酸铝钠（Sodium Aluminum Silicate Chloride），方钠石（Sodalite），
$Na_8Al_6Si_6O_{24}Cl_2$，218-$P\bar{4}3n$（T_d^4），$Z=1$，$2a$（Cl^-），$6c$（Si^{4+}），$6d$（Al^{3+}），$8e$
（Na^+），$24i$（O^{2-}），ICSD#29443。$2a+6c+6d+8e+24i=4A_1(R)+6A_2+10E(R)+$
$17T_1+19T_2(R, IR, x, y, z)$

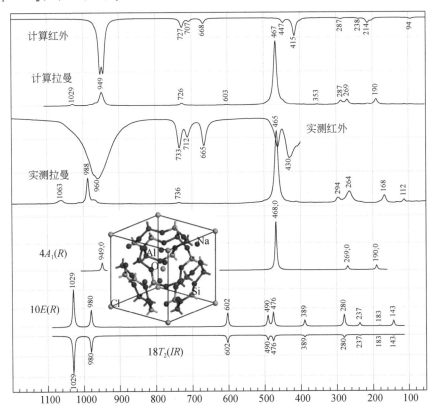

12.23　偏硅酸锂

偏硅酸锂（Dilithium Catena-silicate），Li_2SiO_3，36-$Cmc2_1$（C_{2v}^{12}），$Z=4$，$4a$（Si^{4+}，O^{2-}），$8b$（Li^+，O^{2-}），ICSD#853。$2\times4a+2\times8b=2(2A_1+A_2+B_1+2B_2)+2(3A_1+3A_2+3B_1+3B_2)=10A_1(R，IR，z)+8A_2(R)+8B_1(R，IR，x)+10B_2(R，IR，y)$

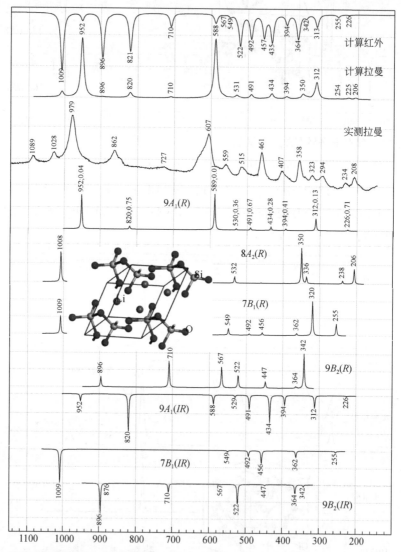

12.24　偏硅酸镁，玩火辉石

偏硅酸镁（Magnesium Catena-silicate），玩火辉石（Enstatite），$Mg(SiO_3)$，61-$Pbca$（D_{2h}^{15}），$Z=16$，$8c$（$2Mg^{2+}$，$2Si^{4+}$，$6O^{2-}$），ICSD#30523。$10\times8c=30A_g(R)+30B_{1g}(R)+30B_{2g}(R)+30B_{3g}(R)+30A_u+30B_{1u}(IR，z)+30B_{2u}(IR，y)+30B_{3u}(IR，x)$

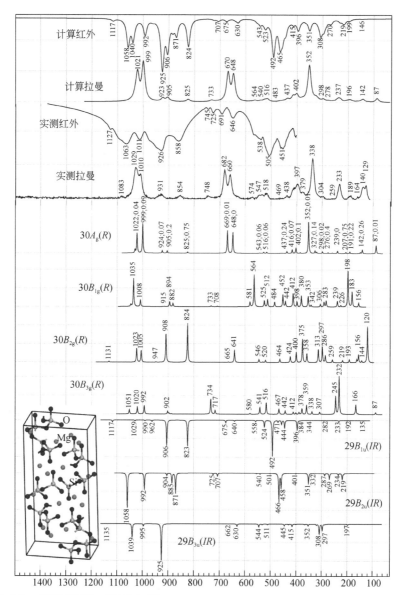

12.25 偏硅酸钙，假硅灰石

偏硅酸钙(Calcium Silicate)，假硅灰石(Pseudowollastonite)，Ca(SiO$_3$)，15-C2/c(C_{2h}^6)，$Z = 24$，$4a$(Ca^{2+})，$4e$(3Ca^{2+})，$8f$(Ca^{2+}，3Si^{4+}，9O^{2-})，ICSD # 423129。$4a+3×4e+13×8f = (3A_u+3B_u)+3(A_g+A_u+2B_g+2B_u)+13(3A_g+3A_u+3B_g+3B_u) = 42A_g(R)+45B_g(R)+45A_u(IR, z)+48B_u(IR, x, y)$

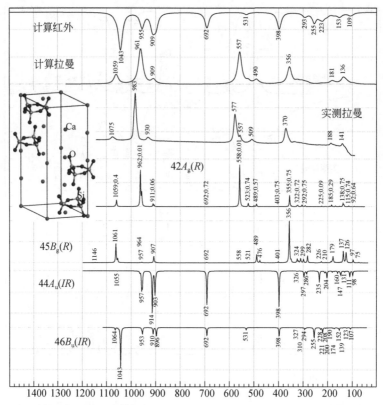

12.26　偏硅酸钙，硅灰石

偏硅酸钙（Calcium Catena-silicate），硅灰石（Wollastonite 1A），$Ca(SiO_3)$，2-$P\bar{1}(C_i^1)$，$Z=6$，$2i(3Ca^{2+}$，$3Si^{4+}$，$9O^{2-})$，ICSD#20571。$15\times2i=15(3A_g+3A_u)=45A_g(R)+45A_u(IR,\ x,\ y,\ z)$

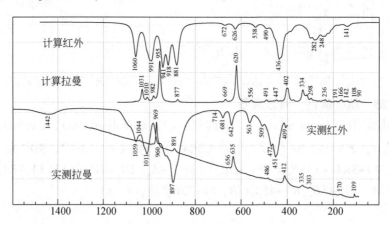

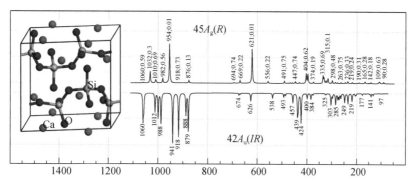

12.27 偏硅酸铝锂，锂辉石

偏硅酸铝锂（Lithium Aluminium Catena-disilicate），锂辉石（Spodumene），
LiAl(Si_2O_6)，$15-C2/c$（C_{2h}^6），$4e$（Li^+, Al^{3+}），$8f$（Si^{4+}, $3O^{2-}$），ICSD#9668。$2\times$
$4e+4\times8f=2(A_g+A_u+2B_g+2B_u)+4(3A_g+3A_u+3B_g+3B_u)=14A_g(R)+16B_g(R)+14A_u$
（IR, z）$+16B_u$（IR, x, y）

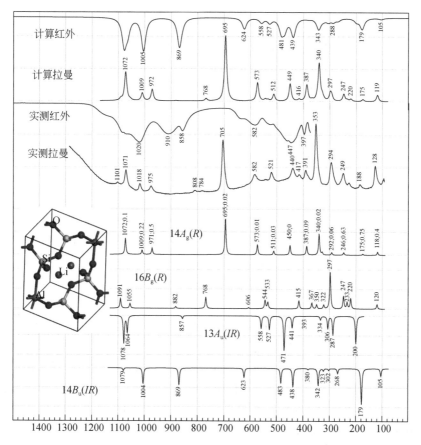

12.28　偏硅酸铝钠，翡翠

偏硅酸铝钠（Sodium Aluminium Catena-disilicate），翡翠（Jadeite），$NaAl(Si_2O_6)$，$15-C2/c(C_{2h}^6)$，$Z=4$，$4e(Al^{3+}$，$Na^+)$，$8f(3O^{2-}$，$Si^{4+})$，ICSD#10232。$4\times8f+2\times4e=4(3A_g+3A_u+3B_g+3B_u)+2(A_g+A_u+2B_g+2B_u)=14A_g(R)+16B_g(R)+14A_u(IR, z)+16B_u(IR, x, y)$

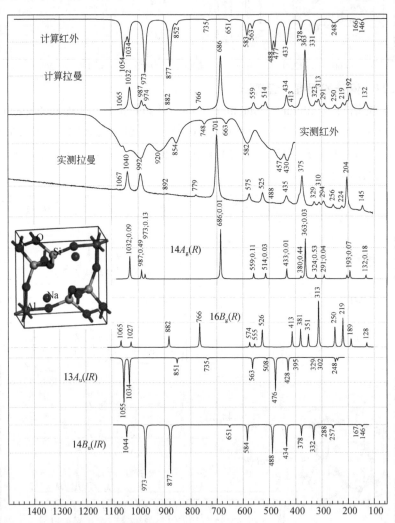

12.29　偏硅酸镁钙，透辉石

偏硅酸镁钙（Calcium Magnesium Catena-silicate），透辉石（Diopside），$CaMg(Si_2O_6)$，$15-C2/c(C_{2h}^6)$，$Z=4$，$4e(Mg^{2+}$，$Ca^{2+})$，$8f(3O^{2-}$，$Si^{4+})$，ICSD#10222。$2\times4e+4\times8f=2(A_g+A_u+2B_g+2B_u)+4(3A_g+3A_u+3B_g+3B_u)=14A_g(R)+16B_g(R)+14A_u(IR, z)+16B_u(IR, x, y)$

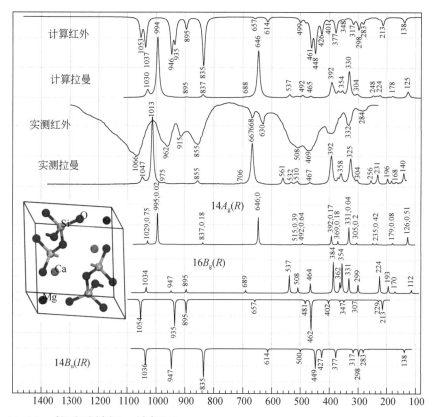

12.30　偏硅酸锌钙，锌辉石

偏硅酸锌钙（Calcium Zinc Catena-disilicate），锌辉石（Petedunnite），$CaZnSi_2O_6$，$15-C2/c$（C_{2h}^6），$Z=4$，$4e$（Zn^{2+}，Ca^{2+}），$8f$（Si^{4+}，$3O^{2-}$），ICSD # 81450。$2\times4e+4\times8f=2(A_g+A_u+2B_g+2B_u)+4(3A_g+3A_u+3B_g+3B_u)=14A_g(R)+16B_g(R)+14A_u(IR,\ z)+16B_u(IR,\ x,\ y)$

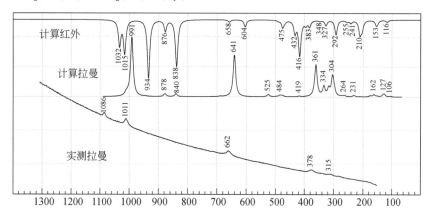

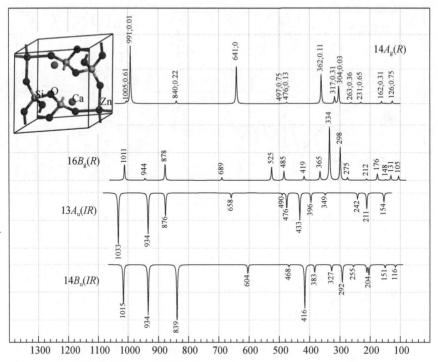

12.31　偏硅酸氢钠钙，针钠钙石

偏硅酸氢钠钙（Calcium Sodium Hydrogen Silicate），针钠钙石（Pectolite），
$Ca_2NaH(Si_3O_9)$，2-$P\bar{1}$（C_i^1），$Z=2$，$2i$（$2Ca^{2+}$，Na^+，H^+，$3Si^{4+}$，$9O^{2-}$），ICSD#
26820。$16×2i=16(3A_g+3A_u)=48A_g(R)+48A_u(IR, x, y, z)$

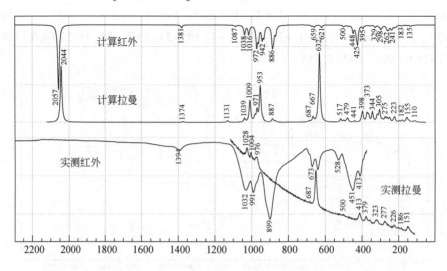

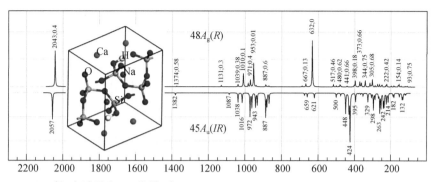

12.32　偏硅酸钛钡，蓝锥矿

偏硅酸钛钡（Barium Titanium Silicate），蓝锥矿（Benitoite），BaTi（Si$_3$O$_9$），188-$P\bar{6}c2$（D_{3h}^2），$Z=2$，$2a$（Ti^{4+}），$2c$（Ba^{2+}），$6k$（Si^{4+}，O^{2-}），$12l$（O^{2-}），ICSD# 18100。$2a+2c+2\times 6k+12l=2（A_2'+A_2''+E'+E''）+2（2A_1'+A_1''+2A_2'+A_2''+4E'+2E''）+（3A_1'+3A_1''+3A_2'+3A_2''+6E'+6E''）=7A_1'（R）+16E'（R，IR，x，y）+12E''（R）+5A_1''+9A_2'+7A_2''（IR，z）$

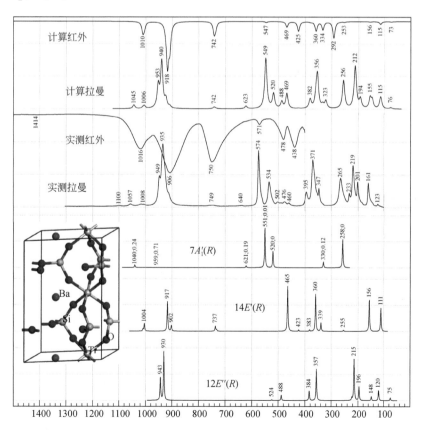

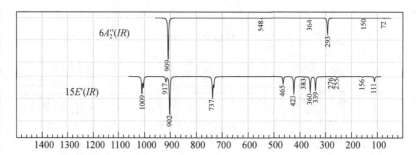

12.33　偏硅酸铍铝，绿柱石

偏硅酸铍铝（Aluminum Beryllium Silicate），绿柱石（Beryl），$Al_2Be_3Si_6O_{18}$，192-$P6/mcc$(D_{6h}^2)，$Z=2$，$4c$（Al^{3+}），$6f$（Be^{2+}），$12l$（Si^{4+}，O^{2-}），$24m$（O^{2-}），ICSD#28432。$4c+6f+2\times12l+24m=(A_{2g}+A_{2u}+B_{1g}+B_{1u}+E_{1g}+E_{1u}+E_{2g}+E_{2u})+(A_{2g}+A_{2u}+B_{1g}+B_{1u}+B_{2g}+B_{2u}+2E_{1g}+2E_{1u}+E_{2g}+E_{2u})+2(2A_{1g}+A_{1u}+2A_{2g}+A_{2u}+B_{1g}+2B_{1u}+B_{2g}+2B_{2u}+2E_{1g}+4E_{1u}+4E_{2g}+2E_{2u})+(3A_{1g}+3A_{1u}+3A_{2g}+3A_{2u}+3B_{1g}+3B_{1u}+3B_{2g}+3B_{2u}+6E_{1g}+6E_{1u}+6E_{2g}+6E_{2u})=7A_{1g}(R)+9A_{2g}+7B_{1g}+6B_{2g}+13E_{1g}(R)+16E_{2g}(R)+5A_{1u}+7A_{2u}(IR,\ z)+9B_{1u}+8B_{2u}+17E_{1u}(IR,\ x,\ y)+12E_{2u}$

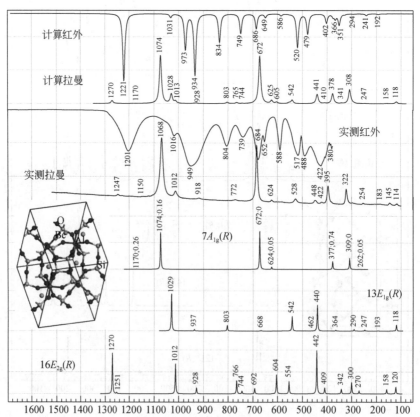

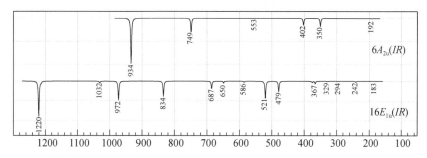

12.34 偏硅酸锆钾，硅锆钙钾石

偏硅酸锆钾(Potassium Zirconium Silicate)，硅锆钙钾石(Wadeite)，$K_2Zr(Si_3O_9)$，
$176\text{-}P6_3/m(C_{6h}^5)$，$Z=2$，$2b(Zr^{4+})$，$4f(K^+)$，$6h(Si^{4+}, O^{2-})$，$12i(O^{2-})$，ICSD#
24446。$2b+4f+2\times6h+12i = 8A_g(R)+6B_g+6E_{1g}(R)+8E_{2g}(R)+7A_u(IR, z)+9B_u+9E_{1u}$
$(IR, x, y)+7E_{2u}$

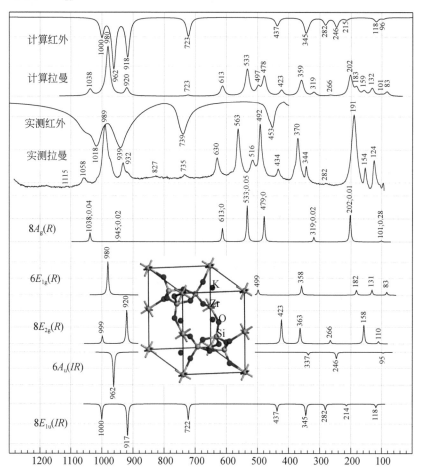

12.35　偏硅酸钡钙，瓦硅钙钡石

偏硅酸钡钙（Calcium Barium Silicate），瓦硅钙钡石（Walstromite），$Ca_2Ba(Si_3O_9)$，$2-P\bar{1}(C_i^1)$，$Z=2$，$2i(2Ca^{2+}，Ba^{2+}，3Si^{4+}，9O^{2-})$，ICSD#24426。$15\times2i=15(3A_g+3A_u)=45A_g(R)+45A_u(IR，x，y，z)$

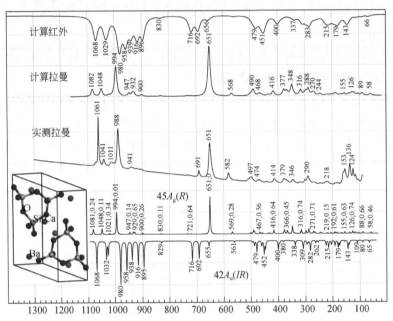

12.36　偏硅酸锡钡，硅锡钡石

偏硅酸锡钡（Barium Tin Silicate），硅锡钡石（Pabstite），$BaSn(Si_3O_9)$，$188-P\bar{6}c2(D_{3h}^2)$，$Z=2$，$2a(Sn^{4+})$，$2e(Ba^{2+})$，$6k(Si^{4+}，O^{2-})$，$12l(O^{2-})$，ICSD#10385。$2a+2e+2\times6k+12l=7A_1'(R)+5A_1''+9A_2'+7A_2''(IR，z)+16E'(R，IR，x，y)+12E''(R)$

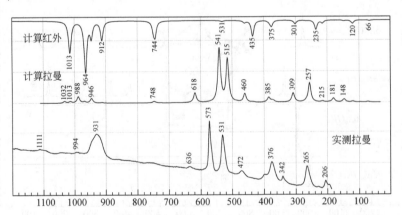

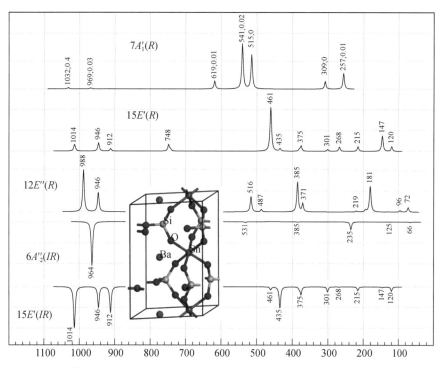

12.37　氧化硅酸铝，红柱石

氧化硅酸铝（Aluminum Silicate Oxide），红柱石（Andalusite），$Al_2(SiO_4)O$，8-$Pnnm(D_{2h}^{12})$，$Z=4$，$4e(Al^{3+})$，$4g(3O^{2-}, Si^{4+}, Al^{3+})$，$8h(O^{2-})$，ICSD#26688。
$4e+5×4g+8h=14A_g(R)+14B_{1g}(R)+10B_{2g}(R)+10B_{3g}(R)+9A_u+9B_{1u}(IR, z)+15B_{2u}(IR, y)+15B_{3u}(IR, x)$

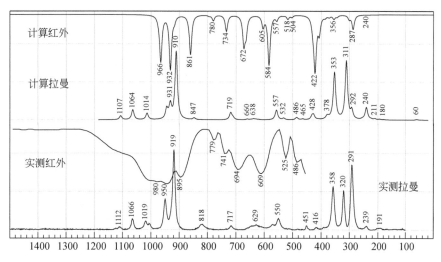

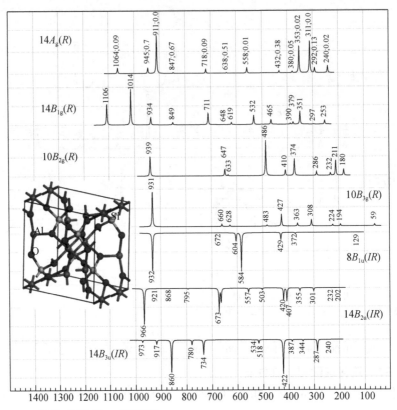

12.38　氧化硅酸铝，蓝晶石

氧化硅酸铝（Aluminium Silicate Oxide），蓝晶石（Kyanite），$Al_2(SiO_4)O$，2-$P\bar{1}(C_i^1)$，$Z=4$，$2i(2Si^{4+}$，$4Al^{3+}$，$10O^{2-})$，ICSD#77539，$16\times 2i=16(3A_g+3A_u)=48A_g(R)+48A_u(IR$，$x$，$y$，$z)$

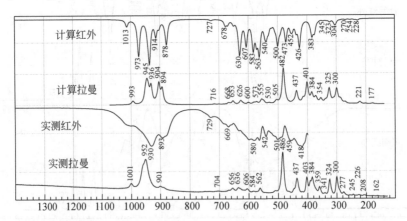

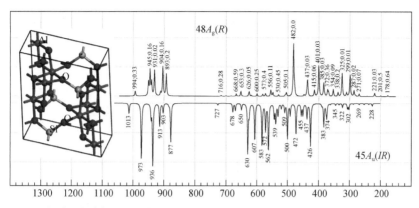

12.39 氧化硅酸铝，硅线石

氧化硅酸铝（Aluminum Silicate Oxide），硅线石（Sillimanite），$Al_2(SiO_4)O$，$62\text{-}Pbnm(D_{2h}^{16})$，$Z=4$，$4a(Al^{3+})$，$4c(3O^{2-}，Si^{4+}，Al^{3+})$，$8d(O^{2-})$，ICSD#25711。$4a+5\times4c+8d=(3A_u+3B_{1u}+3B_{2u}+3B_{3u})+5(2A_g+A_u+B_{1g}+2B_{1u}+2B_{2g}+B_{2u}+B_{3g}+2B_{3u})+(3A_g+3A_u+3B_{1g}+3B_{1u}+3B_{2g}+3B_{2u}+3B_{3g}+3B_{3u})=13A_g(R)+8B_{1g}(R)+13B_{2g}(R)+8B_{3g}(R)+11A_u+16B_{1u}(IR，z)+11B_{2u}(IR，y)+16B_{3u}(IR，x)$

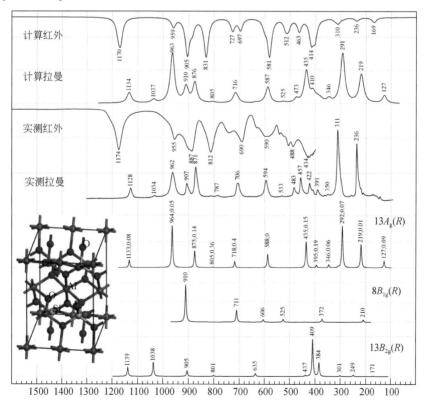

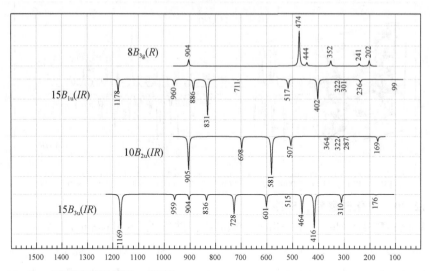

12.40 硅酸氧化钛钙，榍石

硅酸氧化钛钙(Calcium Titanium Oxide Silicate)，榍石(Titanite)，$Ca(TiO)(SiO_4)$，$15\text{-}C2/c(C_{2h}^6)$，$Z = 4$，$4a$(Ti^{4+})，$4e$(Ca^{2+}，Si^{4+}，O^{2-})，$8f(2O^{2-})$，ICSD # 159341。$4a+3\times4e+2\times8f = (3A_u+3B_u)+3(A_g+A_u+2B_g+2B_u)+2(3A_g+3A_u+3B_g+3B_u) = 9A_g(R)+12B_g(R)+12A_u(IR, z)+15B_u(IR, x, y)$

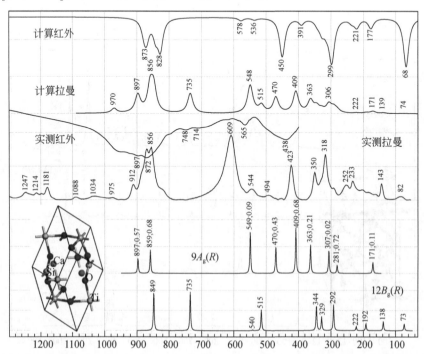

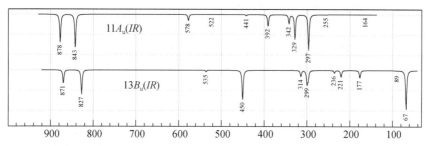

12.41 氧化硅酸三钙，哈硅钙石

氧化硅酸三钙（Tricalcium Silicate Oxide），哈硅钙石（Hatrurite），$Ca_3(SiO_4)O$，$8\text{-}Cm(C_{3v}^5)$，$Z=6$，$2a(3Ca^{2+}$，$3Si^{4+}$，$9O^{2-})$，$4b(3Ca^{2+}$，$3O^{2-})$，ICSD#81100。

$$15\times2a+6\times4b=15(2A'+A'')+6(3A'+3A'')=48A'(R，IR，x，y)+33A''(R，IR，z)$$

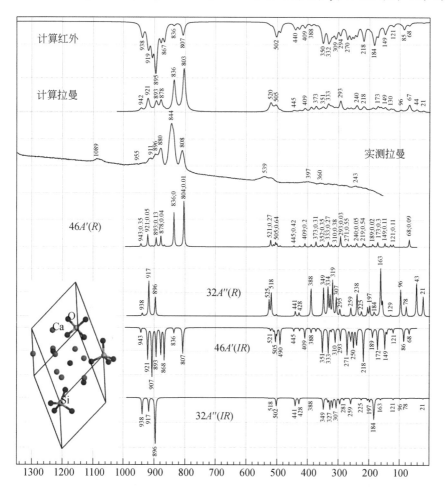

12.42　羟硅酸铝钙，羟硅铝钙石

羟硅酸铝钙（Calcium Aluminium Silicate Hydroxide），羟硅铝钙石（Vuagnatite），$CaAl(SiO_4)(OH)$，$19\text{-}P2_12_12_1(D_2^4)$，$Z=4$，$4a(Ca^{2+}$，$Al^{3+}$，$Si^{4+}$，$5O^{2-}$，$H^+)$，ICSD#12127。$9\times4a=9(3A+3B_1+3B_2+3B_3)=27A(R)+27B_1(R$，$IR$，$z)+27B_2(R$，$IR$，$y)+27B_3(R$，$IR$，$x)$

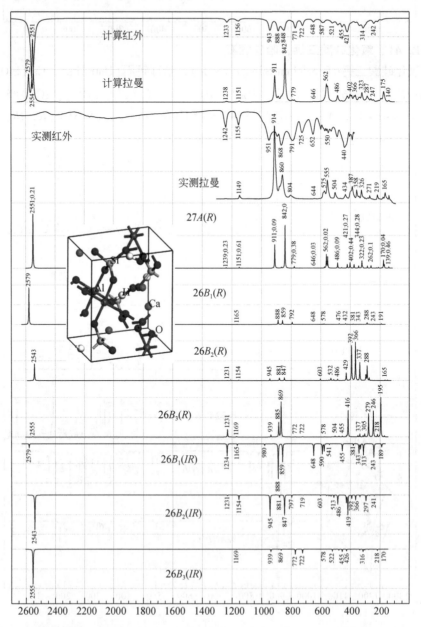

12.43 羟硅酸硼钙，硅硼钙石

羟硅酸硼钙（Calcium Boron Silicate Hydroxide），硅硼钙石（Datolite），$CaB(SiO_4)(OH)$，14-$P2_1/c$（C_{2h}^5），$Z = 4$，$4e$（Ca^{2+}，Si^{4+}，B^{3+}，$5O^{2-}$，H^+），ICSD#168620。$9×4e = 9(3A_g+3A_u+3B_g+3B_u) = 27A_g(R)+27B_g(R)+27A_u(IR, z)+27B_u(IR, x, y)$

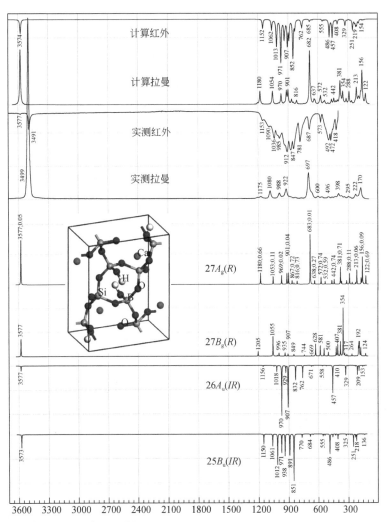

12.44 羟硅酸铝铍，蓝柱石

羟硅酸铝铍（Beryllium Aluminium Silicate Hydroxide），蓝柱石（Euclase），$BeAl(SiO_4)(OH)$，14-$P2_1/a$（C_{2h}^5），$Z = 4$，$4e$（Si^{4+}，Al^{3+}，Be^{2+}，$5O^{2-}$，H^+），ICSD#202094。$9×4e = 9(3A_g+3A_u+3B_g+3B_u) = 27A_g(R)+27B_g(R)+27A_u(IR, z)+27B_u(IR, x, y)$

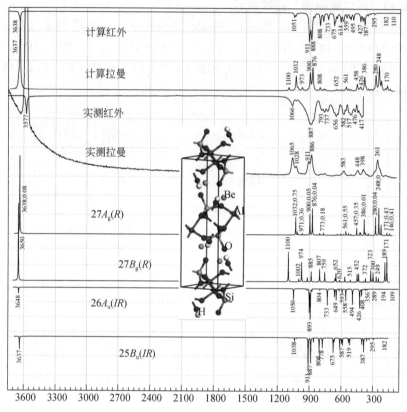

12.45 二硅酸钡，硅钡石

二硅酸钡（Barium Phyllo- disilicate），硅钡石（Sanbornite），$Ba(Si_2O_5)$，62-$Pcmn(D_{2h}^{16})$，$Z=4$，$4c(Ba^{2+}，O^{2-})$，$8d(Si^{4+}，2O^{2-})$，ICSD#10162。$2\times4c+3\times8d$ $=2(2A_g+A_u+B_{1g}+2B_{1u}+2B_{2g}+B_{2u}+B_{3g}+2B_{3u})+3(3A_g+3A_u+3B_{1g}+3B_{1u}+3B_{2g}+3B_{2u}+3B_{3g}+3B_{3u})=13A_g(R)+11B_{1g}(R)+13B_{2g}(R)+11B_{3g}(R)+11A_u+13B_{1u}(IR，z)+11B_{2u}(IR，y)+13B_{3u}(IR，x)$

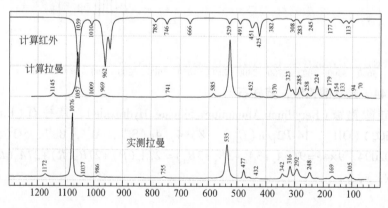

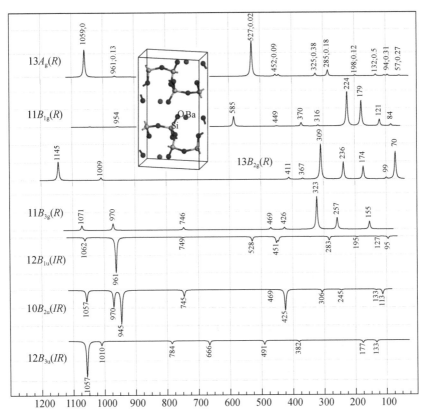

12.46　二硅酸钠，钠长石

二硅酸钠（beta-Disodium Phyllo-disilicate），钠长石（Natrosilite），$Na_2(Si_2O_5)$，14-$P2_1/a(C_{2h}^5)$，$Z=4$，$4e(2Si^{4+}, 2Na^+, 5O^{2-})$，ICSD#27762。$9 \times 4e = 9(3A_g + 3A_u + 3B_g + 3B_u) = 27A_g(R) + 27B_g(R) + 27A_u(IR, z) + 27B_u(IR, x, y)$

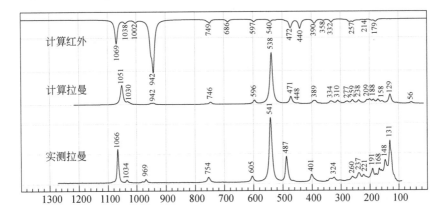

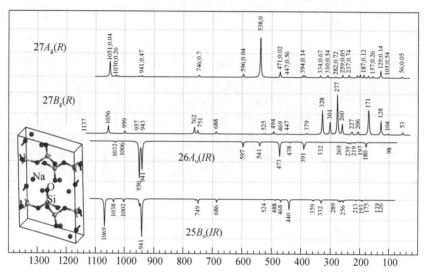

12.47　羟基硅酸铝，珍珠石

羟基硅酸铝(Aluminum Silicate Hydroxide)，珍珠石(Nacrite)，$Al_2(Si_2O_5)(OH)_4$，$9\text{-}C1c(C_s^4)$，$Z=4$，$4a(2Si^{4+}, 2Al^{3+}, 9O^{2-}, 4H^+)$，ICSD#80083。$17\times4a=17(3A'+3A'')=51A'(R, IR, x, y)+51A''(R, IR, z)$

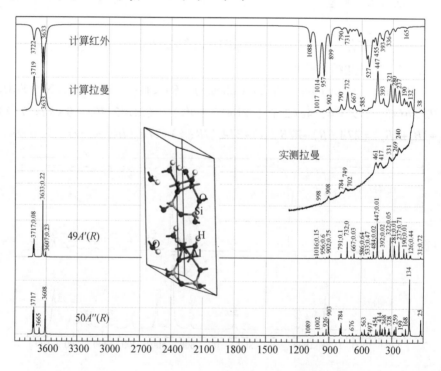

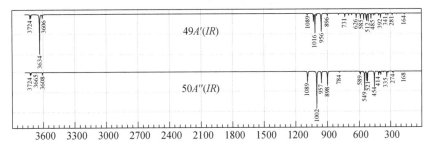

12.48 羟基硅酸铝，迪开石

羟基硅酸铝（Aluminium Hydroxide Silicate），迪开石（Dickite），$Al_2Si_2O_5(OH)_4$，$9\text{-}C1c(C_s^4)$，$Z=4$，$4a(2Si^{4+}$，$2Al^{3+}$，$9O^{2-}$，$4H^+)$，ICSD#30996。$17\times4a=17(3A'+3A'')=51A'(R，IR，x，y)+51A''(R，IR，z)$（注：与珍珠石同质同像但晶胞参数不同）

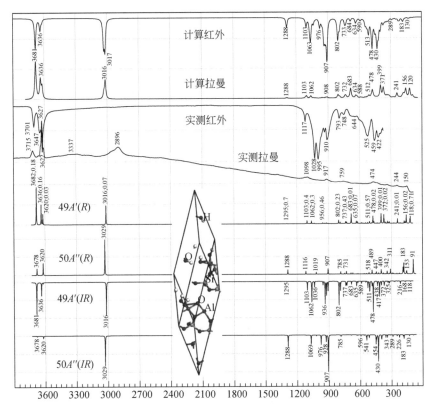

12.49 羟基硅酸硼钠，水硅硼钠石

羟基硅酸硼钠（Sodium Boron Silicate Hydroxide），水硅硼钠石（Searlesite），$Na(BSi_2O_5)(OH)_2$，$4\text{-}P2_1(C_2^2)$，$Z=2$，$2a(Na^+$，B^{3+}，$2Si^{4+}$，$7O^{2-}$，$2H^+)$，

ICSD#12134。$13 \times 2a = 13(3A+3B) = 39A(R,\ IR,\ z) + 39B(R,\ IR,\ x,\ y)$

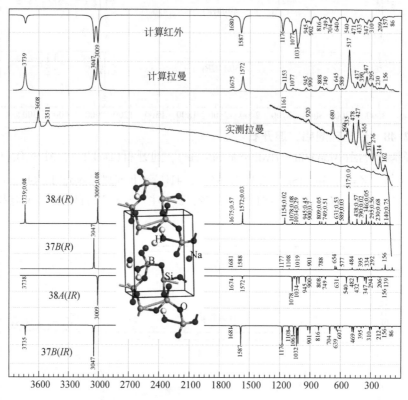

12.50 三水合硅酸钡，水硅钡矿

三水合硅酸钡（Barium Silicate Hydrate），水硅钡矿（Krauskopfite），$Ba(Si_2O_5) \cdot 3H_2O$，$14\text{-}P2_1/c(C_{2h}^5)$，$Z=4$，$4e(2Si^{4+},\ Ba^{2+},\ 8O^{2-},\ 6H^+)$，ICSD# 26971。$17 \times 4e = 17(3A_g + 3A_u + 3B_g + 3B_u) = 51A_g(R) + 51B_g(R) + 51A_u(IR,\ z) + 51B_u (IR,\ x,\ y)$

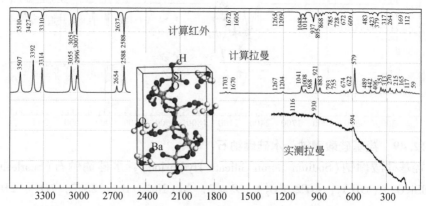

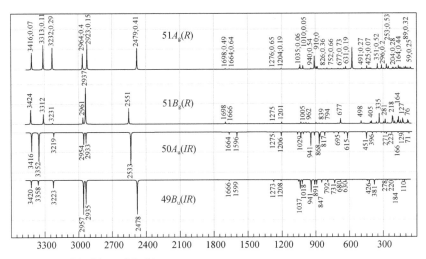

12.51 硅酸钡铍，硅钡铍石

硅酸钡铍（Barium Beryllium Silicate），硅钡铍石（Barylite），$BaBe_2Si_2O_7$，62-$Pnma(D_{2h}^{16})$，$Z=4$，$4c(Ba^{2+}, O^{2-})$，$8d(Be^{2+}, Si^{4+}, 3O^{2-})$，ICSD#24615。$2\times4c+5\times8d=2(2A_g+A_u+B_{1g}+2B_{1u}+2B_{2g}+B_{2u}+B_{3g}+2B_{3u})+5(3A_g+3A_u+3B_{1g}+3B_{1u}+3B_{2g}+3B_{2u}+3B_{3g}+3B_{3u})=19A_g(R)+17B_{1g}(R)+19B_{2g}(R)+17B_{3g}(R)+17A_u+19B_{1u}(IR, z)+17B_{2u}(IR, y)+19B_{3u}(IR, x)$

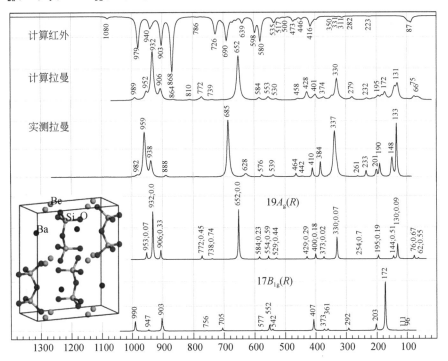

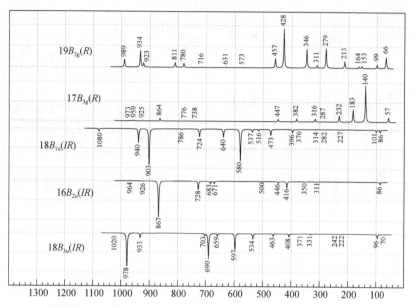

12.52　硅酸镁钙，镁黄长石

硅酸镁钙(Calcium Magnesium Silicate)，镁黄长石(Akermanite)，$Ca_2Mg(Si_2O_7)$，

$113\text{-}P\bar{4}2_1m(D_{2d}^3)$，$Z=2$，$2a(Mg^{2+})$，$2c(O^{2-})$，$4e(Ca^{2+}$，$Si^{4+}$，$O^{2-})$，$8f(O^{2-})$，

ICSD#26683。$2a+2c+3\times4e+8f=(B_1+B_2+2E)+(A_1+B_2+2E)+3(2A_1+A_2+B_1+2B_2+$

$3E)+(3A_1+3A_2+3B_1+3B_2+6E)=10A_1(R)+6A_2+7B_1(R)+11B_2(R，IR，z)+19E$

$(R，IR，x，y)$

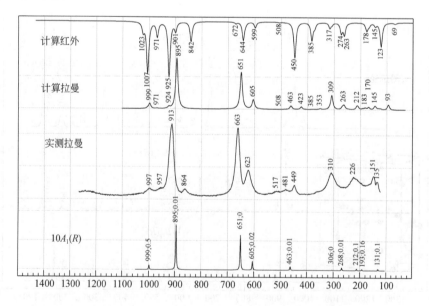

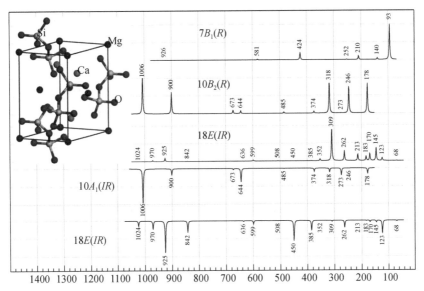

12.53　二硅酸三钙，硅钙石

二硅酸三钙（Tricalcium Disilicate），硅钙石（Rankinite），$Ca_3(Si_2O_7)$，14-$P2_1/a(C_{2h}^5)$，$Z=4$，$4e(3Ca^{2+}，2Si^{4+}，7O^{2-})$，ICSD#2282。$12\times4e=12(3A_g+3A_u+3B_g+3B_u)=36A_g(R)+36B_g(R)+36A_u(IR，z)+36B_u(IR，x，y)$

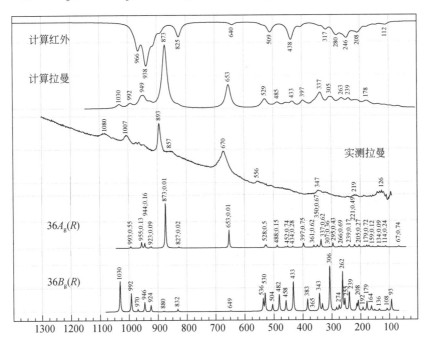

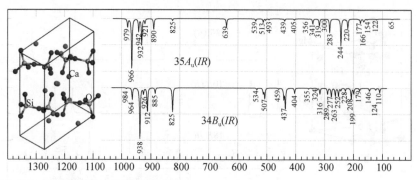

12.54 硅酸铝钙，钙铝黄长石

硅酸铝钙(Calcium Aluminum Silicate)，钙铝黄长石(Gehlenite)，$Ca_2Al_2(SiO_4)O_3$，113-$P\bar{4}2_1m(D_{2d}^3)$，$Z=2$，$2a(Si^{4+})$，$2c(O^{2-})$，$4e(Ca^{2+}, Al^{3+}, O^{2-})$，$8f(O^{2-})$，ICSD#24588。$2a+2c+3×4e+8f=(B_1+B_2+2E)+(A_1+B_2+2E)+3(2A_1+A_2+B_1+2B_2+3E)+(3A_1+3A_2+3B_1+3B_2+6E)=10A_1(R)+6A_2+7B_1(R)+11B_2(R, IR, z)+19E(R, IR, x, y)$

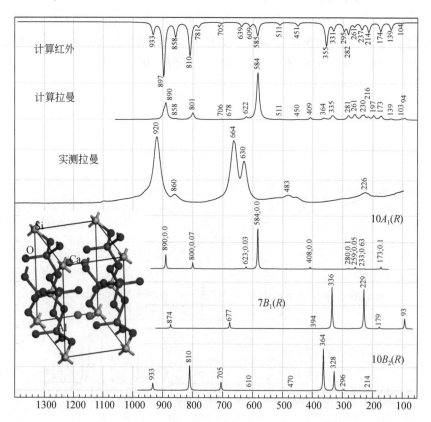

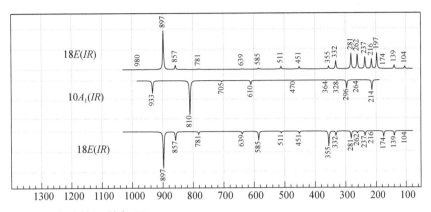

12.55 硅酸钪，钪钇石

硅酸钪（Scandium Silicate），钪钇石（Thortveitite），$Sc_2(Si_2O_7)$，$12\text{-}C2/m$（C_{2h}^3），$Z=2$，$2c(O^{2-})$，$4g(Sc^{3+})$，$4i(Si^{4+}, O^{2-})$，$8j(O^{2-})$，ICSD#16214。$2c+4g+2\times4i+8j=(A_u+2B_u)+(A_g+A_u+2B_g+2B_u)+2(2A_g+A_u+B_g+2B_u)+(3A_g+3A_u+3B_g+3B_u)=8A_g(R)+7B_g(R)+7A_u(R, z)+11B_u(R, x, y)$

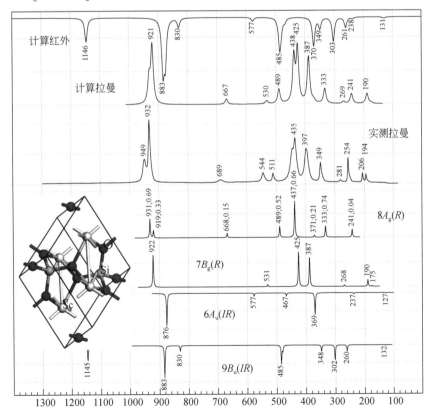

12.56　硅酸锌钙，锌黄长石

硅酸锌钙（Calcium Zinc Silicate），锌黄长石（Hardystonite），$Ca_2ZnSi_2O_7$，113-$I\bar{4}2_1m(D_{2d}^3)$，$Z=2$，$2a(Zn^{2+})$，$2c(O^{2-})$，$4e(Ca^{2+}, Si^{4+}, O^{2-})$，$8f(O^{2-})$，ICSD#18114。$2a+2c+3\times4e+8f = (B_1+B_2+2E)+(A_1+B_2+2E)+3(2A_1+A_2+B_1+2B_2+3E)+(3A_1+3A_2+3B_1+3B_2+6E) = 10A_1(R)+6A_2+7B_1(R)+11B_2(R, IR, z)+19E(R, IR, x, y)$

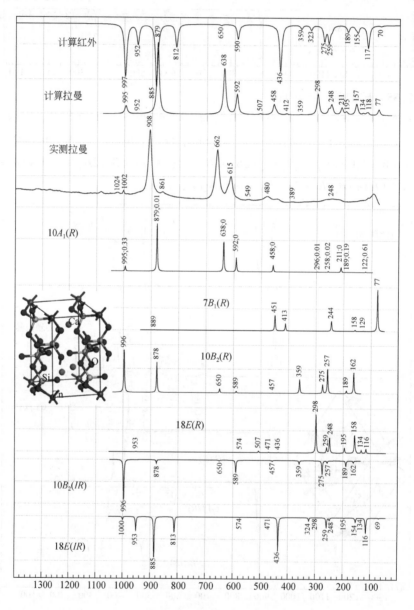

12.57 硅酸锆钠，副硅钠锆石

硅酸锆钠（Sodium Zirconium Silicate），副硅钠锆石（Parakeldyshite），$Na_2Zr(Si_2O_7)$，$2\text{-}P\bar{1}(C_i^1)$，$Z=2$，$2i(Zr^{4+}$，$2Si^{4+}$，$2Na^+$，$7O^{2-})$，ICSD#24866。

$$12\times2i=12(3A_g+3A_u)=36A_g(R)+36A_u(IR，x，y，z)$$

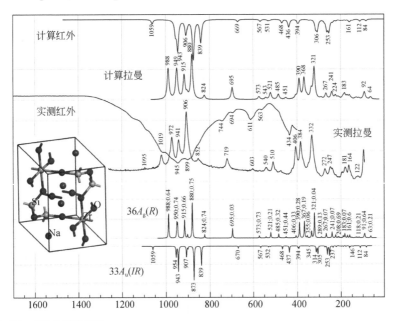

12.58 硼硅酸钙钡

硼硅酸钙钡（Barium Calcium Borosilicate），$Ba_2Ca(BSi_2O_7)_2$，$121\text{-}I\bar{4}2_1m$（D_{2d}^{11}），$Z=4$，$4e(Ca^{2+})$，$8f(B^{3+})$，$8i(Ba^{2+}$，$O^{2-})$，$16j(Si^{4+}$，$3O^{2-})$，ICSD#193536。$4e+8f+2\times8i+4\times16j=18A_1(R)+16A_2+15B_1(R)+19B_2(R，IR，z)+35E(R，IR，x，y)$

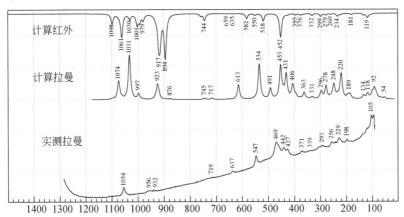

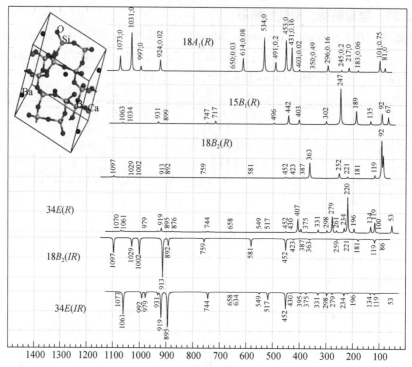

12.59　二硅酸氧化钛二钡，硅钛钡石

二硅酸氧化钛二钡（Dibarium Oxotitanium Disilicate），硅钛钡石（Fresnoite），$Ba_2(TiO)(Si_2O_7)$，100-$P4bm$（C_{4v}^2），$Z=2$，2a（Ti^{4+}，O^{2-}），2b（O^{2-}），4c（Ba^{2+}，Si^{4+}，O^{2-}），8d（O^{2-}），ICSD#4451。$2×2a+2b+3×4c+8d=2(A_1+A_2+2E)+(A_1+B_2+2E)+3(2A_1+A_2+B_1+2B_2+3E)+(3A_1+3A_2+3B_1+3B_2+6E)=12A_1(R, IR, z)+8A_2+6B_1(R)+10B_2(R)+21E(IR, R, x, y)$

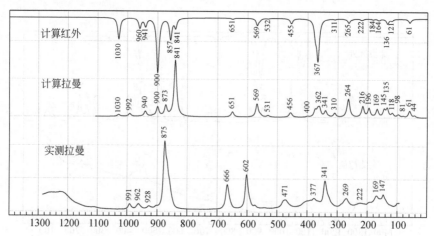

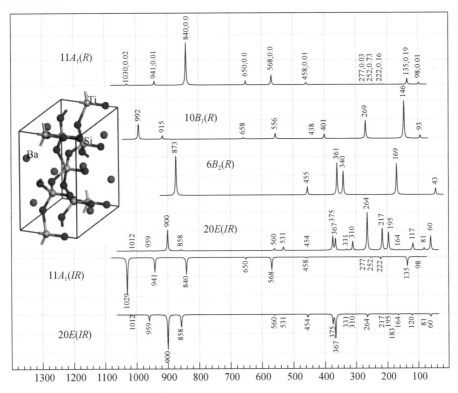

12.60 硅酸铝锂，透锂长石

硅酸铝锂（Lithium Aluminum Silicate），透锂长石（Petalite），$Li(AlSi_4O_{10})$，

13-$P2/a(C_{2h}^4)$，$Z=2$，$2b(O^{2-})$，$2e(Li^+, Al^{3+})$，$2f(O^{2-})$，$4g(2Si^{4+}, 4O^{2-})$，

ICSD#31283。$2b+2\times2e+2f+6\times4g=(3A_u+3B_u)+3(A_g+A_u+2B_g+2B_u)+6(3A_g+3A_u+3B_g+3B_u)=21A_g(R)+24B_g(R)+24A_u(IR, z)+27B_u(IR, x, y)$

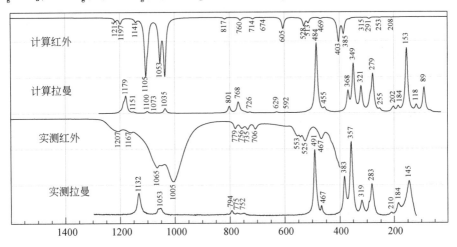

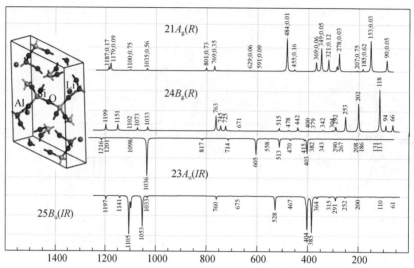

12.61　硅酸硼钠，钠硼长石

硅酸硼钠(Sodium Boron Silicate)，钠硼长石(Reedmergnerite)，$Na(BSi_3O_8)$，$2\text{-}C\bar{1}(C_i^1)$，$Z=4$，$2i(8O^{2-}$，B^{3+}，$3Si^{4+}$，$Na^+)$，ICSD#16907。$13\times2i=13(3A_g+3A_u)=39A_g(R)+39A_u(IR, \ x, \ y, \ z)$

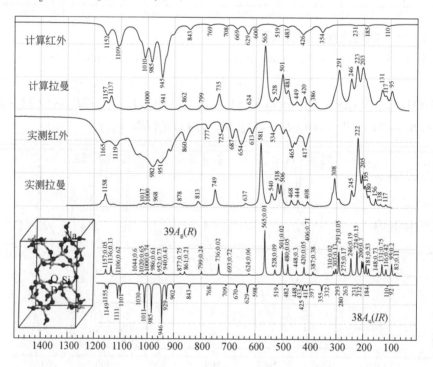

12.62 水合硅酸锌钙，水硅锌钙石

水合硅酸锌钙（Calcium Zinc Silicate Hydrate），水硅锌钙石（Junitoite），
$CaZn_2Si_2O_7 \cdot H_2O$，41-$Aea2$（C_{2v}^{17}），$Z=4$，$4a$（Ca^{2+}，$2O^{2-}$），$8b$（Zn^{2+}，Si^{4+}，
$3O^{2-}$，H^+），ICSD#263129。$3\times4a+6\times8b=3(A_1+A_2+2B_1+2B_2)+6(3A_1+3A_2+3B_1+3B_2)=21A_1(R，IR，z)+21A_2(R)+24B_1(R，IR，x)+24B_2(R，IR，y)$

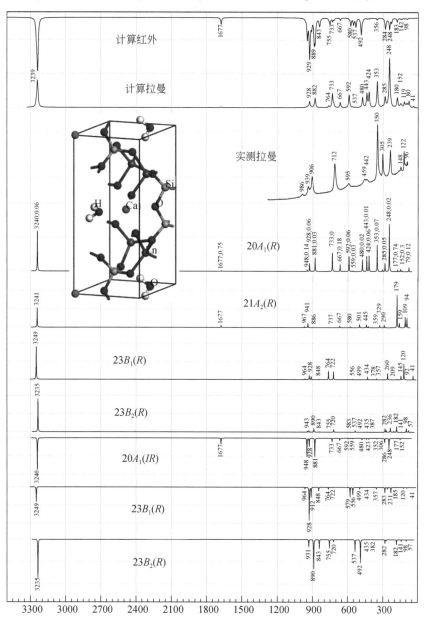

12.63　羟基硅酸铝钙，葡萄石

羟基硅酸铝钙（Calcium Aluminum Silicate Hydroxide），葡萄石（Prehnite），$Ca_2Al(AlSi_3O_{10})(OH)_2$，28-$P2cm(C_{2v}^4)$，$Z=2$，$2a(Al^{3+})$，$2b(Si^{4+})$，$2c(Al^{3+}$，$2O^{2-})$，$4d(Ca^{2+}$，$Si^{4+}$，$5O^{2-})$，ICSD#43250。$2a+2b+3\times2c+7\times4d=2(A_1+A_2+2B_1+2B_2)+3(2A_1+A_2+B_1+2B_2)+7(3A_1+3A_2+3B_1+3B_2)=29A_1(R,\ IR,\ z)+26A_2(R)+28B_1(R,\ IR,\ x)+31B_2(R,\ IR,\ y)$（晶体结构中缺 H）

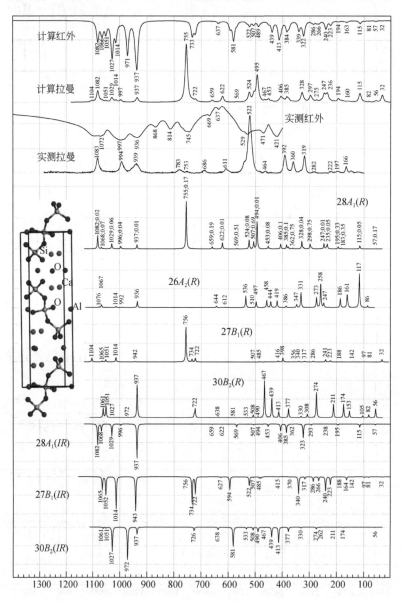

12.64 硫酸硅酸钙，硫硅钙石

硫酸硅酸钙（Calcium Silicate Sulfate），硫硅钙石（Ternesite），$Ca_5(SiO_4)_2(SO_4)$，62-$Pnma$（D_{2h}^{16}）$Z=4$，$4c$（Ca^{2+}，S^{6+}，$2O^{2-}$），$8d$（$2Ca^{2+}$，Si^{4+}，$5O^{2-}$），ICSD # 85123。$4×4c+8×8d=4(2A_g+A_u+B_{1g}+2B_{1u}+2B_{2g}+B_{2u}+B_{3g}+2B_{3u})+8(3A_g+3A_u+3B_{1g}+3B_{1u}+3B_{2g}+3B_{2u}+3B_{3g}+3B_{3u})=32A_g(R)+28B_{1g}(R)+32B_{2g}(R)+28B_{3g}(R)+3A_u+32B_{1u}(IR, z)+28B_{2u}(IR, y)+32B_{3u}(IR, x)$

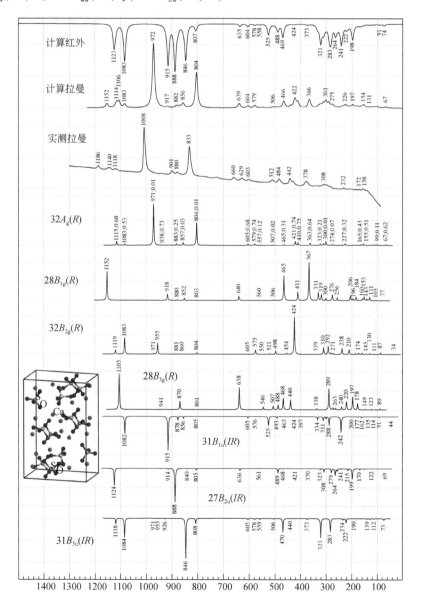

第13章 磷 酸 盐

13.1 磷酸铍钠，磷钠铍石

磷酸铍钠（Sodium Beryllium Phosphate），磷钠铍石（Beryllonite），$NaBePO_4$，$14\text{-}P2_1/n(C_{2h}^5)$，$Z=12$，$4e(3Na^+,\ 3Be^{2+},\ 3P^{5+},\ 12O^{2-})$，ICSD#9271。$21\times4e=21(3A_g+3A_u+3B_g+3B_u)=63A_g(R)+63B_g(R)+63A_u(IR,\ z)+63B_u(IR,\ x,\ y)$

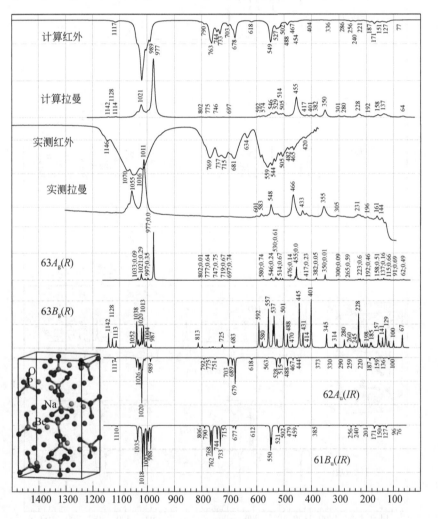

13.2 磷酸镁，磷镁石

磷酸镁（Magnesium Phosphate），磷镁石（Farringtonite），$Mg_3(PO_4)_2$，14-$P2_1/n$（C_{2h}^5），$Z=2$，$2b(Mg^{2+})$，$4e(Mg^{2+}, P^{5+}, 4O^{2-})$，ICSD#31005。$2b+6\times4e=(3A_u+3B_u)+6(3A_g+3A_u+3B_g+3B_u)=18A_g(R)+18B_g(R)+21A_u(IR, z)+21B_u(IR, x, y)$

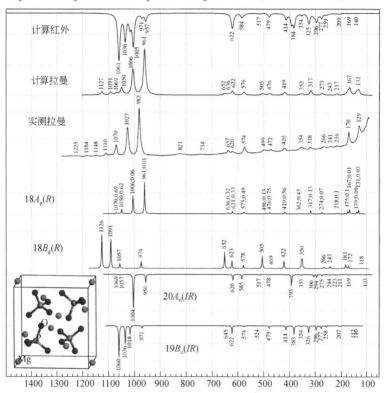

13.3 磷酸铝，块磷铝矿

磷酸铝（alpha-Aluminium Phosphate），块磷铝矿（Berlinite），$AlPO_4$，152-$P3_121(D_3^4)$，$Z=3$，$3a(P^{5+})$，$3b(Al^{3+})$，$6c(2O^{2-})$，ICSD#9641。$3a+3b+2\times6c=2(A_1+2A_2+3E)+2(3A_1+3A_2+6E)=8A_1(R)+10A_2(IR, z)+18E(R, IR, x, y)$

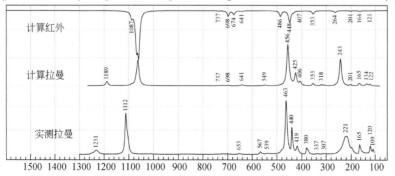

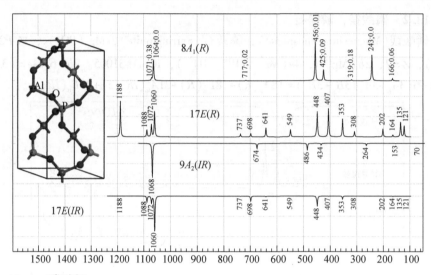

13.4 磷酸钙

磷酸钙（Calcium Phosphate），$Ca_3(PO_4)_2$，166-$R\bar{3}m$（D_{3d}^5），$Z=3$，$3a$（Ca^{2+}），$6c$（P^{5+}，Ca^{2+}，O^{2-}），$18h$（O^{2-}），ICSD#158736。$3a+3\times6c+18h=(A_{2u}+E_u)+3(A_{1g}+A_{2u}+E_g+E_u)+(2A_{1g}+A_{1u}+A_{2g}+2A_{2u}+3E_g+3E_u)=5A_{1g}(R)+A_{2g}+6E_g(R)+A_{1u}+6A_{2u}(IR,z)+7E_u(IR,x,y)$

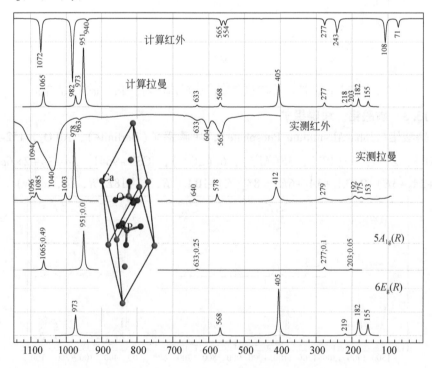

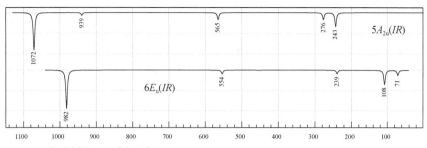

13.5 磷酸铍钙，磷钙铍石

磷酸铍钙（Calcium Beryllium Phosphate），磷钙铍石（Hurlbutite），$CaBe_2(PO_4)_2$，$14\text{-}P2_1/a\,(C_{2h}^5)$，$Z=4$，$4e\,(Ca^{2+}, 2P^{5+}, 2Be^{2+}, 8O^{2-})$，ICSD#4256。$13\times 4e=13$ $(3A_g+3A_u+3B_g+3B_u)=39A_g(R)+39B_g(R)+39A_u(R, IR, z)+39B_u(IR, x, y)$

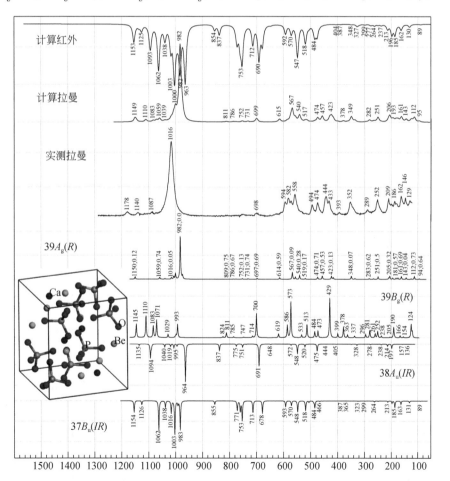

13.6　磷酸钇，磷钇矿

磷酸钇(Yttrium Phosphate)，磷钇矿[Xenotime-(Y)]，$Y(PO_4)$，$141\text{-}I4_1/amd$ (D_{4h}^{19})，$Z=4$，$4a(Y^{3+})$，$4b(P^{5+})$，$16h(O^{2-})$，ICSD#24514。$4a+4b+16h=2A_{1g}(R)+A_{2g}+4B_{1g}(R)+B_{2g}(R)+5E_g(R)+A_{1u}+4A_{2u}(IR,\ z)+B_{1u}+2B_{2u}+5E_u(IR,\ x,\ y)$

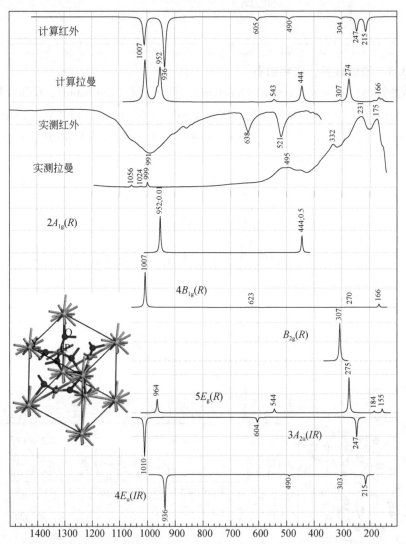

13.7　磷酸锆钾，磷锆钾石

磷酸锆钾(Potassium Zirconium Phosphate)，磷锆钾石(Kosnarite)，$KZr_2(PO_4)_3$，$167\text{-}R\bar{3}c(D_{3d}^6)$，$Z=6$，$6b(K^+)$，$12c(Zr^{4+})$，$18e(P^{5+})$，$36f(2O^{2-})$，ICSD#4427。$6b+12c+18e+2\times36f=8A_{1g}(R)+9A_{2g}+17E_g(R)+9A_{1u}+10A_{2u}(IR,\ z)+19E_u(IR,\ x,\ y)$

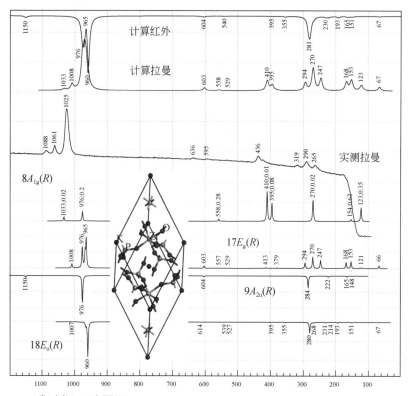

13.8 磷酸镧，独居石

磷酸镧（Lanthanum Phosphate），独居石［Monazite-(La)］，La(PO$_4$)，14-$P2_1/n$(C_{2h}^5)，$Z=4$，$4e$(La^{3+}，P^{5+}，4O^{2-})，ICSD#79747。$6\times4e=18A_g(R)+18B_g(R)+18A_u(IR, z)+18B_u(IR, x, y)$

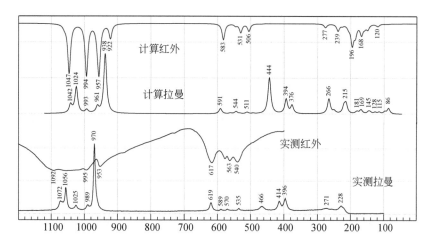

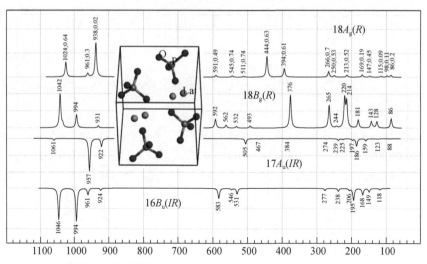

13.9　氟磷酸镁，氟磷镁石

氟磷酸镁（Magnesium Phosphate Fluoride），氟磷镁石（Wagnerite），Mg_2PO_4F，$14\text{-}P2_1/c(C_{2h}^5)$，$Z=16$，$4e(8Mg^{2+}$，$4P^{5+}$，$16O^{2-}$，$4F^-)$，ICSD#26970。$32\times4e=32(3A_g+3A_u+3B_g+3B_u)=96A_g(R)+96B_g(R)+96A_u(IR，z)+96B_u(IR，x，y)$

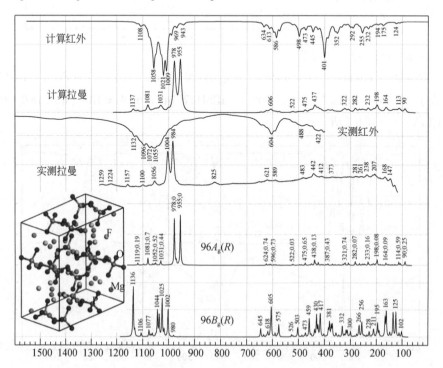

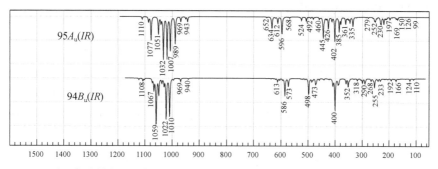

13.10　氟磷酸铍钙，磷铍钙石

氟磷酸铍钙（Calcium Beryllium Phosphate Fluoride），磷铍钙石（Herderite），CaBe（PO_4）F，14-$P2_1/a$（C_{2h}^5），$Z=4$，$4e$（Ca^{2+}，P^{5+}，Be^{2+}，$4O^{2-}$，F^-），ICSD# 20573。$8×4e=8（3A_g+3A_u+3B_g+3B_u）=24A_g（R）+24B_g（R）+24A_u（IR，z）+24B_u$（$IR$，$x$，$y$）

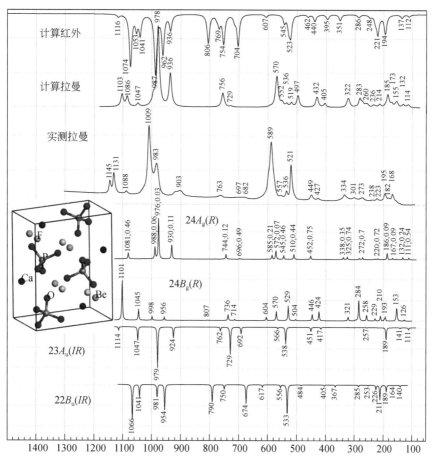

13.11　氟磷酸钙，氟磷灰石

氟磷酸钙（Calcium Phosphate Fluoride），氟磷灰石（Fluorapatite），$Ca_5(PO_4)_3F$，176-$P6_3/m(C_{6h}^2)$，$Z=2$，$2a(F^-)$，$4f(Ca^{2+})$，$6h(Ca^{2+}, P^{5+}, 2O^{2-})$，$12i(O^{2-})$，ICSD#56314。$2a+4f+4\times6h+12i=(A_u+B_g+E_{1u}+E_{2g})+(A_g+A_u+B_g+B_u+E_{1g}+E_{1u}+E_{2g}+E_{2u})+4(2A_g+A_u+B_g+2B_u+E_{1g}+2E_{1u}+2E_{2g}+E_{2u})+(A_g+3A_u+3B_g+3B_u+3E_{1g}+3E_{1u}+3E_{2g}+3E_{2u})=12A_g(R)+9B_g+8E_{1g}(R)+13E_{2g}(R)+9A_u(IR, z)+12B_u+13E_{1u}(IR, x, y)+8E_{2u}$

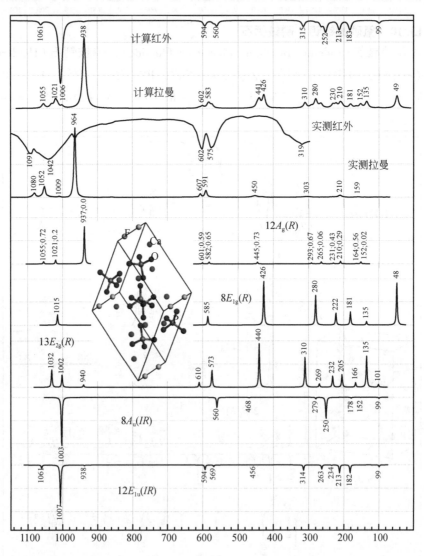

13.12　氯化磷酸钡，钡磷灰石

氯化磷酸钡（Barium Phosphate Chloride），钡磷灰石（Alforsite），$Ba_5(PO_4)_3Cl$，
$176\text{-}P6_3/m(C_{6h}^2)$，$Z=2$，$2b(Cl^-)$，$4f(Ba^{2+})$，$6h(Ba^{2+}，P^{5+}，2O^{2-})$，$12i(O^{2-})$，
ICSD#8191。$2b+4f+4\times6h+12i=12A_g(R)+8B_g+8E_{1g}(R)+12E_{2g}(R)+9A_u(IR，z)+$
$13B_u+13E_{1u}(IR，x，y)+9E_{2u}$

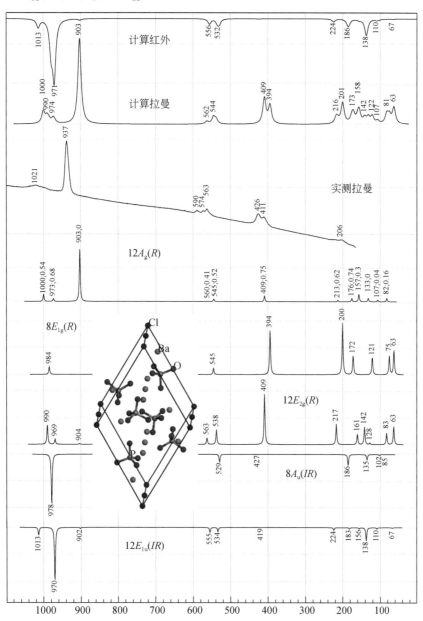

13.13　氯化磷酸铅，磷氯铅矿

氯化磷酸铅(Lead Phosphate Chloride)，磷氯铅矿(Pyromorphite)，$Pb_5(PO_4)_3Cl$，$176\text{-}P6_3/m(C_{6h}^2)$，$Z=2$，$2b(Cl^-)$，$4f(Pb^{2+})$，$6h(Pb^{2+}$，$P^{5+}$，$2O^{2-})$，$12i(O^{2-})$，ICSD#24238。$2b+4f+4\times6h+12i=12A_g(R)+8B_g+8E_{1g}(R)+12E_{2g}(R)+9A_u(IR,\ z)+13B_u+13E_{1u}(IR,\ x,\ y)+9E_{2u}$

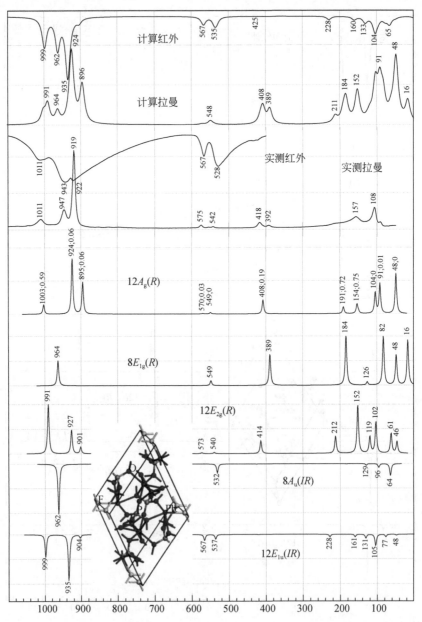

13.14 羟基磷酸铝，光彩石

羟基磷酸铝（Aluminum Phosphate Hydroxide），光彩石（Augelite），$Al_2PO_4(OH)_3$，12-$C2/m(C_{2h}^3)$，$Z=4$，$4g(Al^{3+})$，$4i(Al^{3+}$，P^{5+}，$3O^{2-}$，$H^+)$，$8j(2O^{2-}$，$H^+)$，ICSD#426641。$4g+6\times4i+3\times8j=22A_g(R)+17B_g(R)+16A_u(IR,z)+23B_u(R,x,y)$

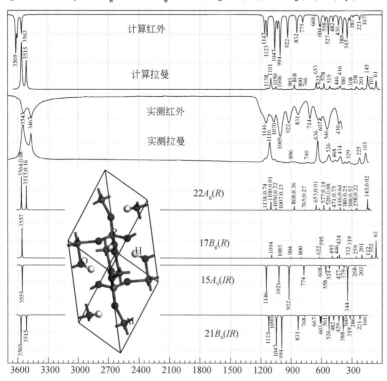

13.15 羟基磷酸锌，三斜磷锌矿

羟基磷酸锌（Zinc Phosphate Hydroxide），三斜磷锌矿（Tarbuttite），$Zn_2(PO_4)(OH)$，2-$P\bar{1}(C_i^1)$，$Z=2$，$2i(2Zn^{2+}$，P^{5+}，$5O^{2-}$，$H^+)$，ICSD#62245。$9\times2i=9(3A_g+3A_u)=27A_g(R)+27A_u(IR,x,y,z)$

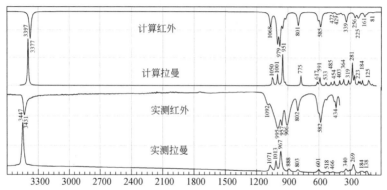

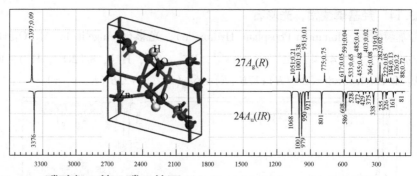

13.16 磷酸氢二铵，磷二铵石

磷酸氢二铵（Diammonium Hydrogenphosphate），磷二铵石（Phosphammite），$(NH_4)_2(HPO_4)$，$14\text{-}P2_1/c$（C_{2h}^5），$Z=4$，$4e$（P^{5+}，$4O^{2-}$，$2N^{3-}$，$9H^+$），ICSD# 2799。$16\times4e=16(3A_g+3A_u+3B_g+3B_u)=48A_g(R)+48B_g(R)+48A_u(IR,\ z)+48B_u(IR,\ x,\ y)$

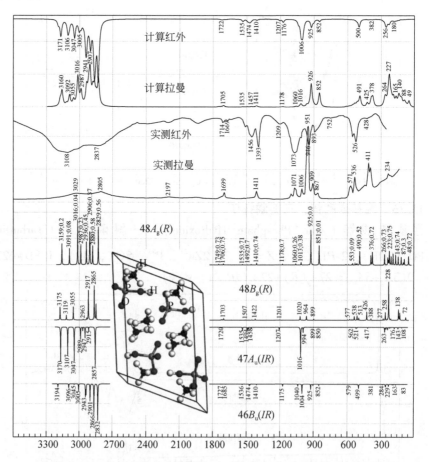

13.17 磷酸氢钙，三斜磷钙石

磷酸氢钙（Calcium Hydrogen Phosphate），三斜磷钙石（Monetite），$Ca(HPO_4)$，$1\text{-}P1(C_1^1)$，$Z=4$，$1a(4P^{5+}，4Ca^{2+}，16O^{2-}，4H^+)$，ICSD#918。$28\times1a=28(3A)=84A(R，IR，x，y，z)$

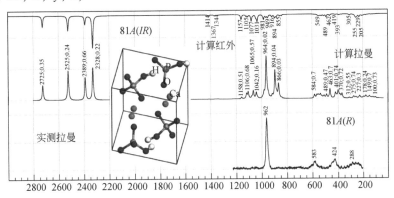

13.18 磷酸氢铯

磷酸氢铯（Cesium Hydrogen Phosphate），CsH_2PO_4，$14\text{-}P2_1/a(C_{2h}^5)$，$Z=4$，$4e(Cs^+，P^{5+}，4O^{2-}，2H^+)$，ICSD#56824。$8\times4e=8(3A_g+3A_u+3B_g+3B_u)=24A_g(R)+24B_g(R)+24A_u(IR，z)+24B_u(IR，x，y)$

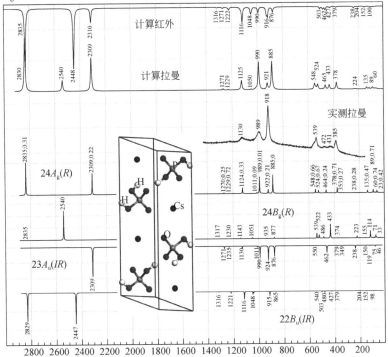

13.19　二水合磷酸铝，变磷铝石

二水合磷酸铝（Aluminium Phosphate Dihydrate），变磷铝石（Metavariscite），$Al(PO_4) \cdot 2H_2O$，$14\text{-}P2_1/n$（C_{2h}^5），$Z = 4$，$4e$（Al^{3+}，P^{5+}，$6O^{2-}$，$4H^+$），ICSD#2643。$12 \times 4e = 12(3A_g + 3A_u + 3B_g + 3B_u) = 36A_g(R) + 36B_g(R) + 36A_u(IR, z) + 36B_u(IR, x, y)$

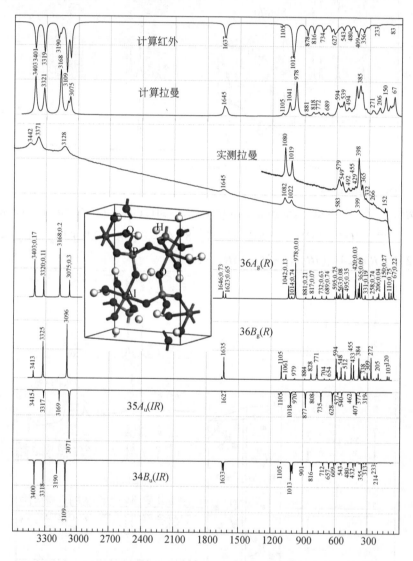

13.20 二水合磷酸钪，水磷钪石

二水合磷酸钪（Scandium Phosphate Dihydrate），水磷钪石（Kolbeckite），$Sc(PO_4) \cdot 2H_2O$，14-$P2_1/n$，$Z=4$，$4e(Sc^{3+}, P^{5+}, 6O^{2-}, 4H^+)$，ICSD#240988。

$$12 \times 4e = 12(3A_g + 3A_u + 3B_g + 3B_u) = 36A_g(R) + 36B_g(R) + 36A_u(IR, z) + 36B_u(R, x, y)$$

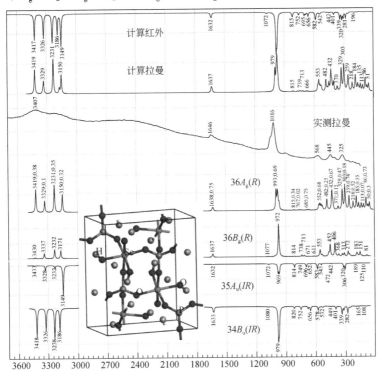

13.21 四水合磷酸锆镁

四水合磷酸锆镁（Magnesium Zirconium Phosphate Tetrahydrate），$MgZr(PO_4)_2 \cdot 4H_2O$，2-$P\bar{1}(C_i^1)$，$Z=2$，$1a(Mg^{2+})$，$1e(Mg^{2+})$，$2i(Zr^{4+}, 2P^{5+}, 12O^{2-}, 8H^+)$，ICSD#182911。$1a+1e+23 \times 2i = 2(3A_u) + 23(3A_g + 3A_u) = 69A_g(R) + 75A_u(IR, x, y, z)$

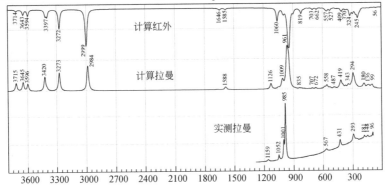

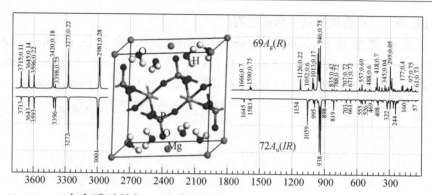

13.22　二水合磷酸锌钙，副磷钙锌石

二水合磷酸锌钙（Calcium Zinc Phosphate Dihydrate），副磷钙锌石（Parascholzite），$CaZn_2(PO_4)_2 \cdot 2H_2O$，15-I2/c（$C_{2h}^6$），$Z = 4$，$4e$（$Ca^{2+}$），$8f$（$Zn^{2+}$，$P^{5+}$，$5O^{2-}$，$2H^+$），ICSD#40146。$4e+9\times8f = (A_g+A_u+2B_g+2B_u) + 9(3A_g+3A_u+3B_g+3B_u) = 28A_g(R)+29B_g(R)+28A_u(IR, z)+29B_u(IR, x, y)$

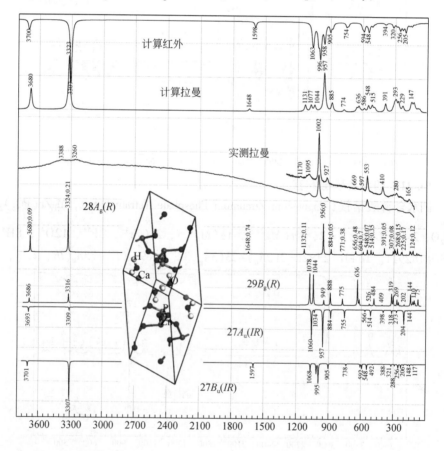

13.23 三水合磷酸氢镁，镁磷石

三水合磷酸氢镁（Magnesium Hydrogen Phosphate Trihydrate），镁磷石（Newberyite），$Mg(HPO_4) \cdot 3H_2O$，61-$Pbca$（D_{2h}^{15}），$Z = 8$，$8c$（P^{5+}，Mg^{2+}，$7O^{2-}$，$7H^+$），ICSD#8228。$16 \times 8c = 16(3A_g + 3A_u + 3B_{1g} + 3B_{1u} + 3B_{2g} + 3B_{2u} + 3B_{3g} + 3B_{3u}) = 48A_g(R) + 48B_{1g}(R) + 48B_{2g}(R) + 48B_{3g}(R) + 48A_u + 48B_{1u}(IR, z) + 48B_{2u}(IR, y) + 48B_{3u}(IR, x)$

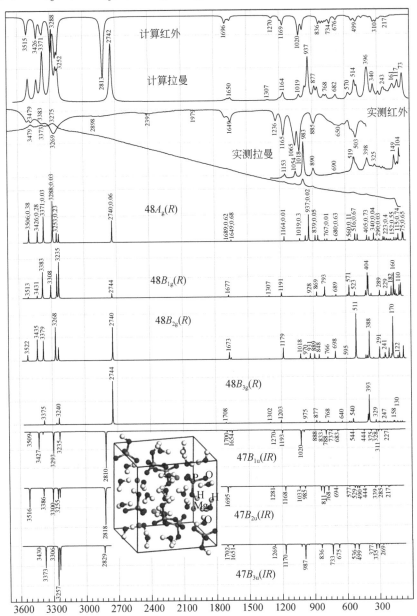

13.24　焦磷酸钙

焦磷酸钙，$Ca_2(P_2O_7)$：

1）alpha-Calcium Phosphate，α-$Ca_2(P_2O_7)$，14-$P2_1/n(C_{2h}^5)$，$Z=4$，$4e(2Ca^{2+}$，$2P^{5+}$，$7O^{2-})$，ICSD#22225。$11\times4e=11(3A_g+3A_u+3B_g+3B_u)=33A_g(R)+33B_g(R)+33A_u(IR,\ z)+33B_u(IR,\ x,\ y)$

2）beta-Calcium Phosphate：β-$Ca_2(P_2O_7)$，76-$P4_1(C_4^2)$，$Z=8$，$4a(4Ca^{2+}$，$4P^{5+}$，$14O^{2-})$，ICSD#14313。$22\times4e=22(3A+3B+3E)=66A(R,\ IR,\ z)+66B(R)+66E(R,\ IR,\ x,\ y)$

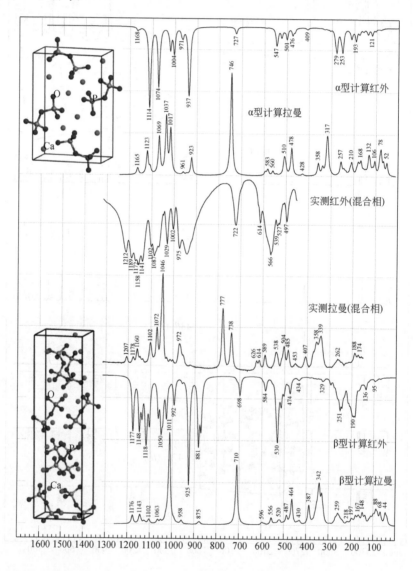

α型计算红外
α型计算拉曼
实测红外(混合相)
实测拉曼(混合相)
β型计算红外
β型计算拉曼

第14章 硫 化 物

14.1 硫化钠

硫化钠（Sodium Sulfide），Na_2S，225-$Fm\bar{3}m$（O_h^5），$Z=4$，$4a$（S^{2-}），$8c$（Na^+），ICSD#656376。$4a+8c=T_{1u}+(T_{1u}+T_{2g})=T_{2g}(R)+2T_{1u}(IR, x, y, z)$

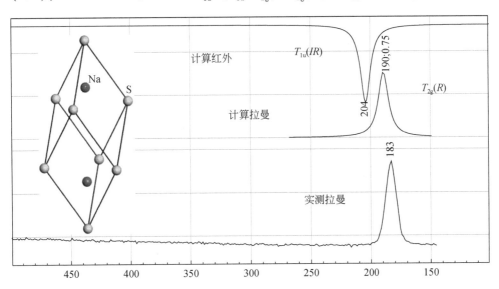

14.2 硫化钒，绿硫钒矿

硫化钒（Vanadium Sulfide），绿硫钒矿（Patronite），VS_4，15-$I2/c$（C_{2h}^6），$Z=8$，$8f(V^{4+}, 4S^-)$，ICSD#64770。$5\times 8f=5(3A_g+3A_u+3B_g+3B_u)=15A_g(R)+15B_g(R)+15A_u(IR, z)+15B_u(IR, x, y)$

14.3 硫化锌，闪锌矿

硫化锌（Zinc Sulfide），闪锌矿（Sphalerite），ZnS，216-$F\bar{4}3m$（T_d^2），$Z=4$，$4a$（Zn^{2+}），$4c$（S^{2-}），ICSD#41985。$4a+4c=2(T_2)=2T_2(R, IR, x, y, z)$

14.4 硫化砷，雄黄

硫化砷［Arsenic（Ⅱ）Sulfide］，雄黄（Realgar），AsS，14-$P2_1/n$（C_{2h}^5），$Z=16$，$4e(4As^{2+}, 4S^{2-})$，ICSD#15238。$8\times 4e=8(3A_g+3A_u+3B_g+3B_u)=24A_g(R)+24B_g(R)+24A_u(IR, z)+24B_u(IR, x, y)$

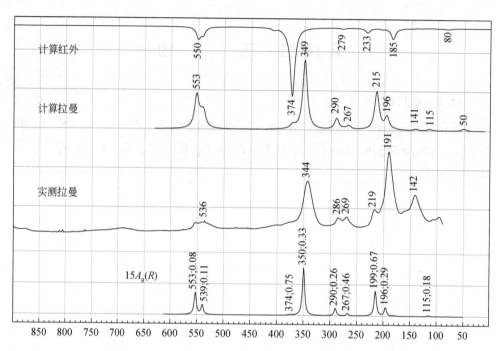

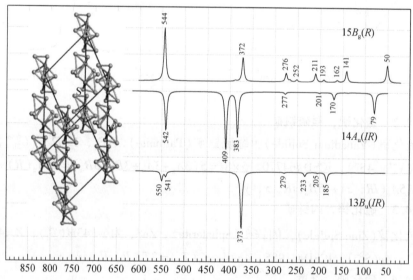

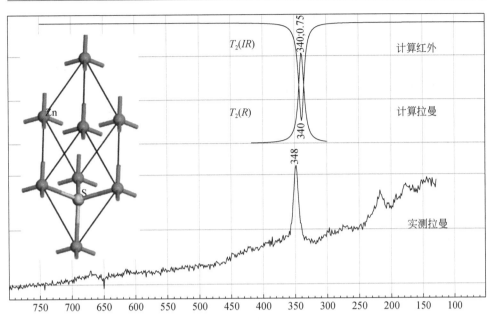

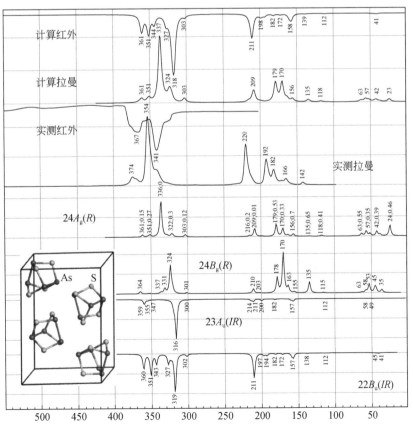

14.5　三硫化二砷，雌黄

三硫化二砷（Arsenic Sulfide），雌黄（Orpiment），As_2S_3，$14-P2_1/n(C_{2h}^5)$，$Z=4$，$4e(2As^{3+},\ 3S^{2-})$，ICSD#25792。$5 \times 4e = 5(3A_g + 3A_u + 3B_g + 3B_u) = 15A_g(R) + 15B_g(R) + 15A_u(IR,\ z) + 15B_u(IR,\ x,\ y)$

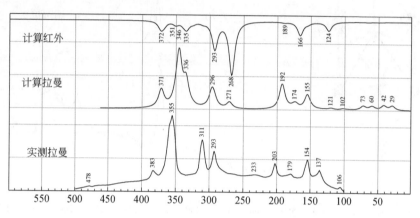

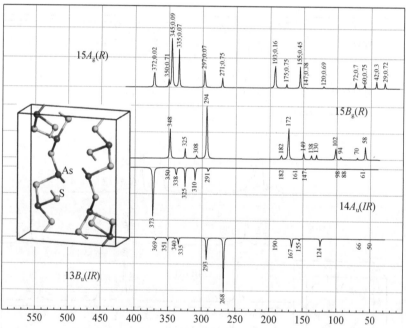

14.6　四硫化四砷，副雄黄

四硫化四砷［Tetraarsenic（Ⅱ）Tetrasulfide］，副雄黄（Pararealgar），As_4S_4，
$14\text{-}P2_1/c(C_{2h}^5)$，$Z=4$，$4e(4As^{2+}，4S^{2-})$，ICSD#80125。$8\times4e=8(3A_g+3A_u+3B_g+3B_u)=24A_g(R)+24B_g(R)+24A_u(IR，z)+24B_u(IR，x，y)$

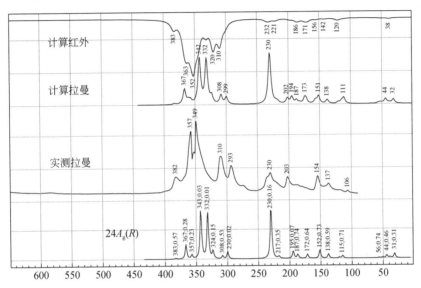

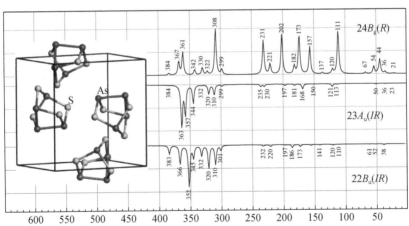

14.7　五硫化四砷，五硫砷矿

五硫化四砷(Tetraarsenic Pentasulfide)，五硫砷矿(Uzonite)，As_4S_5，11-$P2_1/m(C_{2h}^2)$，$Z=2$，$2e(2As^{2.5+}, S^{2-})$，$4f(As^{2.5+}, 2S^{2-})$，ICSD#16107。$3\times2e+3\times4f=3(2A_g+A_u+B_g+2B_u)+3(3A_g+3A_u+3B_g+3B_u)=15A_g(R)+12B_g(R)+12A_u(R, z)+15B_u(R, x, y)$

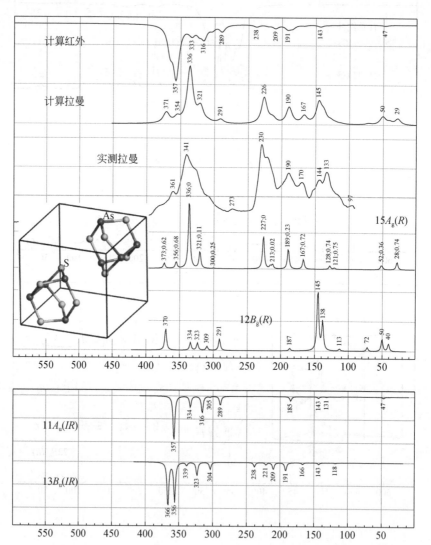

14.8　九硫化八砷，阿硫砷矿

九硫化八砷［Arsenic Sulfide（8/9）］，阿硫砷矿（Alacranite），As_8S_9，13-$P2/c$（C_{2h}^4），$Z=2$，$2e(S^{2-})$，$2f(2S^{2-})$，$4g(4As^{2.25+}$，$3S^{2-})$，ICSD#98792。$2e+2\times2f+7\times4g=3(A_g+A_u+2B_g+2B_u)+7(3A_g+3A_u+3B_g+3B_u)=24A_g(R)+27B_g(R)+24A_u(IR,z)+27B_u(IR,x,y)$

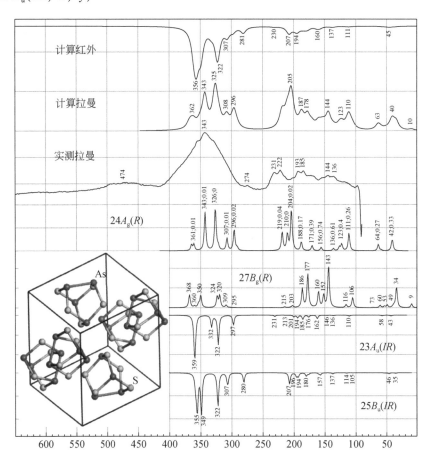

14.9　二硫化钼，辉钼矿

二硫化钼［Molybdenum Sulfide（1/2）］，辉钼矿（Molybdenite），MoS_2，194-$P6_3/mmc(D_{6h}^4)$，$Z=2$，$2c(Mo^{4+})$，$4f(S^{2-})$。ICSD#644245。$2c+4f=(A_{2u}+B_{2g}+E_{1u}+E_{2g})+(A_{1g}+A_{2u}+B_{1u}+B_{2g}+E_{1g}+E_{1u}+E_{2g}+E_{2u})=A_{1g}(R)+2B_{2g}+E_{1g}(R)+2E_{2g}(R)+2A_{2u}(IR,z)+B_{1u}+2E_{1u}(IR,x,y)+E_{2u}$

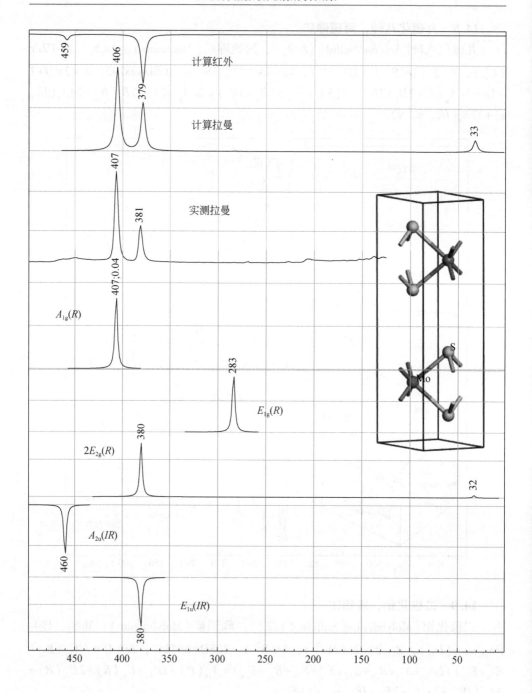

计算红外

计算拉曼

实测拉曼

$A_{1g}(R)$

$E_{1g}(R)$

$2E_{2g}(R)$

$A_{2u}(IR)$

$E_{1u}(IR)$

14.10 二硫化钌，硫钌矿

二硫化钌[Ruthenium(Ⅳ) Sulfide]，硫钌矿(Laurite)，RuS_2，$205\text{-}Pa\bar{3}(T_h^6)$，$Z=4$，$4a(Ru^{2+})$，$8c(S^-)$，ICSD#41996。$4a+8c=(A_u+E_u+3T_u)+(A_g+A_u+E_g+E_u+3T_g+3T_u)=A_g(R)+E_g(R)+3T_g(R)+2A_u+2E_u+6T_u(IR, \ x, \ y, \ z)$

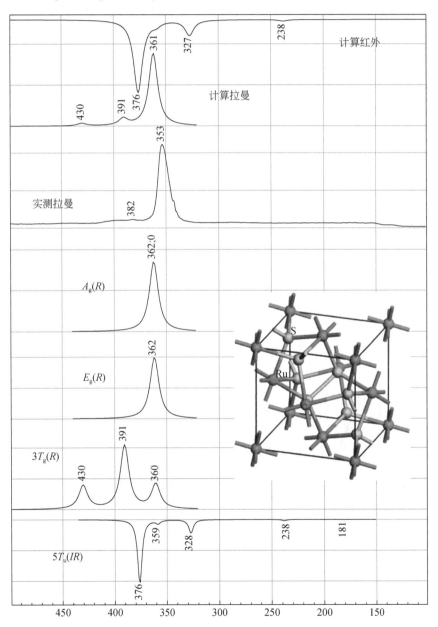

14.11　三硫化二铟

三硫化二铟［Indium Sulfide（2/3）］，In_2S_3，141-$I4_1/amd$（D_{4h}^{19}），$Z = 16$，$8c$（In^{3+}），$8e$（In^{3+}），$16h$（In^{3+}，$3S^{2-}$），ICSD#640346。$8c+8e+4×16h = (A_{1u}+2A_{2u}+B_{1u}+2B_{2u}+3E_u)+(A_{1g}+A_{2u}+B_{1g}+B_{2u}+2E_g+2E_u)+4(2A_{1g}+A_{1u}+A_{2g}+2A_{2u}+2B_{1g}+B_{1u}+B_{2g}+2B_{2u}+3E_g+3E_u) = 9A_{1g}(R)+4A_{2g}+9B_{1g}(R)+4B_{2g}(R)+14E_g(R)+5A_{1u}+11A_{2u}(IR, z)+5B_{1u}+11B_{2u}+17E_u(IR, x, y)$

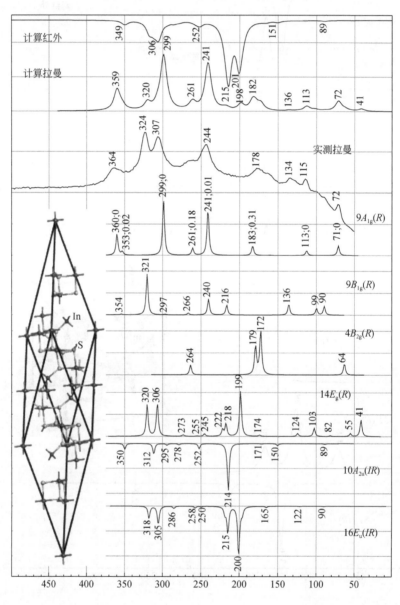

14.12　三硫化二锑，辉锑矿

三硫化二锑（Antimony Sulfide），辉锑矿（Stibnite），Sb_2S_3，$62\text{-}Pbnm(D_{2h}^{16})$，$Z=4$，$4c(2Sb^{3+}, 3S^{2-})$，ICSD#30779。$5 \times 4c = 5(2A_g + A_u + B_{1g} + 2B_{1u} + 2B_{2g} + B_{2u} + B_{3g} + 2B_{3u}) = 10A_g(R) + 5B_{1g}(R) + 10B_{2g}(R) + 5B_{3g}(R) + 5A_u + 10B_{1u}(IR, z) + 5B_{2u}(IR, y) + 10B_{3u}(IR, x)$

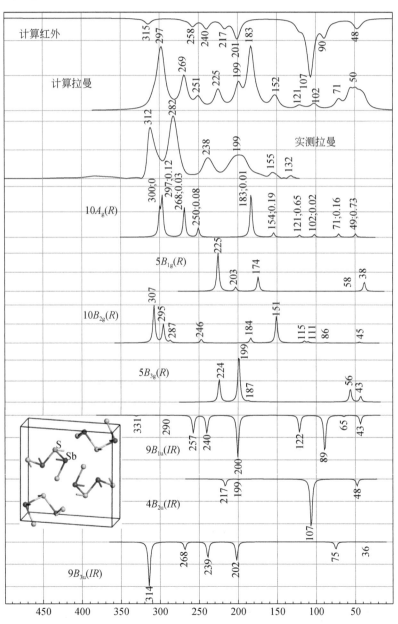

14.13 硫锑化镍，辉锑镍矿

硫锑化镍（Nickel Antimonide Sulfide），辉锑镍矿（Ullmannite），NiSbS，198-$P2_13(T^4)$，$Z=4$，$4a(\text{Ni}^{4+}$，Sb^{2-}，$\text{S}^{2-})$，ICSD#44606。$3×4a=3(A+E+3T)=3A(R)+3E(R)+9T(R, IR, x, y, z)$

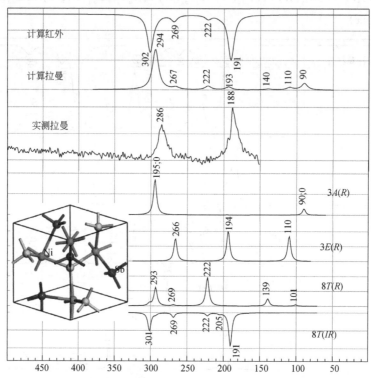

14.14 二硫化砷银，硫砷银矿

二硫化砷银（Silver Arsenic Disulfide），硫砷银矿（Trechmannite），AgAsS_2，148-$R\bar{3}(C_{3i}^2)$，$Z=18$，$18f(\text{Ag}^+$，As^{3+}，$2\text{S}^{2-})$，ICSD#18101。$4×18f=4(3A_g+3A_u+3E_g+3E_u)=12A_g(R)+12E_g(R)+12A_u(IR, z)+12E_u(IR, x, y)$

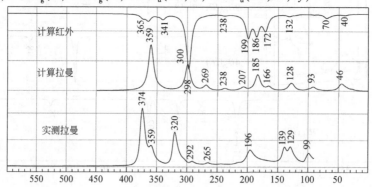

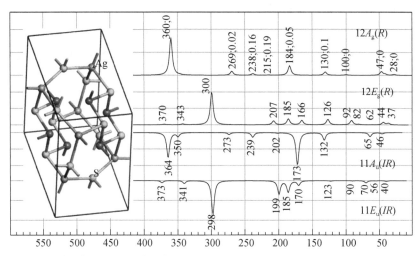

14.15 硫化砷银，淡红银矿

硫化砷银［Silver Trithioarsenate（Ⅲ）］，淡红银矿（Proustite），Ag_3AsS_3，161-$R3c(C_{3v}^6)$，$Z=6$，$6a(As^{3+})$，$18b(S^{2-}，Ag^+)$，ICSD#61804。$6a+2\times18b=(A_1+A_2+2E)+2(3A_1+3A_2+6E)=7A_1(R，IR，z)+7A_2+14E(R，IR，x，y)$

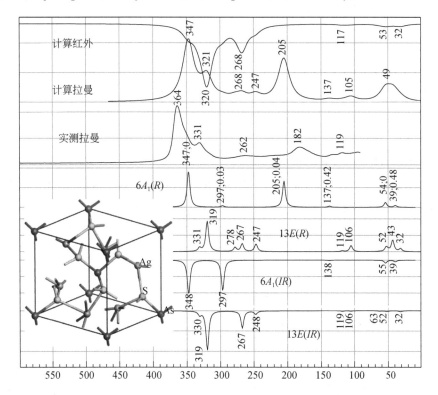

14.16　硫化砷银，黄银矿

硫化砷银(Silver Arsenic Sulfide)，黄银矿(Xanthoconite)，Ag_3AsS_3，15-$C2/c$ (C_{2h}^6)，$Z=8$，$8f(3Ag^+, As^{3+}, 3S^{2-})$，ICSD#40127。$7×8f = 7(3A_g+3A_u+3B_g+3B_u) = 21A_g(R)+21B_g(R)+21A_u(IR, z)+21B_u(IR, x, y)$

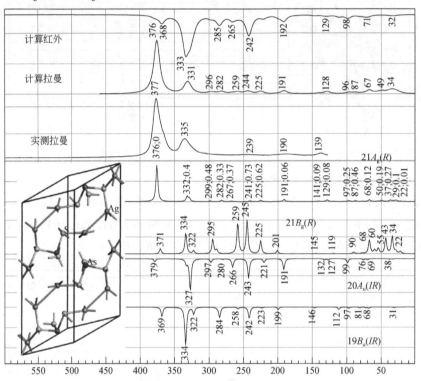

14.17　硫化锑银，浓红银矿

硫化锑银(Silver Antimony Sulfide)，浓红银矿(Pyrargyrite)，Ag_3SbS_3，161-$R3c$ (C_{3v}^6)，$Z=6$，$6a(Sb^{3+})$，$18b(Ag^+, S^{2-})$，ICSD#181518。$6a+2×18b = (A_1+A_2+2E)+2(3A_1+3A_2+6E) = 7A_1(R, IR, z)+7A_2+14E(R, IR, x, y)$

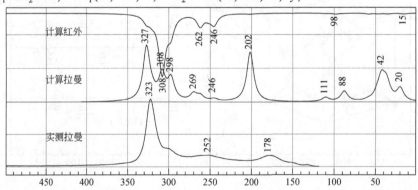

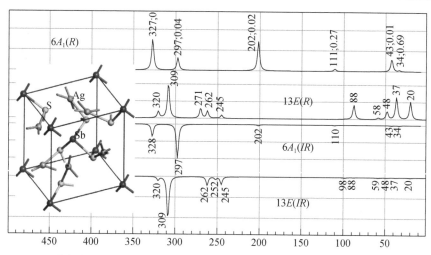

14.18 硫化锡锌银，皮硫锡锌银矿

硫化锡锌银（Silver Zinc Tin Sulfide），皮硫锡锌银矿（Pirquitasite），Ag_2ZnSnS_4，121-$I\bar{4}2m$（D_{2d}^{11}），$Z=2$，$2a$（Zn^{2+}），$2b$（Sb^{4+}），$4d$（Ag^+），$8i$（S^{2-}），ICSD#605734。$2a+2b+4d+8i=2(B_2+E)+(B_1+B_2+2E)+(2A_1+A_2+B_1+2B_2+3E)=2A_1(R)+A_2+2B_1(R)+5B_2(R, IR, z)+7E(R, IR, x, y)$

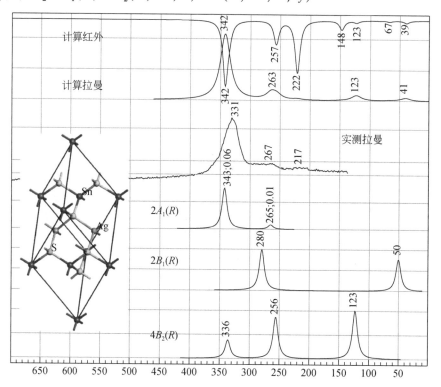

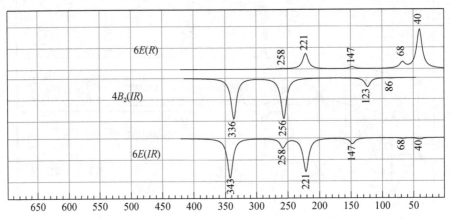

14.19　二硫化铼

二硫化铼 [Rhenium（Ⅳ）Sulfide]，$Re^{4+}S_2$，$2\text{-}P\bar{1}$（C_i^1），$Z=2$，$2i$（$2Re^{4+}$，$4S^{2-}$），ICSD#75459。$6\times2i=6(3A_g+3A_u)=18A_g(R)+18A_u(IR,\ x,\ y,\ z)$

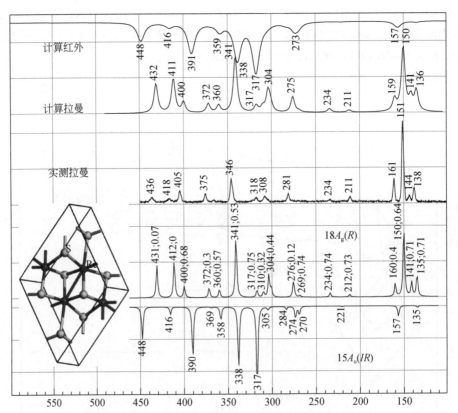

14.20 硫化锑铱，托硫锑铱矿

硫化锑铱（Iridium Antimony Sulfide），托硫锑铱矿（Tolovkite），IrSbS，198-$P2_13(T^4)$，$Z=4$，$4a(Ir^0, Sb^0, S^0)$，ICSD#41400。$3×4a=3(A+E+3T)=3A(R)+3E(R)+9T(R, IR, x, y, z)$

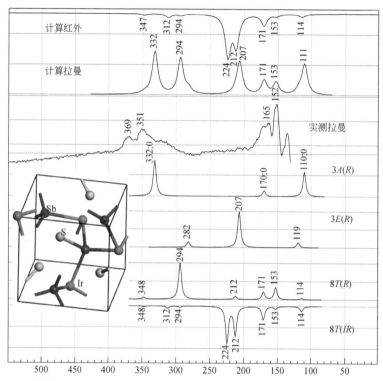

14.21 硫化汞，辰砂

硫化汞（alpha-Mercury Sulfide），辰砂（Cinnabar），HgS，154-$P3_221(D_3^6)$，$Z=3$，$3a(Hg^{2+})$，$3b(S^{2-})$，ICSD#70054。$2a+2b=2(A_1+2A_2+3E)=2A_1(R)+4A_2(IR, z)+6E(R, IR, x, y)$

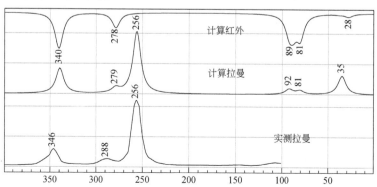

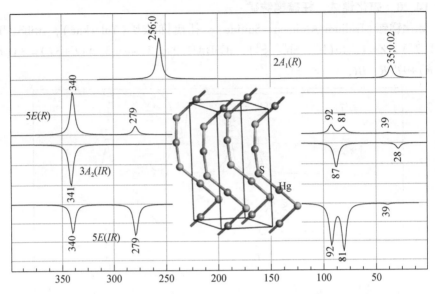

14.22 硫化汞银，硫汞银矿

硫化汞银（Silver Mercury Sulfide），硫汞银矿（Imiterite），Ag_2HgS_2，14-$P2_1/c$（C_{2h}^5），$Z=2$，$2a(Hg^{2+})$，$4e(Ag^+$，$S^{2-})$，ICSD#201713。$2a+2×4e=(3A_u+3B_u)+2(3A_g+3A_u+3B_g+3B_u)=6A_g(R)+6B_g(R)+9A_u(IR,z)+9B_u(IR,x,y)$

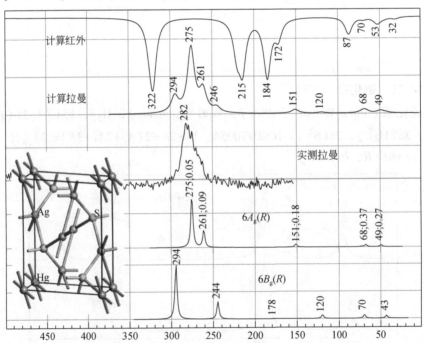

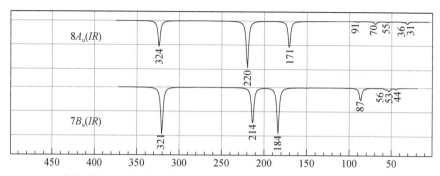

14.23　硫化砷铅，脆硫砷铅矿

硫化砷铅(Lead Arsenic Sulfide)，脆硫砷铅矿(Sartorite)，$PbAs_2S_4$，14-$P2_1/n$
(C_{2h}^5)，$Z=4$，$4e$(Pb^{2+}，$2As^{3+}$，$4S^{2-}$)，ICSD#15464。$7 \times 4e = 7$($3A_g + 3A_u + 3B_g + 3B_u$) $= 21A_g(R) + 21B_g(R) + 21A_u(IR, z) + 21B_u(IR, x, y)$

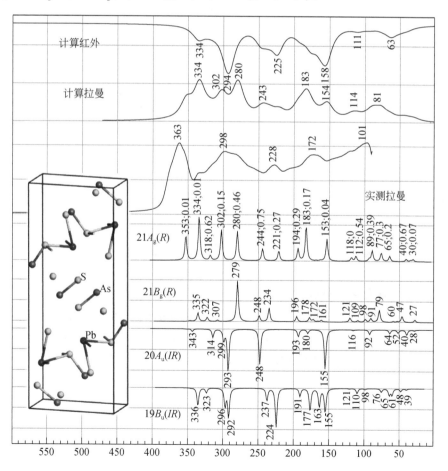

14.24　硫化锑银铅，柱硫锑铅银矿

硫化锑银铅（Lead Silver Antimony Sulfide），柱硫锑铅银矿（Freieslebenite），$PbAgSbS_3$，$14\text{-}P2_1/a\,(C_{2h}^5)$，$Z=4$，$4e(Sb^{3+}$，$Pb^{2+}$，$Ag^+$，$3S^{2-})$，ICSD#8166。$6\times 4e=6(3A_g+3A_u+3B_g+3B_u)=18A_g(R)+18B_g(R)+18A_u(IR,z)+18B_u(IR,x,y)$

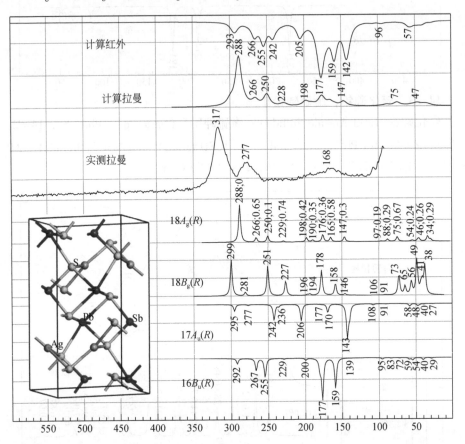

14.25　硫化铋，辉铋矿

硫化铋（Bismuth Sulfide），辉铋矿（Bismuthinite），Bi_2S_3，$62\text{-}Pbnm\,(D_{2h}^{16})$，$Z=4$，$4c(2Bi^{3+}$，$3S^{2-})$，ICSD#89323。$5\times4c=5(2A_g+A_u+B_{1g}+2B_{1u}+2B_{2g}+B_{2u}+B_{3g}+2B_{3u})=10A_g(R)+5B_{1g}(R)+10B_{2g}(R)+5B_{3g}(R)+5A_u+10B_{1u}(IR,z)+5B_{2u}(IR,y)+10B_{3u}(IR,x)$

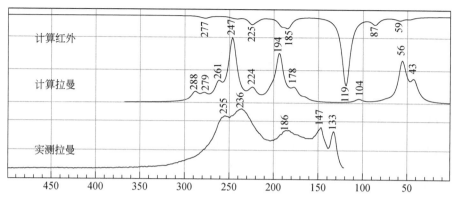

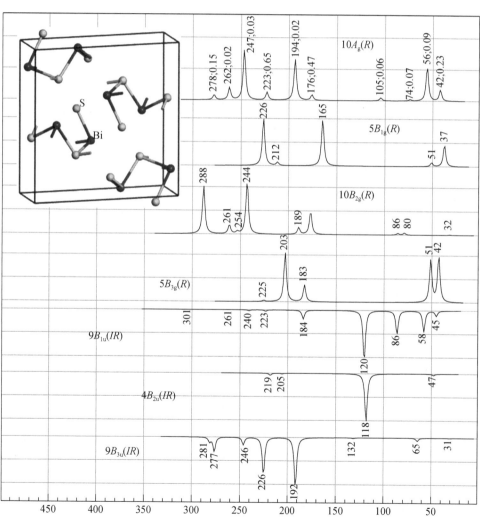

第15章 硫 酸 盐

15.1 硫酸锂

硫酸锂（beta-Lithium Sulfate），$Li_2(SO_4)$，14-$P2_1/a$（C_{2h}^5），$Z=4$，$4e(2Li^+$，S^{6+}，$4O^{2-}$），ICSD#58。$7\times4e=7(3A_g+3A_u+3B_g+3B_u)=21A_g(R)+21B_g(R)+21A_u(IR, z)+21B_u(IR, x, y)$

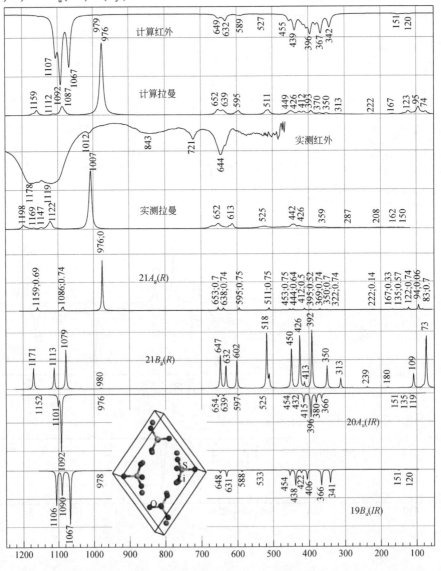

15.2 水合硫酸锂

水合硫酸锂（Lithium Sulfate Hydrate），$Li_2(SO_4) \cdot H_2O$，$4\text{-}P2_1(C_2^2)$，$Z=2$，$2a$（$2H^+$，S^{6+}，$5O^{2-}$，$2Li^+$），ICSD#20617。$10 \times 2a = 10(3A+3B) = 30A(R, IR, z) + 30B(R, IR, x, y)$

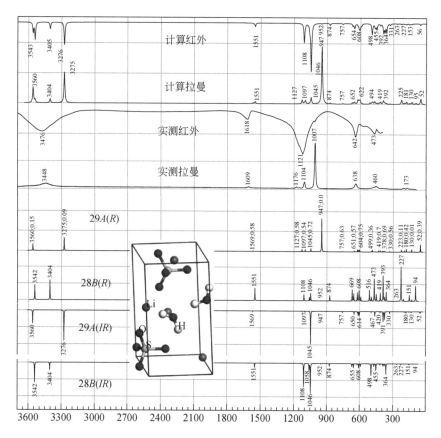

15.3 四水合硫酸铍

四水合硫酸铍（Beryllium Sulfate Hydrate），$Be(SO_4) \cdot 4H_2O$，$120\text{-}I\bar{4}c2(D_{2d}^{10})$，$Z=4$，$4b(Be^{2+})$，$4c(S^{6+})$，$16i(2O^{2-}, 2H^+)$，ICSD#23218。$4b+4c+4 \times 6i = 2(B_1+B_2+2E)+4(3A_1+3A_2+3B_1+3B_2+6E) = 12A_1(R)+12A_2+14B_1(R)+14B_2(R, IR, z)+28E(R, IR, x, y)$

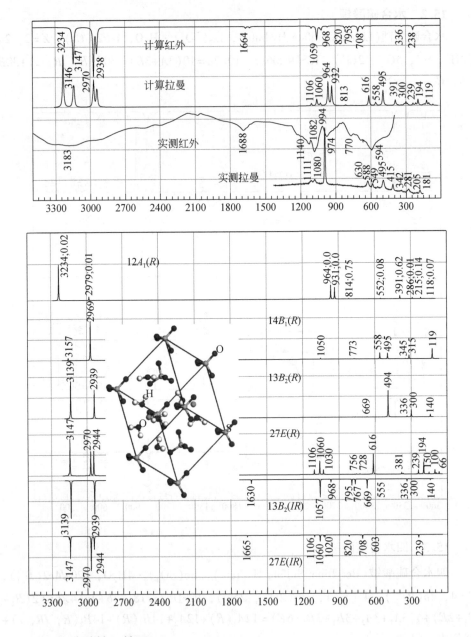

15.4　硫酸铵，铵矾

硫酸铵（Ammonium Sulfate），铵矾（Mascagnite），$(NH_4)_2(SO_4)$，62-Pnam (D_{2h}^{16})，$Z=4$，$4c(S^{6+}, 2O^{2-}, 2N^{3-}, 4H^+)$，$8d(O^{2-}, 2H^+)$，ICSD#34257。$9 \times 4c + 3 \times 8d = 9(2A_g + A_u + B_{1g} + 2B_{1u} + 2B_{2g} + B_{2u} + B_{3g} + 2B_{3u}) + 3(3A_g + 3A_u + 3B_{1g} + 3B_{1u} + 3B_{2g} + 3B_{2u} + 3B_{3g} + 3B_{3u}) = 27A_g + 18B_{1g} + 27B_{2g} + 18B_{3g} + 18A_u + 27B_{1u} + 18B_{2u} + 27B_{3u}$

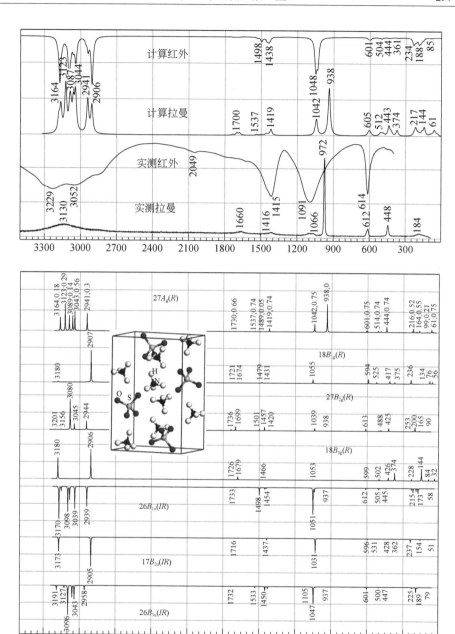

15.5 硫酸钠，无水芒硝

硫酸钠（Sodium Sulfate），无水芒硝（Thenardite），Na_2SO_4，63-$Cmcm$（D_{2h}^{17}），$Z=4$，$4a(Na^+)$，$4c(Na^+$，$S^{6+})$，$8f(O^{2-})$，$8g(O^{2-})$，ICSD#81505。$4a+2\times4c+8f$

$$+8g==6A_g(R)+5B_{1g}(R)+2B_{2g}(R)+5B_{3g}(R)+3A_u+7B_{1u}(IR, z)+8B_{2u}(IR, y)+6B_{3u}(IR, x)$$

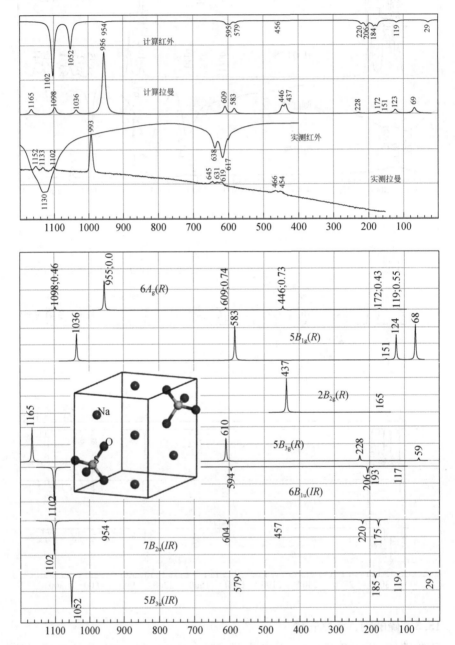

15.6 硫酸氢钠

硫酸氢钠（beta-Sodium Hydrogen Sulfate），$Na(HSO_4)$，$14-P2_1/n(C_{2h}^5)$，$Z=4$，$4e(Na^+, S^{6+}, 4O^{2-}, H^+)$，ICSD#1436。$7 \times 4e = 7(3A_g + 3A_u + 3B_g + 3B_u) = 21A_g(R) + 21B_g(R) + 21A_u(IR, z) + 21B_u(IR, x, y)$

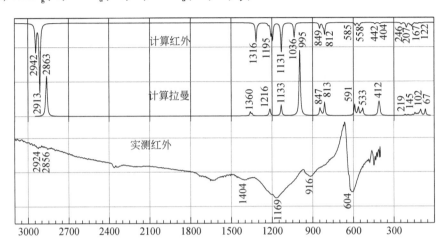

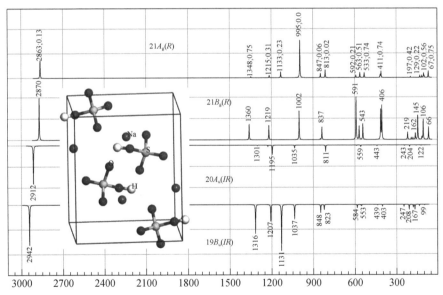

15.7 硫酸镁

硫酸镁（beta-Magnesium Sulfate），$Mg(SO_4)$，$62-Pbnm(D_{2h}^{16})$，$Z=4$，$4a(Mg^{2+})$，$4c(S^{6+}, 2O^{2-})$，$8d(O^{2-})$，ICSD#27130。$4a + 3 \times 4c + 8d = (3A_u + 3B_{1u} + 3B_{2u} + 3B_{3u}) + 3(2A_g + A_u + B_{1g} + 2B_{1u} + 2B_{2g} + B_{2u} + B_{3g} + 2B_{3u}) + (3A_g + 3A_u + 3B_{1g} + 3B_{1u} + 3B_{2g} + 3B_{2u} + 3B_{3g} + 3B_{3u}) = 9A_g(R) + 6B_{1g}(R) + 9B_{2g}(R) + 6B_{3g}(R) + 9A_u + 12B_{1u}(IR, z) + 9B_{2u}(IR, y) +$

$12B_{3u}(IR, x)$

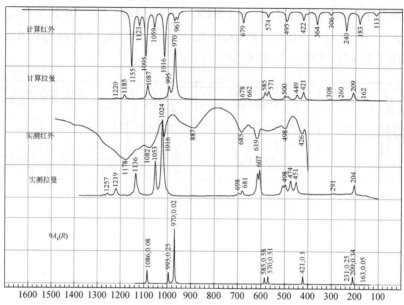

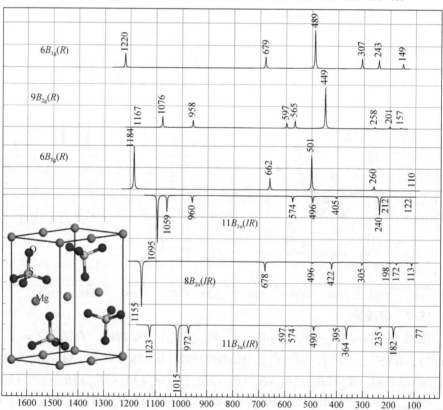

15.8　四水合硫酸镁，四水泻盐

四水合硫酸镁（Magnesium Sulfate Tetrahydrate），四水泻盐（Starkeyite），$Mg(SO_4) \cdot 4H_2O$，$14\text{-}P2_1/n(C_{2h}^5)$，$Z=4$，$4e(Mg^{2+}$，$S^{6+}$，$8O^{2-}$，$8H^+)$，ICSD# 16579。$18 \times 4e = 54(3A_g + 3A_u + 3B_g + 3B_u) = 54A_g(R) + 54B_g(R) + 54A_u(IR, z) + 54B_u(IR, x, y)$

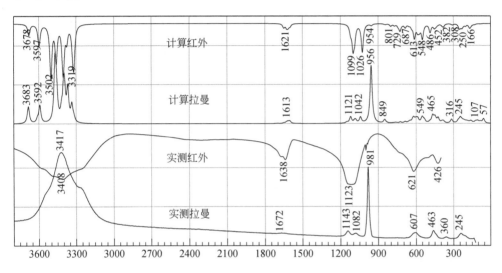

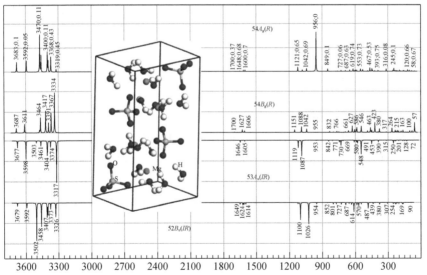

15.9 五水合硫酸镁，五水泻盐

五水合硫酸镁（Magnesium Sulfate Pentahydrate），五水泻盐（Pentahydrite），
$Mg(SO_4) \cdot 5H_2O$，$2\text{-}P\bar{1}(C_i^1)$，$Z=2$，$1a(Mg^{2+})$，$1g(Mg^{2+})$，$2i(S^{6+}$，$9O^{2-}$，
$10H^+)$，ICSD#2776。$1a+1g+20 \times 2i = 2(3A_u)+20(3A_g+3A_u) = 60A_g(R)+66A_u(IR$，
x，y，$z)$

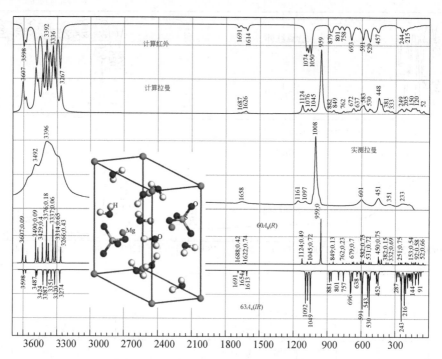

15.10 六水合硫酸镁，六水泻盐

六水合硫酸镁（Magnesium Sulfate Hexahydrate），六水泻盐（Hexahydrite），
$Mg(SO_4) \cdot 6H_2O$，$15\text{-}C2/c(C_{2h}^6)$，$Z=8$，$4a(Mg^{2+})$，$4e(Mg^{2+})$，$8f(S^{6+}$，$10O^{2-}$，
$12H^+)$，ICSD#16546。$4a+4e+23 \times 8f = (3A_u+3B_u)+(A_g+A_u+2B_g+2B_u)+23(3A_g+$
$3A_u+3B_g+3B_u) = 70A_g(R)+71B_g(R)+70A_u(IR$，$z)+71B_u(IR$，$x$，$y)$

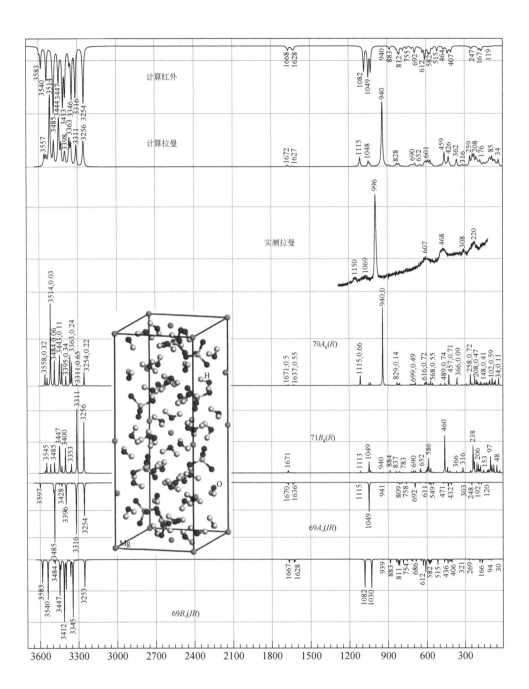

计算红外

计算拉曼

实测拉曼

$70A_g(R)$

$71B_g(R)$

$69A_u(IR)$

$69B_u(IR)$

15.11　七水合硫酸镁，泻利盐

七水合硫酸镁（Magnesium Sulfate Heptahydrate），泻利盐（Epsomite），$Mg(SO_4) \cdot 7H_2O$，$19\text{-}P2_12_12_1(D_2^4)$，$Z=4$，$4a(Mg^{2+}, S^{6+}, 11O^{2-}, 14H^+)$，ICSD #16595。$27 \times 4a = 27(3A + 3B_1 + 3B_2 + 3B_3) = 81A(R) + 81B_1(R, IR, z) + 81B_2(R, IR, y) + 81B_3(R, IR, x)$

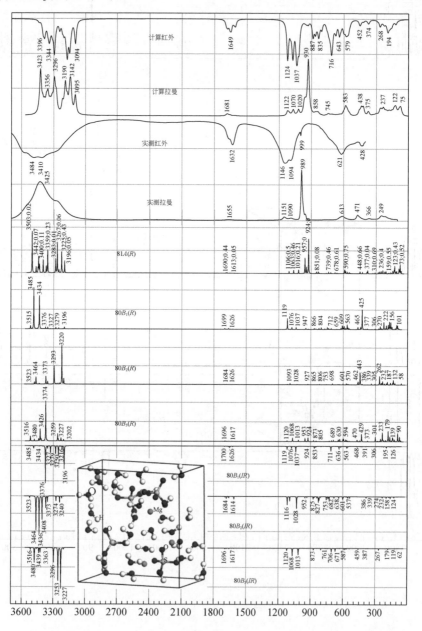

15.12 硫酸铝

硫酸铝（Aluminum Sulfate），$Al_2(SO_4)_3$，$148\text{-}R\bar{3}(C_{3i}^2)$，$Z=6$，$6c(2Al^{3+})$，$18f(S^{6+}, 4O^{2-})$，ICSD#32589。$2\times 6c+5\times 18f=2(A_g+A_u+E_g+E_u)+5(3A_g+3A_u+3E_g+3E_u)=17A_g(R)+17E_g(R)+17A_u(IR,z)+17E_u(IR,x,y)$

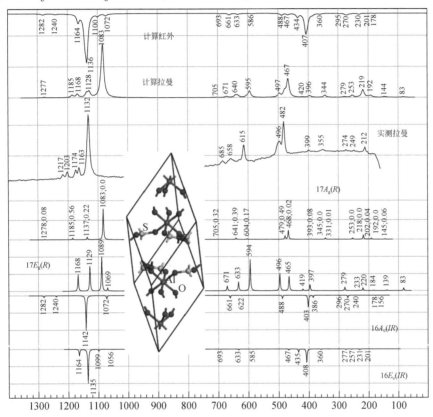

15.13 硫酸钾，钾矾

硫酸钾（beta-Potassium Sulfate），钾矾（Arcanite），$K_2(SO_4)$，$62\text{-}Pnam(D_{2h}^{16})$，$Z=4$，$4c(2K^+, S^{6+}, 2O^{2-})$，$8d(O^{2-})$，ICSD#2827。$5\times 4c+8d=5(2A_g+A_u+B_{1g}+2B_{1u}+2B_{2g}+B_{2u}+B_{3g}+2B_{3u})+(3A_g+3A_u+3B_{1g}+3B_{1u}+3B_{2g}+3B_{2u}+3B_{3g}+3B_{3u})=13A_g(R)+8B_{1g}(R)+13B_{2g}(R)+8B_{3g}(R)+8A_u+13B_{1u}(R,z)+8B_{2u}(R,y)+13B_{3u}(IR,x)$

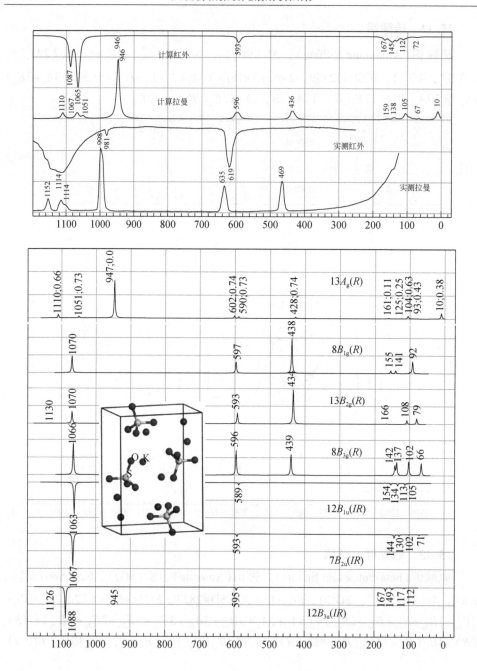

15.14 硫酸钙，硬石膏

硫酸钙（Calcium Sulfate），硬石膏（Anhydrite），$Ca(SO_4)$，63-$Bmmb(D_{2h}^{17})$，$Z=4$，$4c(Ca^{2+}, S^{6+})$，$8f(O^{2-})$，$8g(O^{2-})$，ICSD#1956。$2 \times 4c + 8f + 8g = 2(A_g + B_{1g} + B_{1u} + B_{2u} + B_{3g} + B_{3u}) + (2A_g + A_u + B_{1g} + 2B_{1u} + B_{2g} + 2B_{2u} + 2B_{3g} + B_{3u}) + (2A_g + A_u + 2B_{1g} + B_{1u} + B_{2g} + 2B_{2u} + B_{3g} + 2B_{3u}) = 6A_g(R) + 5B_{1g}(R) + 2B_{2g}(R) + 5B_{3g}(R) + 2A_u + 5B_{1u}(IR, z) + 6B_{2u}(IR, y) + 5B_{3u}(IR, x)$

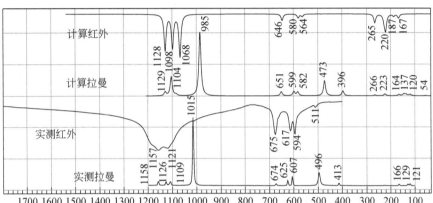

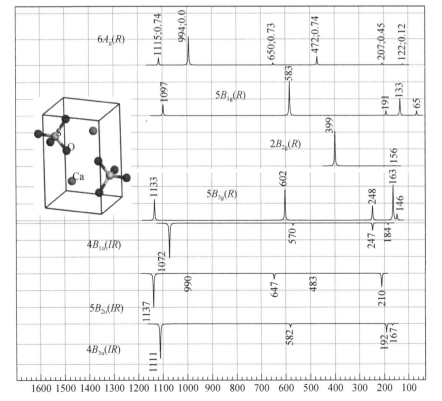

15.15　半水合硫酸钙，烧石膏

半水合硫酸钙（Calcium Sulfate Hemihydrate），烧石膏（Bassanite），
$Ca(SO_4) \cdot 0.5H_2O$，$5\text{-}I2(C_2^3)$，$Z=12$，$2a(Ca^{2+})$，$2b(Ca^{2+}, O^{2-})$，$4c(2Ca^{2+}$,
$3S^{6+}$, $13O^{2-}$, $3H^+)$，ICSD#73263。$2a+2b+21\times4c=3(A+2B)+21(3A+3B)=66A$
$(R, IR, z)+69B(R, IR, x, y)$

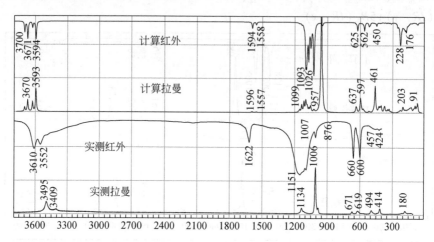

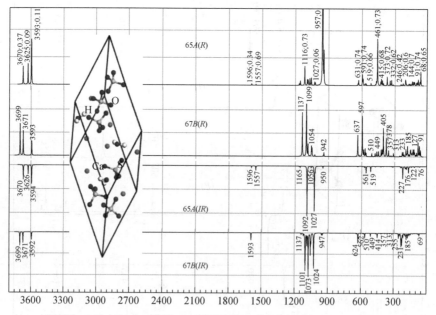

15.16　二水合硫酸钙，石膏

二水合硫酸钙(Calcium Sulfate Dihydrate)，石膏(Gypsum)，$Ca(SO_4)\cdot 2H_2O$，$15\text{-}C2/c(C_{2h}^6)$，$Z=4$，$4e(Ca^{2+}, S^{6+})$，$8f(3O^{2-}, 2H^+)$，ICSD#160977。$2\times 4e+5\times 8f=2(A_g+A_u+2B_g+2B_u)+5(3A_g+3A_u+3B_g+3B_u)=17A_g(R)+19B_g(R)+17A_u(IR, z)+19B_u(IR, x, y)$

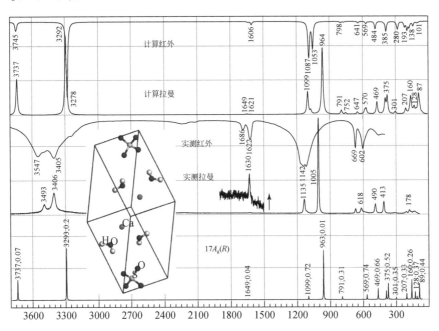

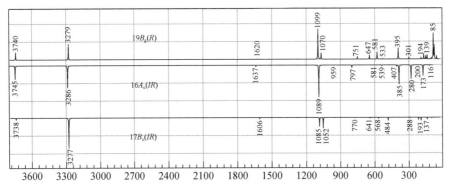

15.17　硫酸钠钙，钙芒硝

硫酸钠钙（Calcium Sodium Sulfate），钙芒硝（Glauberite），$CaNa_2(SO_4)_2$，15-$C2/c(C_{2h}^6)$，$Z=4$，$4e(Ca^{2+})$，$8f(Na^+$，S^{6+}，$4O^{2-})$，ICSD#16901。$4e+6\times8f=(A_g+A_u+2B_g+2B_u)+6(3A_g+3A_u+3B_g+3B_u)=19A_g(R)+20B_g(R)+19A_u(IR，z)+20B_u(IR，x，y)$

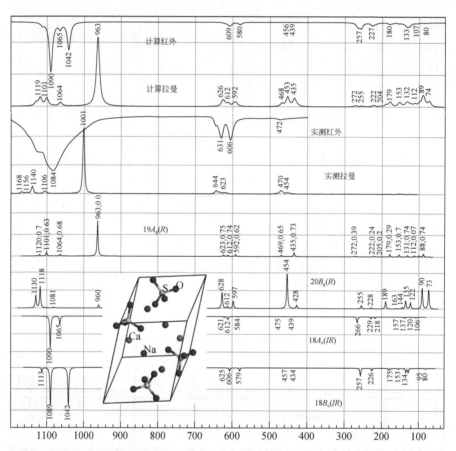

15.18　硫酸钠钾，钾芒硝

硫酸钠钾（Potassium Sodium Sulfate），钾芒硝（Aphthitalite），$K_3Na(SO_4)_2$，164-$P\bar{3}m(D_{3d}^3)$，$Z=1$，$1a(K^+)$，$1b(Na^+)$，$2d(K^+$，S^{6+}，$O^{2-})$，$6i(O^{2-})$，ICSD#26014。$1a+1b+3\times2d+6i=5A_{1g}(R)+A_{2g}+6E_g(R)+A_{1u}+7A_{2u}(IR，z)+8E_u(IR，x，y)$

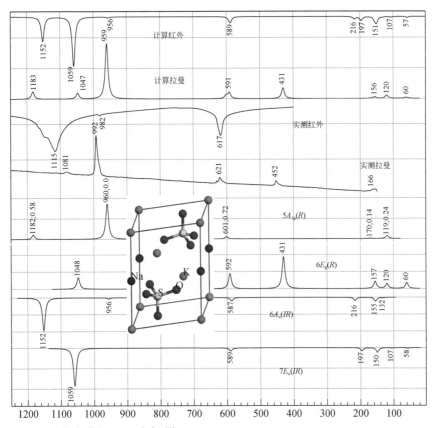

15.19　硫酸镁钾，无水钾镁矾

硫 酸 镁 钾（Potassium　Magnesium　Sulfate），无 水 钾 镁 矾（Langbeinite），$K_2Mg_2(SO_4)_3$，198-$P2_13(T^4)$，$Z=4$，$4a(2K^+，2Mg^{2+})$，$12b(S^{6+}，4O^{2-})$，ICSD #40986。$4\times4a+5\times12b=4(A+E+3T)+5(3A+3E+9T)=19A(R)+19E(R)+57T(R，IR，x，y，z)$

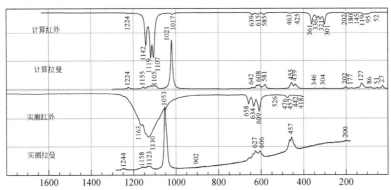

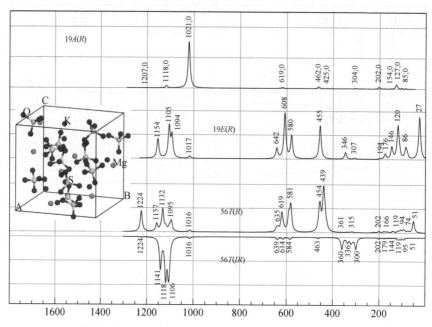

15.20　水合硫酸锌，水锌矾

水合硫酸锌（Zinc Sulfate Hydrate），水锌矾（Gunningite），$Zn(SO_4) \cdot H_2O$，$15\text{-}C2/c(C_{2h}^6)$，$Z=4$，$4c(Zn^{2+})$，$4e(S^{6+}, O^{2-})$，$8f(2O^{2-}, H^+)$，ICSD#71348。
$$4c + 2 \times 4e + 3 \times 8f = (3A_u + 3B_u) + 2(A_g + A_u + 2B_g + 2B_u) + 3(3A_g + 3A_u + 3B_g + 3B_u) = 11A_g$$
$$(R) + 13B_g(R) + 14A_u(IR, z) + 16B_u(IR, x, y)$$

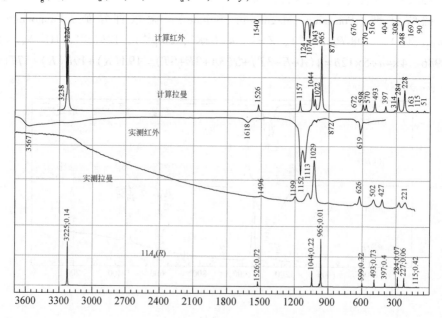

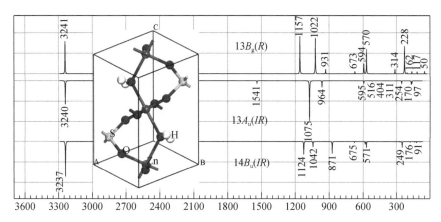

$13B_g(R)$

$13A_u(IR)$

$14B_u(IR)$

15.21 硫酸镓

硫酸镓（Gallium Sulfate），$Ga_2(SO_4)_3$，$148\text{-}R\bar{3}$（C_{3i}^2），$Z=6$，$6c$（$2Ga^{3+}$），$18f$（S^{6+}，$4O^{2-}$），ICSD#79304。$2\times6c+5\times18f=2(A_g+A_u+E_g+E_u)+5(3A_g+3A_u+3E_g+3E_u)=17A_g(R)+17E_g(R)+17A_u(IR,\ z)+17E_u(IR,\ x,\ y)$

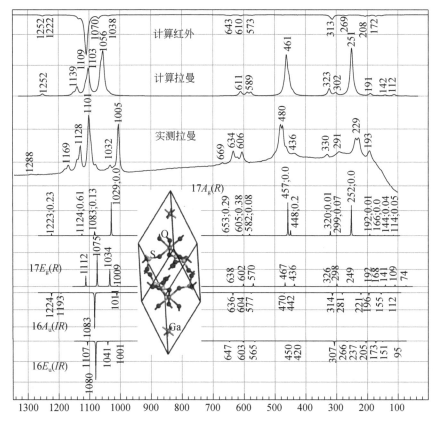

计算红外

计算拉曼

实测拉曼

$17A_g(R)$

$17E_g(R)$

$16A_u(IR)$

$16E_u(IR)$

15.22　硫酸锶，天青石

硫酸锶（Strontium Sulfate），天青石（Celestine），$Sr(SO_4)$，$62\text{-}Pnma$（D_{2h}^{16}），$Z=4$，$4c(Sr^{2+}$，S^{6+}，$2O^{2-})$，$8d(O^{2-})$，ICSD#85809。$4\times4c+8d=11A_g(R)+7B_{1g}(R)+11B_{2g}(R)+7B_{3g}(R)+7A_u+11B_{1u}(IR，z)+7B_{2u}(IR，y)+11B_{3u}(IR，x)$

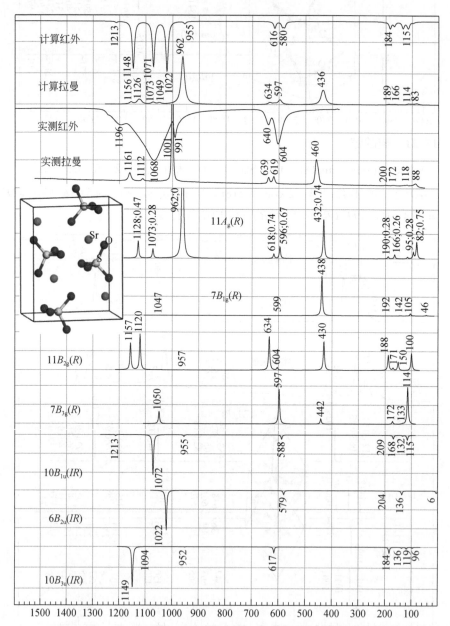

15.23　八水合硫酸钇

八水合硫酸钇（Yttrium Sulfate Hydrate），$Y_2(SO_4)_3 \cdot 8H_2O$，15-$C2/c$（C_{2h}^6），$Z=4$，$4e(S^{6+})$，$8f(Y^{3+}$，S^{6+}，$10O^{2-}$，$8H^+)$，ICSD#281358。$4e+20 \times 8f=(A_g+A_u+2B_g+2B_u)+20(3A_g+3A_u+3B_g+3B_u)=61A_g(R)+62B_g(R)+61A_u(IR，z)+62B_u(IR，x，y)$

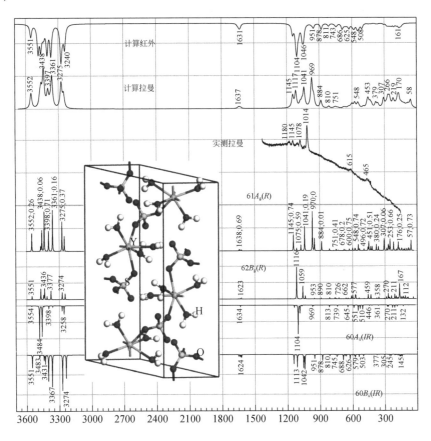

15.24　硫酸银

硫酸银（Silver Sulfate），$Ag_2(SO_4)$，70-$Fddd$（D_{2h}^{24}），$Z=8$，$8a(S^{6+})$，$16f(Ag^+)$，$32h(O^{2-})$，ICSD#52356。$8a+16f+32h=4A_g(R)+5B_{1g}(R)+6B_{2g}(R)+6B_{3g}(R)+4A_u+5B_{1u}(IR，z)+6B_{2u}(IR，y)+6B_{3u}(IR，x)$

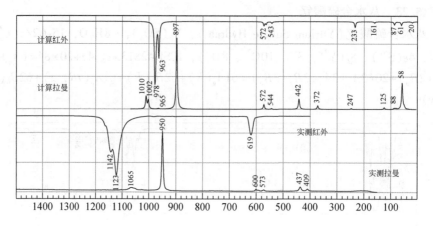

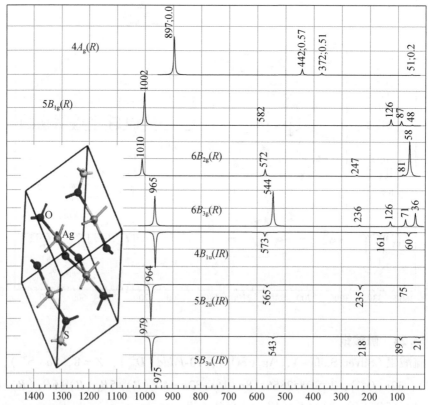

15.25　硫酸铯

硫酸铯(beta-Cesium Sulfate)，$Cs_2(SO_4)$，62-$Pnam$(D_{2h}^{16})，$Z=4$，$4c(2Cs^+$，S^{6+}，$2O^{2-})$，$8d(O^{2-})$，ICSD#438。$5\times4c+8d=5(2A_g+A_u+B_{1g}+2B_{1u}+2B_{2g}+B_{2u}+B_{3g}+2B_{3u})+(3A_g+3A_u+3B_{1g}+3B_{1u}+3B_{2g}+3B_{2u}+3B_{3g}+3B_{3u})=13A_g(R)+8B_{1g}(R)+13B_{2g}$

$(R)+8B_{3g}(R)+8A_u+13B_{1u}(IR, z)+8B_{2u}(IR, y)+13B_{3u}(IR, x)$

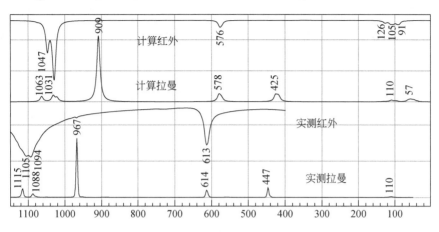

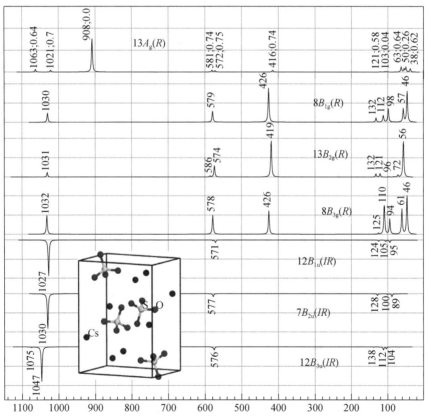

15.26 硫酸氢铯

硫酸氢铯（Cesium Hydrogen Sulfate），$Cs(HSO_4)$，$14\text{-}P2_1/c(C_{2h}^5)$，$Z=4$，$4e$（$Cs^+$，$S^{6+}$，$4O^{2-}$，$H^+$），ICSD#67108。$7\times4e=7(3A_g+3A_u+3B_g+3B_u)=21A_g(R)+21B_g(R)+21A_u(IR,\ z)+21B_u(IR,\ x,\ y)$

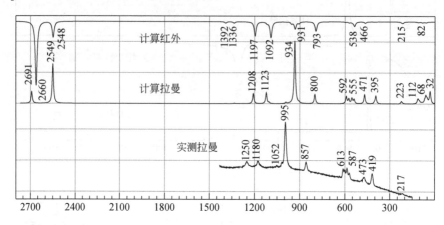

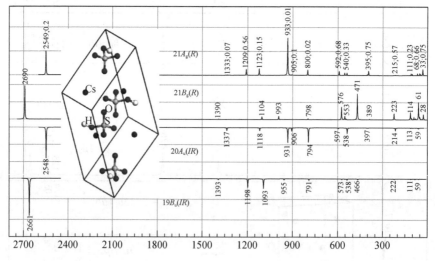

15.27 硫酸钡，重晶石

硫酸钡（Barium Sulfate），重晶石（Barite），$Ba(SO_4)$，$62\text{-}Pnma(D_{2h}^{16})$，$Z=4$，$4c(Ba^{2+}，S^{6+}，2O^{2-})$，$8d(O^{2-})$，ICSD#16904。$4\times4c+8d=4(2A_g+A_u+B_{1g}+2B_{1u}+2B_{2g}+B_{2u}+B_{3g}+2B_{3u})+(3A_g+3A_u+3B_{1g}+3B_{1u}+3B_{2g}+3B_{2u}+3B_{3g}+3B_{3u})=11A_g(R)+7B_{1g}(R)+11B_{2g}(R)+7B_{3g}(R)+7A_u+11B_{1u}(IR,\ z)+7B_{2u}(IR,\ y)+11B_{3u}(IR,\ x)$

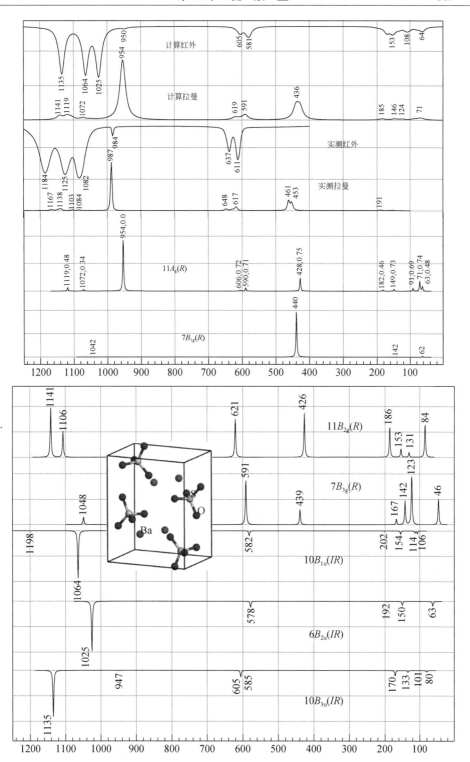

15. 28　硫酸铪

硫酸铪(alpha-Hafnium Sulfate)，$Hf(SO_4)_2$，$62\text{-}Pnma(D_{2h}^{16})$，$Z=4$，$4c(Hf^{4+}$，$2S^{6+}$，$4O^{2-})$，$8d(2O^{2-})$。$7×4c+2×8d=7(2A_g+A_u+B_{1g}+2B_{1u}+2B_{2g}+B_{2u}+B_{3g}+2B_{3u})+2(3A_g+3A_u+3B_{1g}+3B_{1u}+3B_{2g}+3B_{2u}+3B_{3g}+3B_{3u})=20A_g(R)+13B_{1g}(R)+20B_{2g}(R)+13B_{3g}(R)+13A_u+20B_{1u}(IR,\ z)+13B_{2u}(IR,\ y)+20B_{3u}(IR,\ x)$

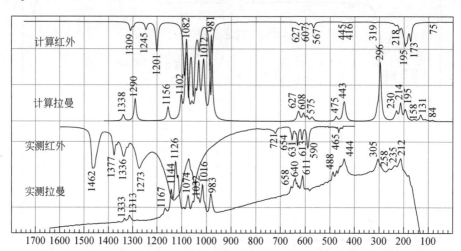

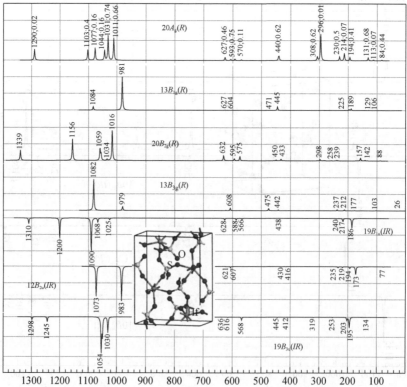

15.29 硫酸二氧化三汞，汞矾

硫酸二氧化三汞(Trimercury Dioxide Sulfate)，汞矾(Schuetteite)，$Hg_3O_2(SO_4)$，152-$P3_121(D_3^4)$，$Z=3$，$3a(Hg^{2+}, S^{6+})$，$6c(Hg^{2+}, 3O^{2-})$，ICSD#24147。$2×3a+4×6c=2(A_1+2A_2+3E)+4(3A_1+3A_2+6E)=14A_1(R)+16A_2(IR, z)+30E(R, IR, x, y)$

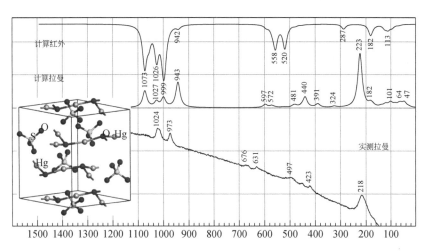

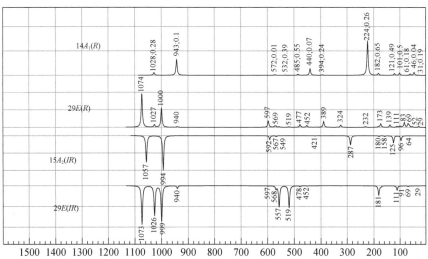

15.30 硫酸铅，铅矾

硫酸铅(Lead Sulfate)，铅矾(Anglesite)，$Pb(SO_4)$，62-$Pnma(D_{2h}^{16})$，$Z=4$，$4c(Pb^{2+}, S^{6+}, 2O^{2-})$，$8d(O^{2-})$，ICSD#16916。$4×4c+8d=4(2A_g+A_u+B_{1g}+2B_{1u}+2B_{2g}+B_{2u}+B_{3g}+2B_{3u})+(3A_g+3A_u+3B_{1g}+3B_{1u}+3B_{2g}+3B_{2u}+3B_{3g}+3B_{3u})=11A_g(R)+$

$7B_{1g}(R)+11B_{2g}(R)+7B_{3g}(R)+7A_u+11B_{1u}(IR,\ z)+7B_{2u}(IR,\ y)+11B_{3u}(IR,\ x)$

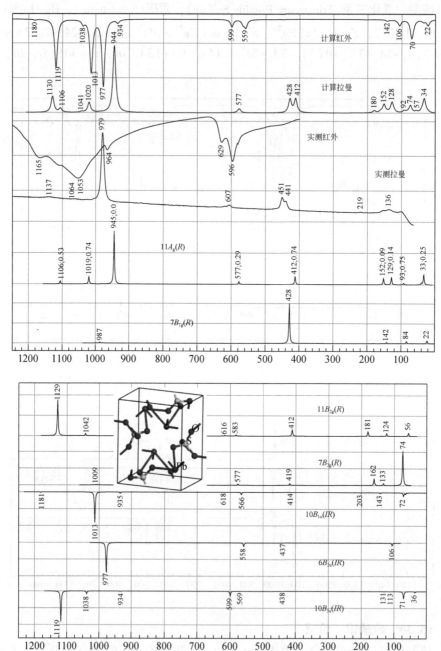

15.31　硫酸二氟化二铅，氟铅矾

硫酸二氟化二铅（Dilead Difluoride Sulfate），氟铅矾（Grandreefite），$Pb_2F_2(SO_4)$，$15\text{-}A2/a(D_{2h}^6)$，$Z=4$，$4e(S^{6+})$，$8f(Pb^{2+}$，F^-，$2O^{2-})$，ICSD#69607。$4e+4\times8f=(A_g+A_u+2B_g+2B_u)+4\times(3A_g+3A_u+3B_g+3B_u)=13A_g(R)+14B_g(R)+13A_u(IR,z)+14B_u(IR,x,y)$

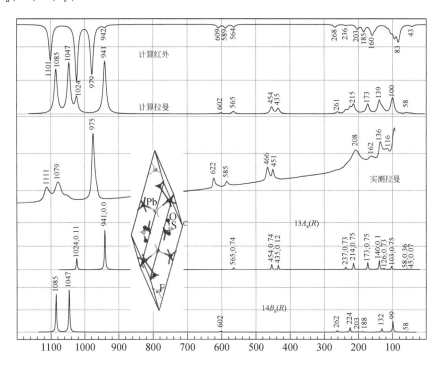

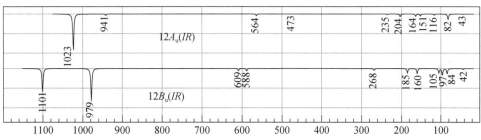

15.32　硫酸氧化二铅，黄铅矾

硫酸氧化二铅（Dilead Oxide Sulfate），黄铅矾（Lanarkite），$Pb_2O(SO_4)$，$12\text{-}C2/m(C_{2h}^3)$，$Z=4$，$4g(O^{2-})$，$4i(2Pb^{2+}$，S^{6+}，$2O^{2-})$，$8j(O^{2-})$，ICSD#14246。$4g+5\times4i+8j=(A_g+A_u+2B_g+2B_u)+5(2A_g+A_u+B_g+2B_u)+(3A_g+3A_u+3B_g+3B_u)=14A_g(R)+10B_g(R)+9A_u(IR,z)+15B_u(IR,x,y)$

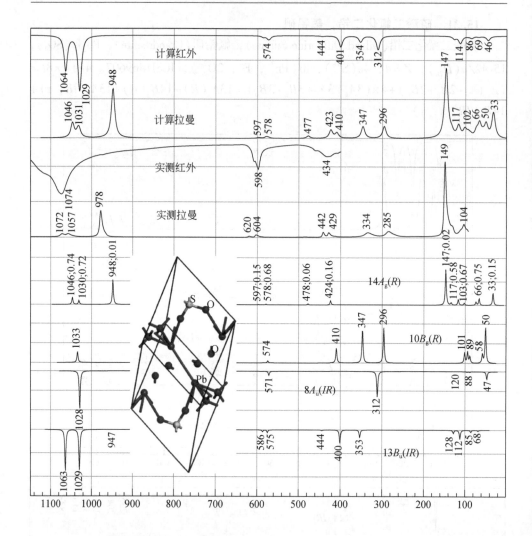

15.33 氯氟化硫酸钠，菱钠矾

氯氟化硫酸钠（Sodium Sulfate Fluoride Chloride），菱钠矾（Galeite），$Na_{15}(SO_4)_5F_4Cl$，$157\text{-}P31m(C_{3v}^2)$，$Z=3$，$1a(Cl^-，2S^{6+}，2O^{2-})$，$2b(Cl^-，2S^{6+}，2O^{2-})$，$3c(3S^{6+}，5Na^+，8O^{2-}，4F^-)$，$6d(5Na^+，5O^{2-})$，ICSD#4290。$5\times1a+5\times2b+20\times3c+10\times6d=5(A_1+E)+5(A_1+A_2+2E)+20(2A_1+A_2+3E)+10(3A_1+3A_2+6E)=80A_1(R，IR，z)+55A_2+135E(R，IR，x，y)$

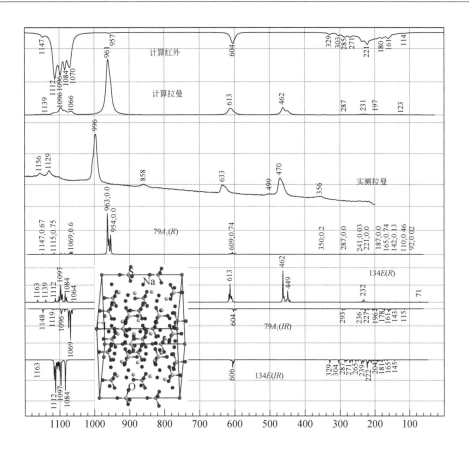

15.34 羟基硫酸铝钾，明矾石

羟基硫酸铝钾（Potassium Aluminum Sulfate Hydroxide），明矾石（Alunite），
$KAl_3(SO_4)_2(OH)_6$，$166\text{-}R\bar{3}m(D_{3d}^5)$，$Z=3$，$3b(K^+)$，$6c(S^{6+}，O^{2-})$，$9e(Al^{3+})$，
$18h(2O^{2-}，H^+)$，ICSD#12106。$3b+2\times6c+9e+3\times18h=(A_{2u}+E_u)+2(A_{1g}+A_{2u}+E_g+E_u)+(A_{1u}+2A_{2u}+3E_u)+3(2A_{1g}+A_{1u}+A_{2g}+2A_{2u}+3E_g+3E_u)=8A_{1g}(R)+3A_{2g}+11E_g(R)+4A_{1u}+11A_{2u}(IR，z)+15E_u(IR，x，y)$

15.35 硫酸氟氯化钠，卤钠石

硫酸氟氯化钠（Sodium Chloride Fluoride Sulfate），卤钠石（Sulphohalite），
$Na_6ClF(SO_4)_2$，$225\text{-}Fm\bar{3}m(O_h)$，$Z=4$，$4a(F^-)$，$4b(Cl^-)$，$8c(S^{6+})$，$24e(Na^+)$，$32f(O^{2-})$，ICSD#26914。$4a+4b+8c+24e+32f=2A_{1g}(R)+2E_g(R)+2T_{1g}+4T_{2g}(R)+A_{2u}+E_u+7T_{1u}(IR，x，y，z)+2T_{2u}$

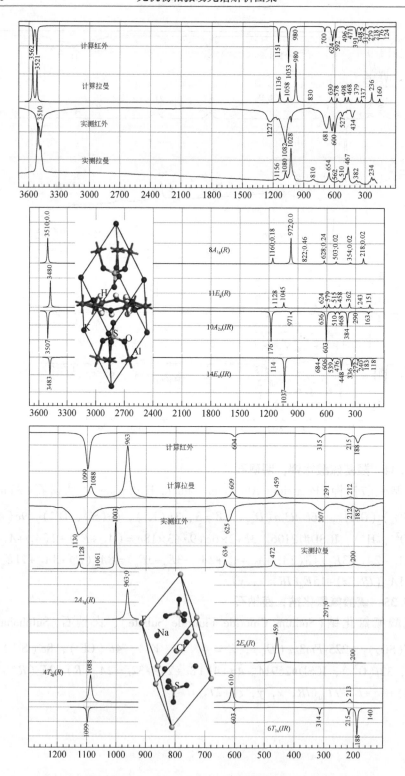

15.36 亚硫酸钠

亚硫酸钠（Sodium Sulfite），Na_2SO_3，147-$P\bar{3}$（C_{3i}^1），$Z=2$，$Na^+(1)$：$1a(Na^+)$，$1b(Na^+)$，$2d(Na^+, S^{4+})$，$6g(O^{2-})$，ICSD#4432。$1a+1b+2\times2d+6g=2(A_u+E_u)+2(A_g+A_u+E_g+E_u)+(3A_g+3A_u+3E_g+3E_u)=5A_g(R)+5E_g(R)+7A_u(IR, z)+7E_u(IR, x, y)$

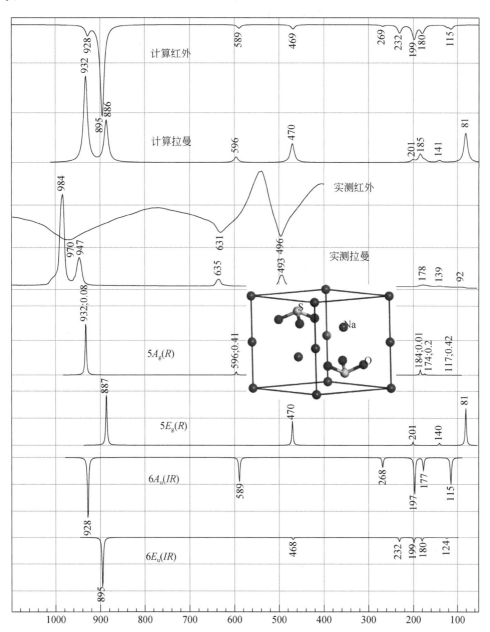

15.37　半水亚硫酸钙，半水亚硫钙石

半水亚硫酸钙(Calcium Sulfite Hemihydrate)，半水亚硫钙石(Hannebachite)，$Ca(SO_3) \cdot 0.5H_2O$，$60\text{-}Pbna(D_{2h}^{14})$，$Z=8$，$4c(O^{2-})$，$8d(Ca^{2+}, S^{4+}, 3O^{2-}, H^+)$，ICSD#21033。$4c+6\times8d = (A_g+A_u+2B_{1g}+2B_{1u}+B_{2g}+B_{2u}+2B_{3g}+2B_{3u})+6(3A_g+3A_u+3B_{1g}+3B_{1u}+3B_{2g}+3B_{2u}+3B_{3g}+3B_{3u}) = 19A_g(R)+20B_{1g}(R)+19B_{2g}(R)+20B_{3g}(R)+19A_u+20B_{1u}(IR, x)+19B_{2u}(IR, y)+20B_{3u}(IR, z)$

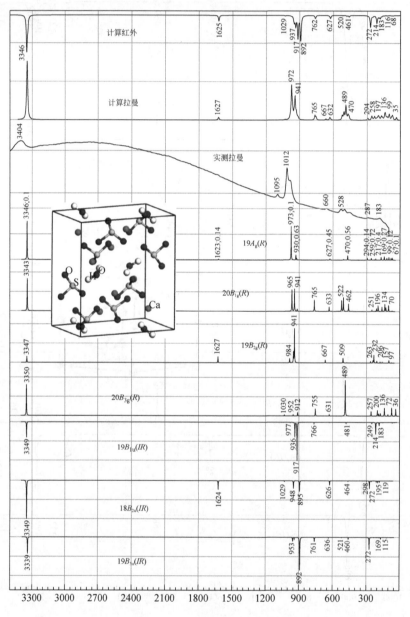

15.38 亚硫酸铅，苏格兰石

亚硫酸铅（Lead Sulfite），苏格兰石（Scotlandite），$Pb(SO_3)$，$11\text{-}P2_1/m(C_{2h}^2)$，$Z=2$，$2e(Pb^{2+}$，$S^{4+}$，$O^{2-})$，$4f(O^{2-})$，ICSD#30993。$3\times2e+4f=3(2A_g+A_u+B_g+2B_u)+(3A_g+3A_u+3B_g+3B_u)=9A_g(R)+6B_g(R)+6A_u(IR,z)+9B_u(IR,x,y)$

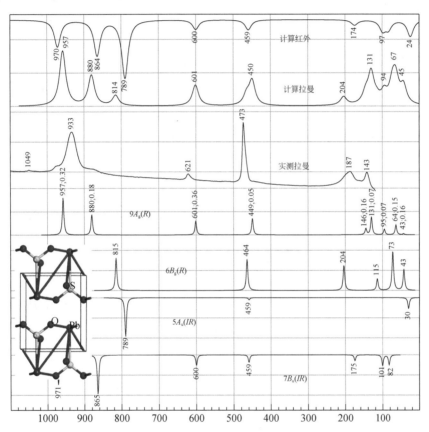

15.39 硫代硫酸钠

硫代硫酸钠（alpha-Sodium Thiosulfate），$Na_2(S_2O_3)$，$14\text{-}P2_1/c(C_{2h}^5)$，$Z=4$，$4e(S^{6+}$，$S^{2-}$，$3O^{2-}$，$2Na^+)$，ICSD#37093。$7\times4e=21A_g(R)+21B_g(R)+21A_u(IR,z)+21B_u(IR,x,y)$

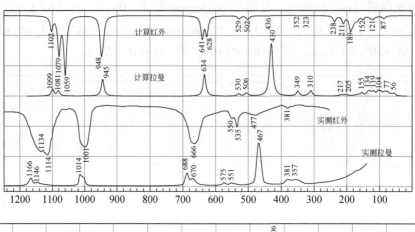

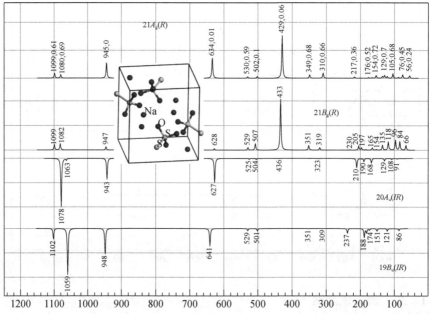

15.40 五水合硫代硫酸钠

五水合硫代硫酸钠（Sodium Thiosulfate Pentahydrate），$Na_2(S_2O_3) \cdot 5H_2O$，$14\text{-}P2_1/c(C_{2h}^5)$，$Z = 4$，$4e(S^{2-}, S^{6+}, 2Na^+, 8O^{2-}, 10H^+)$，ICSD#936。$22 \times 4e =$
$22(3A_g + 3A_u + 3B_g + 3B_u) = 66A_g(R) + 66B_g(R) + 66A_u(IR, z) + 66B_u(IR, x, y)$

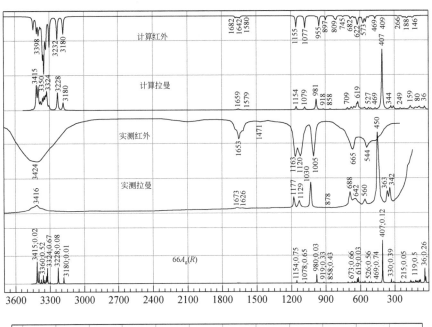

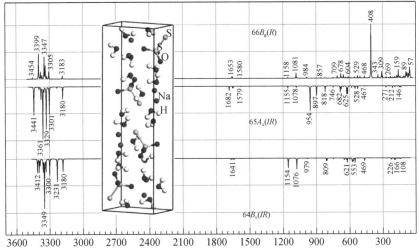

15.41　连二硫酸钠

连二硫酸钠（Sodium Duo-disulfate），$Na_2(S_2O_4)$，13-$P2/c$（C_{2h}^4），$Z=2$，$4g$（S^{3+}，Na^+，$2O^{2-}$），ICSD#16646。$4 \times 4g = 4(3A_g + 3A_u + 3B_g + 3B_u) = 12A_g(R) + 12B_g(R) + 12A_u(IR, z) + 12B_u(IR, x, y)$

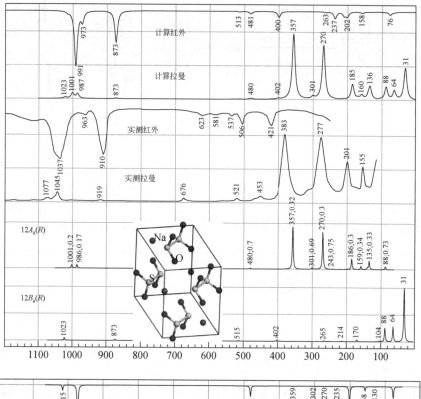

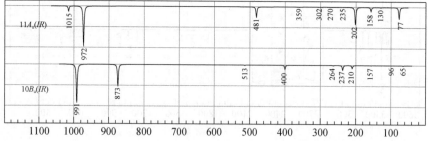

15.42 焦亚硫酸钠

焦亚硫酸钠(Disodium Metabisulfite)，$Na_2(S_2O_5)$，$14\text{-}P2_1/n(C_{2h}^5)$，$Z=8$，$4e$ ($10O^{2-}$，$4S^{4+}$，$4Na^+$)，ICSD#59949。$18\times4e=18(3A_g+3A_u+3B_g+3B_u)=54A_g(R)+54B_g(R)+54A_u(IR,z)+54B_u(IR,x,y)$

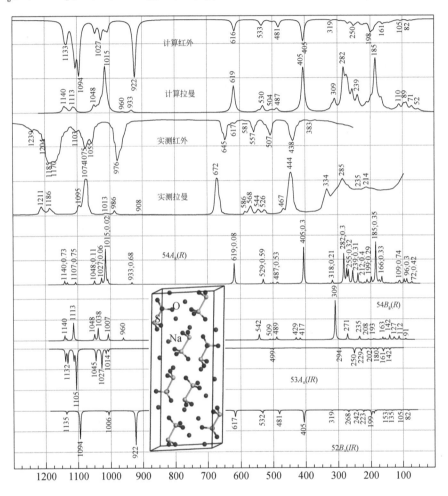

15.43　焦亚硫酸钾

焦亚硫酸钾(Dipotassium Metabisulfite)，$K_2(S_2O_5)$，$11\text{-}P2_1/m(C_{2h}^2)$，$Z=2$，$2e(2K^+,\ S^{3+},\ S^{5+},\ O^{2-})$，$4f(2O^{2-})$，ICSD#16701。$5\times2e+2\times4f=5(2A_g+A_u+B_g+2B_u)+2(3A_g+3A_u+3B_g+3B_u)=16A_g(R)+11B_g(R)+11A_u(IR,\ z)+16B_u(IR,\ x,\ y)$

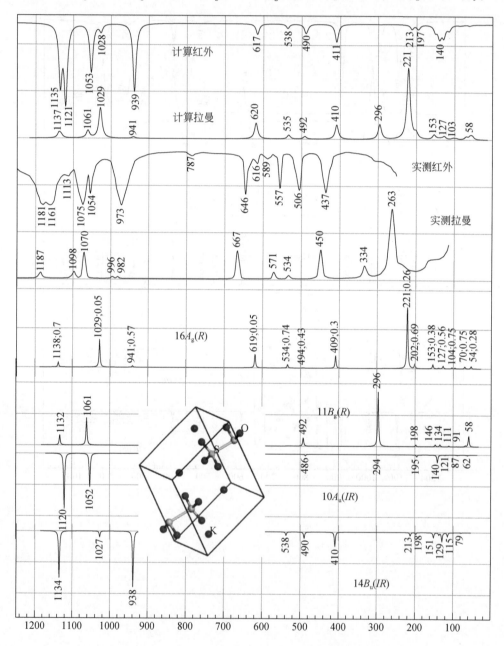

15.44 二水合连二硫酸钡

二水合连二硫酸钡(Barium Dithionate Dihydrate),$BaS_2O_6 \cdot 2H_2O$,15-$C2/c$(C_{2h}^6),$Z=4$,$4e$(Ba^{2+}),$8f$(S^{5+},$4O^{2-}$,$2H^+$),ICSD#14329。$4e+7\times 8f=(A_g+A_u+2B_g+2B_u)+7(3A_g+3A_u+3B_g+3B_u)=22A_g(R)+23B_g(R)+22A_u(IR, z)+23B_u(IR, x, y)$

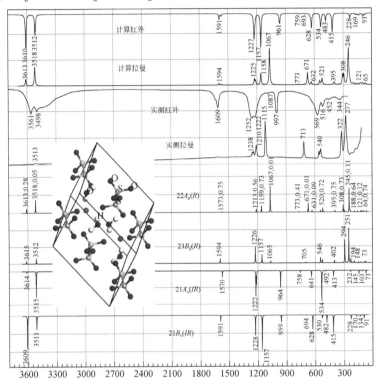

15.45 过氧硫酸钾

过氧硫酸钾(Potassium Peroxodisulfate),$K_2S_2O_8$,2-$P\bar{1}$(C_i^1),$Z=1$,$2i$(K^+,S^{6+},$4O^{2-}$),ICSD#16972。$6\times 2i=6(3A_g+3A_u)=18A_g(R)+18A_u(IR, x, y, z)$

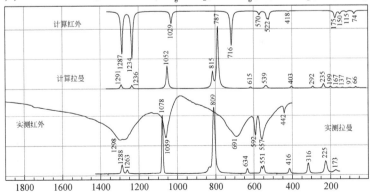

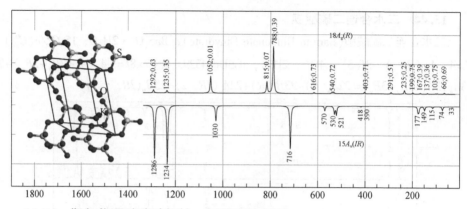

15.46　羟氯化硼酸硫酸钙钠，氯硫硼钠钙石

羟氯化硼酸硫酸钙钠[Sodium Calcium Sulfate Borate Chloride Hydroxide]，氯硫硼钠钙石(Heidornite)，$Na_2Ca_3(SO_4)_2B_5O_8Cl(OH)_2$，$15\text{-}C2/c(C_{2h}^6)$，$Z=4$，$4a$（$Cl^-$），$4e(Ca^{2+}$，$B^{3+})$，$8f(Na^+$，$Ca^{2+}$，$2B^{3+}$，$S^{6+}$，$9O^{2-}$，$H^+)$，ICSD#24458。

$$4a+2\times4e+15\times8f=(3A_u+3B_u)+2(A_g+A_u+2B_g+2B_u)+15(3A_g+3A_u+3B_g+3B_u)=47A_g$$
$$(R)+49B_g(R)+50A_u(IR,z)+52B_u(IR,x,y)$$

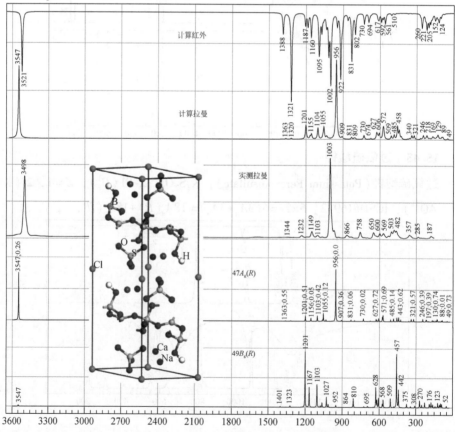

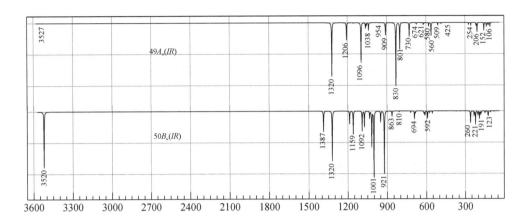

第16章 氯化物、氯酸盐

16.1 氯化磷

氯化磷（Phosphorus Chloride），PCl_3，62-$Pnma$（D_{2h}^{16}），$Z=4$，4c（Cl^-，P^{3+}），8d（Cl^-），ICSD#27798。$2\times4c+8d=(3A_g+3A_u+3B_{1g}+3B_{1u}+3B_{2g}+3B_{2u}+3B_{3g}+3B_{3u})+2(2A_g+A_u+B_{1g}+2B_{1u}+2B_{2g}+B_{2u}+B_{3g}+2B_{3u})=7A_g(R)+5B_{1g}(R)+7B_{2g}(R)+5B_{3g}(R)+5A_u+7B_{1u}(IR,\ z)+5B_{2u}(IR,\ y)+7B_{3u}(IR,\ x)$

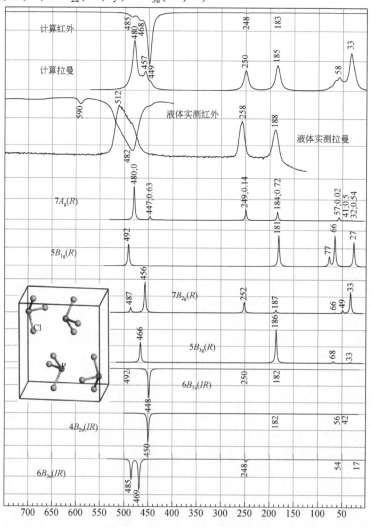

16.2　氯化钪

氯化钪（Scandium Chloride），$ScCl_3$，148-$R\overline{3}$（C_{3i}^2），$Z=6$，$6c$（Sc^{3+}），$18f$（Cl^-），ICSD#38235。$6c+18f=(A_g+A_u+E_g+E_u)+(3A_g+3A_u+3E_g+3E_u)=4A_g(R)+4E_g(R)+4A_u(IR,\ z)+4E_u(IR,\ x,\ y)$

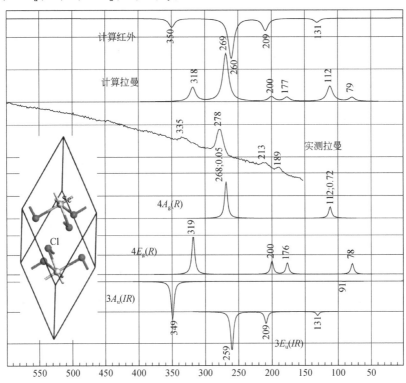

16.3　氯化锌

氯化锌（beta-Zinc Chloride），β-$ZnCl_2$，14-$P2_1/n$（C_{2h}^5），$Z=12$，$4e$（$3Zn^{2+}$，$6Cl^-$），ICSD#26153。$9\times4e=9(3A_g+3A_u+3B_g+3B_u)=27A_g(R)+27B_g(R)+27A_u(IR,\ z)+27B_u(IR,\ x,\ y)$

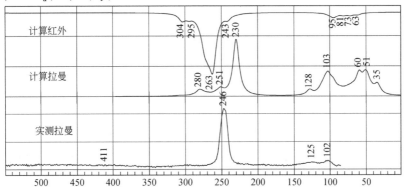

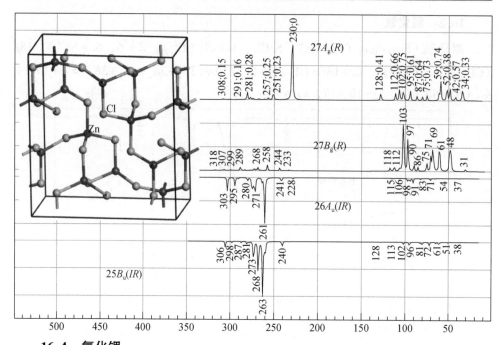

16.4 氯化锶

氯化锶（Strontium Chloride），$SrCl_2$，$225\text{-}Fm\bar{3}m$（O_h^5），$Z=4$，$4a$（Sr^{2+}），$8c$（Cl^-），ICSD#28964。$4a+8c=(T_{1u})+(T_{1u}+F_{2g})=T_{2g}(R)+2T_{1u}(IR, x, y, z)$

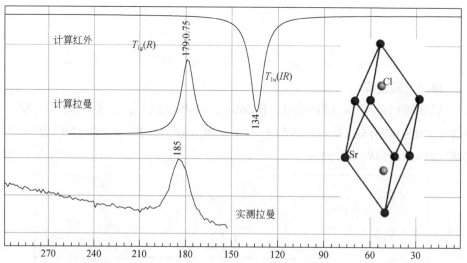

16.5 六水合氯化锶

六水合氯化锶（Strontium Chloride Hexahydrate），$SrCl_2 \cdot 6H_2O$，$150\text{-}P321$（D_3^2），$Z=1$，$1a$（Sr^{2+}），$2d$（Cl^-），$3e$（O^{2-}），$3f$（O^{2-}），$6g$（$2H^+$），ICSD#48110。

$1a+2d+3e+3f+2\times6g=(A_2+E)+(A_1+A_2+2E)+2(A_1+2A_2+3E)+2(3A_1+3A_2+6E)=9A_1(R)+12A_2(IR,\ z)+21E(R,\ IR,\ x,\ y)$

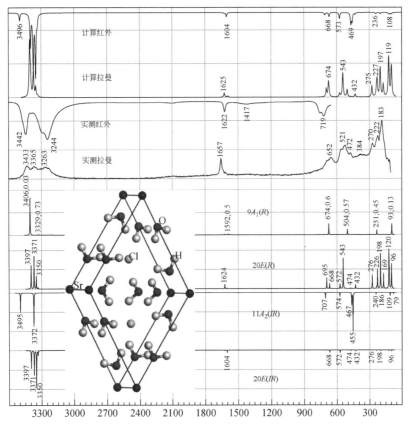

16.6 氯化钯

氯化钯（Palladium Chloride），$PdCl_2$，148-$R\bar{3}$（C_{3i}^2），$Z=6$，18f（Pd^{2+}，$2Cl^-$），ICSD#404624。$3\times18f=3(3A_g+3A_u+3E_g+3E_u)=9A_g(R)+9E_g(R)+9A_u(IR,\ z)+9E_u(IR,\ x,\ y)$

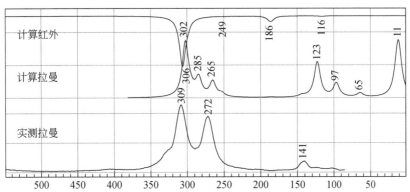

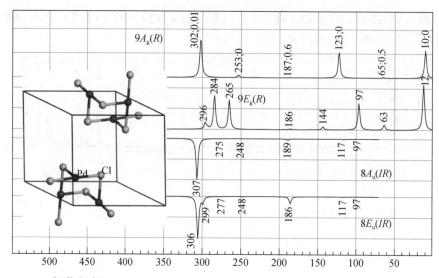

16.7　氯化钯钾

氯化钯钾（Potassium Palladium Chloride），$K_2Pd^{2+}Cl_4$，123-$P4/mmm(D_{4h}^1)$，$Z=$ 1，$1a(Pd^{2+})$，$2e(K^+)$，$4j(Cl^-)$，ICSD#2723。$1a+2e+4j=(A_{2u}+E_u)+(A_{2u}+B_{2u}+2E_u)$ $+(A_{1g}+A_{2g}+A_{2u}+B_{1g}+B_{1u}+B_{2g}+E_g+2E_u)=A_{1g}(R)+A_{2g}+B_{1g}(R)+B_{2g}(R)+E_g(R)+3A_{2u}$ $(IR, z)+B_{1u}+B_{2u}+5E_u(IR, x, y)$

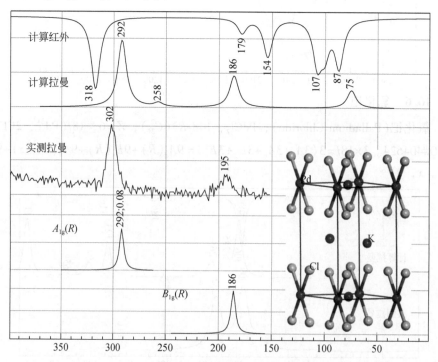

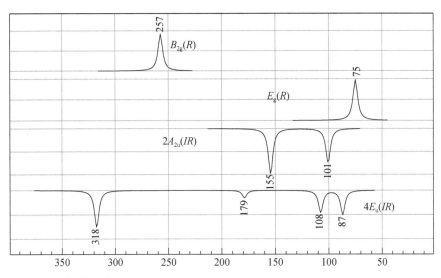

16.8 六氯化钯钾

六氯化钯钾（Potassium Palladium Chloride），$K_2Pd^{4+}Cl_6$，$225\text{-}Fm\overline{3}m\,(O_h^5)$，$Z=4$，$4a(Pd^{4+})$，$8c(K^+)$，$24e(Cl^-)$，ICSD#65037。$4a+8c+24e=(T_{1u})+(T_{1u}+T_{2g})+(A_{1g}+E_g+T_{1g}+2T_{1u}+T_{2g}+T_{2u})=A_{1g}(R)+E_g(R)+T_{1g}+2T_{2g}(R)+4T_{1u}(IR,\ x,\ y,\ z)+T_{2u}$

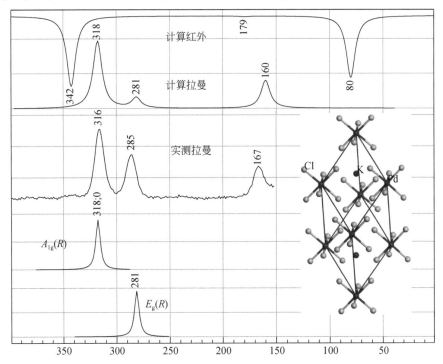

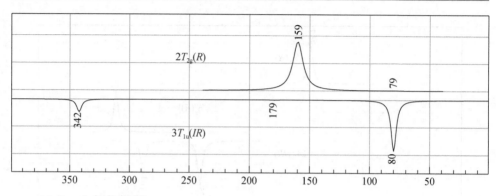

16.9　六氯化锡钾

六氯化锡钾（Potassium Tin Chloride），K_2SnCl_6，$225\text{-}Fm\bar{3}m$（O_h^5），$Z=4$，$4a$（Sn^{4+}），$8c$（K^+），$24e$（Cl^-），ICSD#604。$4a+8c+24e=(T_{1u})+(T_{1u}+T_{2g})+(A_{1g}+E_g+T_{1g}+2T_{1u}+T_{2g}+T_{2u})=A_{1g}(R)+E_g(R)+T_{1g}+2T_{2g}(R)+4T_{1u}(IR, x, y, z)+T_{2u}$

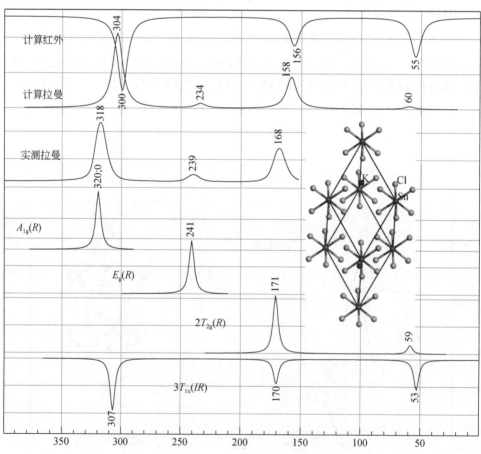

16.10　氯化钡

氯化钡（Barium Chloride），$BaCl_2$，62-$Pnam$（D_{2h}^{16}），$Z = 4$，$4c$（Ba^{2+}，$2Cl^-$），
ICSD#16915。$3×4c = 3(2A_g+A_u+B_{1g}+2B_{1u}+2B_{2g}+B_{2u}+B_{3g}+2B_{3u}) = 6A_g(R)+3B_{1g}(R)+$
$6B_{2g}(R)+3B_{3g}(R)+3A_u+6B_{1u}(IR, z)+3B_{2u}(IR, y)+6B_{3u}(IR, x)$

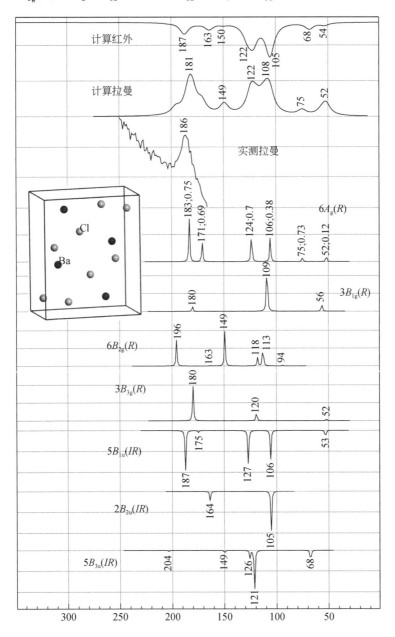

16.11　二水合氯化钡

二水合氯化钡（Barium Chloride Dihydrate），$BaCl_2 \cdot 2H_2O$，$14\text{-}P2_1/n\,(C_{2h}^5)$，$Z=4$，$4e(Ba^{2+},\ 2Cl^-,\ 2O^{2-},\ 4H^+)$，ICSD#2254。$9\times4e=9(3A_g+3A_u+3B_g+3B_u)=27A_g(R)+27B_g(R)+27A_u(IR,\ z)+27B_u(IR,\ x,\ y)$

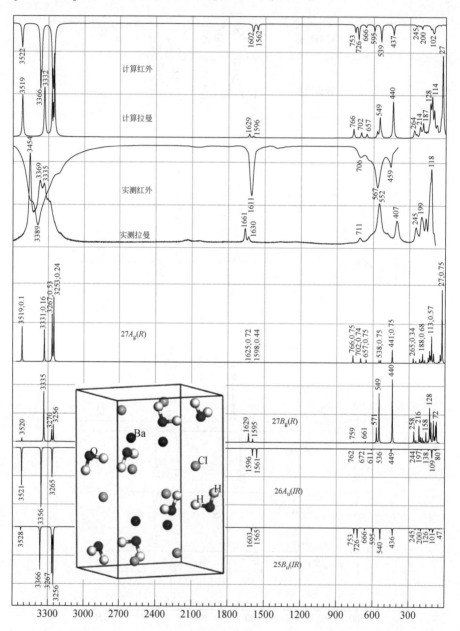

16.12 氯化汞

氯化汞（Mercury Chloride），$HgCl_2$，62-$Pnma$（D_{2h}^{16}），$Z=4$，$4c$（Hg^{2+}，$2Cl^-$），ICSD#76648。$3\times4c=3(2A_g+A_u+B_{1g}+2B_{1u}+2B_{2g}+B_{2u}+B_{3g}+2B_{3u})=6A_g(R)+3B_{1g}(R)+6B_{2g}(R)+3B_{3g}(R)+3A_u+6B_{1u}(IR)+3B_{2u}(IR)+6B_{3u}(IR)$

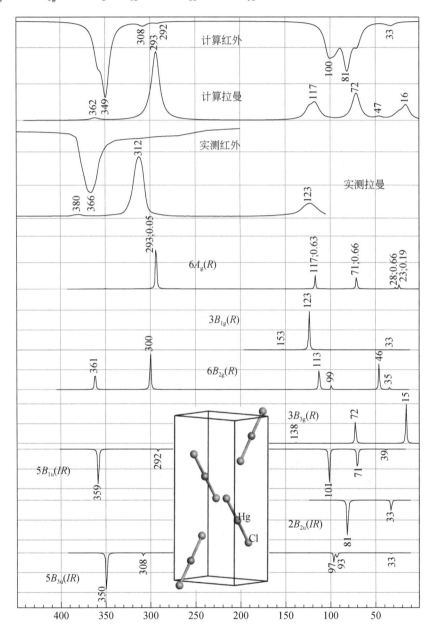

16.13　氯化亚汞

氯化亚汞 [Mercury（Ⅰ）Chloride]，Hg_2Cl_2，139-I4/mmm（D_{4h}^{17}），$Z = 2$，$4e$（Hg^+，Cl^-），ICSD#36195。$2 \times 4e = 2(A_{1g} + A_{2u} + E_g + E_u) = 2A_{1g}(R) + 2E_g(R) + 2A_{2u}(IR, z) + 2E_u(IR, x, y)$

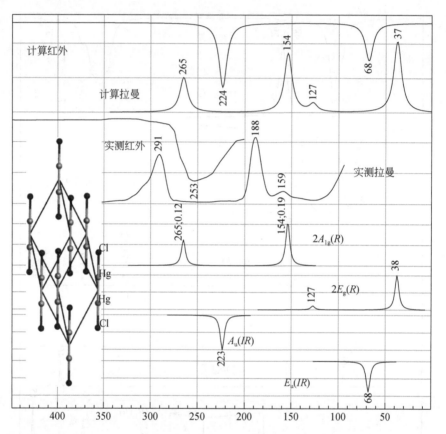

16.14　氯氧化亚汞，黄氯汞矿

氯氧化亚汞 [Mercury（Ⅰ）Oxide Chloride]，黄氯汞矿（Terlinguaite），Hg_2OCl，15-C2/c（C_{2h}^6），$Z = 8$，$4d$（Hg^{2+}），$4e$（$Hg^{1.33+}$），$8f$（$Hg^{1.33+}$，O^{2-}，Cl^-），ICSD#28115。$4d + 4e + 3 \times 8f = (3A_u + 3B_u) + (A_g + A_u + 2B_g + 2B_u) + 3(3A_g + 3A_u + 3B_g + 3B_u) = 10A_g(R) + 11B_g(R) + 13A_u(IR, z) + 14B_u(IR, x, y)$

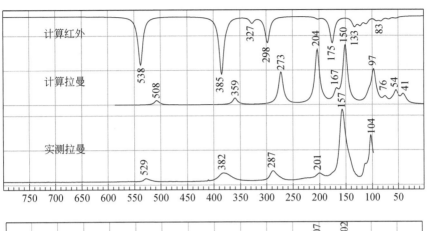

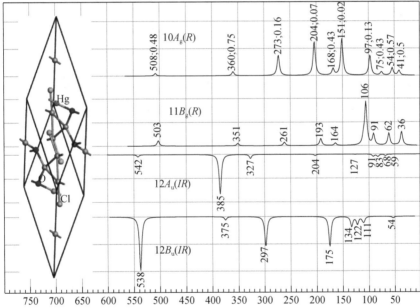

16.15　羟氯化铅，副羟氯铅矿

羟氯化铅(Lead Chloride Hydroxide)，副羟氯铅矿(Paralaurionite)，PbClOH，12-$C2/m$(C_{2h}^3)，$Z=4$，$4i$(Pb^{2+}，Cl^-，O^{2-}，H^+)，ICSD#74291。$4×4i=4(2A_g+A_u+B_g+2B_u)=8A_g(R)+4B_g(R)+4A_u(IR,z)+8B_u(IR,x,y)$

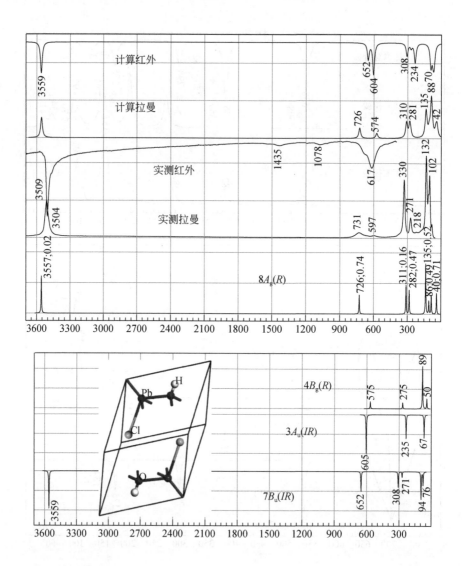

16.16 亚氯酸钠

亚氯酸钠[Sodium Chlorate(Ⅲ)]，Na(Cl^{3+}O$_2$)，15-$I2/a$(C_{2h}^6)，$Z=4$，$4e$(Na$^+$，Cl^{3+})，$8f$(O^{2-})，ICSD#22。$2\times4e+8f=2(A_g+A_u+2B_g+2B_u)+(3A_g+3A_u+3B_g+3B_u)=5A_g(R)+7B_g(R)+5A_u(IR, z)+7B_u(IR, x, y)$

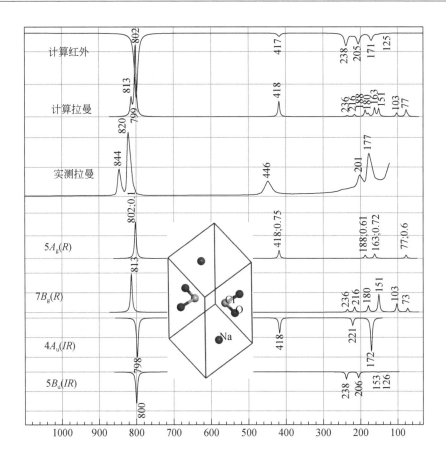

16.17　氯氧化锑铅，氯氧锑铅矿

氯氧化锑铅(Lead Antimony Oxide Chloride)，氯氧锑铅矿(Nadorite)，$PbSbO_2Cl$，$63\text{-}Bmmb(D_{2h}^{17})$，$Z=4$，$4c(Pb^{2+}$，$Sb^{3+}$，$Cl^-)$，$8e(O^{2-})$，ICSD#36159。$3 \times 4c + 8e = 3(A_g + B_{1g} + B_{1u} + B_{2u} + B_{3g} + B_{3u}) + (A_g + A_u + 2B_{1g} + 2B_{1u} + 2B_{2g} + 2B_{2u} + B_{3g} + B_{3u}) = 4A_g(R) + 5B_{1g}(R) + 2B_{2g}(R) + 4B_{3g}(R) + A_u + 5B_{1u}(IR, z) + 5B_{2u}(IR, y) + 4B_{3u}(IR, x)$

16.18　氯酸钠

氯酸钠(Sodium Chlorate)，$Na(Cl^{5+}O_3)$，$198\text{-}P2_13(T^4)$，$Z=4$，$4a(Na^+$，$Cl^{5+})$，$12b(O^{2-})$，ICSD#1117。$2 \times 4a + 12b = 2(A + E + 3T) + (3A + 3E + 9T) = 5A(R) + 5E(R) + 15T(R, IR, x, y, z)$

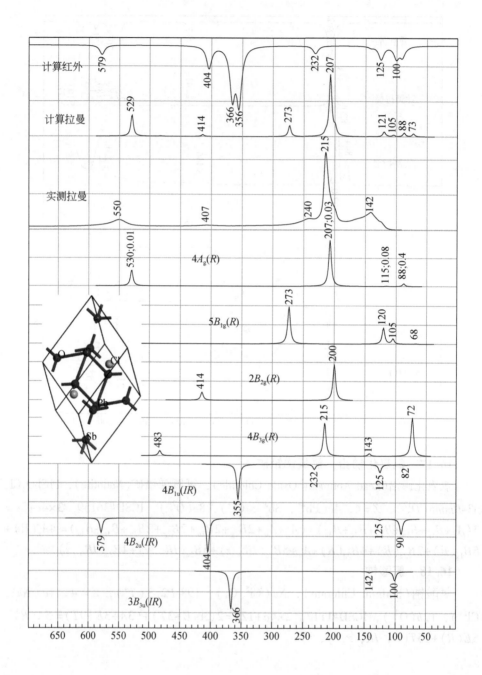

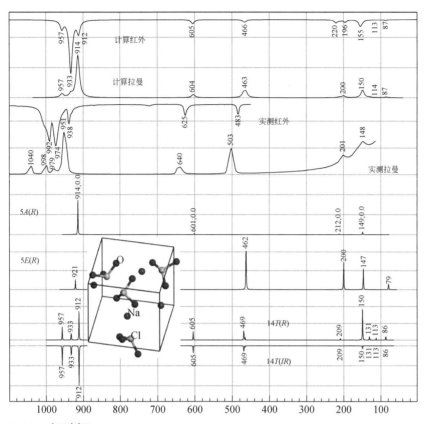

16.19　氯酸钾

氯酸钾（Potassium Chlorate），K（Cl^{5+}O$_3$），11-P2$_1$/m（C_{2h}^2），$Z=2$，2e（K$^+$，Cl^{5+}，O^{2-}），4f（O^{2-}），ICSD#26685。$3×2e+4f=3（2A_g+A_u+B_g+2B_u）+（3A_g+3A_u+3B_g+3B_u）=9A_g（R）+6B_g（R）+6A_u（IR，z）+9B_u（IR，x，y）$

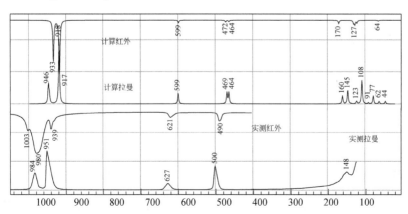

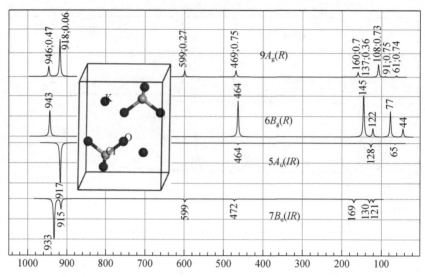

16.20　氯酸铷

氯酸铷(Rubidium Chlorate)，$Rb(Cl^{5+}O_3)$，$160\text{-}R3m(C_{3v}^5)$，$Z=3$，$3a(Rb^+,$ $Cl^{5+})$，$9b(O^{2-})$，ICSD#10283。$2\times3a+9b=2(A_1+E)+(2A_1+A_2+3E)=4A_1(R,\ IR,\ z)+A_2+5E(R,\ IR,\ x,\ y)$

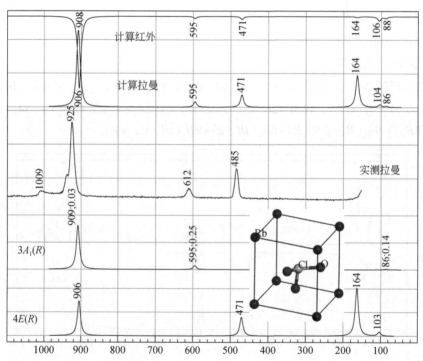

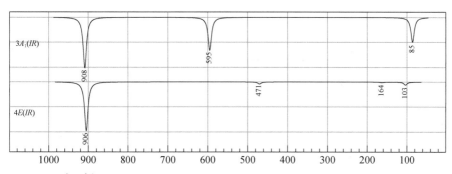

16.21 氯酸锶

氯酸锶（Strontium Dichlorate），$Sr(Cl^{5+}O_3)_2$，$43\text{-}Fdd2$（C_{2v}^{19}），$Z=8$，$8a$（Sr^{2+}），$16b(Cl^{5+},3O^{2-})$，ICSD#61157。$8a+4\times16b=(A_1+A_2+2B_1+2B_2)+4(3A_1+3A_2+3B_1+3B_2)=13A_1(R,IR,z)+13A_2(R)+14B_1(R,IR,x)+14B_2(R,IR,y)$

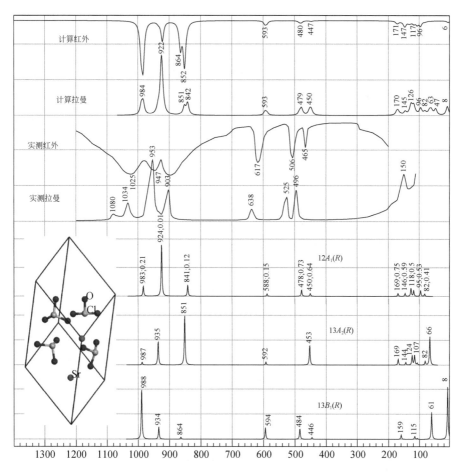

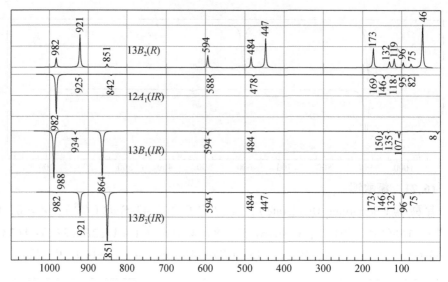

16.22　氯酸银

氯酸银（Silver Chlorate），$AgClO_3$，87-$I4/m$（C_{4h}^5），$Z = 8$，$4d$（Ag^+），$4e$（Ag^+），$8h$（Cl^{5+}，O^{2-}），$16i$（O^{2-}），ICSD#30227。$4d+4e+2×8h+16i = (A_u+B_g+E_g+E_u)+(A_g+A_u+E_g+E_u)+2(2A_g+A_u+2B_g+B_u+E_g+2E_u)+(3A_g+3A_u+3B_g+3B_u+3E_g+3E_u) = 8A_g(R)+8B_g(R)+7E_g(R)+7A_u(IR,\ z)+5B_u+9E_u(IR,\ x,\ y)$

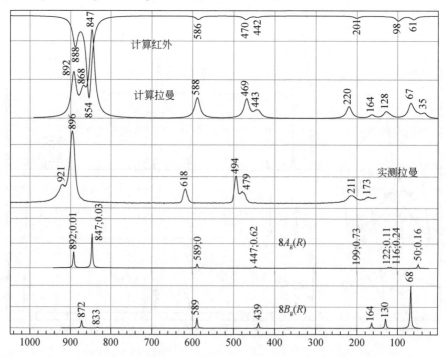

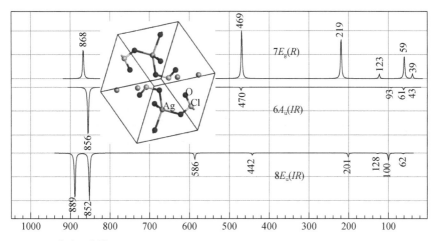

16.23 高氯酸铵

高氯酸铵[Ammonium Chlorate(Ⅶ)]，$NH_4(Cl^{7+}O_4)$，$62\text{-}Pnma(D_{2h}^{16})$，$Z=4$，$4c(N^{3-}$，$Cl^{7+}$，$2O^{2-}$，$2H^+)$，$8d(O^{2-}$，$H^+)$，ICSD#36318。$6\times4c+2\times8d=6(2A_g+A_u+B_{1g}+2B_{1u}+2B_{2g}+B_{2u}+B_{3g}+2B_{3u})+2(3A_g+3A_u+3B_{1g}+3B_{1u}+3B_{2g}+3B_{2u}+3B_{3g}+3B_{3u})=18A_g(R)+12B_{1g}(R)+18B_{2g}(R)+12B_{3g}(R)+12A_u+18B_{1u}(IR，z)+12B_{2u}(IR，y)+18B_{3u}(IR，x)$

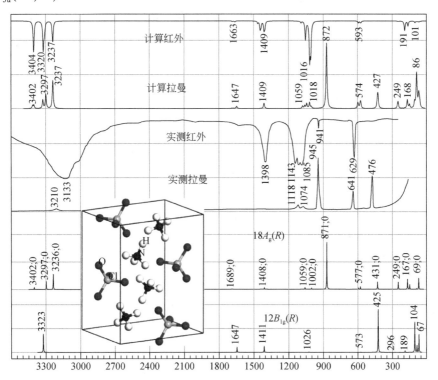

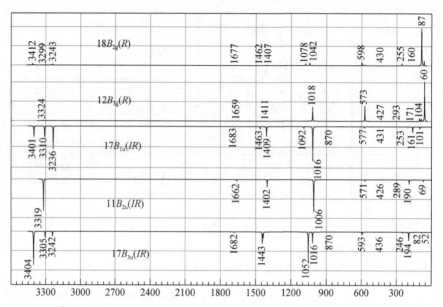

16.24　高氯酸钠

高氯酸钠［Sodium Chlorate（Ⅶ）］，$Na(Cl^{7+}O_4)$，$63\text{-}Bbmm(D_{2h}^{17})$，$Z=4$，$4c$（$Na^+$，$Cl^{7+}$），$8f(O^{2-})$，$8g(O^{2-})$，ICSD#26681，$2\times4c+8f+8g=2(A_g+B_{1g}+B_{1u}+B_{2u}+B_{3g}+B_{3u})+(2A_g+A_u+B_{1g}+2B_{1u}+B_{2g}+2B_{2u}+2B_{3g}+B_{3u})+(2A_g+A_u+2B_{1g}+B_{1u}+B_{2g}+2B_{2u}+B_{3g}+2B_{3u})=6A_g(R)+5B_{1g}(R)+2B_{2g}(R)+5B_{3g}(R)+2A_u+5B_{1u}(IR,\ z)+6B_{2u}(IR,\ y)+5B_{3u}(IR,\ x)$

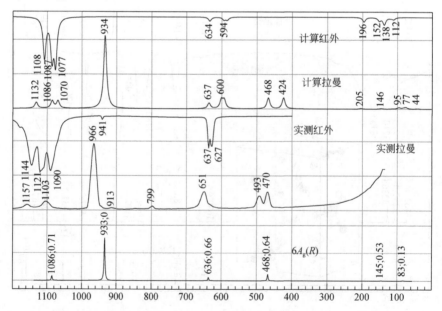

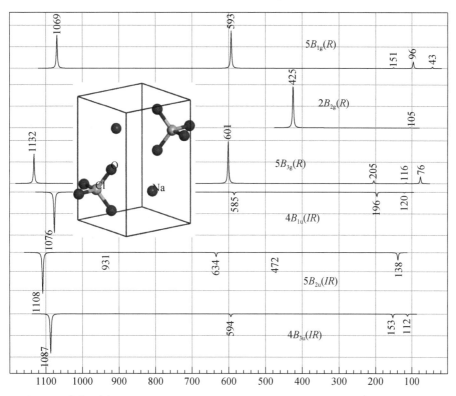

16.25　高氯酸钾

高氯酸钾［Potassium Chlorate（Ⅶ）］，$K(Cl^{7+}O_4)$，$62\text{-}Pnma(D_{2h}^{16})$，$Z=4$，$4c$（$K^+$，$Cl^{7+}$，$2O^{2-}$），$8d(O^{2-})$，ICSD#35111。$4\times4c+8d=4(2A_g+A_u+B_{1g}+2B_{1u}+2B_{2g}+B_{2u}+B_{3g}+2B_{3u})+(3A_g+3A_u+3B_{1g}+3B_{1u}+3B_{2g}+3B_{2u}+3B_{3g}+3B_{3u})=11A_g(R)+7B_{1g}(R)+11B_{2g}(R)+7B_{3g}(R)+7A_u+11B_{1u}(IR,z)+7B_{2u}(IR,y)+11B_{3u}(IR,z)$

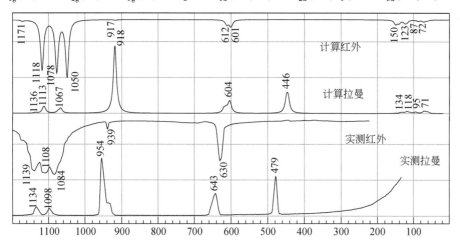

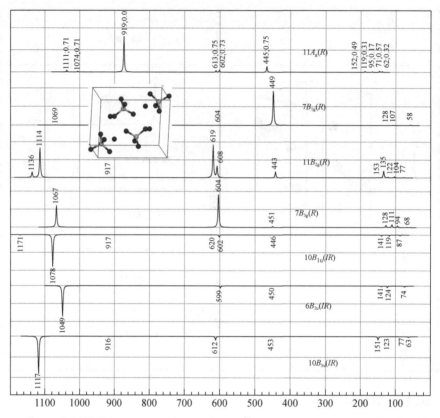

16.26　高氯酸铷

高氯酸铷［Rubidium Chlorate（Ⅶ）］，$Rb(Cl^{7+}O_4)$，$62\text{-}Pnma(D_{2h}^{16})$，$Z=4$，$4c$（$Rb^+$，$Cl^{7+}$，$2O^{2-}$），$8d(O^{2-})$，ICSD#51728。$4\times4c+8d=4(2A_g+A_u+B_{1g}+2B_{1u}+2B_{2g}+B_{2u}+B_{3g}+2B_{3u})+(3A_g+3A_u+3B_{1g}+3B_{1u}+3B_{2g}+3B_{2u}+3B_{3g}+3B_{3u})=11A_g(R)+7B_{1g}(R)+11B_{2g}(R)+7B_{3g}(R)+7A_u+11B_{1u}(IR,\ z)+7B_{2u}(IR,\ y)+11B_{3u}(IR,\ x)$

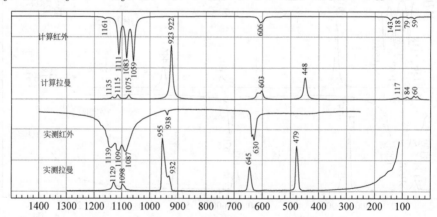

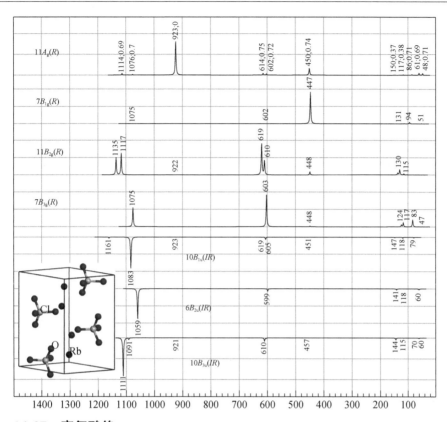

16.27　高氯酸铯

高氯酸铯 [Cesium Chlorate（Ⅶ）]，Cs（Cl^{7+}O$_4$），62-*Pnma*（D_{2h}^{16}），$Z=4$，$4c$（Cs$^+$，Cl^{7+}，2O^{2-}），$8d$（O^{2-}），ICSD#63364。$4\times4c+8d=4(2A_g+A_u+B_{1g}+2B_{1u}+2B_{2g}+B_{2u}+B_{3g}+2B_{3u})+(3A_g+3A_u+3B_{1g}+3B_{1u}+3B_{2g}+3B_{2u}+3B_{3g}+3B_{3u})=11A_g(R)+7B_{1g}(R)+11B_{2g}(R)+7B_{3g}(R)+7A_u+11B_{1u}(IR,z)+7B_{2u}(IR,y)+11B_{3u}(IR,x)$

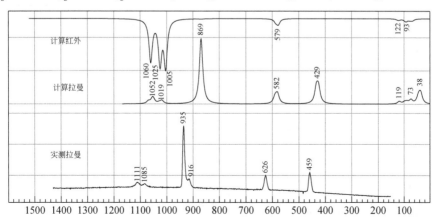

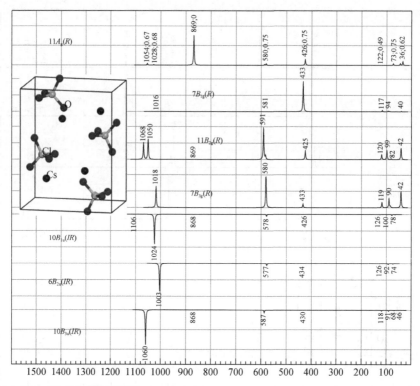

16.28　三水合高氯酸锂

三水合高氯酸锂［Lithium Chlorate（Ⅶ）Trihydrate］，Li（ClO$_4$）·3H$_2$O，186-$P6_3mc$（C_{6v}^4），$Z=2$，$2a$（Li$^+$），$2b$（Cl^{7+}，O^{2-}），$6c$（2O^{2-}），$12d$（H$^+$），ICSD # 1321。$2a+2\times2b+2\times6c+12d=3(A_1+B_1+E_1+E_2)+2(2A_1+A_2+B_1+2B_2+3E_1+3E_2)+(3A_1+3A_2+3B_1+3B_2+6E_1+6E_2)=10A_1(R, IR, z)+5A_2+5B_1+10B_2+15E_1(R, IR, x, y)+15E_2(R)$

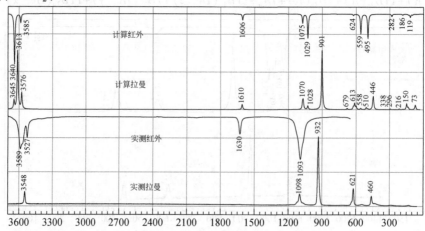

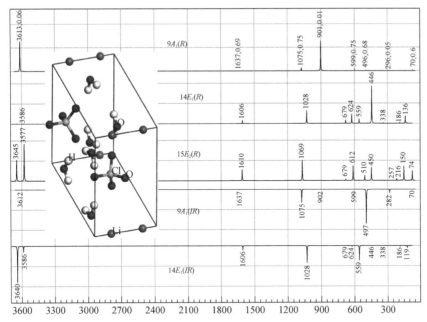

16.29 三水合高氯酸钡

三水合高氯酸钡[Barium Chlorate(Ⅶ) Trihydrate]，$Ba(ClO_4)_2 \cdot 3H_2O$，173-$P6_3(C_6^6)$，$Z=2$，$2a(Ba^{2+})$，$2b(2Cl^{7+}, 2O^{2-})$，$6c(3O^{2-}, 2H^+)$，ICSD#24272。
$2a+4\times2b+5\times6c = 5(A+B+E_1+E_2)+5(3A+3B+3E_1+3E_2) = 20A(R, IR, z)+20B+20E_1(R, IR, x, y)+20E_2(R)$

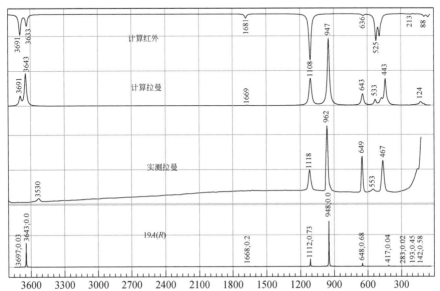

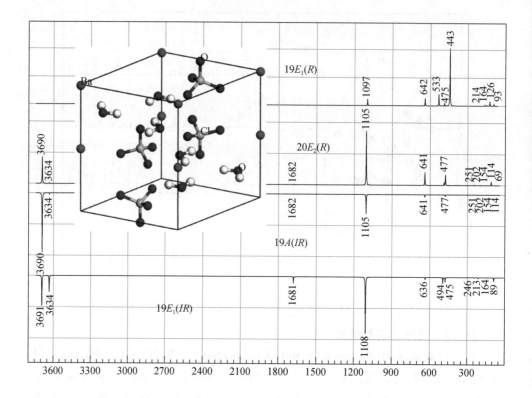

第17章 钛 酸 盐

17.1 钛酸镁

钛酸镁(Magnesium Titanate)，镁钛矿(Geikielite)，$Mg(TiO_3)$，148-$R\overline{3}$(C_{3i}^2)，$Z=6$，$6c(Mg^{2+}, Ti^{4+})$，$18f(O^{2-})$，ICSD#55285。$2\times6c+18f=2(A_g+A_u+E_g+E_u)+(3A_g+3A_u+3E_g+3E_u)=5A_g(R)+5E_g(R)+5A_u(IR, z)+5E_u(IR, x, y)$

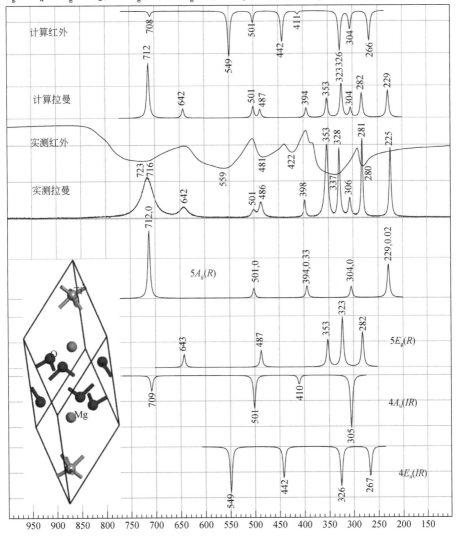

17.2　钛酸钾

钛酸钾（Dipotassium Titanate），$K_2(TiO_3)$，63-$Cmcm$（D_{2h}^{17}），$Z=4$，$4c$（Ti^{4+}，O^{2-}），$8e(O^{2-})$，$8g(K^+)$，ICSD#162216。$2\times4c+8e+8g=2(A_g+B_{1g}+B_{1u}+B_{2u}+B_{3g}+B_{3u})+(A_g+A_u+2B_{1g}+2B_{1u}+2B_{2g}+2B_{2u}+B_{3g}+B_{3u})+(2A_g+A_u+2B_{1g}+B_{1u}+B_{2g}+2B_{2u}+B_{3g}+2B_{3u})=5A_g(R)+6B_{1g}(R)+3B_{2g}(R)+4B_{3g}(R)+2A_u+5B_{1u}(IR,z)+6B_{2u}(IR,y)+5B_{3u}(IR,x)$

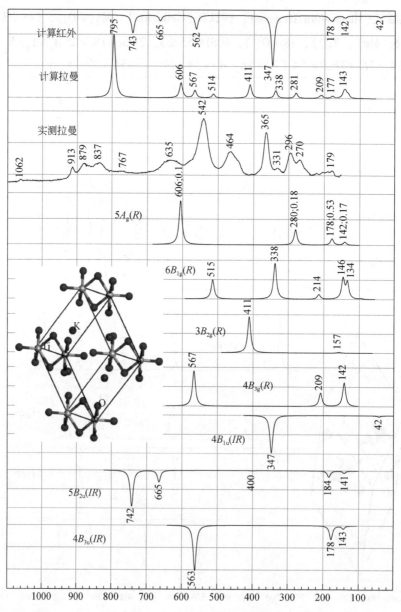

17.3 钛酸钡

钛酸钡（Barium Titanate），Ba（TiO$_3$），38-$Amm2$（C_{2v}^{14}），$Z=2$，$2a$（Ba^{2+}），$2b$（Ti^{4+}，O^{2-}），$4e$（O^{2-}），ICSD#161341。$2a+2\times2b+4e=3$（$A_1+B_1+B_2$）+（$2A_1+A_2+B_1+2B_2$）$=5A_1$（R，IR，z）+A_2（R）+$4B_1$（R，IR，x）+$5B_2$（R，IR，y）

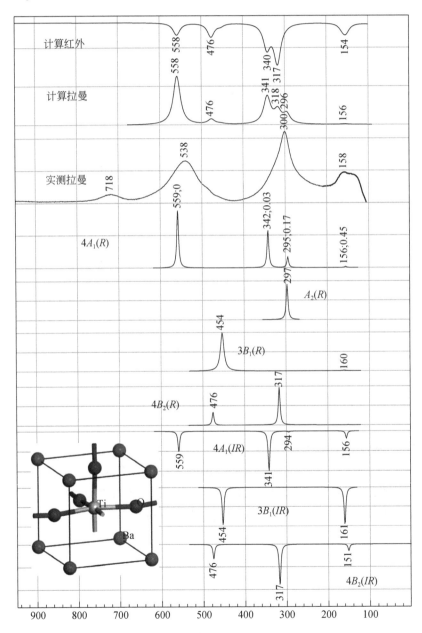

17.4　钛酸钠

钛酸钠（Disodium Phyllo-heptaoxotrititanate），$Na_2(Ti_3O_7)$，11-$P2_1/m$（C_{2h}^2），$Z=2$，$2e(2Na^+, 3Ti^{4+}, 7O^{2-})$，ICSD#15463。$12 \times 2e = 12(2A_g + A_u + B_g + 2B_u) = 24A_g(R) + 12B_g(R) + 12A_u(IR, z) + 24B_u(IR, x, y)$

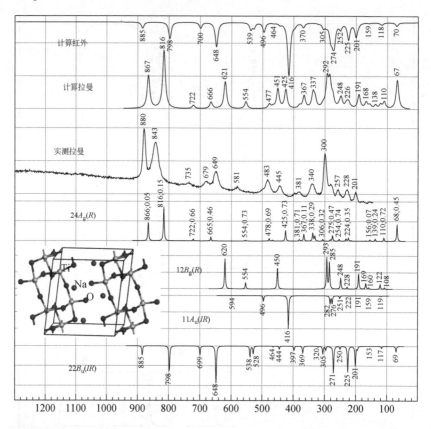

17.5　水合二钛酸钙

水合二钛酸钙（Calcium Dititanate Hydrate），$Ca(Ti_2O_5) \cdot H_2O$，14-$P2_1/n$（C_{2h}^5），$Z=8$，$4e(4Ti^{4+}, 2Ca^{2+}, 12O^{2-}, 4H^+)$，ICSD#98137。$22 \times 4e = 22(3A_g + 3A_u + 3B_g + 3B_u) = 66A_g(R) + 66B_g(R) + 66A_u(IR, z) + 66B_u(IR, x, y)$

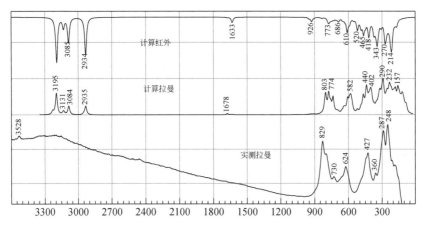

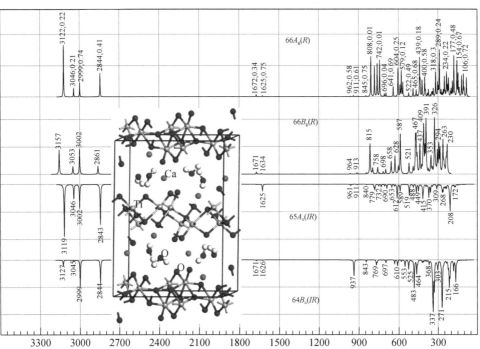

第18章 钒 酸 盐

18.1 三水合钒酸钠

三水合钒酸钠(Trisodium Vanadate Trihydrate)，$Na_3(VO_4) \cdot 3H_2O$，146-$R3$ (C_3^4)，$Z=3$，$3a(V^{+5}, O^{2-})$，$9b(Na^+, 2O^{2-}, 2H^+)$，ICSD#62533。$2 \times 3a + 5 \times 9b$ $= 2(A+E) + 5(3A+3E) = 17A(R, IR, z) + 17E(R, IR, x, y)$

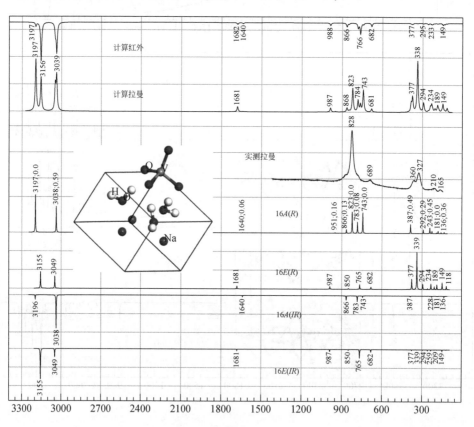

18.2　钒酸钾

钒酸钾（gamma-Tripotassium Vanadate），$K_3(VO_4)$，198-$P2_13(T^4)$，$Z=4$，$4a$ （$3K^+$，V^{5+}，O^{2-}），$12b(O^{2-})$，ICSD#108936。$5\times4a+12b=5(A+E+3T)+(3A+3E+9T)=8A(R)+8E(R)+24T(R,\ IR,\ x,\ y,\ z)$

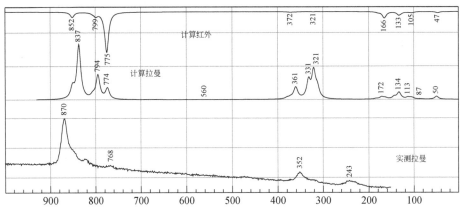

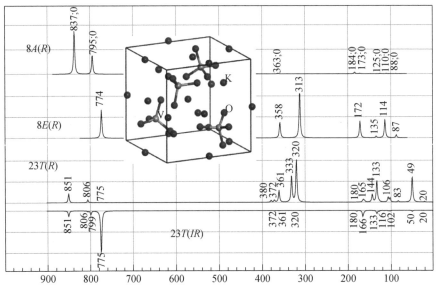

18.3　钒酸钇，钒钇矿

钒酸钇（Yttrium Vanadate），钒钇矿［Wakefieldite（Y）］，$Y(VO_4)$，141-$I4_1/amd(D_{4h}^{19})$，$Z=4$，$4a(Y^{3+})$，$4b(V^{5+})$，$16h(O^{2-})$，ICSD#2504。$4a+4b+16h=2(A_{2u}+B_{1g}+E_g+E_u)+(2A_{1g}+A_{1u}+A_{2g}+2A_{2u}+2B_{1g}+B_{1u}+B_{2g}+2B_{2u}+3E_g+3E_u)=2A_{1g}(R)+A_{2g}+4B_{1g}(R)+B_{2g}(R)+5E_g(R)+A_{1u}+4A_{2u}(IR,z)+B_{1u}+2B_{2u}+5E_u(RIR,x,y)$

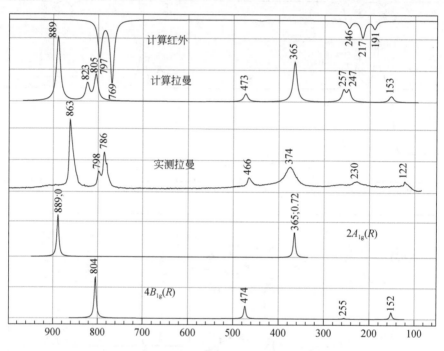

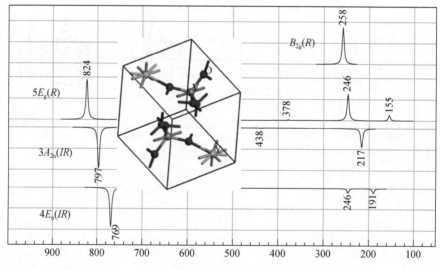

18.4　氯化钒酸铅

氯化钒酸铅［Pentalead Tris（vanadate）Chloride］，钒铅矿（Vanadinite），$Pb_5(VO_4)_3Cl$，$176\text{-}P6_3/m$（C_{6h}^2），$Z=2$，$2b$（Cl^-），$4f$（Pb^{2+}），$6h$（Pb^{2+}，V^{5+}，$2O^{2-}$），$12i$（O^{2-}），ICSD#15750。$2b+4f+4\times6h+12i=(A_u+B_u+E_{1u}+E_{2u})+(A_g+A_u+B_g+B_u+E_{1g}+E_{1u}+E_{2g}+E_{2u})+4(2A_g+A_u+B_g+2B_u+E_{1g}+2E_{1u}+2E_{2g}+E_{2u})+(3A_g+3A_u+3B_g+3B_u+3E_{1g}+3E_{1u}+3E_{2g}+3E_{2u})=12A_g(R)+8B_g+8E_{1g}(R)+12E_{2g}(R)+9A_u(IR,z)+13B_u+13E_{1u}(IR,x,y)+9E_{2u}$

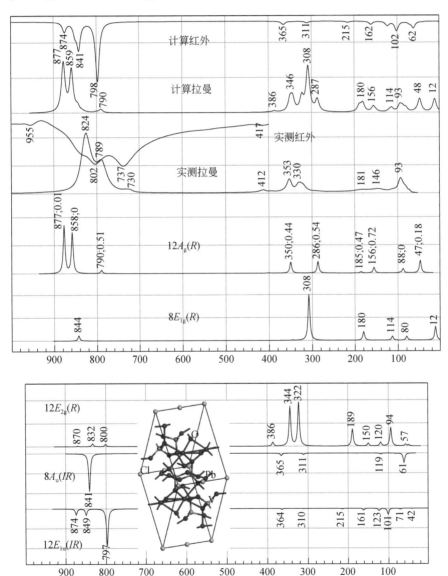

18.5　矾酸铋，德钒铋矿

矾酸铋（Bismuth Vanadate），德钒铋矿（Dreyerite），$Bi(VO_4)$，$141\text{-}I4_1/amd$（D_{4h}^{19}），$Z=4$，$4a(Bi^{3+})$，$4b(V^{5+})$，$16h(O^{2-})$，ICSD#100733。$4a+4b+16h=2(A_{2u}+B_{1g}+E_g+E_u)+(2A_{1g}+A_{1u}+A_{2g}+2A_{2u}+2B_{1g}+B_{1u}+B_{2g}+2B_{2u}+3E_g+3E_u)=2A_{1g}(R)+A_{2g}+4B_{1g}(R)+B_{2g}(R)+A_{1u}+4A_{2u}(IR,\ z)+B_{1u}+2B_{2u}+5E_g(R)+5E_u(IR,\ x,\ y)$

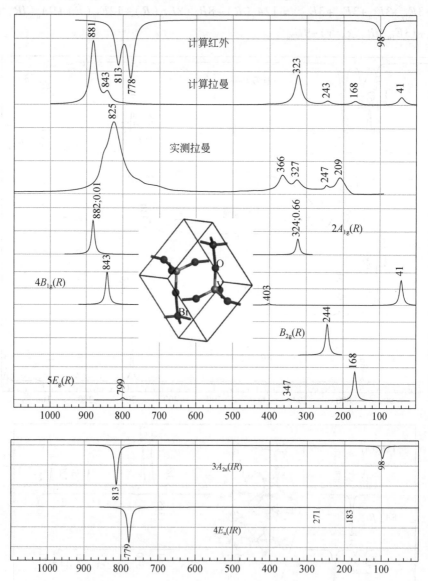

18.6 偏钒酸锂

偏钒酸锂（Lithium Vanadate），$Li(VO_3)$，15-$C2/c$（C_{2h}^6），$Z=8$，$4e(2Li^+)$，$8f(V^{5+}, 3O^{2-})$，ICSD#51443。$2 \times 4e + 4 \times 8f = 2(A_g + A_u + 2B_g + 2B_u) + 4(3A_g + 3A_u + 3B_g + 3B_u) = 14A_g(R) + 14A_u(IR, z) + 16B_g(R) + 16B_u(IR, x, y)$

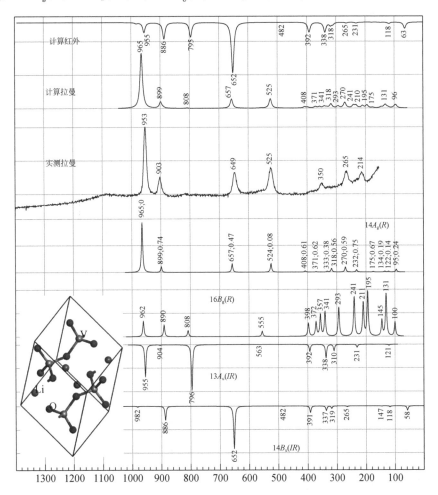

18.7 偏钒酸钠

偏钒酸钠（beta-Sodium Catena-vanadate），$NaVO_3$，62-$Pnma$（D_{2h}^{16}），$Z=4$，$4c$（Na^+，V^{5+}，$3O^{2-}$），ICSD#29450。$5 \times 4c = 5(2A_g + A_u + B_{1g} + 2B_{1u} + 2B_{2g} + B_{2u} + B_{3g} + 2B_{3u}) = 10A_g(R) + 5B_{1g}(R) + 10B_{2g}(R) + 5B_{3g}(R) + 5A_u + 10B_{1u}(IR, z) + 5B_{2u}(IR, y) + 10B_{3u}(IR, x)$

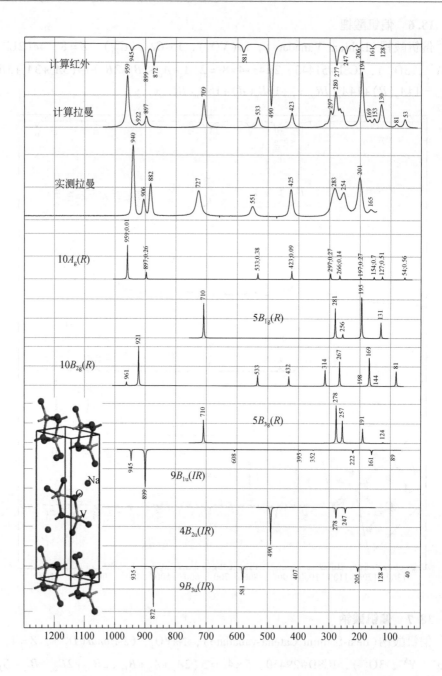

18.8 偏钒酸铵

偏钒酸铵（Ammonium Catena-vanadate），$(NH_4)(VO_3)$，$57\text{-}Pbcm(D_{2h}^{11})$，$Z=4$，$4c(O^{2-})$，$4d(N^{3-}$，$V^{5+}$，$2O^{2-}$，$2H^+)$，$8e(H^+)$，ICSD#1487。$4c+6\times4d+8e=(A_g+A_u+2B_{1g}+2B_{1u}+2B_{2g}+2B_{2u}+B_{3g}+B_{3u})+6(2A_g+A_u+2B_{1g}+B_{1u}+B_{2g}+2B_{2u}+B_{3g}+2B_{3u})+(3A_g+3A_u+3B_{1g}+3B_{1u}+3B_{2g}+3B_{2u}+3B_{3g}+3B_{3u})=16A_g(R)+17B_{1g}(R)+11B_{2g}(R)+10B_{3g}(R)+10A_u+11B_{1u}(IR，z)+17B_{2u}(IR，y)+16B_{3u}(IR，x)$

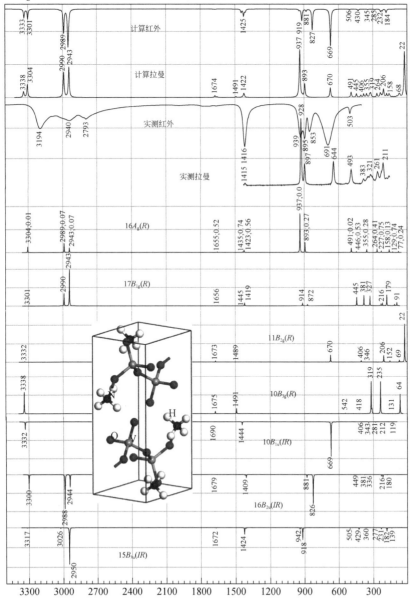

18.9　偏钒酸钾

偏钒酸钾（Potassium Vanadate），$K(VO_3)$，$57\text{-}Pmab(D_{2h}^{11})$，$Z=4$，$4c(O^{2-})$，$4d(K^+,\ V^{5+},\ 2O^{2-})$，ICSD#33706。$4c+4d=(A_g+A_u+2B_{1g}+2B_{1u}+2B_{2g}+2B_{2u}+B_{3g}+B_{3u})+4(2A_g+A_u+2B_{1g}+B_{1u}+B_{2g}+2B_{2u}+B_{3g}+2B_{3u})=9A_g(R)+10B_{1g}(R)+6B_{2g}(R)+5B_{3g}(R)+5A_u+6B_{1u}(IR,\ z)+10B_{2u}(IR,\ y)+9B_{3u}(IR,\ x)$

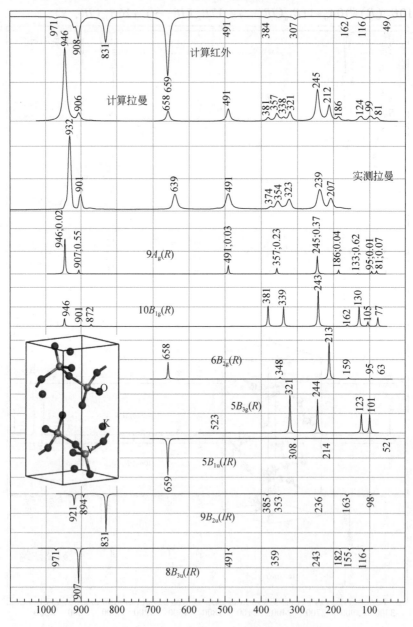

18.10 偏钒酸铷

偏钒酸铷（Rubidium Catena-vanadate），$Rb(VO_3)$，57-$Pbcm$（D_{2h}^{11}），$Z=4$，$4c$（O^{2-}），$4d$（Rb^+，V^{5+}，$2O^{2-}$），ICSD#1488。$4c+4×4d=(A_g+A_u+2B_{1g}+2B_{1u}+2B_{2g}+2B_{2u}+B_{3g}+B_{3u})+4(2A_g+A_u+2B_{1g}+B_{1u}+B_{2g}+2B_{2u}+B_{3g}+2B_{3u})=9A_g(R)+10B_{1g}(R)+6B_{2g}(R)+5B_{3g}(R)+5A_u+6B_{1u}(R,\ IR,\ z)+10B_{2u}(R,\ IR,\ y)+9B_{3u}(R,\ IR,\ x)$

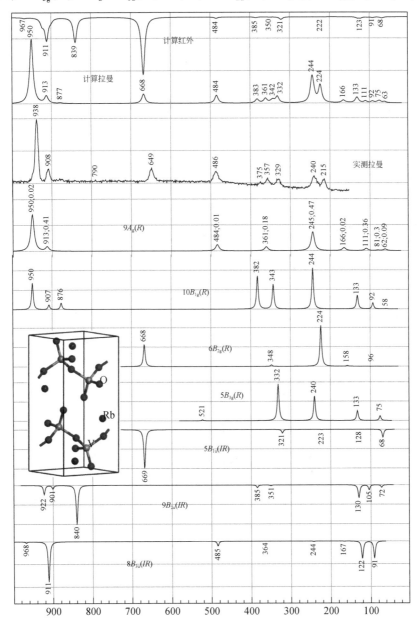

18.11　焦钒酸钾

焦钒酸钾（beta-Potassium Divanadate），$K_4(V_2O_7)$，12-$C2/m(C_{2h}^3)$，$Z=2$，$2a$ (O^{2-})，$2b(K^+)$，$2d(K^+)$，$4i(K^+, V^{5+}, O^{2-})$，$8j(O^{2-})$，ICSD#250388。$2a+2b+2d+3×4i+8j = 3(A_u+2B_u)+3(2A_g+A_u+B_g+2B_u)+(3A_g+3A_u+3B_g+3B_u) = 9A_g(R)+6B_g(R)+9A_u(IR, z)+15B_u(IR, x, y)$

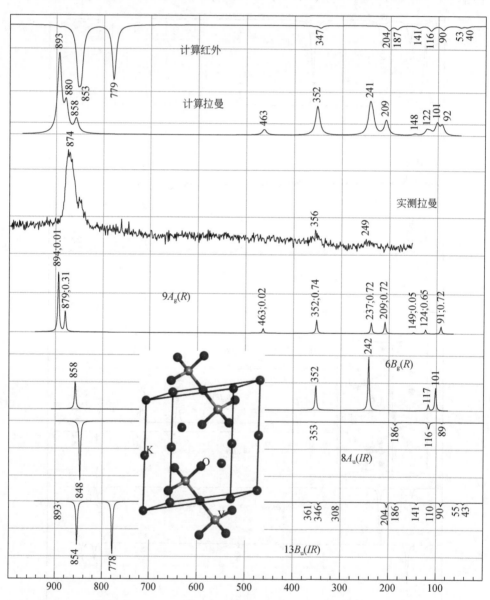

第 19 章　铬酸盐、锗酸盐

19.1　二水合重铬酸锂

二水合重铬酸锂（Dilithium Dichromate Dihydrate），$Li_2(Cr_2O_7) \cdot 2H_2O$，9-$Cc$（$C_s^4$），$Z=4$，$4a(2Li^+, 2Cr^{6+}, 9O^{2-}, 4H^+)$，ICSD#6129。$17 \times 4a = 17(3A'+3A'') = 51A'(R, IR, x, y)+51A''(R, IR, z)$

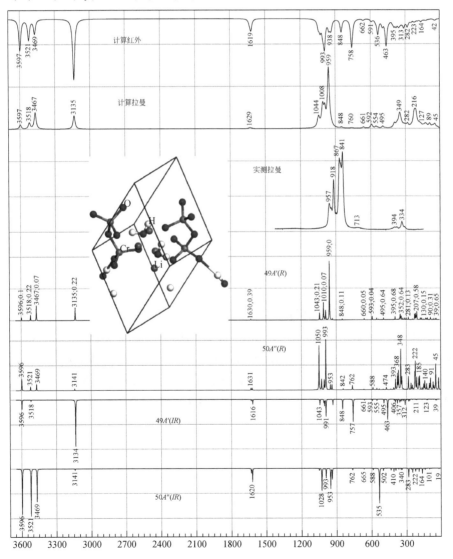

19.2　重铬酸钾

重铬酸钾（Dipotassium Dichromate），$K_2(Cr_2O_7)$，$2\text{-}P\bar{1}(C_i^1)$，$Z=4$，$2i(4K^+$，$4Cr^{6+}$，$14O^{2-}$），ICSD#24199。$22\times2i=22(3A_g+3A_u)=66A_g(R)+66A_u(IR, x, y, z)$

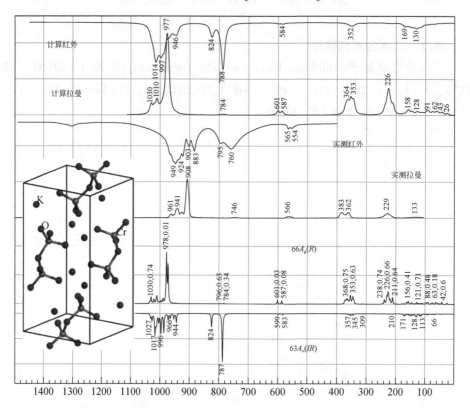

19.3　铬酸钡，铬重晶石

铬酸钡（Barium Chromate），铬重晶石（Hashemite），$Ba(CrO_4)$，$62\text{-}Pnma$（D_{2h}^{16}），$Z=4$，$4c(Ba^{2+}$，Cr^{6+}，$2O^{2-}$），$8d(O^{2-})$，ICSD#62560。$4\times4c+8d=4(2A_g+A_u+B_{1g}+2B_{1u}+2B_{2g}+B_{2u}+B_{3g}+2B_{3u})+(3A_g+3A_u+3B_{1g}+3B_{1u}+3B_{2g}+3B_{2u}+3B_{3g}+3B_{3u})=11A_g(R)+7B_{1g}(R)+11B_{2g}(R)+7B_{3g}(R)+7A_u+11B_{1u}(IR, z)+7B_{2u}(IR, y)+11B_{3u}(IR, x)$

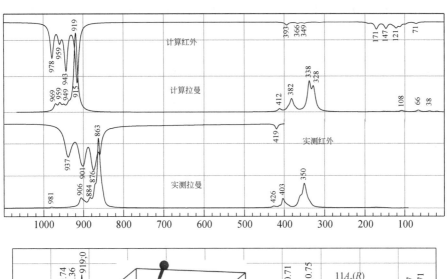

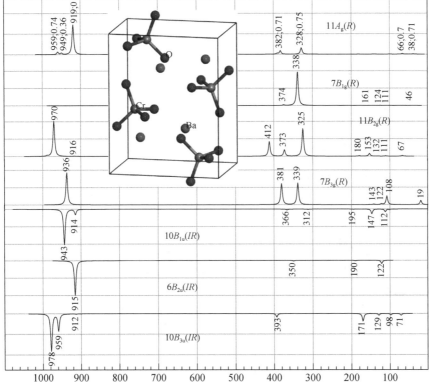

19.4　锗酸镁

锗酸镁（Dimagnesium Germanate），$Mg_2(GeO_4)$，62-$Pnma$（D_{2h}^{16}），$Z = 4$，$4a$（Mg^{2+}），$4c$（Mg^{2+}，Ge^{4+}，$2O^{2-}$），$8d$（O^{2-}），ICSD#41415，$4a + 4 \times 4c + 8d = (3A_u + 3B_{1u} + 3B_{2u} + 3B_{3u}) + 4(2A_g + A_u + B_{1g} + 2B_{1u} + 2B_{2g} + B_{2u} + B_{3g} + 2B_{3u}) + (3A_g + 3A_u + 3B_{1g} +$

$$3B_{1u}+3B_{2g}+3B_{2u}+3B_{3g}+3B_{3u})=11A_{g}(R)+7B_{1g}(R)+11B_{2g}(R)+7B_{3g}(R)+10A_{u}+14B_{1u}$$
$$(IR,\ z)+10B_{2u}(IR,\ y)+14B_{3u}(IR,\ x)$$

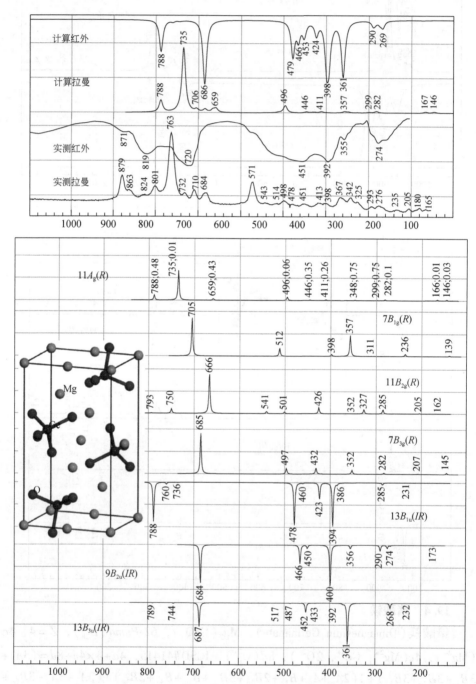

第 20 章 砷酸盐、砷化物

20.1 砷酸铋，砷铋石

砷酸铋[alpha- Bismuth Arsenate（V）]，砷铋石（Rooseveltite），$BiAs^{5+}O_4$，14-$P2_1/n（C_{2h}^5）$，$Z=4$，$4e（Bi^{3+}，As^{5+}，4O^{2-}）$，ICSD#27199。$6\times4e=6（3A_g+3A_u+3B_g+3B_u）=18A_g（R）+18B_g（R）+18A_u（IR，z）+18B_u（IR，x，y）$

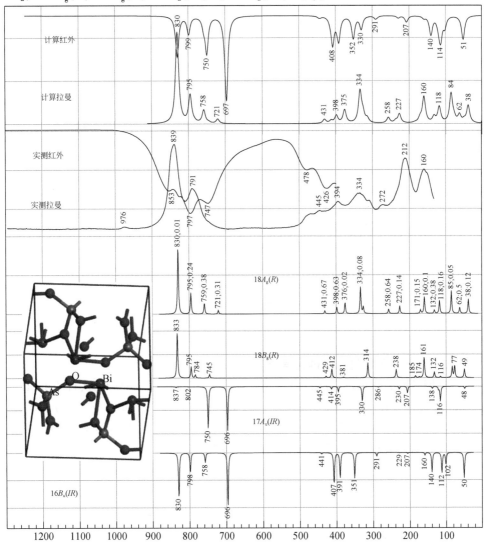

20.2　氟砷酸铝钠，橙砷钠石

氟砷酸铝钠［Sodium Aluminium Arsenate（Ⅴ）Fluoride］，橙砷钠石（Durangite），$NaAl(As^{5+}O_4)F$，$15\text{-}C2/c(C_{2h}^6)$，$Z=4$，$4a(Al^{3+})$，$4e(As^{5+}$，Na^+，$F^-)$，$8f(2O^{2-})$，ICSD#30205。$4a+3\times4e+2\times8f=(3A_u+3B_u)+3(A_g+A_u+2B_g+2B_u)+2(3A_g+3A_u+3B_g+3B_u)=9A_g(R)+12B_g(R)+12A_u(IR,\ z)+15B_u(IR,\ x,\ y)$

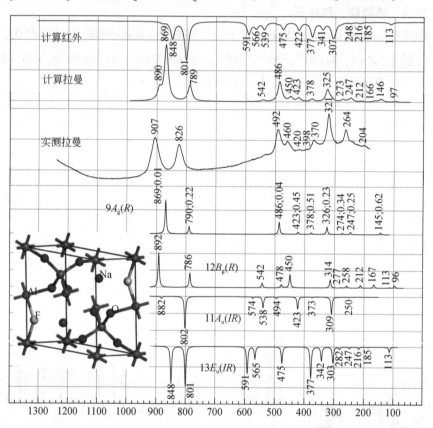

20.3　氟砷酸镁钙，氟砷钙镁石

氟砷酸镁钙［Calcium Magnesium Arsenate（Ⅴ）Fluoride］，氟砷钙镁石（Tilasite），$CaMg(AsO_4)F$，$15\text{-}C2/c(C_{2h}^6)$，$Z=4$，$4a(Mg^{2+})$，$4e(As^{5+}$，Ca^{2+}，$F^-)$，$8f(2O^{2-})$，ICSD# 56862。$4a+3\times4e+2\times8f=(3A_u+3B_u)+3(A_g+A_u+2B_g+2B_u)+2(3A_g+3A_u+3B_g+3B_u)=9A_g(R)+12B_g(R)+12A_u(IR,\ z)+15B_u(IR,\ x,\ y)$

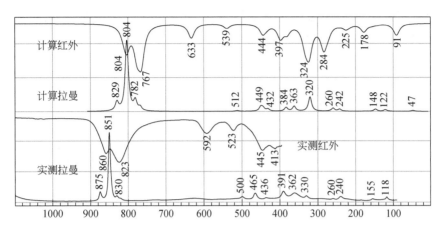

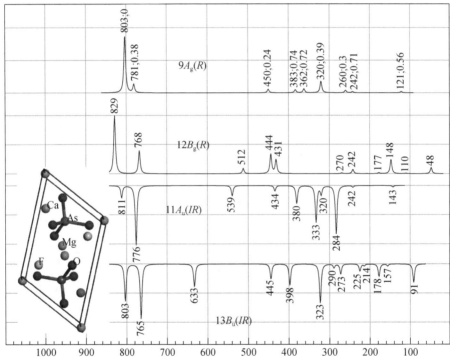

20.4 氯化砷酸铅，砷铅石

氯化砷酸铅［Pentalead Tris（arsenate）Chloride］，砷铅石（Mimetite），
$Pb_5(AsO_4)_3Cl$，176-$P6_3/m(C_{6h}^2)$，$Z=2$，$2b(Cl^-)$，$4f(Pb^{2+})$，$6h(Pb^{2+}$，As^{5+}，
$2O^{2-})$，$12i(O^{2-})$，ICSD#24239。$2b+4f+4\times6h+12i=(A_u+B_u+E_{1u}+E_{2u})+(A_g+A_u+$
$B_g+B_u+E_{1g}+E_{1u}+E_{2g}+E_{2u})+4(2A_g+A_u+B_g+2B_u+E_{1g}+2E_{1u}+2E_{2g}+E_{2u})+(3A_g+3A_u+3B_g+$

$3B_u+3E_{1g}+3E_{1u}+3E_{2g}+3E_{2u})=12A_g(R)+8B_g+8E_{1g}(R)+12E_{2g}(R)+9A_u(IR,\ z)+$
$13B_u+13E_{1u}(IR,\ x,\ y)+9E_{2u}$

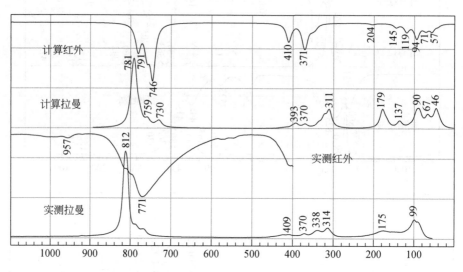

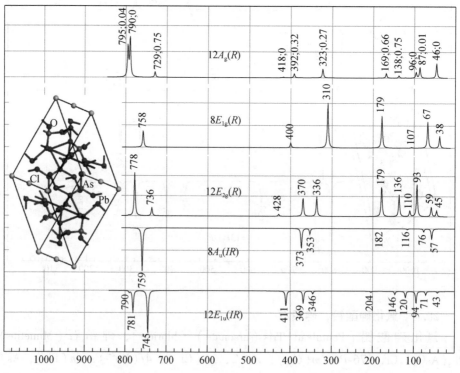

20.5　氯砷酸铅钙，铅砷磷灰石

氯砷酸铅钙（Calcium Lead Arsenate Chloride），铅砷磷灰石（Hedyphane），
$Ca_2Pb_3(AsO_4)_3Cl$，$176\text{-}P6_3/m$（C_{2h}^2），$Z=2$，$2b$（Cl^-），$4f$（Ca^{2+}），$6h$（Pb^{2+}，
As^{5+}，$2O^{2-}$），$12i$（O^{2-}），ICSD#40092。$2b+4f+4\times6h+12i=(A_u+B_u+E_{1u}+E_{2u})+(A_g$
$+A_u+B_g+B_u+E_{1g}+E_{1u}+E_{2g}+E_{2u})+4(2A_g+A_u+B_g+2B_u+E_{1g}+2E_{1u}+2E_{2g}+E_{2u})+(3A_g+3A_u$
$+3B_g+3B_u+3E_{1g}+3E_{1u}+3E_{2g}+3E_{2u})=12A_g(R)+8B_g+8E_{1g}(R)+12E_{2g}(R)+9A_u(IR,$
$z)+13B_u+13E_{1u}(IR,\ x,\ y)+9E_{2u}$

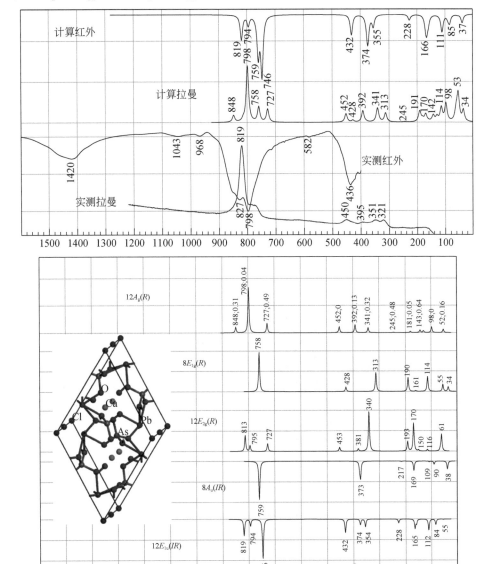

20.6　砷酸氢氧化锌钙，砷钙锌石

砷酸氢氧化锌钙（Calcium Zinc Hydroxide Arsenate），砷钙锌石（Austinite），

$CaZn(AsO_4)(OH)$，$19\text{-}P2_12_12_1(D_2^4)$，$Z=4$，$4a(As^{5+}$，$Zn^{2+}$，$Ca^{2+}$，$5O^{2-}$，$H^+)$，

ICSD#63285。$9\times4a=27A(R)+27B_1(R,\ IR,\ z)+27B_2(R,\ IR,\ y)+27B_3(R,\ IR,\ x)$

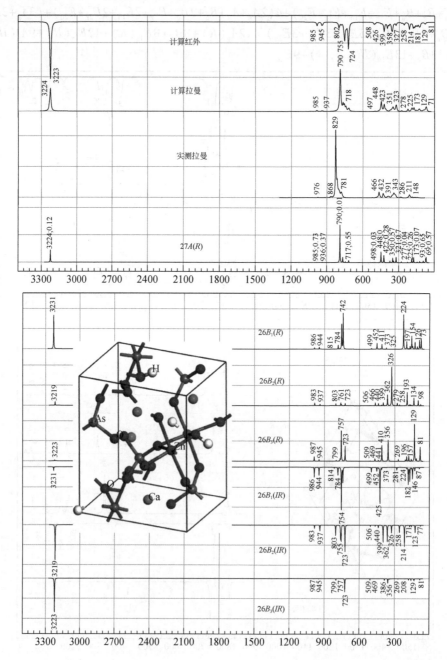

20.7　砷酸氢氧化锌铅，羟砷锌铅石

砷酸氢氧化锌铅（Lead Zinc Hydroxide Arsenate），羟砷锌铅石（Arsendescloizite），PbZn(OH)(AsO$_4$)，19-$P2_12_12_1(D_2^4)$，$Z=4$，$4a$(Pb^{2+}，As^{5+}，Zn^{2+}，5O^{2-}，H$^+$)，ICSD #98385。$9{\times}4a=27A(R)+27B_1(R, IR, z)+27B_2(R, IR, y)+27B_3(R, IR, x)$

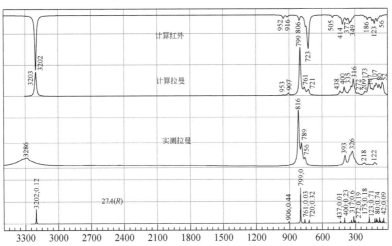

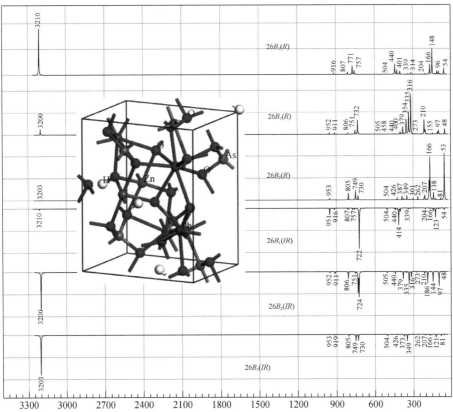

20.8　砷酸羟氧化二铋，板羟砷铋石

砷酸羟氧化二铋［Dibismuth Oxide Hydroxide Arsenate（Ⅴ）］，板羟砷铋石（Atelestite），$Bi_2O(OH)(AsO_4)$，14-$P2_1/c$（C_{2h}^5），$Z=4$，$4e$（$2Bi^{3+}$，As^{5+}，$6O^{2-}$，H^+），ICSD#70112。$10 \times 4e = 10(3A_g + 3A_u + 3B_g + 3B_u) = 30A_g(R) + 30B_g(R) + 30A_u(IR, z) + 30B_u(IR, x, y)$

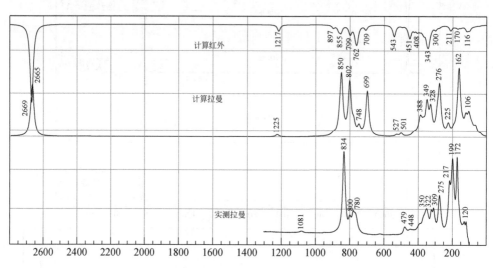

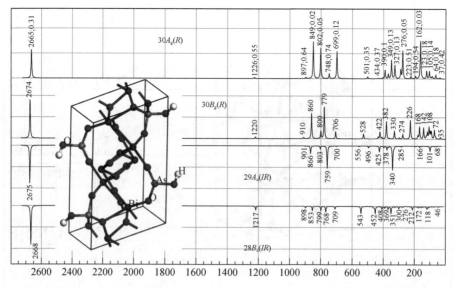

20.9　二水合砷酸铝，砷铝石

二水合砷酸铝（Aluminium Arsenate Dihydrate），砷铝石（Mansfieldite），$AlAsO_4 \cdot 2H_2O$，$61\text{-}Pbca$（D_{2h}^{15}），$Z = 8$，$8c$（Al^{3+}，As^{5+}，$6O^{2-}$，$4H^+$），ICSD # 170740。$12 \times 8c = 12(3A_g + 3A_u + 3B_{1g} + 3B_{1u} + 3B_{2g} + 3B_{2u} + 3B_{3g} + 3B_{3u}) = 36A_g(R) + 36B_{1g}(R) + 36B_{2g}(R) + 36B_{3g}(R) + 36A_u + 36B_{1u}(IR, z) + 36B_{2u}(IR, y) + 36B_{3u}(IR, x)$

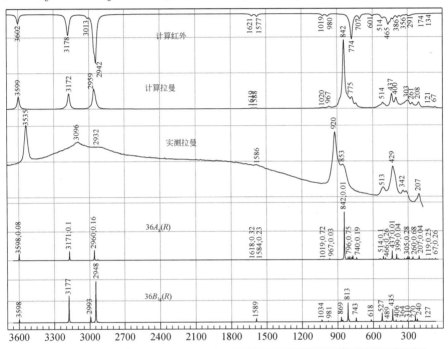

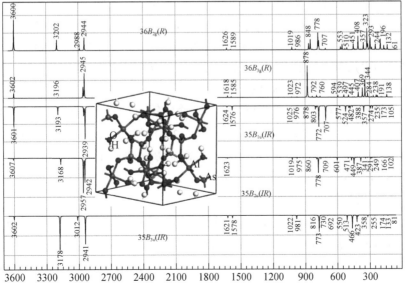

20.10 二水合砷酸锌，瓦水砷锌石

二水合砷酸锌（Zinc Arsenate Hydrate），瓦水砷锌石（Warikahnite），$Zn_3(AsO_4)_2 \cdot 2H_2O$，$2\text{-}P\bar{1}(C_i^1)$，$Z=4$，$2i(6Zn^{2+}, 4As^{5+}, 20O^{2-}, 4H^+)$，ICSD# 100347。$34 \times 2i = 34(3A_g + 3A_u) = 102A_g(R) + 102A_u(IR, x, y, z)$

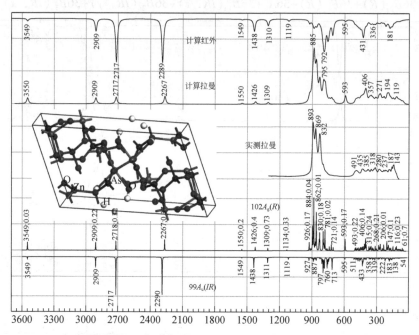

20.11 二水合砷酸铟，水砷铟石

二水合砷酸铟（Indium Arsenate Dihydrate），水砷铟石（Yanomamite），$In(AsO_4) \cdot 2H_2O$，$61\text{-}Pcab(D_{2h}^{15})$，$Z=8$，$8c(In^{3+}, As^{5+}, 6O^{2-}, 4H^+)$，ICSD# 5135。$12 \times 8c = 12(3A_g + 3A_u + 3B_{1g} + 3B_{1u} + 3B_{2g} + 3B_{2u} + 3B_{3g} + 3B_{3u}) = 36A_g(R) + 36B_{1g}(R) + 36B_{2g}(R) + 36B_{3g}(R) + 36A_u + 36B_{1u}(IR, z) + 36B_{2u}(IR, y) + 36B_{3u}(IR, x)$

20.12 砷酸氢铅，透砷铅石

砷酸氢铅（Lead Hydrogen Arsenate），透砷铅石（Schultenite），$Pb(HAsO_4)$，$13\text{-}P2/c(C_{2h}^4)$，$Z=2$，$2a(H^+)$，$2e(As^{5+})$，$2f(Pb^{2+})$，$4g(2O^{2-})$，ICSD#29552。$2a + 2e + 2f + 2 \times 4g = (3A_u + 3B_u) + 2(A_g + A_u + 2B_g + 2B_u) + 2(3A_g + 3A_u + 3B_g + 3B_u) = 8A_g(R) + 10B_g(R) + 11A_u(IR, z) + 13B_u(IR, x, y)$

20.13 亚砷酸锌，砷锌矿

亚砷酸锌［Zinc Arsenate(Ⅲ)］，砷锌矿（Reinerite），$Zn_3(As^{3+}O_3)_2$，$55\text{-}Pbam(D_{2h}^9)$，$Z=4$，$4e(Zn^{2+})$，$4g(As^{3+}, O^{2-})$，$4h(As^{3+}, O^{2-})$，$8i(Zn^{2+}, 2O^{2-})$，ICSD#10400。$4e + 2 \times 4g + 2 \times 4h + 3 \times 8i = (A_g + A_u + B_{1g} + B_{1u} + 2B_{2g} + 2B_{2u} + 2B_{3g} + 2B_{3u}) + 4$

$(2A_g+A_u+2B_{1g}+B_{1u}+B_{2g}+2B_{2u}+B_{3g}+2B_{3u})+3(3A_g+3A_u+3B_{1g}+3B_{1u}+3B_{2g}+3B_{2u}+3B_{3g}+3B_{3u})=18A_g(R)+18B_{1g}(R)+15B_{2g}(R)+15B_{3g}(R)+14A_u+14B_{1u}(IR,\ z)+19B_{2u}(IR,\ y)+19B_{3u}(IR,\ x)$

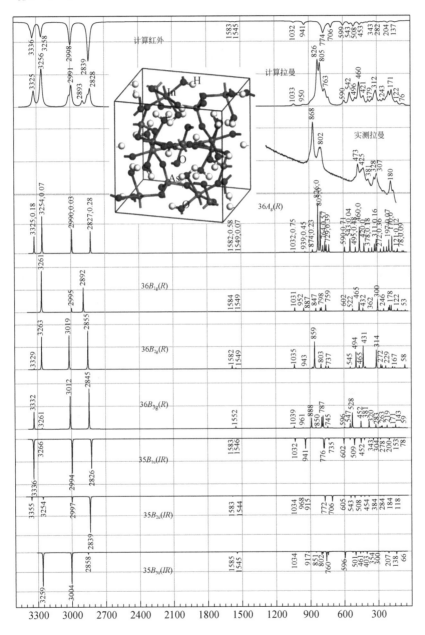

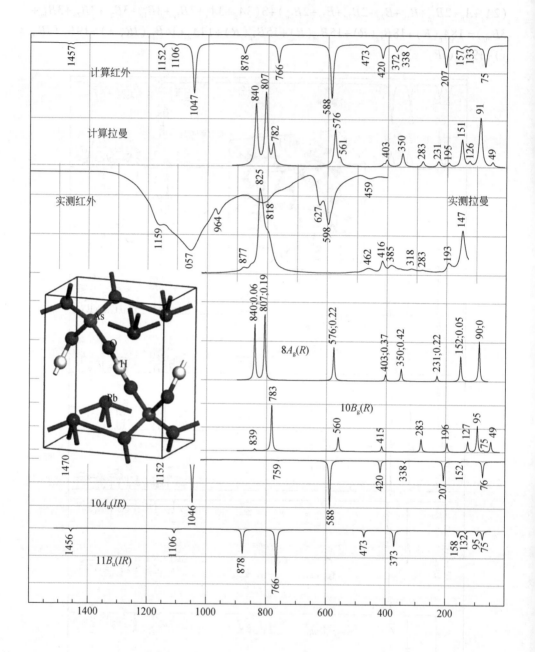

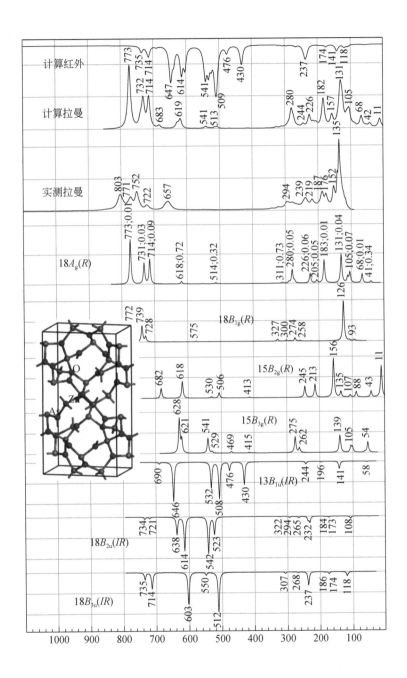

20.14　二水合砷酸氢钙，毒石

二水合砷酸氢钙（Calcium Hydrogen Arsenate Hydrate），毒石（Pharmacolite），
$Ca(HAsO_4)\cdot 2H_2O$，$9\text{-}Ia(C_s)$，$Z=4$，$4a(5H^+,\ Ca^{2+},\ As^{5+},\ 6O^{2-})$，ICSD #
9062。$13\times 4a=13(3A'+3A'')=39A'(R,\ IR,\ x,\ y)+39A''(R,\ IR,\ z)$

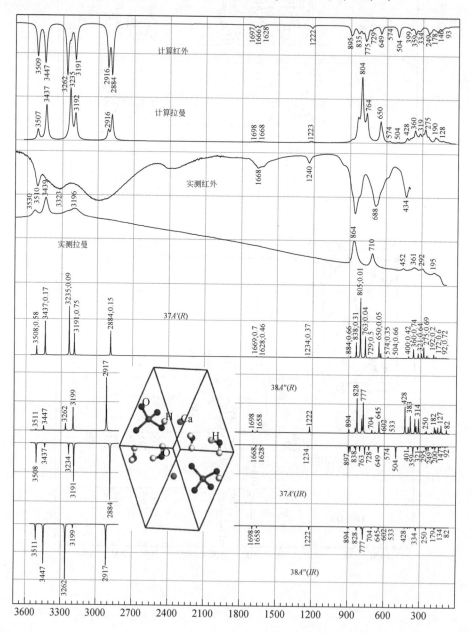

20.15　砷化铂，砷铂矿

砷化铂［Platinum Arsenide（1/2）］，砷铂矿（Sperrylite），$PtAs_2$，205-$Pa\bar{3}$（T_h^6），$Z=4$，$a(Pt^0)$，$8c(As^0)$，ICSD#38428。$4a+8c=(A_u+E_u+3T_u)+(A_g+A_u+E_g+E_u+3T_g+3T_u)=A_g(R)+E_g(R)+3T_g(R)+2A_u+2E_u+6T_u(IR,\ x,\ y,\ z)$

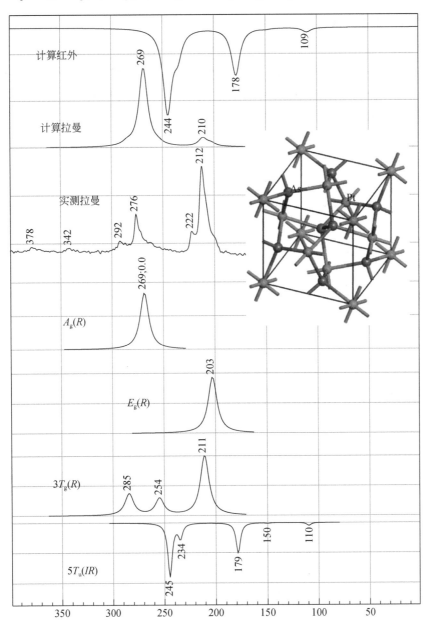

第21章 硒酸盐、硒化物

21.1 正硒酸钠

正硒酸钠[Sodium Selenate(VI)]，$Na_2(Se^{6+}O_4)$，70-$Fddd(D_{2h}^{24})$，$Z=8$，$8a$(Se^{6+})，$16f(Na^+)$，$32h(O^{2-})$，ICSD#27656。$8a+16f+32h=(B_{1g}+B_{1u}+B_{2g}+B_{2u}+B_{3g}+B_{3u})+(A_g+A_u+2B_{1g}+2B_{1u}+B_{2g}+B_{2u}+2B_{3g}+2B_{3u})+(3A_g+3A_u+3B_{1g}+3B_{1u}+3B_{2g}+3B_{2u}+3B_{3g}+3B_{3u})=4A_g(R)+6B_{1g}(R)+5B_{2g}(R)+6B_{3g}(R)+4A_u+6B_{1u}(IR,z)+5B_{2u}(IR,y)+6B_{3u}(IR,x)$

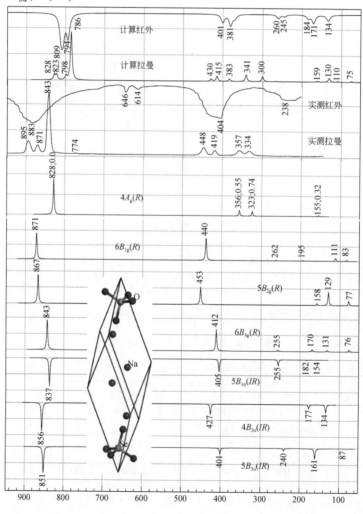

21.2　正硒酸钾

正硒酸钾[Dipotassium Selenate(Ⅵ)]，$K_2(Se^{6+}O_4)$，$62\text{-}Pnam(D_{2h}^{16})$，$Z=4$，$4c(Se^{6+}，2K^+，2O^{2-})$，$8d(O^{2-})$，ICSD#14298。$5\times4c+8d=5(2A_g+A_u+B_{1g}+2B_{1u}+2B_{2g}+B_{2u}+B_{3g}+2B_{3u})+(3A_g+3A_u+3B_{1g}+3B_{1u}+3B_{2g}+3B_{2u}+3B_{3g}+3B_{3u})=13A_g(R)+8B_{1g}(R)+13B_{2g}(R)+8B_{3g}(R)+8A_u+13B_{1u}(IR)+8B_{2u}(R)+13B_{3u}(IR)$

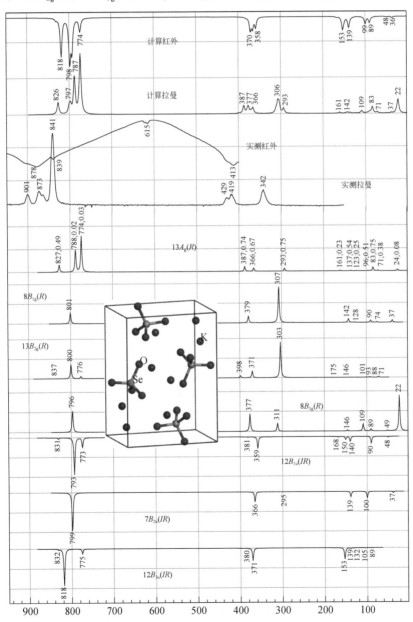

21.3　正硒酸铷

正硒酸铷［Dirubidium Selenate（Ⅵ）］，$Rb_2(Se^{6+}O_4)$，$62\text{-}Pnam(D_{2h}^{16})$，$Z=4$，$4c(2Rb^+,\ Se^{6+},\ 2O^{2-})$，$8d(O^{2-})$，ICSD#60928。$5\times4c+8d=5(2A_g+A_u+B_{1g}+2B_{1u}+2B_{2g}+B_{2u}+B_{3g}+2B_{3u})+(3A_g+3A_u+3B_{1g}+3B_{1u}+3B_{2g}+3B_{2u}+3B_{3g}+3B_{3u})=13A_g(R)+8B_{1g}(R)+13B_{2g}(R)+8B_{3g}(R)+8A_u+13B_{1u}(IR,\ z)+8B_{2u}(IR,\ y)+13B_{3u}(IR,\ x)$

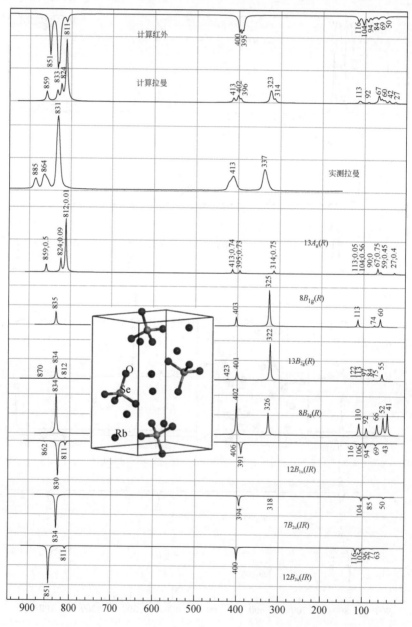

21.4 正硒酸铯

正硒酸铯（Cesium Selenate），$Cs_2(SeO_4)$，$62\text{-}Pnam(D_{2h}^{16})$，$Z=4$，$4c(2Cs^+,$

$Se^{6+}, 2O^{2-})$，$8d(O^{2-})$，ICSD#66526。$5\times4c+8d=5(2A_g+A_u+B_{1g}+2B_{1u}+2B_{2g}+B_{2u}+$

$B_{3g}+2B_{3u})+(3A_g+3A_u+3B_{1g}+3B_{1u}+3B_{2g}+3B_{2u}+3B_{3g}+3B_{3u})=13A_g(R)+8B_{1g}(R)+$

$13B_{2g}(R)+8B_{3g}(R)+8A_u+13B_{1u}(IR, z)+8B_{2u}(IR, y)+13B_{3u}(IR, x)$

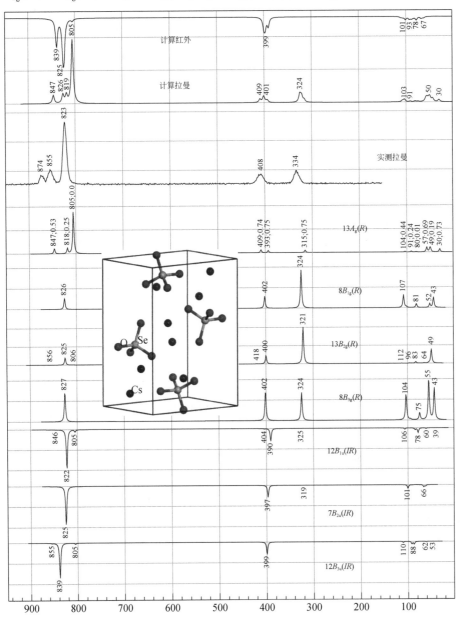

21.5　二水合硒酸钙

二水合硒酸钙（Calcium Selenate Dihydrate），$Ca(SeO_4) \cdot 2H_2O$，15-$I2/a$ (C_{2h}^6)，$Z = 4$，$4e(Ca^{2+}, Se^{6+})$，$8f(3O^{2-}, 2H^+)$，ICSD#69598。$5 \times 8f + 2 \times 4e = 2(A_g + A_u + 2B_g + 2B_u) + 5(3A_g + 3A_u + 3B_g + 3B_u) = 17A_g(R) + 19B_g(R) + 17A_u(IR, z) + 19B_u(IR, x, y)$

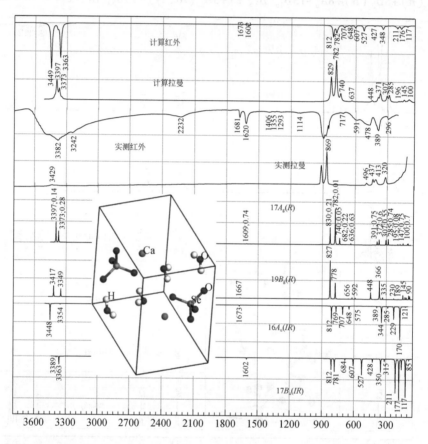

21.6　亚硒酸钠

亚硒酸钠[Disodium Selenate(Ⅳ)]，$Na_2Se^{4+}O_3$，14-$P2_1/c$(C_{2h}^5)，$Z = 4$，$4e$(Se^{4+}, $2Na^+$, $3O^{2-}$)，ICSD#89638。$6 \times 4e = 6(3A_g + 3A_u + 3B_g + 3B_u) = 18A_g(R) + 18B_g(R) + 18A_u(IR, z) + 18B_u(IR, x, y)$

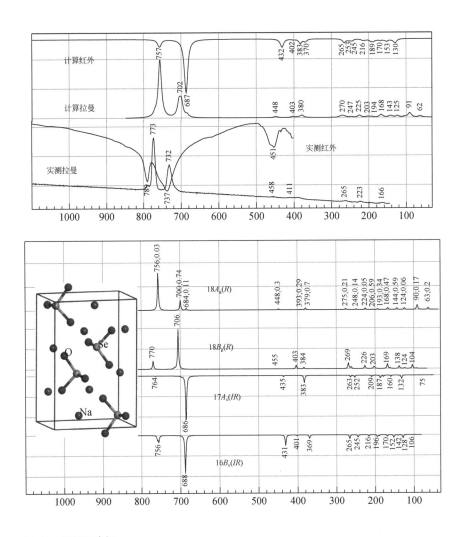

21.7　亚硒酸钡

亚硒酸钡 [Barium Selenate（Ⅳ）]，Ba（$Se^{4+}O_3$），11-$P2_1/m$（C_{2h}^2），$Z=2$，$2e$（Ba^{2+}，Se^{4+}，O^{2-}），$4f(O^{2-})$，ICSD#54156。$3 \times 2e + 4f = 3(2A_g + A_u + B_g + 2B_u) + (3A_g + 3A_u + 3B_g + 3B_u) = 9A_g(R) + 6B_g(R) + 6A_u(IR,\ z) + 9B_u(IR,\ x,\ y)$

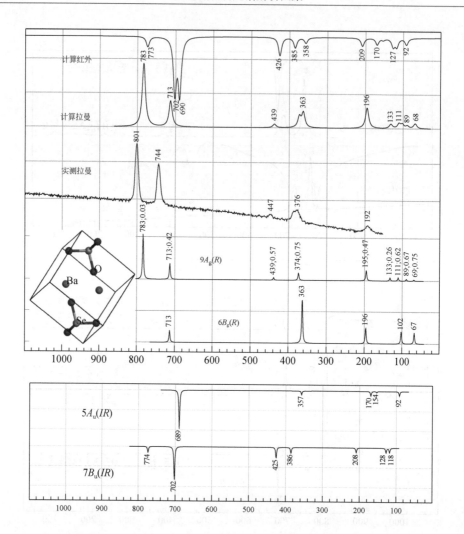

21.8　硒化钼

硒化钼[Molybdenum（Ⅳ）Selenide]，$MoSe_2$，194-$P6_3/mmc$（D_{6h}^4），$Z=2$，$2c$（Mo^{4+}），$4f$（Se^{2-}），ICSD#49800。$2c+4f=(A_{2u}+B_{2g}+E_{1u}+E_{2g})+(A_{1g}+A_{2u}+B_{1u}+B_{2g}+E_{1g}+E_{1u}+E_{2g}+E_{2u})=A_{1g}(R)+2B_{2g}+E_{1g}(R)+2E_{2g}(R)+2A_{2u}(IR,\ z)+B_{1u}+2E_{1u}(IR,\ x,\ y)+E_{2u}$

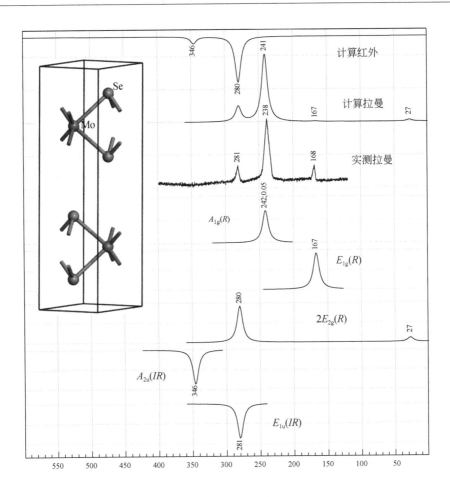

第22章　溴酸盐、锆酸盐

22.1　溴酸钠

溴酸钠［Sodium Bromate（Ⅴ）］，$Na（Br^{5+}O_3）$，$198\text{-}P2_13（T^4）$，$Z=4$，$4a$（Na^+，Br^{5+}），$12b（O^{2-}）$，ICSD#1302。$2\times4a+12b=2（A+E+3T）+（3A+3E+9T）=5A（R）+5E（R）+15T（R，IR，x，y，z）$

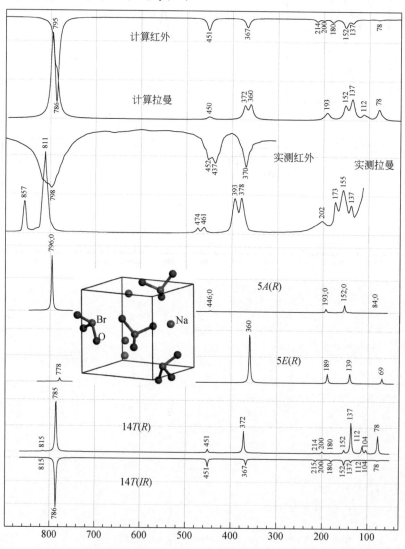

22.2　溴酸铯

溴酸铯（Cesium Bromate），Cs（BrO$_3$），160-$R3m$（C_{3v}^5），$Z=1$，$3a$（Cs$^+$，Br^{5+}），$9b$（O^{2-}），ICSD#74769。$2 \times 3a + 9b = 2(A_1+E)+(2A_1+A_2+3E)=4A_1(R, IR, x)+A_2+5E(R, IR, x, y)$

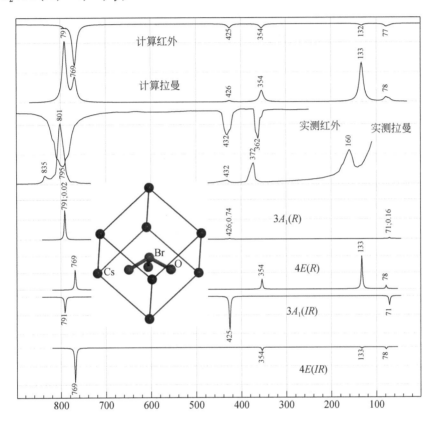

22.3　溴氧化铋

溴氧化铋（Bismuth Oxide Bromide），BiOBr，129-$P4/nmm$（D_{4h}^7），$Z=2$，$2a$（O^{2-}），$2c$（Bi^{3+}，Br^-），ICSD#29144。$2a+2\times2c=(A_{2u}+B_{1g}+E_g+E_u)+2(A_{1g}+A_{2u}+E_g+E_u)=2A_{1g}(R)+B_{1g}(R)+3E_g(R)+3A_{2u}(IR,\ z)+3E_u(IR,\ x,\ y)$

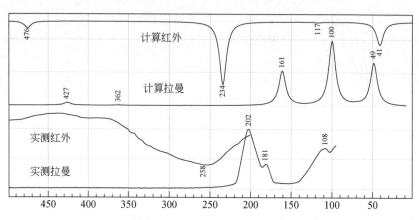

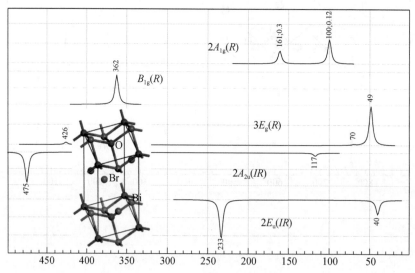

22.4　锆酸二锂

锆酸二锂(Dilithium Zirconate)，$Li_2(ZrO_3)$，$15\text{-}C2/c(C_{2h}^6)$，$Z=4$，$4d(O^{2-})$，$4e(Zr^{4+}，2Li^+)$，$8f(O^{2-})$，ICSD#94895。$4d+3\times4e+8f=(3A_u+3B_u)+3(A_g+A_u+2B_g+2B_u)+(3A_g+3A_u+3B_g+3B_u)=6A_g(R)+9B_g(R)+9A_u(IR，z)+12B_u(IR，x，y)$

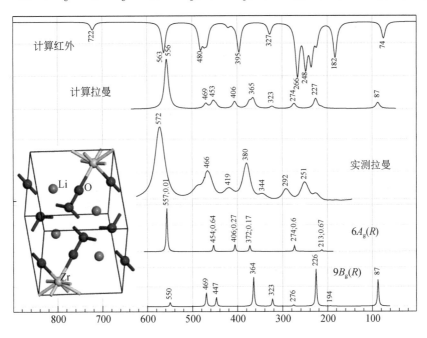

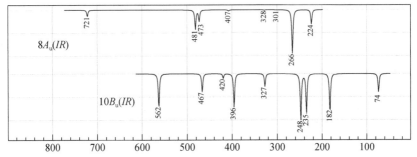

第 23 章 铌 酸 盐

23.1 铌酸锂

铌酸锂（Lithium Niobate），Li（NbO_3），161-$R3c$（C_{3v}^6），$Z=6$，$6a$（Li^+，Nb^{5+}），$18b$（O^{2-}），ICSD#28294。$2×6a+18b=2(A_1+A_2+2E)+(3A_1+3A_2+6E)=5A_1$（$R$，$IR$，$z$）$+5A_2+10E$（$R$，$IR$，$x$，$y$，$z$）

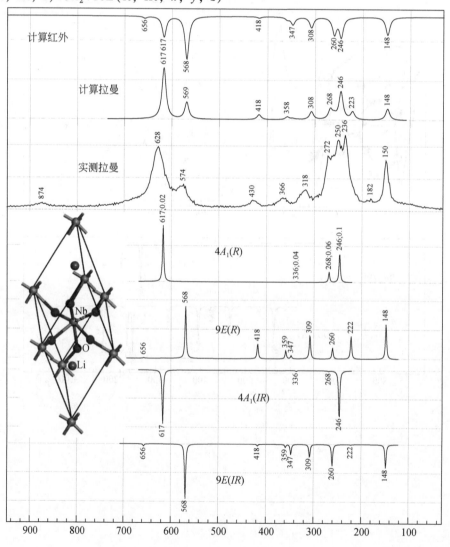

23.2 铌酸钠

铌酸钠（Sodium Niobate），$Na(NbO_3)$，57-$Pbcm$（D_{2h}^{11}），$Z = 8$，$4c$（Na^+，O^{2-}），$4d(Na^+，O^{2-})$，$8e(Nb^{5+}，2O^{2-})$，ICSD#23239。$2×4c+2×4d+3×8e = 2(A_g+A_u+2B_{1g}+2B_{1u}+2B_{2g}+2B_{2u}+B_{3g}+B_{3u})+2(2A_g+A_u+2B_{1g}+B_{1u}+B_{2g}+2B_{2u}+B_{3g}+2B_{3u})+3(3A_g+3A_u+3B_{1g}+3B_{1u}+3B_{2g}+3B_{2u}+3B_{3g}+3B_{3u}) = 15A_g(R)+17B_{1g}(R)+15B_{2g}(R)+13B_{3g}(R)+13A_u+15B_{1u}(IR, z)+17B_{2u}(IR, y)+15B_{3u}(IR, x)$

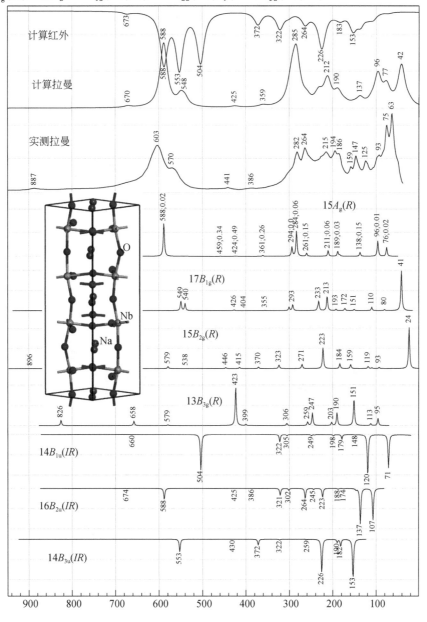

23.3　二铌酸镁

二铌酸镁（Magnesium Diniobate），$Mg(Nb_2O_6)$，$60\text{-}Pbcn(D_{2h}^{14})$，$Z=4$，$4c$
(Mg^{2+})，$8d(Nb^{5+}，3O^{2-})$，ICSD#85008。$4c+4\times8d=(A_g+A_u+2B_{1g}+2B_{1u}+B_{2g}+B_{2u}+$
$2B_{3g}+2B_{3u})+4(3A_g+3A_u+3B_{1g}+3B_{1u}+3B_{2g}+3B_{2u}+3B_{3g}+3B_{3u})=13A_g(R)+14B_{1g}(R)+$
$13B_{2g}(R)+14B_{3g}(R)+13A_u+14B_{1u}(IR，z)+13B_{2u}(IR，y)+14B_{3u}(IR，x)$

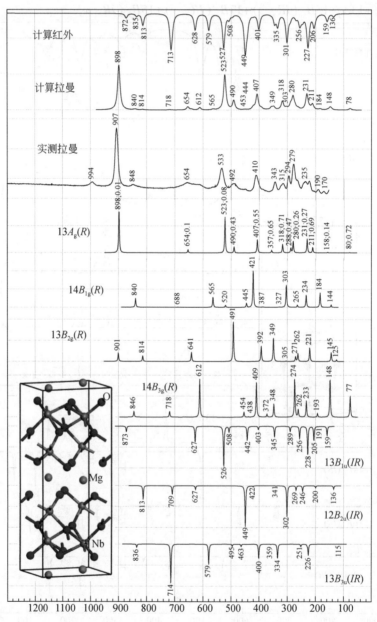

23.4　二铌酸钙

二铌酸钙（Calcium Diniobate），Ca（Nb_2O_6），60-$Pbcn$（D_{2h}^{14}），$Z = 4$，$4c$（Ca^{2+}），$8d$（Nb^{5+}，$3O^{2-}$），ICSD#15208。$4c+4\times8d = (A_g+A_u+2B_{1g}+2B_{1u}+B_{2g}+B_{2u}+2B_{3g}+2B_{3u})+4(3A_g+3A_u+3B_{1g}+3B_{1u}+3B_{2g}+3B_{2u}+3B_{3g}+3B_{3u}) = 13A_g(R)+14B_{1g}(R)+13B_{2g}(R)+14B_{3g}(R)+13A_u+14B_{1u}(IR, z)+13B_{2u}(IR, y)+14B_{3u}(IR, x)$

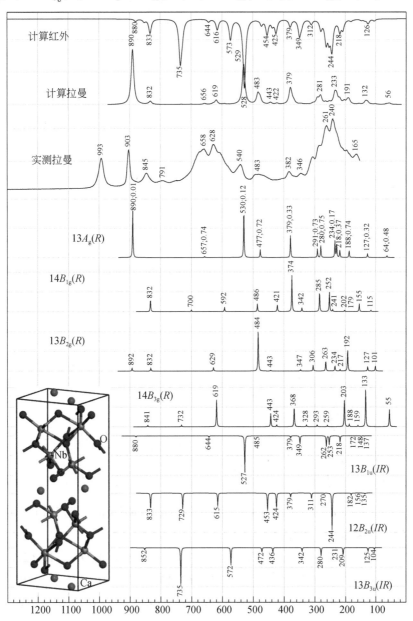

23.5　二铌酸锶

二铌酸锶（Strontium Diniobate），$Sr(Nb_2O_6)$，14-$P2_1/c$（C_{2h}^5），$Z=4$，$4e$（$2Nb^{5+}$，Sr^{2+}，$6O^{2-}$），ICSD#20348。$9 \times 4e = 9(3A_g + 3A_u + 3B_g + 3B_u) = 27A_g(R) + 27B_g(R) + 27A_u(IR, z) + 27B_u(IR, x, y)$

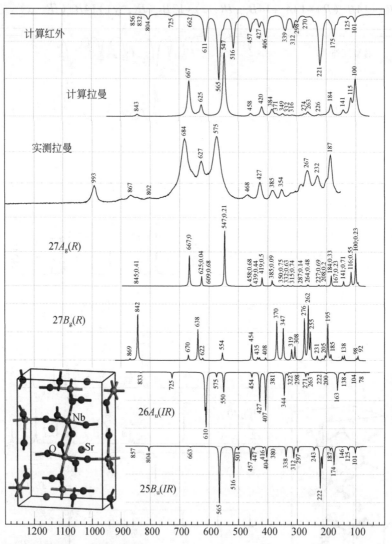

23.6　二铌酸锡，傅锡铌矿

二铌酸锡（Tin Diniobate），傅锡铌矿（Foordite），$Sn(Nb_2O_6)$，15-$C2/c$（C_{2h}^6），$Z=4$，$4e(Sn^{2+})$，$8f(Nb^{5+}, 3O^{2-})$，ICSD#163815。$4e + 4 \times 8f = (A_g + A_u + 2B_g + 2B_u) + 4(3A_g + 3A_u + 3B_g + 3B_u) = 13A_g(R) + 14B_g(R) + 13A_u(IR, z) + 14B_u(IR, x, y)$

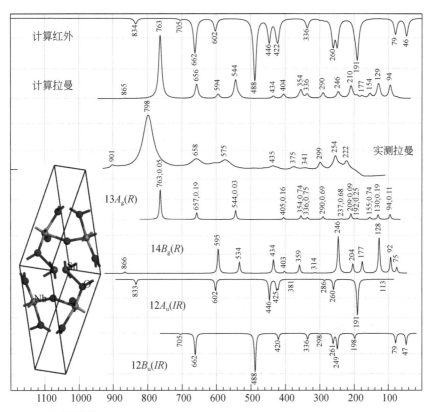

23.7 二铌酸钡

二铌酸钡（Barium Diniobate），Ba（Nb$_2$O$_6$），14-P2$_1$/c（C_{2h}^5），$Z = 2$，2a（Ba^{2+}），4e（Nb^{5+}，3O^{2-}），ICSD#39272。2a+4×4e=（3A_u+3B_u）+4（3A_g+3A_u+3B_g+3B_u）= 12A_g（R）+12B_g（R）+15A_u（IR，z）+15B_u（IR，x，y）

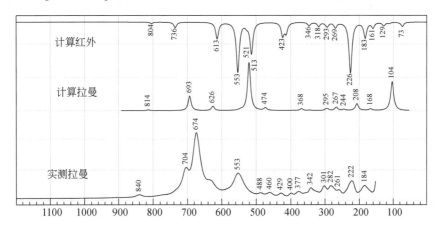

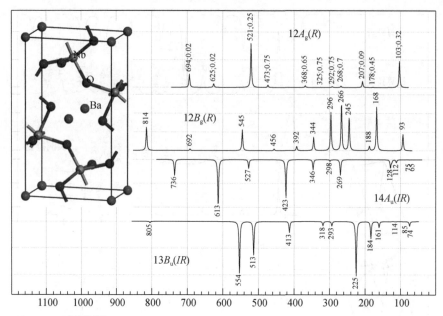

23.8　二铌酸铅

二铌酸铅(Lead Diniobate)，$Pb(Nb_2O_6)$，$160\text{-}R3m(C_{3v}^5)$，$Z=9$，$3a(3Pb^{2+})$，$9b(4O^{2-})$，$18c(Nb^{5+}，O^{2+})$，ICSD#166552。$3\times3a+4\times9b+2\times18c=3(A_1+E)+4(2A_1+A_2+3E)+2(3A_1+3A_2+6E)=17A_1(R，IR，z)+10A_2+27E(R，IR，x，y)$

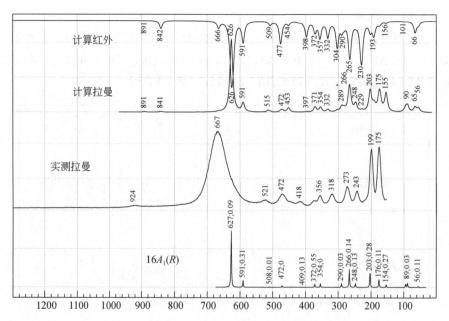

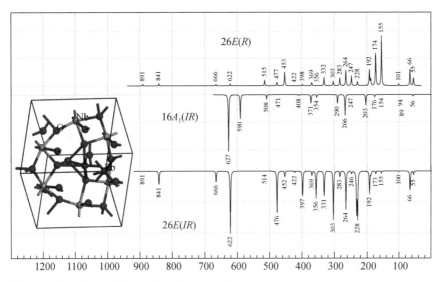

23.9 三水合羟二铌酸钠，水铌钠石

三水合羟二铌酸钠（Sodium Hydroxodiniobate Trihydrate），水铌钠石（Franconite），$Na[Nb_2O_5(OH)] \cdot 3H_2O$，14-P2$_1$/$c$($C_{2h}^5$)，$Z=4$，$4e$（$Na^+$，$2Nb^{5+}$，$9O^{2-}$，$7H^+$），ICSD#193826。$19 \times 4e = 19(3A_g + 3A_u + 3B_g + 3B_u) = 57A_g(R) + 57B_g(R) + 57A_u(IR, z) + 57B_u(IR, x, y)$

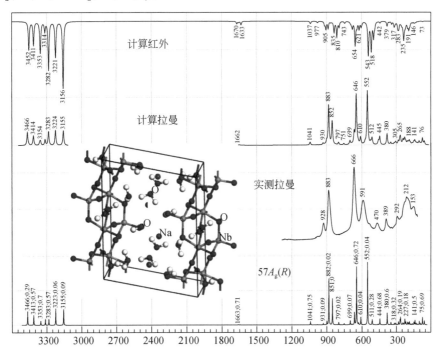

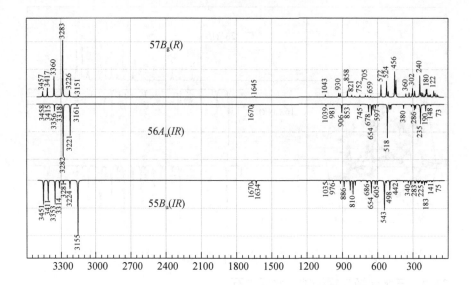

第 24 章　钼　酸　盐

24.1　钼酸二锂

钼酸二锂（Dilithium Molybdate），$Li_2(MoO_4)$，148-$R\bar{3}$（C_{3i}^2），$Z = 18$，$18f$（Mo^{6+}，$2Li^+$，$4O^{2-}$），ICSD#94489。$7 \times 18f = 7(3A_g + 3A_u + 3E_g + 3E_u) = 21A_g(R) + 21E_g(R) + 21A_u(IR, z) + 21E_u(IR, x, y)$

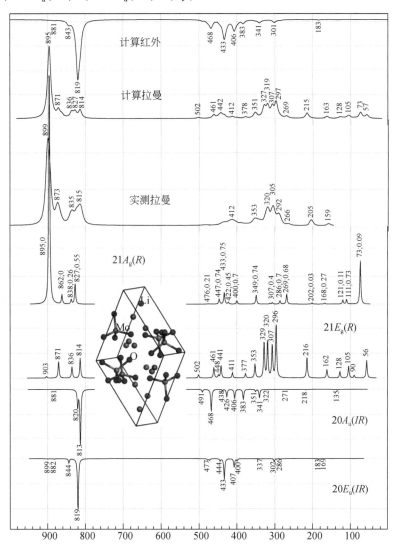

计算红外　895 881 843 468 433 406 383 341 301 183

计算拉曼　871 836 827 819 814 502 461 442 412 378 351 327 319 297 269 215 163 128 105 73 57

实测拉曼　899 873 835 815 412 353 320 305 292 266 205 159

$21A_g(R)$　895,0　862,0　838,0.26　827,0.55　476,0.21　447,0.74　433,0.75　422,0.45　400,0.7　349,0.74　307,0.4　286,0.7　269,0.68　202,0.03　168,0.27　121,0.11　111,0.73　73,0.09

$21E_g(R)$　903 871 836 814 502 461 448 441 411 377 353 329 320 307 296 216 162 128 105 90 56

$20A_u(IR)$　881 820 491 468 438 426 406 383 351 341 322 271 218 135

$20E_u(IR)$　899 882 844 819 813 477 444 433 407 400 337 302 286 183 169

Li
Mo
O

900 800 700 600 500 400 300 200 100

24.2　钼酸二钠

钼酸二钠（Disodium Molybdate），$Na_2(MoO_4)$，$227\text{-}Fd\bar{3}m$（O_h^7），$Z=8$，$8b$（Mo^{6+}），$16c(Na^+)$，$32e(O^{2-})$，ICSD#44523。$8b+16c+32e=(T_{1u}+T_{2g})+(A_{2u}+E_u+2T_{1u}+T_{2u})+(A_{1g}+A_{2u}+E_g+E_u+T_{1g}+2T_{1u}+2T_{2g}+T_{2u})=A_{1g}(R)+E_g(R)+T_{1g}+3T_{2g}(R)+2A_{2u}+2E_u+5T_{1u}(IR,\ x,\ y,\ z)+2T_{2u}$

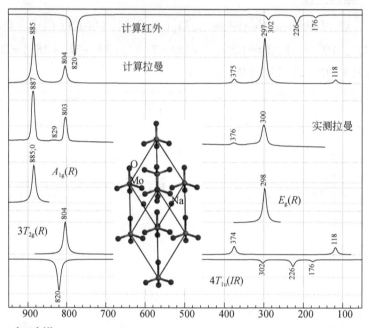

24.3　钼酸镁

钼酸镁（Magnesium Molybdate），$Mg(MoO_4)$，$12\text{-}C2/m$（C_{2h}^3），$Z=8$，$4g$（Mg^{2+}），$4h(Mo^{6+})$，$4i(Mo^{6+},\ Mg^{2+},\ 2O^{2-})$，$8j(3O^{2-})$，ICSD#20418。$4g+4h+4\times4i+3\times8j=19A_g(R)+17B_g(R)+15A_u(IR,\ z)+21B_u(IR,\ x,\ y)$

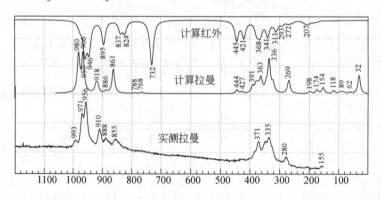

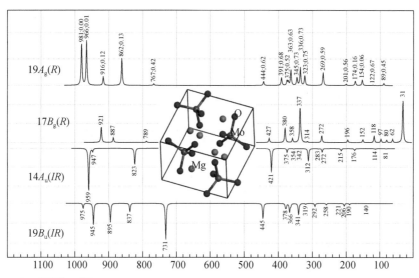

24.4 钼酸二钾

钼酸二钾（Dipotassium Molybdate），$K_2(MoO_4)$，12-$C2/m$（C_{2h}^3），$Z=4$，$4i$（Mo^{6+}，$2K^+$，$2O^{2-}$），$8j(O^{2-})$，ICSD#16154。$5×4i+8j=13A_g(R)+8B_g(R)+8A_u(IR,z)+13B_u(IR,x,y)$

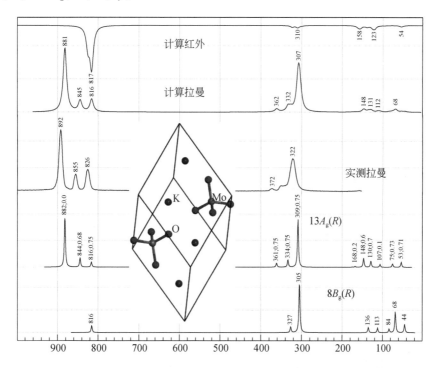

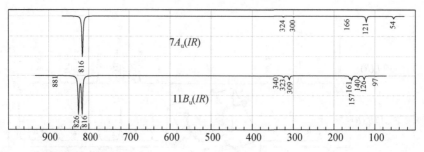

24.5 钼酸钙，钼钙矿

钼酸钙（Calcium Molybdate），钼钙矿（Powellite），Ca（MoO$_4$），88-$I4_1/a$（C_{4h}^6），$Z=4$，$4a$（Mo^{6+}），$4b$（Ca^{2+}），$16f$（O^{2-}），ICSD#23699。$4a+4b+16f=2$（$A_u+B_g+E_g+E_u$）+（$3A_g+3A_u+3B_g+3B_u+3E_g+3E_u$）=$3A_g（R）+5B_g（R）+5E_g（R）+5A_u$（$IR$，$z$）+$3B_u+5E_u$（$IR$，$x$，$y$）

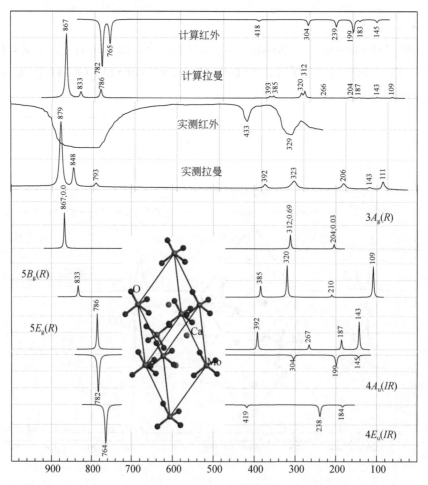

24.6 钼酸二铷

钼酸二铷（Dirubidium Molybdate），$Rb_2(MoO_4)$，$12\text{-}C2/m$（C_{2h}^3），$Z=4$，$4i$（Mo^{6+}，$2Rb^+$，$2O^{2-}$），$8j(O^{2-})$，ICSD#24904。$5\times4i+8j = 5(2A_g+A_u+B_g+2B_u)+(3A_g+3A_u+3B_g+3B_u) = 13A_g(R)+8B_g(R)+8A_u(IR, z)+13B_u(IR, x, y)$

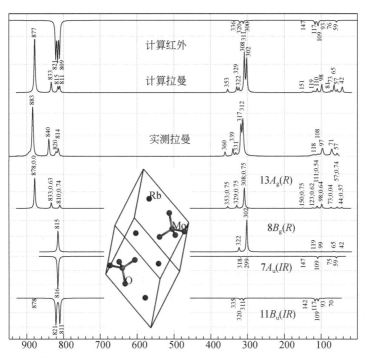

24.7 钼酸锶

钼酸锶（Strontium Molybdate），$Sr(MoO_4)$，$88\text{-}I4_1/a$（C_{4h}^6），$Z=4$，$4a(Mo^{6+})$，$4b(Sr^{2+})$，$16f(O^{2-})$，ICSD#28025。$4a+4b+16f = 2(A_u+B_g+E_g+E_u)+(3A_g+3A_u+3B_g+3B_u+3E_g+3E_u) = 3A_g(R)+5B_g(R)+5E_g(R)+5A_u(IR, z)+3B_u+5E_u(IR, x, y)$

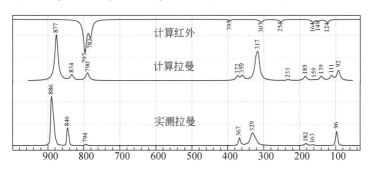

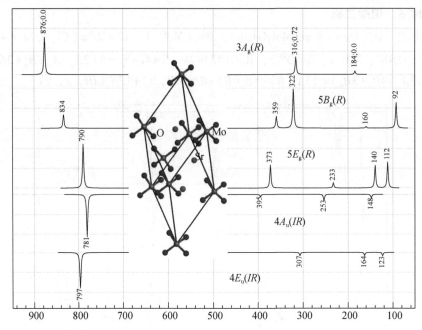

24.8 钼酸二银

钼酸二银（beta-Disilver Molybdate），Ag_2MoO_4，$227\text{-}Fd\bar{3}m$（O_h^7），$Z=8$，$8b$（Mo^{6+}），$16c$（Ag^+），$32e$（O^{2-}），ICSD#238013。$8b+16c+32e=(T_{1u}+T_{2g})+(A_{2u}+E_u+2T_{1u}+T_{2u})+(A_{1g}+A_{2u}+E_g+E_u+T_{1g}+2T_{1u}+2T_{2g}+T_{2u})=A_{1g}(R)+E_g(R)+T_{1g}+3T_{2g}(R)+2A_{2u}+2E_u+5T_{1u}(IR,\ x,\ y,\ z)+2T_{2u}$

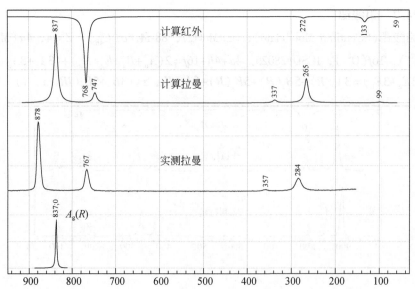

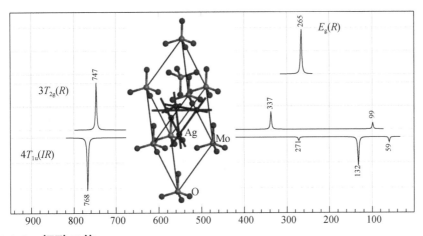

24.9 钼酸二铯

钼酸二铯（Dicesium Molybdate），$Cs_2(MoO_4)$，$62\text{-}Pcmn(D_{2h}^{16})$，$Z=4$，$4c$（$2Cs^+$，$Mo^{6+}$，$2O^{2-}$），$8d(O^{2-})$，ICSD#9278。$5×4c+8d=5(2A_g+A_u+B_{1g}+2B_{1u}+2B_{2g}+B_{2u}+B_{3g}+2B_{3u})+(3A_g+3A_u+3B_{1g}+3B_{1u}+3B_{2g}+3B_{2u}+3B_{3g}+3B_{3u})=13A_g(R)+8B_{1g}(R)+13B_{2g}(R)+8B_{3g}(R)+8A_u+13B_{1u}(IR,z)+8B_{2u}(IR,y)+13B_{3u}(IR,x)$

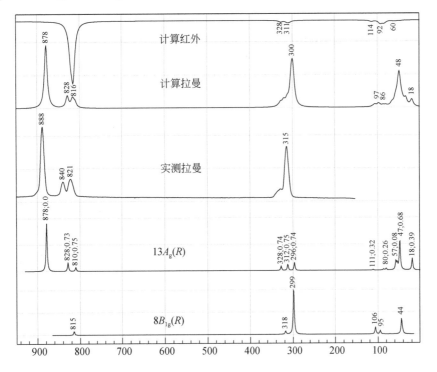

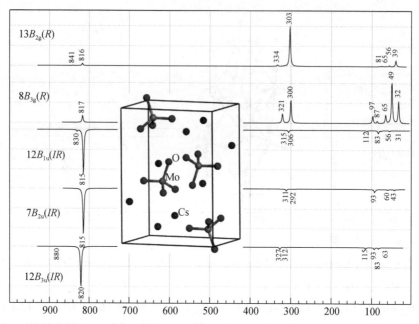

24.10　钼酸钡

钼酸钡（Barium Molybdate），$Ba(MoO_4)$，$88\text{-}I4_1/a(C_{4h}^6)$，$Z=4$，$4a(Mo^{6+})$，$4b(Ba^{2+})$，$16f(O^{2-})$，ICSD#16166。$4a+4b+16f=2(A_u+B_g+E_g+E_u)+(3A_g+3A_u+3B_g+3B_u+3E_g+3E_u)=3A_g(R)+5B_g(R)+5E_g(R)+5A_u(IR,\ z)+3B_u+5E_u(IR,\ x,\ y)$

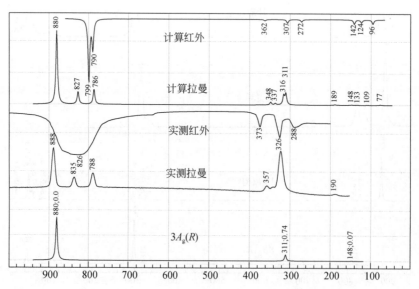

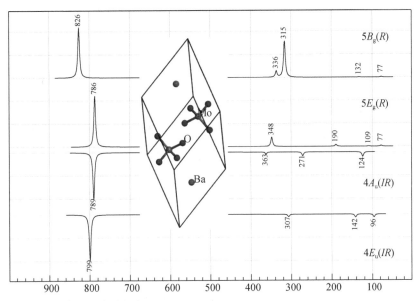

24.11 钼酸铅，钼铅矿

钼酸铅（Lead Molybdate），钼铅矿（Wulfenite），$Pb(MoO_4)$，$88\text{-}I4_1/a(C_{4h}^6)$，$Z=4$，$4a(Mo^{6+})$，$4b(Pb^{2+})$，$16f(O^{2-})$，ICSD#26784。$4a+4b+16f=2(A_u+B_g+E_g+E_u)+(3A_g+3A_u+3B_g+3B_u+3E_g+3E_u)=3A_g(R)+5B_g(R)+5E_g(R)+5A_u(IR,\ z)+3B_u+5E_u(IR,\ x,\ y)$

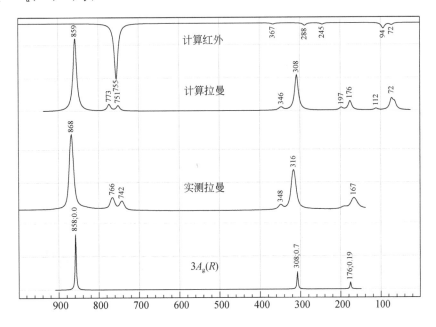

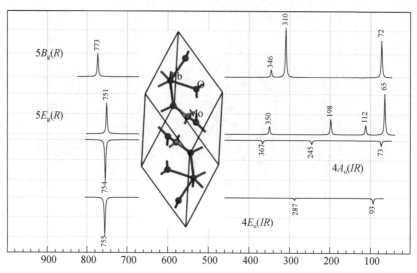

24.12　三钼酸二铋

三钼酸二铋[Dibismuth Tris(molybdate)]，$Bi_2(MoO_4)_3$，14-$P2_1/c(C_{2h}^5)$，$Z=4$，$4e(2Bi^{3+}, 3Mo^{6+}, 12O^{2-})$，ICSD#2650。$17×4e=17(3A_g+3A_u+3B_g+3B_u)=51A_g(R)+51B_g(R)+51A_u(IR, z)+51B_u(IR, x, y)$

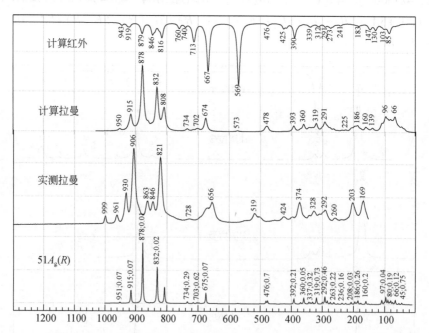

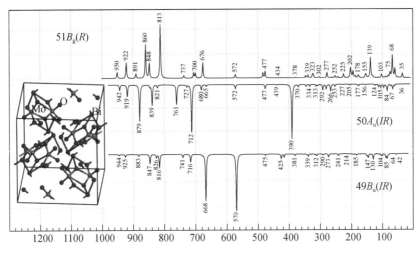

24.13　二水合钼酸二钠

二水合钼酸二钠（Disodium Molybdate Dihydrate），$Na_2(MoO_4) \cdot 2H_2O$，61-$Pbca(D_{2h}^{15})$，$Z = 8$，$8c(Mo^{6+}, 2Na^+, 6O^{2-}, 4H^+)$，ICSD#415412。$13 \times 8c = 13$
$(3A_g + 3A_u + 3B_{1g} + 3B_{1u} + 3B_{2g} + 3B_{2u} + 3B_{3g} + 3B_{3u}) = 39A_g(R) + 39B_{1g}(R) + 39B_{2g}(R) + 39B_{3g}(R) + 39A_u + 39B_{1u}(IR, z) + 39B_{2u}(IR, y) + 39B_{3u}(IR, x)$

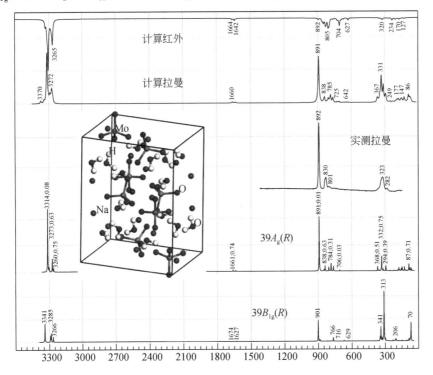

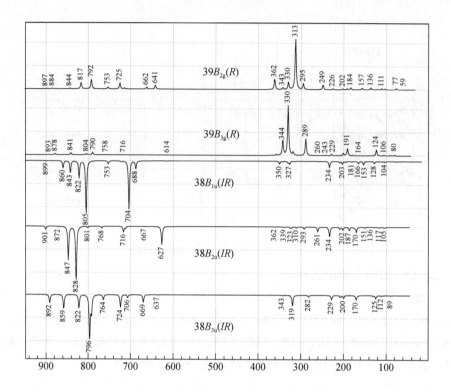

第 25 章　锑酸盐、碲酸盐

25.1　锑酸钠，锑钠石

锑酸钠（Sodium Antimonate），锑钠石（Brizziite），$Na(SbO_3)$，148-$R\overline{3}$（C_{3i}^2），$Z=6$，$6c(Na^+，Sb^{5+})$，$18f(O^{2-})$，ICSD#78416。$2\times6c+18f=2(A_g+A_u+E_g+E_u)+(3A_g+3A_u+3E_g+3E)=5A_g(R)+5E_g(R)+5A_u(IR，z)+5E_u(IR，x，y)$

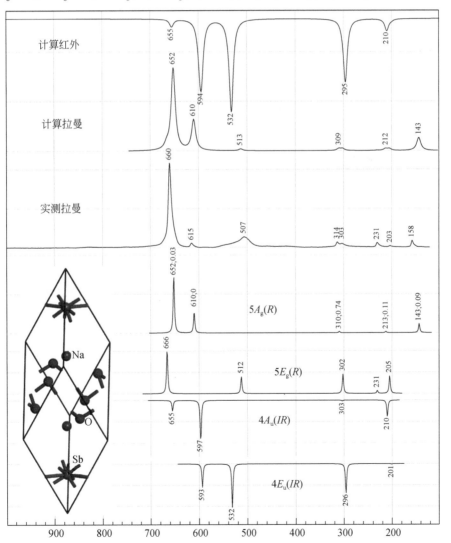

25.2　二锑酸钙

二锑酸钙(Calcium Diantimonate)，$Ca(Sb_2O_6)$，$162\text{-}P\overline{3}1m(D_{3d}^1)$，$Z=1$，$1a$ (Ca^{2+})，$2d(Sb^{5+})$，$6k(O^{2-})$，ICSD#74539。$1a+2d+6k=(A_{2u}+E_u)+(A_{2g}+A_{2u}+E_g+E_u)+(2A_{1g}+A_{1u}+A_{2g}+2A_{2u}+3E_g+3E_u)=2A_{1g}(R)+2A_{2g}+4E_g(R)+A_{1u}+4A_{2u}(IR,\ z)+5E_u(IR,\ x,\ y)$

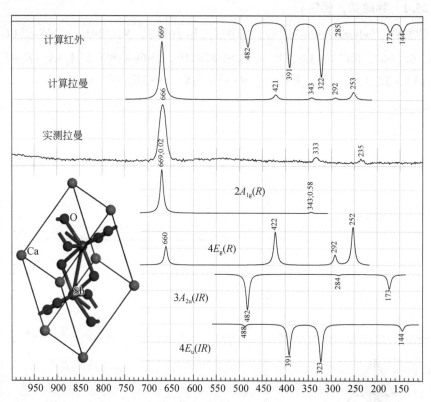

25.3 二锑酸铅

二锑酸铅（Lead Diantimonate），锑铅石（Rosiaite），$Pb(Sb_2O_6)$，$162\text{-}P\overline{3}1m$（$D_{3d}^1$），$Z=1$，$1a(Pb^{2+})$，$2d(Sb^{5+})$，$6k(O^{2-})$，ICSD#81387。$1a+2d+6k=(A_{2u}+E_u)+(A_{2g}+A_{2u}+E_g+E_u)+(2A_{1g}+A_{1u}+A_{2g}+2A_{2u}+3E_g+3E_u)=2A_{1g}(R)+2A_{2g}+4E_g(R)+A_{1u}+4A_{2u}(IR,\ z)+5E_u(IR,\ x,\ y)$

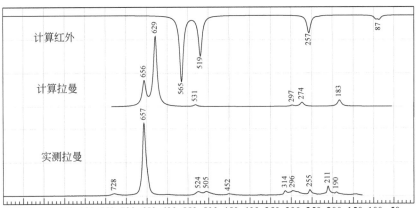

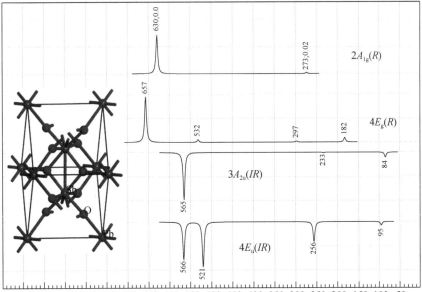

25.4 四铍锑酸钠，锑钠铍矿

四铍锑酸钠（Sodium Tetraberyllantimonat），锑钠铍矿（Swedenborgite），$Na(Be_4SbO_7)$，$186\text{-}P6_3mc$（C_{6v}^4），$2a$（Be^{2+}，O^{2-}），$2b$（Sb^{5+}，Na^+），$6c$（Be^{2+}，$2O^{2-}$），ICSD#27599。$2\times2a+2\times2b+3\times6c = 4(A_1+B_1+E_1+E_2)+3(2A_1+A_2+B_1+2B_2+3E_1+3E_2) = 10A_1(R,\ IR,\ z)+3A_2+3B_1+10B_2+13E_1(R,\ IR,\ x,\ y)+13E_2(R)$

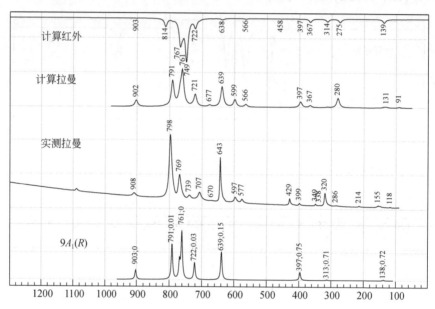

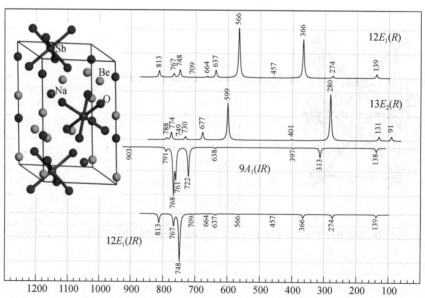

25.5　碲酸二锂

碲酸二锂（Dilithium Tellurate），$Li_2(TeO_3)$，$12\text{-}C2/m(C_{2h}^3)$，$Z=4$，$4i(Te^{4+}$，$O^{2-})$，$8j(Li^+$，$O^{2-})$，ICSD#38416。$2\times4i+2\times8j=2(2A_g+A_u+B_g+2B_u)+2(3A_g+3A_u+3B_g+3B_u)=10A_g(R)+8B_g(R)+8A_u(IR,z)+10B_u(IR,x,y)$

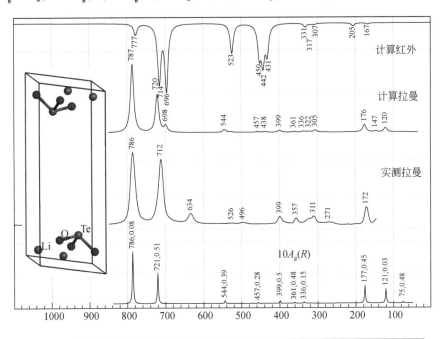

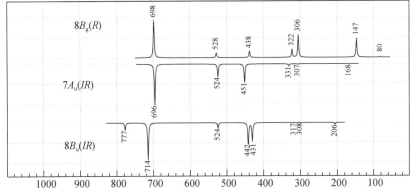

25.6　碲酸二钾

碲酸二钾（Dipotassium Tellurate），$K_2(TeO_3)$，147-$P\bar{3}$（C_{3i}^1），$Z=2$，$1a(K^+)$，$1b(K^+)$，$2d(K^+, Te^{4+})$，$6g(O^{2-})$，ICSD#65640。$1a+1b+2\times2d+6g=2(A_u+E_u)+2(A_g+A_u+E_g+E_u)+(3A_g+3A_u+3E_g+3E_u)=5A_g(R)+5E_g(R)+7A_u(IR,\ z)+7E_u(IR,\ x,\ y)$

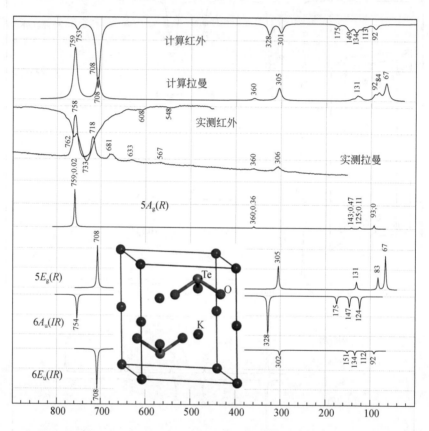

25.7　碲酸钡

碲酸钡（Barium Tellurate），$Ba(TeO_3)$，62-$Pnma$（D_{2h}^{16}），$Z=12$，$4c(3Ba^{2+}, 3Te^{4+}, 3O^{2-})$，$8d(3O^{2-})$，ICSD#10107。$9\times4c+3\times8d=9(2A_g+A_u+B_{1g}+2B_{1u}+2B_{2g}+B_{2u}+B_{3g}+2B_{3u})+3(3A_g+3A_u+3B_{1g}+3B_{1u}+3B_{2g}+3B_{2u}+3B_{3g}+3B_{3u})=27A_g(R)+18B_{1g}(R)+27B_{2g}(R)+18B_{3g}(R)+18A_u+27B_{1u}(IR,\ z)+18B_{2u}(IR,\ y)+27B_{3u}(IR,\ x)$

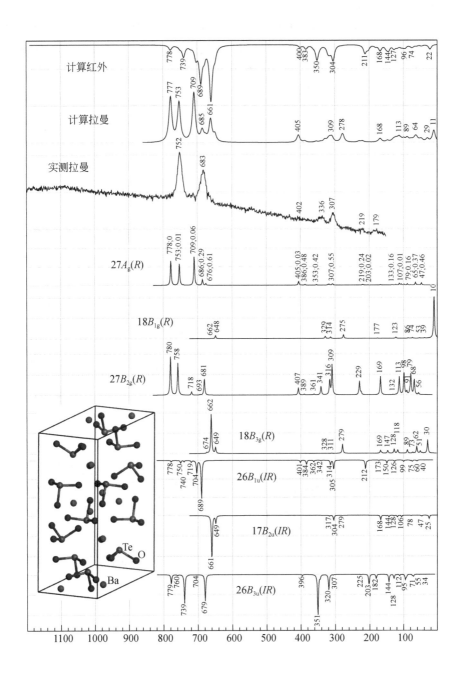

25.8　五水合碲酸钠

五水合碲酸钠（Sodium Tellurate Hydrate），$Na_2(TeO_3) \cdot 5H_2O$，$15\text{-}C2/c$（C_{2h}^6），$Z=8$，$4d(Na^+)$，$4e(Na^+)$，$8f(Te^{4+}$，Na^+，$8O^{2-}$，$10H^+)$，ICSD#8008。

$$4d+4e+20\times8f=(3A_u+3B_u)+(A_g+A_u+2B_g+2B_u)+20(3A_g+3A_u+3B_g+3B_u)=61A_g(R)+62B_g(R)+64A_u(IR,\ z)+65B_u(IR,\ x,\ y)$$

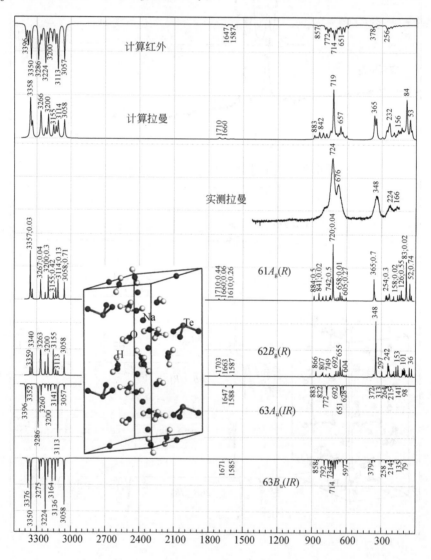

25.9　碲酸二铅

碲酸二铅（Dilead Tellurate），$Pb_2(TeO_5)$，$15\text{-}I2/a(C_{2h}^6)$，$Z=4$，$4a(Te^{6+})$，$4e$ (O^{2-})，$8f(Pb^{2+}$，$2O^{2-})$，$ICSD\#168000$。$4a+4e+3\times8f=(3A_u+3B_u)+(A_g+A_u+2B_g+2B_u)+3(3A_g+3A_u+3B_g+3B_u)=10A_g(R)+11B_g(R)+13A_u(IR,\ z)+14B_u(IR,\ x,\ y)$

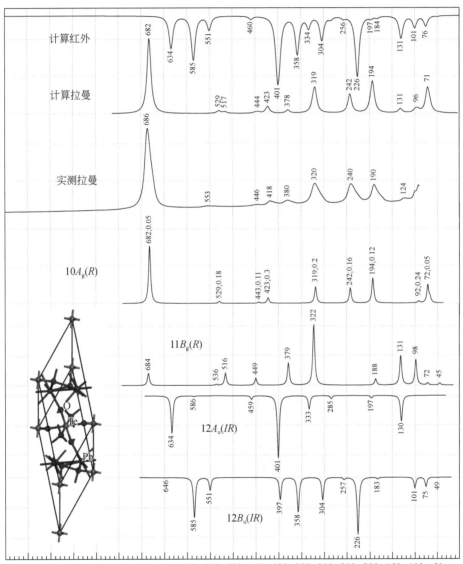

第26章 碘酸盐、碘化物

26.1 碘酸钠

碘酸钠（Sodium Iodate），$Na(IO_3)$，$62\text{-}Pbnm$（D_{2h}^{16}），$Z=4$，$4a$（Na^+），$4c$（I^{5+}，O^{2-}），$8d$（O^{2-}），ICSD#29098。$4a+2\times4c+8d=(3A_u+3B_{1u}+3B_{2u}+3B_{3u})+2(2A_g+A_u+B_{1g}+2B_{1u}+2B_{2g}+B_{2u}+B_{3g}+2B_{3u})+(3A_g+3A_u+3B_{1g}+3B_{1u}+3B_{2g}+3B_{2u}+3B_{3g}+3B_{3u})=7A_g(R)+5B_{1g}(R)+7B_{2g}(R)+5B_{3g}(R)+8A_u+10B_{1u}(R,\ z)+8B_{2u}(R,\ y)+10B_{3u}(R,\ x)$

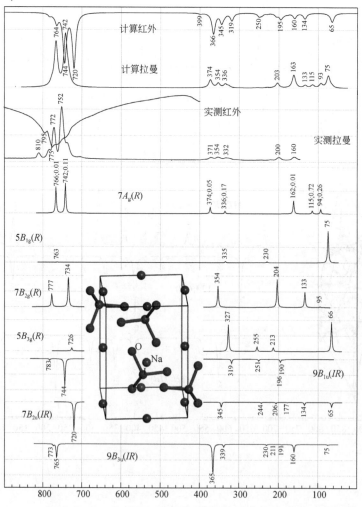

26.2　碘酸钾

碘酸钾（Potassium Iodate），K（IO$_3$），1-P1（C_1^1），Z = 4，1a（4K$^+$，4I^{5+}，12O^{2-}），ICSD#61176。20×1a = 20（3A）= 60A（R，IR，x，y，z）

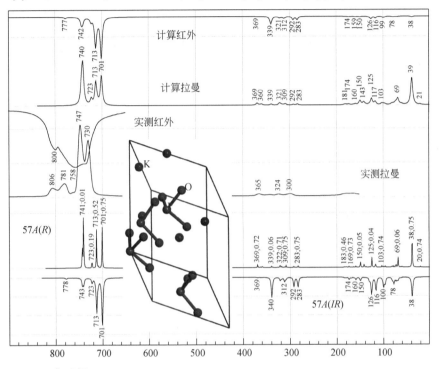

26.3　碘酸银

碘酸银（Silver Iodate），AgIO$_3$，29-Pbc2$_1$（C_{2v}^5），Z = 8，4a（2Ag$^+$，2I^{5+}，6O^{2-}），ICSD#14100。10×4a = 10（3A$_1$+3A$_2$+3B$_1$+3B$_2$）= 30A$_1$（R，IR，z）+30A$_2$（R）+30B$_1$（R，IR，x）+30B$_2$（R，IR，y）

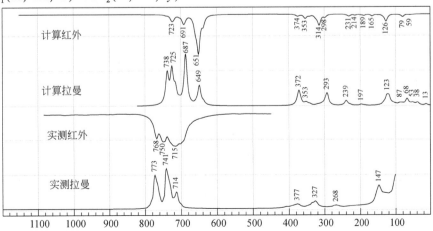

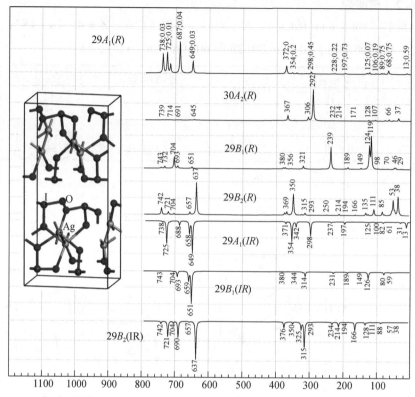

26.4　高碘酸钠

高碘酸钠［Sodium Iodate（Ⅶ）］，$Na(IO_4)$，$88\text{-}I4_1/a(C_{4h}^6)$，$Z=4$，$4a(I^{7+})$，$4b(Na^+)$，$16f(O^{2-})$，ICSD#14287。$4a+4b+16f=2(A_u+B_g+E_g+E_u)+(3A_g+3A_u+3B_g+3B_u+3E_g+3E_u)=3A_g(R)+5B_g(R)+5E_g(R)+5A_u(IR,z)+3B_u+5E_u(IR,x,y)$

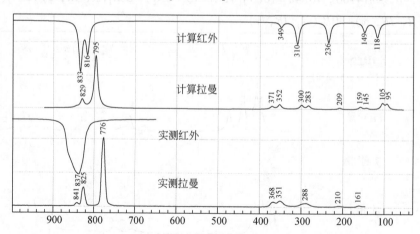

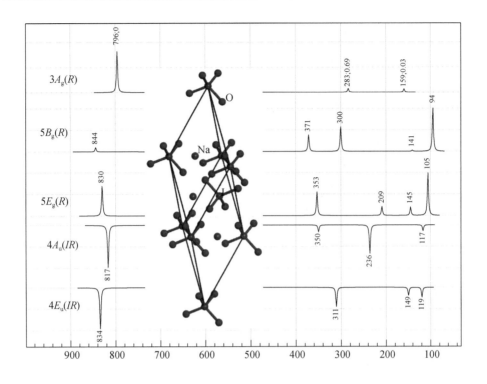

26.5　高碘酸钾

高碘酸钾 [Potassium Iodate (Ⅶ)]，$K(IO_4)$，88-$I4_1/a$(C_{4h}^6)，$Z=4$，$4a(I^{7+})$，$4b(K^+)$，$16f(O^{2-})$，ICSD#83377。$4a+4b+16f=2(A_u+B_g+E_g+E_u)+(3A_g+3A_u+3B_g+3B_u+3E_g+3E_u)=3A_g(R)+5B_g(R)+5E_g(R)+5A_u(IR, z)+3B_u+5E_u(IR, x, y)$

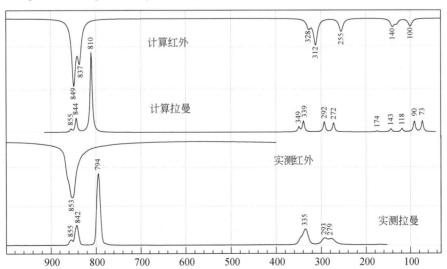

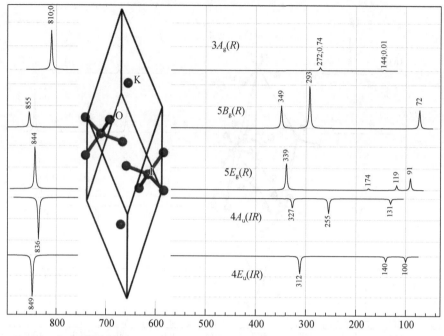

26.6　水合碘酸钡

水合碘酸钡(Barium Iodate Hydrate)，$Ba(IO_3)_2 \cdot H_2O$，$15\text{-}I2/c(C_{2h}^6)$，$Z=4$，$4e(Ba^{2+}, O^{2-})$，$8f(I^{5+}, 3O^{2-}, H^+)$，ICSD#60907。$2 \times 4e + 5 \times 8f = 2(A_g + A_u + 2B_g + 2B_u) + 5(3A_g + 3A_u + 3B_g + 3B_u) = 17A_g(R) + 19B_g(R) + 17A_u(IR, z) + 19B_u(IR, x, y)$

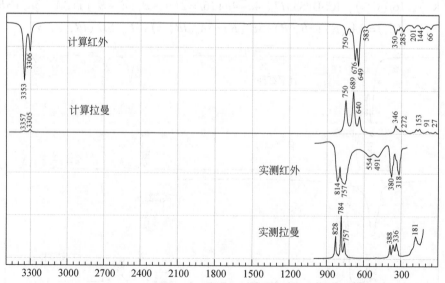

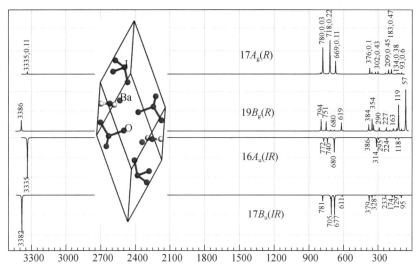

26.7 二水合碘化钠

二水合碘化钠（Sodium Iodide Dihydrate），$NaI \cdot 2H_2O$，$2\text{-}P\bar{1}(C_i^1)$，$Z=2$，$2i$（Na^+，I^-，$2O^{2-}$，$4H^+$），ICSD#23134。$8 \times 2i = 8(3A_g + 3A_u) = 24A_g(R) + 24A_u(IR, x, y, z)$

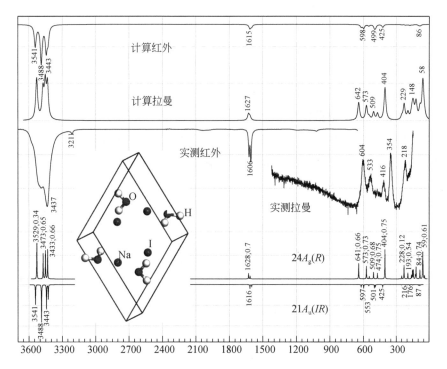

26.8　四水合碘化钙

四水合碘化钙（Calcium Iodide Tetrahydrate），$CaI_2 \cdot 4H_2O$，$14\text{-}P2_1/c(C_{2h}^5)$，$Z=2$，$2a(Ca^{2+})$，$4e(I^-$，$2O^{2-}$，$4H^+)$，ICSD#33265。$2a+7\times4e=(3A_u+3B_u)+7(3A_g+3A_u+3B_g+3B_u)=21A_g(R)+21B_g(R)+24A_u(IR,z)+24B_u(IR,x,y)$

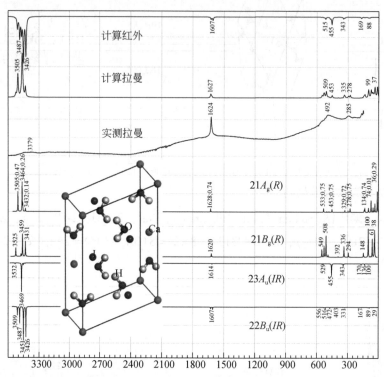

26.9　碘化银，碘银矿

碘化银（Silver Iodide），碘银矿（Iodargyrite），AgI，$186\text{-}P6_3mc(C_{6v}^4)$，$Z=2$，$2b(Ag^+$，$I^-)$，ICSD#15589。$2\times2b=2(A_1+B_1+E_1+E_2)=2A_1(R,IR,z)+2B_2+2E_1(R,IR,x,y)+2E_2(R)$

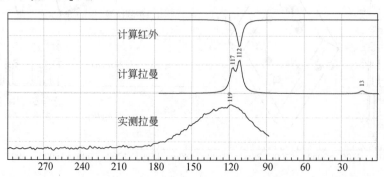

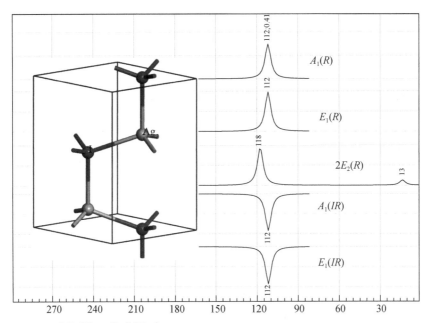

26.10　碘化银，黄碘银矿

碘化银（Silver Iodide），黄碘银矿（Miersite），AgI，216-$F\bar{4}3m$（T_d^2），$Z=4$，$4a$（Ag^+），$4c$（I^-），ICSD#53851。$4a+4c=2$（T_2）$=2T_2$（R，IR，x，y，z）

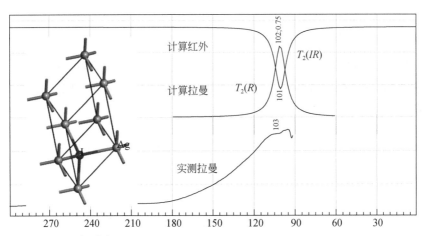

26.11　二水合碘化钡

二水合碘化钡（Barium Iodide Dihydrate），$BaI_2 \cdot 2H_2O$，15-$C2/c$（C_{2h}^6），$Z=4$，$4e$（Ba^{2+}），$8f$（I^-，O^{2-}，$2H^+$），ICSD#407360。$4e+4\times8f=(A_g+A_u+2B_g+2B_u)+4(3A_g+3A_u+3B_g+3B_u)=13A_g(R)+14B_g(R)+13A_u(IR, z)+14B_u(IR, x, y)$（注：nuj. 表示石蜡油吸收峰）

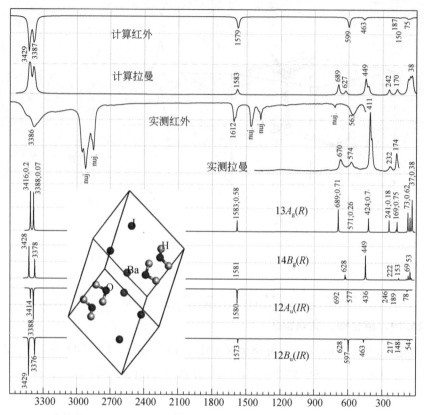

26.12 碘化铅

碘化铅（Lead Iodide），PbI_2，166-$R\bar{3}m$（D_{3d}^5），$Z=3$，$3a$（Pb^{2+}），$6c$（I^-），ICSD#77325。$3a+6c=(A_{2u}+E_u)+(A_{1g}+A_{2u}+E_g+E_u)=A_{1g}(R)+E_g(R)+2A_{2u}(R,z)+2E_u(R,x,y)$

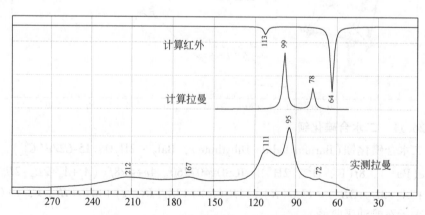

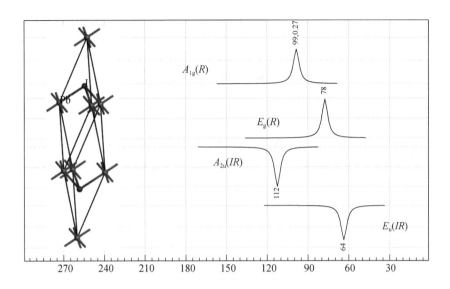

第 27 章 钽 酸 盐

27.1 钽酸锂

钽酸锂 [Lithium Tantalate（V）]，LiTa^{5+}O$_3$，161-$R3c$（C_{3v}^6），$Z=6$，$6a$（Li$^+$，Ta^{5+}），$18b$（O^{2-}），ICSD#239372。$2\times6a+18b=2(A_1+A_2+2E)+(3A_1+3A_2+6E)=5A_1(R,\ IR,\ z)+5A_2+10E(R,\ IR,\ x,\ y)$

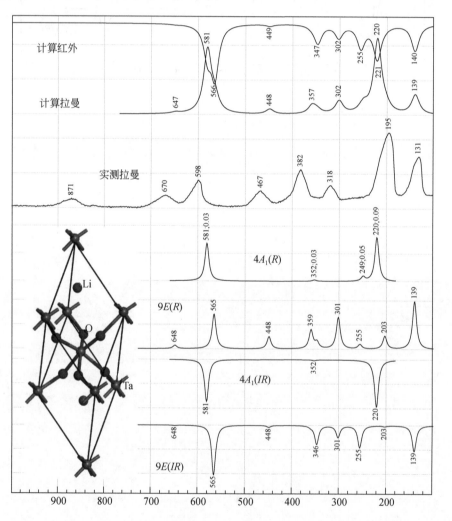

27.2 钽酸铋，钽铋矿

钽酸铋（Bismuth Tantalate），钽铋矿（Bismutotantalite），$Bi(Ta^{5+}O_4)$，52-$Pnna$ (D_{2h}^6)，$Z=4$，$4c(Bi^{3+})$，$4d(Ta^{5+})$，$8e(2O^{2-})$，ICSD#97423。$4c+4d+2\times 8e=$ $(A_g+A_u+B_{1g}+B_{1u}+2B_{2g}+2B_{2u}+2B_{3g}+2B_{3u})+(A_g+A_u+2B_{1g}+2B_{1u}+2B_{2g}+2B_{2u}+B_{3g}+B_{3u})+$ $2(3A_g+3A_u+3B_{1g}+3B_{1u}+3B_{2g}+3B_{2u}+3B_{3g}+3B_{3u})=8A_g(R)+9B_{1g}(R)+10B_{2g}(R)+9B_{3g}$ $(R)+8A_u+9B_{1u}(IR,z)+10B_{2u}(IR,y)+9B_{3u}(IR,x)$

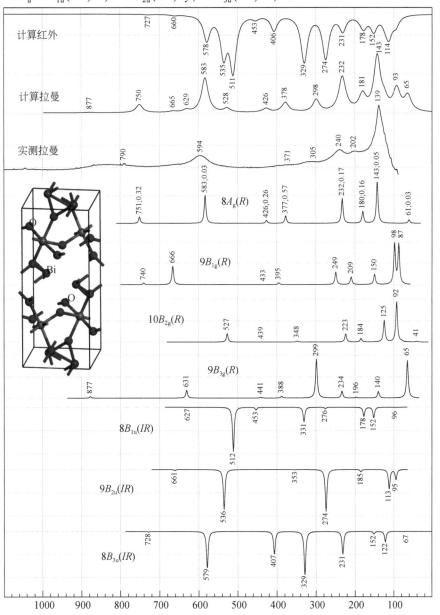

27.3　二钽酸钙，钽钙矿

二钽酸钙(Calcium Ditantalate)，钽钙矿(Rynersonite)，$Ca(Ta_2O_6)$，62-$Pnma$ (D_{2h}^{16})，$Z=4$，$4c(Ca^{2+}$，$2O^{2-})$，$8d(Ta^{5+}$，$2O^{2-})$，ICSD#24091。$3×4c+3×8d=3$ $(2A_g+A_u+B_{1g}+2B_{1u}+2B_{2g}+B_{2u}+B_{3g}+2B_{3u})+3(3A_g+3A_u+3B_{1g}+3B_{1u}+3B_{2g}+3B_{2u}+3B_{3g}+3B_{3u})=15A_g(R)+12B_{1g}(R)+15B_{2g}(R)+12B_{3g}(R)+12A_u+15B_{1u}(IR$，$z)+12B_{2u}(IR$，$y)+15B_{3u}(IR$，$x)$

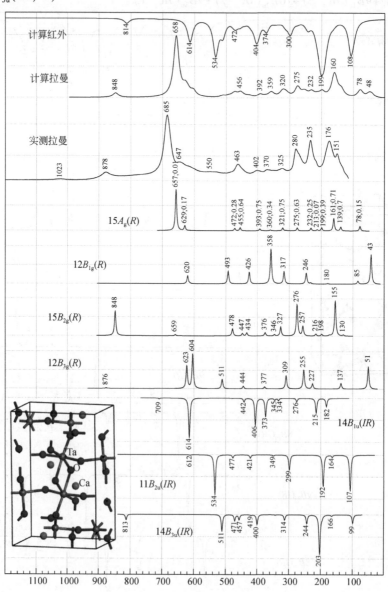

第28章 钨酸盐、过铼酸盐

28.1 钨酸二锂

钨酸二锂(Dilithium Tungstate)，$Li_2(WO_4)$，148-$R\bar{3}$(C_{3i}^2)，$Z=18$，$18f$(W^{6+}，$2Li^+$，$4O^{2-}$)，ICSD#15395。$7\times18f=7(3A_g+3A_u+3E_g+3E_u)=21A_g(R)+21E_g(R)+21A_u(IR, z)+21E_u(IR, x, y)$

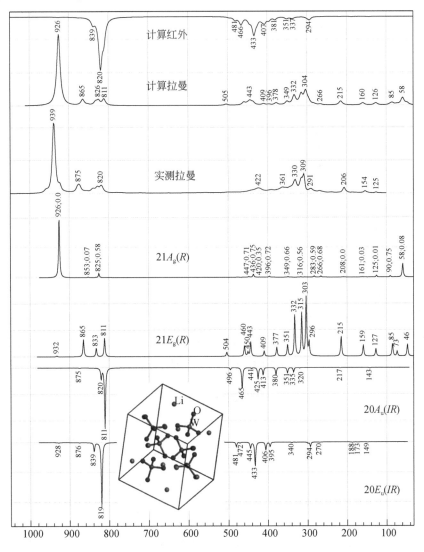

28.2　钨酸镁

钨酸镁（Magnesium Tungstate），$Mg(WO_4)$，13-$P2/c$（C_{2h}^4），$Z=2$，$2e$（Mg^{2+}），$2f(W^{6+})$，$4g(2O^{2-})$，ICSD#67901。$2e+2f+2\times4g=2(A_g+A_u+2B_g+2B_u)+2(3A_g+3A_u+3B_g+3B_u)=8A_g(R)+10B_g(R)+8A_u(IR, z)+10B_u(IR, x, y)$

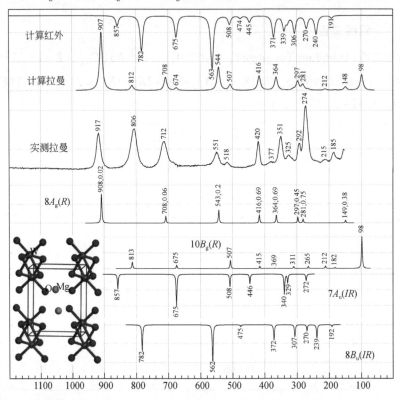

28.3　钨酸二钾

钨酸二钾（Dipotassium Tungstate），$K_2(WO_4)$，12-$C2/m$（C_{2h}^3），$Z=4$，$4i$（W^{6+}，$2K^+$，$2O^{2-}$），$8j(O^{2-})$，ICSD#26181。$5\times4i+8j=5(2A_g+A_u+B_g+2B_u)+(3A_g+3A_u+3B_g+3B_u)=13A_g(R)+8B_g(R)+8A_u(IR, z)+13B_u(IR, x, y)$

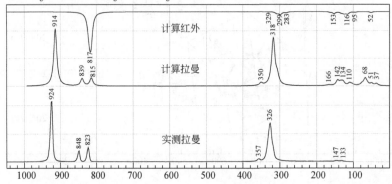

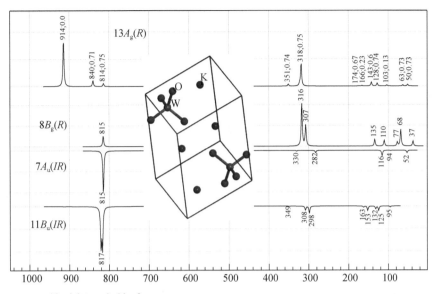

28.4　钨酸钙，白钨矿

钨酸钙(Calcium Tungstate)，白钨矿(Scheelite)，$Ca(WO_4)$，88-$I4_1/a$(C_{4h}^6)，$Z=4$，$4a$(W^{6+})，$4b$(Ca^{2+})，$16f$(O^{2-})，ICSD#15586。$4a+4b+16f=2(A_u+B_g+E_g+E_u)+(3A_g+3A_u+3B_g+3B_u+3E_g+3E_u)=3A_g(R)+5B_g(R)+5E_g(R)+5A_u(IR,\ z)+3B_u+5E_u(IR,\ x,\ y)$

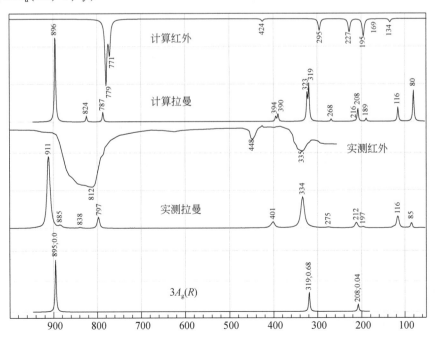

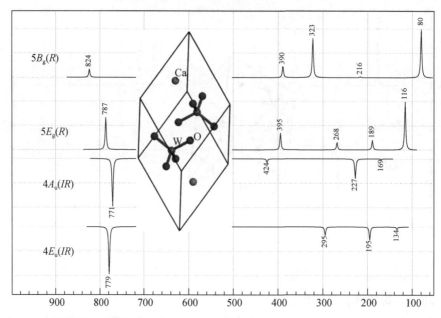

28.5　钨酸锌，钨锌矿

钨酸锌（Zinc Tungstate），钨锌矿（Sanmartinite），$Zn(WO_4)$，$13\text{-}P2/c\,(C_{2h}^4)$，$Z=2$，$2e(Mg^{2+})$，$2f(W^{6+})$，$4g(2O^{2-})$，ICSD#22348。$2e+2f+2\times4g=2(A_g+A_u+2B_g+2B_u)+2(3A_g+3A_u+3B_g+3B_u)=8A_g(R)+10B_g(R)+8A_u(IR,\ z)+10B_u(IR,\ x,\ y)$

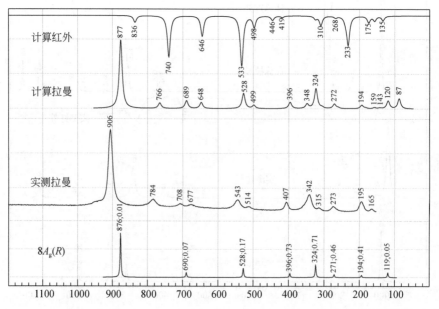

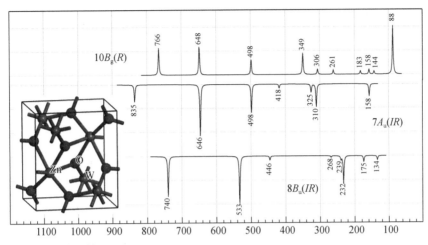

28.6　钨酸二铷

钨酸二铷（Dirubidium Tungstate），$Rb_2(WO_4)$，12-$C2/m$（C_{2h}^3），$Z=4$，$4i$（$2Rb^+$，W^{6+}，$2O^{2-}$），$8j(O^{2-})$，ICSD#24905。$5×4i+8j=5(2A_g+A_u+B_g+2B_u)+(3A_g+3A_u+3B_g+3B_u)=13A_g(R)+8B_g(R)+8A_u(IR,z)+13B_u(IR,x,y)$

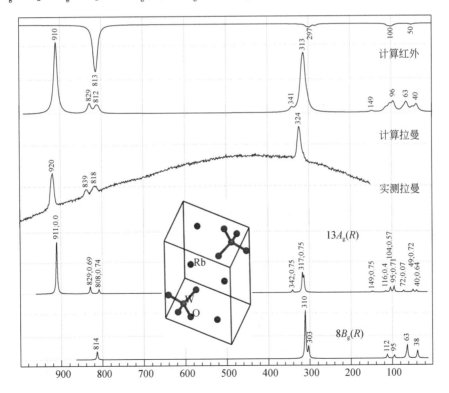

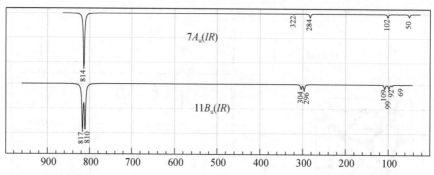

28.7　钨酸锶

钨酸锶（Strontium Tungstate），$Sr(WO_4)$，$88\text{-}I4_1/a\,(C_{4h}^6)$，$Z=4$，$4a\,(W^{6+})$，$4b\,(Sr^{2+})$，$16f\,(O^{2-})$，ICSD#23701。$4a+4b+16f=2\,(A_u+B_g+E_g+E_u)+(3A_g+3A_u+3B_g+3B_u+3E_g+3E_u)=3A_g(R)+5B_g(R)+5E_g(R)+5A_u(IR,\ z)+3B_u+5E_u(IR,\ x,\ y)$

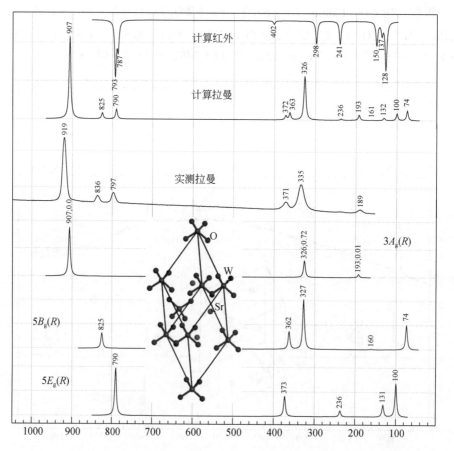

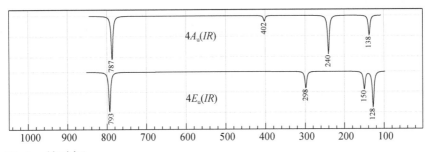

28.8　钨酸镉

钨酸镉（Cadmium Tungstate），$Cd(WO_4)$，$13\text{-}P2/c(C_{2h}^4)$，$Z=2$，$2e(Cd^{2+})$，$2f(W^{6+})$，$4g(2O^{2-})$，ICSD#82850。$2\times4g+2e+4f=2(3A_g+3A_u+3B_g+3B_u)+2(A_g+A_u+2B_g+2B_u)=8A_g(R)+10B_g(R)+8A_u(IR,\ z)+10B_u(IR,\ x,\ y)$

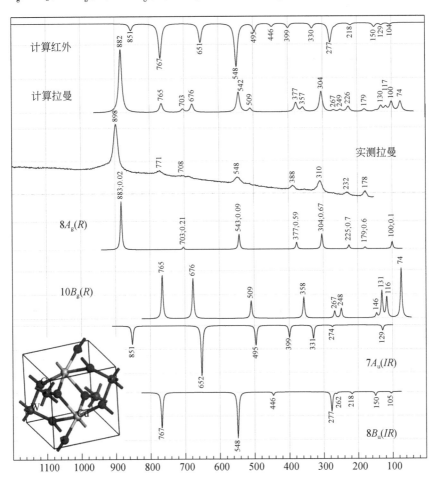

28.9　钨酸银

钨酸银（alpha-Disilver Tungstate），α-Ag_2WO_4，34-$Pn2n$（C_{2v}^{10}），$Z = 8$，$2a$（$3Ag^+$），$2b$（Ag^+，$2W^{6+}$），$4c$（$2Ag^+$，W^{6+}，$8O^{2-}$），ICSD#248969。$3\times2a+3\times2b+11\times4c=6(A_1+A_2+2B_1+2B_2)+11(3A_1+3A_2+3B_1+3B_2)=39A_1(R,IR,z)+39A_2(R)+45B_1(R,IR,x)+45B_2(R,IR,y)$

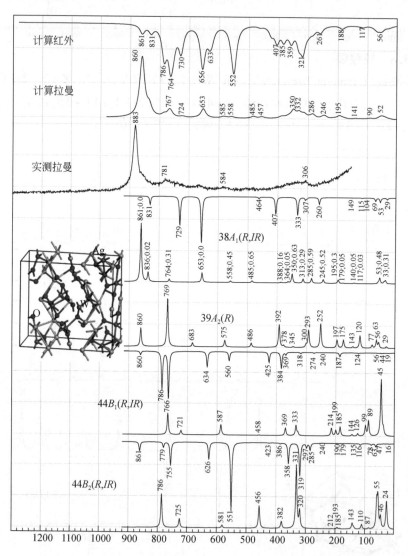

28.10 钨酸铯

钨酸铯（Dicesium Tungstate），$Cs_2(WO_4)$，62-$Pmcn$（D_{2h}^{16}），$Z=4$，$4c$（$2Cs^+$，W^{6+}，$2O^{2-}$），$8d$（O^{2-}），ICSD#24903。$5\times4c+8d=(2A_g+A_u+B_{1g}+2B_{1u}+2B_{2g}+B_{2u}+B_{3g}+2B_{3u})+(3A_g+3A_u+3B_{1g}+3B_{1u}+3B_{2g}+3B_{2u}+3B_{3g}+3B_{3u})=13A_g(R)+8B_{1g}(R)+13B_{2g}(R)+8B_{3g}(R)+8A_u+13B_{1u}(IR,z)+8B_{2u}(IR,y)+13B_{3u}(IR,x)$

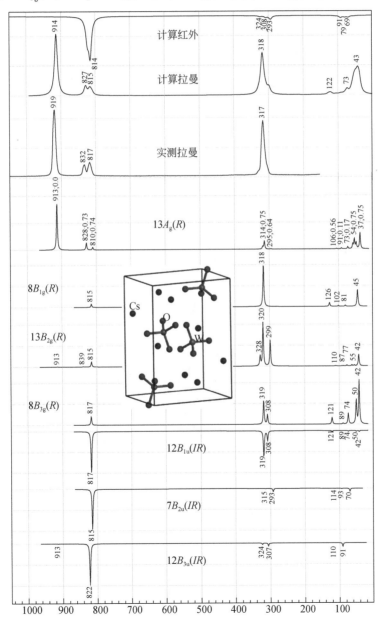

28.11　钨酸钡

钨酸钡（Barium Tungstate），$Ba(WO_4)$，$88\text{-}I4_1/a(C_{4h}^6)$，$Z=4$，$4a(W^{6+})$，$4b$ (Ba^{2+})，$16f(O^{2-})$，ICSD#23702。$4a+4b+16f=2(A_u+B_g+E_g+E_u)+(3A_g+3A_u+3B_g+3B_u+3E_g+3E_u)=3A_g(R)+5B_g(R)+5E_g(R)+5A_u(IR,\ z)+3B_u+5E_u(IR,\ x,\ y)$

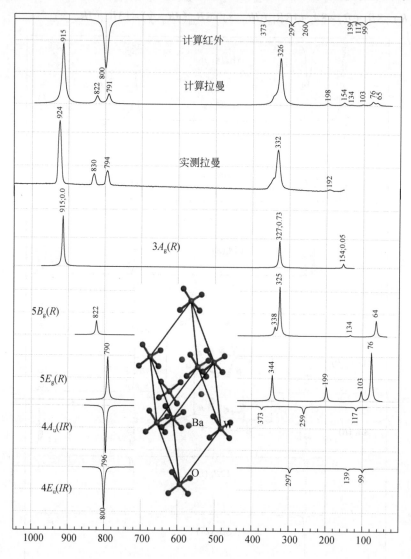

28.12　钨酸铅，钨铅矿

钨酸铅（Lead Tungstate），钨铅矿（Stolzite），$Pb(WO_4)$，88-$I4_1/a$（C_{4h}^6），$Z=4$，$4a(W^{6+})$，$4b(Pb^{2+})$，$16f(O^{2-})$，ICSD#93373。$4a+4b+16f=2(A_u+B_g+E_g+E_u)+(3A_g+3A_u+3B_g+3B_u+3E_g+3E_u)=3A_g(R)+5B_g(R)+5E_g(R)+5A_u(IR,z)+3B_u+5E_u(IR,x,y)$

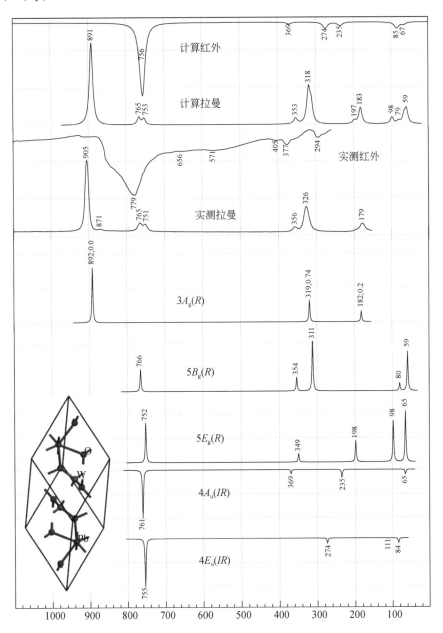

28.13　钨酸铅，斜钨铅矿

钨酸铅（Lead Tungstate），斜钨铅矿（Raspite），$Pb(WO_4)$，$14\text{-}P2_1/a$（C_{2h}^5），$Z=4$，$4e(Pb^{2+}$，W^{6+}，$4O^{2-})$，ICSD#811。$6\times4e=6(3A_g+3A_u+3B_g+3B_u)=18A_g(R)+18B_g(R)+18A_u(IR, z)+18B_u(IR, x, y)$

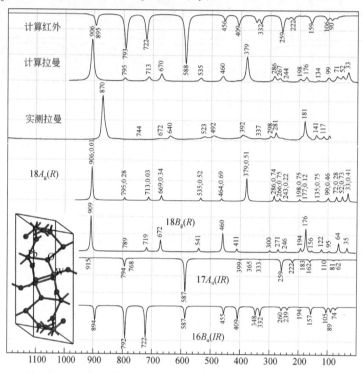

28.14　钨酸二铋，钨铋矿

钨酸二铋（Dibismuth Tungstate），钨铋矿（Russellite），$Bi_2(WO_6)$，$41\text{-}Aba2$（C_{2v}^{17}），$Z=4$，$4a(W^{6+})$，$8b(Bi^{3+}$，$3O^{2-})$，ICSD#23584。$4a+4\times8b=(A_1+A_2+2B_1+2B_2)+4(3A_1+3A_2+3B_1+3B_2)=13A_1(R, IR, z)+13A_2+14B_1(R, IR, x)+14B_2(R, IR, y)$

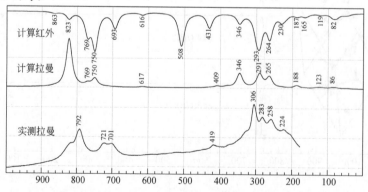

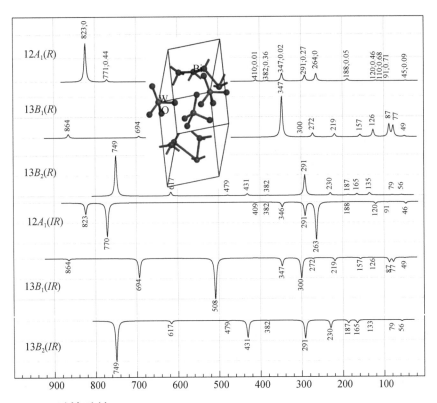

28.15　过铼酸钠

过铼酸钠［Sodium Rhenate（Ⅶ）］，$Na(ReO_4)$，$88\text{-}I4_1/a$（C_{4h}^6），$Z=4$，$4a$（Re^{7+}），$4b(Na^+)$，$16f(O^{2-})$，ICSD#52337。$4a+4b+16f=2(A_u+B_g+E_g+E_u)+(3A_g+3A_u+3B_g+3B_u+3E_g+3E_u)=3A_g(R)+5B_g(R)+5E_g(R)+5A_u(IR,\ z)+3B_u+5E_u(IR,\ x,\ y)$

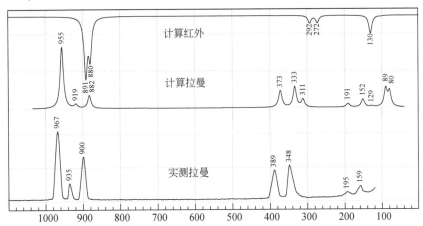

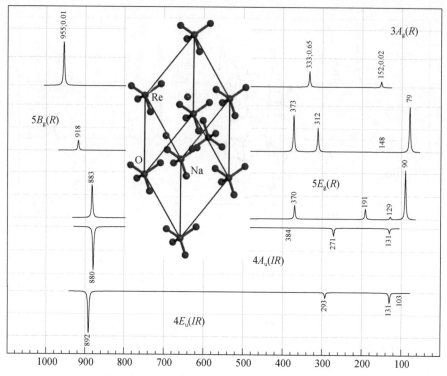

28.16　过铼酸钾

过铼酸钾［Potassium Rhenate（Ⅶ）］，K（ReO$_4$），88-$I4_1/a$（C_{4h}^6），$Z=4$，$4a$（Re^{7+}），$4b$（K$^+$），$16f$（O^{2-}），ICSD#62。$4a+4b+16f=2(A_u+B_g+E_g+E_u)+(3A_g+3A_u+3B_g+3B_u+3E_g+3E_u)=3A_g(R)+5B_g(R)+5E_g(R)+5A_u(IR, z)+3B_u+5E_u(IR, x, y)$

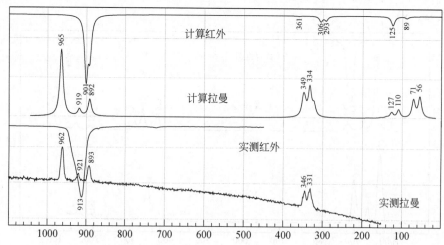

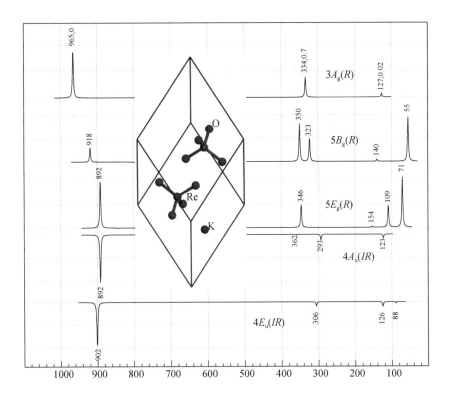

附录一　晶体的 32 个点群和 230 种空间群符号

==========
三斜晶族/晶系
==========

一、点群：$1(C_1)$

$1 P1(C_1^1)$

二、点群：$\bar{1}(C_i)$，
劳厄群

$2 P\bar{1}(C_i^1)$

==========
单斜晶族/晶系
==========

三、点群：$2(C_2)$

$3 P2(C_2^1)$

$4 P2_1(C_2^2)$

$5 C2(C_2^3)$

四、点群：$m(C_s)$

$6 Pm(C_s^1)$

$7 Pc(C_s^2)$

$8 Cm(C_s^3)$

$9 Cc(C_s^4)$

五、点群：$2/m(C_{2h})$，
劳厄群

$10 P2/m(C_{2h}^1)$

$11 P2_1/m(C_{2h}^2)$

$12 C2/m(C_{2h}^3)$

$13 P2/c(C_{2h}^4)$

$14 P2_1/c(C_{2h}^5)$

$15 C2/c(C_{2h}^6)$

==========
正交晶族/晶系
==========

六、点群：$222(D_2)$

$16 P222(D_2^1)$

$17 P222_1(D_2^2)$

$18 P2_12_12(D_2^3)$

$19 P2_12_12_1(D_2^4)$

$20 C222_1(D_2^5)$

$21 C222(D_2^6)$

$22 F222(D_2^7)$

$23 I222(D_2^8)$

$24 I2_12_12_1(D_2^9)$

七、点群：$mm2$, $2mm$ (C_{2v})

$25 Pmm2(C_{2v}^1)$

$26 Pmc2_1(C_{2v}^2)$

$27 Pcc2(C_{2v}^3)$

$28 Pma2(C_{2v}^4)$

$29 Pca2_1(C_{2v}^5)$

$30 Pnc2(C_{2v}^6)$

$31 Pmn2_1(C_{2v}^7)$

$32 Pba2(C_{2v}^8)$

$33 Pna2_1(C_{2v}^9)$

$34 Pnn2(C_{2v}^{10})$

$35 Cmm2(C_{2v}^{11})$

$36 Cmc2_1(C_{2v}^{12})$

$37 Ccc2(C_{2v}^{13})$

$38 Amm2(C_{2v}^{14})$

$39 Abm2(C_{2v}^{15})$

$40 Ama2(C_{2v}^{16})$

$41 Aba2(C_{2v}^{17})$

$42 Fmm2(C_{2v}^{18})$

$43 Fdd2(C_{2v}^{19})$

$44 Imm2(C_{2v}^{20})$

$45 Iba2(C_{2v}^{21})$

$46 Ima2(C_{2v}^{22})$

八、点群：mmm, $2/m2/m$, $2/m(D_{2h})$，劳厄群

$47 Pmmm(D_{2h}^1)$

$48 Pnnn(D_{2h}^2)$

$49 Pccm(D_{2h}^3)$

$50 Pban(D_{2h}^4)$

$51 Pmma(D_{2h}^5)$

$52 Pnna(D_{2h}^6)$

$53 Pmna(D_{2h}^7)$

$54 Pcca(D_{2h}^8)$

$55 Pbam(D_{2h}^9)$

$56 Pccn(D_{2h}^{10})$

$57 Pbcm(D_{2h}^{11})$

$58 Pnnm(D_{2h}^{12})$

$59 Pmmn(D_{2h}^{13})$

$60 Pbcn(D_{2h}^{14})$

$61 Pbca(D_{2h}^{15})$

$62 Pnma(D_{2h}^{16})$

$63 Cmcm(D_{2h}^{17})$

$64 Cmca(D_{2h}^{18})$

$65 Cmmm(D_{2h}^{19})$

$66 Cccm(D_{2h}^{20})$

$67 Cmma(D_{2h}^{21})$

$68 Ccca(D_{2h}^{22})$

$69 Fmmm(D_{2h}^{23})$

$70 Fddd(D_{2h}^{24})$

$71 Immm(D_{2h}^{25})$

$72 Ibam(D_{2h}^{26})$

$73 Ibca(D_{2h}^{27})$

$74 Imma(D_{2h}^{28})$

==========
四方晶族/晶系
==========

九、点群：$4(C_4)$

$75 P4(C_4^1)$

$76 P4_1(C_4^2)$

$77 P4_2(C_4^3)$

$78 P4_3(C_4^4)$

$79 I4(C_4^5)$

$80 I4_1(C_4^6)$

十、点群：$\bar{4}(S_4)$

$81 P\bar{4}(S_4^1)$

$82 I\bar{4}(S_4^2)$

十一、点 群: $4/m$ (C_{4h}), 劳厄群

----

83 $P4/m(C_{4h}^1)$

84 $P4_2/m(C_{4h}^2)$

85 $P4/n(C_{4h}^3)$

86 $P4_2/n(C_{4h}^4)$

87 $I4/m(C_{4h}^5)$

88 $I4_1/a(C_{4h}^6)$

十二、点群: $422(D_4)$

----

89 $P422(D_4^1)$

90 $P42_12(D_4^2)$

91 $P4_122(D_4^3)$

92 $P4_12_12(D_4^4)$

93 $P4_222(D_4^5)$

94 $P4_22_12(D_4^6)$

95 $P4_322(D_4^7)$

96 $P4_32_12(D_4^8)$

97 $I422(D_4^9)$

98 $I4_122(D_4^{10})$

十三、点群: $4mm$ (C_{4v})

----

99 $P4mm(C_{4v}^1)$

100 $P4bm(C_{4v}^2)$

101 $P4_2cm(C_{4v}^3)$

102 $P4_2nm(C_{4v}^4)$

103 $P4cc(C_{4v}^5)$

104 $P4nc(C_{4v}^6)$

105 $P4_2mc(C_{4v}^7)$

106 $P4_2bc(C_{4v}^8)$

107 $I4mm(C_{4v}^9)$

108 $I4cm(C_{4v}^{10})$

109 $I4_1md(C_{4v}^{11})$

110 $I4_1cd(C_{4v}^{12})$

十四、点 群: $\bar{4}2m$ (D_{2d})

----

111 $P\bar{4}2m(D_{2d}^1)$

112 $P\bar{4}2c(D_{2d}^2)$

113 $P\bar{4}2_1m(D_{2d}^3)$

114 $P\bar{4}2_1c(D_{2d}^4)$

115 $P\bar{4}m2(D_{2d}^5)$

----

116 $P\bar{4}c2(D_{2d}^6)$

117 $P\bar{4}b2(D_{2d}^7)$

118 $P\bar{4}n2(D_{2d}^8)$

119 $I\bar{4}m2(D_{2d}^9)$

120 $I\bar{4}c2(D_{2d}^{10})$

121 $I\bar{4}2m(D_{2d}^{11})$

122 $I\bar{4}2d(D_{2d}^{12})$

十五、点 群: $4/mmm$, $4/m2/m2/m$ (D_{4h}), 劳厄群

----

123 $P4/mmm(D_{4h}^1)$

124 $P4/mcc(D_{4h}^2)$

125 $P4/nbm(D_{4h}^3)$

126 $P4/nnc(D_{4h}^4)$

127 $P4/mbm(D_{4h}^5)$

128 $P4/mnc(D_{4h}^6)$

129 $P4/nmm(D_{4h}^7)$

130 $P4/ncc(D_{4h}^8)$

131 $P4_2/mmc(D_{4h}^9)$

132 $P4_2/mcm(D_{4h}^{10})$

133 $P4_2/nbc(D_{4h}^{11})$

134 $P4_2/nnm(D_{4h}^{12})$

135 $P4_2/mbc(D_{4h}^{13})$

136 $P4_2/mnm(D_{4h}^{14})$

137 $P4_2/nmc(D_{4h}^{15})$

138 $P4_2/ncm(D_{4h}^{16})$

139 $I4/mmm(D_{4h}^{17})$

140 $I4/mcm(D_{4h}^{18})$

141 $I4_1/amd(D_{4h}^{19})$

142 $I4_1/acd(D_{4h}^{20})$

=================

六方晶族-三方晶系

=================

十六、点群: $3(C_3)$

----

143 $P3(C_3^1)$

144 $P3_1(C_3^2)$

145 $P3_2(C_3^3)$

146 $R3(C_3^4)$

十七、点群: $\bar{3}$ (C_{3i}, S_6), 劳厄群

----

147 $P\bar{3}(C_{3i}^1)$

148 $R\bar{3}(C_{3i}^2)$

十八、点群: $32(D_3)$

----

149 $P312(D_3^1)$

150 $P321(D_3^2)$

151 $P3_112(D_3^3)$

152 $P3_121(D_3^4)$

153 $P3_212(D_3^5)$

154 $P3_221(D_3^6)$

155 $R32(D_3^7)$

十九、点 群: $3m$ (C_{3v})

----

156 $P3m1(C_{3v}^1)$

157 $P31m(C_{3v}^2)$

158 $P3c1(C_{3v}^3)$

159 $P31c(C_{3v}^4)$

160 $R3m(C_{3v}^5)$

161 $R3c(C_{3v}^6)$

二 十、点 群: $\bar{3}m$ (D_{3d}), 劳厄群

----

162 $P\bar{3}1m(D_{3d}^1)$

163 $P\bar{3}1c(D_{3d}^2)$

164 $P\bar{3}1m(D_{3d}^3)$

165 $P\bar{3}c1(D_{3d}^4)$

166 $R\bar{3}m(D_{3d}^5)$

167 $R\bar{3}c(D_{3d}^6)$

=================

六方晶族-六方晶系

=================

二十一、点群: $6(C_6)$

----

168 $P6(C_6^1)$

169 $P6_1(C_6^2)$

170 $P6_5(C_6^3)$

171 $P6_2(C_6^4)$

172 $P6_4(C_6^5)$

173 $P6_3(C_6^6)$

二十二、点 群: $\bar{6}$, $3/m$ (C_{3h}, S_3)

----

174 $P\bar{6}(C_{3h}^1)$

二十三、点群: $6/m$

(C_{6h})，劳厄群

----

175 $P6/m(C_{6h}^1)$

176 $P6_3/m(C_{6h}^2)$

二十四、点群: 622

(D_6)

----

177 $P622(D_6^1)$

178 $P6_122(D_6^2)$

179 $P6_522(D_6^3)$

180 $P6_222(D_6^4)$

181 $P6_422(D_6^5)$

182 $P6_322(D_6^6)$

二十五、点群: $6mm$

(C_{6v})

----

183 $P6mm(C_{6v}^1)$

184 $P6cc(C_{6v}^2)$

185 $P6_3cm(C_{6v}^3)$

186 $P6_3mc(C_{6v}^4)$

二十六、点群: $\bar{6}m2$

(D_{3h})

----

187 $P\bar{6}m2(D_{3h}^1)$

188 $P\bar{6}c2(D_{3h}^2)$

189 $P\bar{6}2m(D_{3h}^3)$

190 $P\bar{6}2c(D_{3h}^4)$

二十七、点群: $6/$

mmm, $6/m6/m$ $6/m$

(D_{6h})，劳厄群

----

191 $P6/mmm(D_{6h}^1)$

192 $P6/mcc(D_{6h}^2)$

193 $P6_3/mcm(D_{6h}^3)$

194 $P6_3/mmc(D_{6h}^4)$

==========

立方晶族/晶系

==========

二十八、点群: 23

(T)

----

195 $P23(T^1)$

196 $F23(T^2)$

197 $I23(T^3)$

198 $P2_13(T^4)$

199 $I2_13(T^5)$

二十九、点群: $m\bar{3}$

(T_h)，劳厄群

----

200 $Pm\bar{3}(T_h^1)$

201 $Pn\bar{3}(T_h^2)$

202 $Fm\bar{3}(T_h^3)$

203 $Fd\bar{3}(T_h^4)$

204 $Im\bar{3}(T_h^5)$

205 $Pa\bar{3}(T_h^6)$

206 $Ia\bar{3}(T_h^7)$

三十、点群: 432(O)

----

207 $P432(O^1)$

208 $P4_232(O^2)$

209 $F432(O^3)$

210 $F4_132(O^4)$

211 $I432(O^5)$

212 $P4_332(O^6)$

213 $P4_132(O^7)$

214 $I4_132(O^8)$

三十一、点群: $\bar{4}3m$

(T_d)

----

215 $P\bar{4}3m(T_d^1)$

216 $F\bar{4}3m(T_d^2)$

217 $I\bar{4}3m(T_d^3)$

218 $P\bar{4}3n(T_d^4)$

219 $F\bar{4}3c(T_d^5)$

220 $I\bar{4}3d(T_d^6)$

三十二、点群: $m\bar{3}m$

(O_h)，劳厄群

----

221 $Pm\bar{3}m(O_h^1)$

222 $Pn\bar{3}n(O_h^2)$

223 $Pm\bar{3}n(O_h^3)$

224 $Pn\bar{3}m(O_h^4)$

225 $Fm\bar{3}m(O_h^5)$

226 $Fm\bar{3}c(O_h^6)$

227 $Fd\bar{3}m(O_h^7)$

228 $Fd\bar{3}c(O_h^8)$

229 $Im\bar{3}m(O_h^9)$

230 $Ia\bar{3}d(O_h^{10})$

==========

注: 每一种空间群可能因取向不同而有不同的国际符号。具体以《国际晶体学表》A卷为准。

附录二　32 个晶体学点群的特征标表

一、$1(C_1)$ 点群

$1(C_1)$	E	函数
A	1	R_x, R_y, R_z, x, y, z, x^2, y^2, z^2, xy, xz, yz

二、$\bar{1}(C_i)$ 点群

$\bar{1}(C_i)$	E	i	函数	
A_g	1	1	R_x, R_y, R_z	x^2, y^2, z^2, xy, xz, yz
A_u	1	-1	x, y, z	
$\Gamma_{x,y,z}$	3	-3		

三、$2(C_2)$ 点群

$2(C_2)$	E	C_2	函数	
A	1	1	z, R_z	x^2, y^2, z^2, xy
B	1	-1	x, y, R_x, R_y	yz, xz
$\Gamma_{x,y,z}$	3	-1		

四、m (C_s) 点群

$m(C_s)$	E	σ_h	函数	
A'	1	1	x, y, R_z	x^2, y^2, z^2, xy
A''	1	-1	z, R_x, R_y	yz, xz
$\Gamma_{x,y,z}$	3	1		

五、2/m(C₂ₕ)点群

$2/m(C_{2h})$	E	C_2	i	σ_h		函数
A_g	1	1	1	1	R_z	x^2, y^2, z^2, xy
B_g	1	−1	1	−1	R_x, R_y	xz, yz
A_u	1	1	−1	−1	z	
B_u	1	−1	−1	1	x, y	
$\Gamma_{x,y,z}$	3	−1	−3	1		

六、222(D₂)点群

D_2	E	C_2^z	C_2^y	C_2^x		函数
A	1	1	1	1		x^2, y^2, z^2
B_1	1	1	−1	−1	z, R_z	xy
B_2	1	−1	1	−1	y, R_y	xz
B_3	1	−1	−1	1	x, R_x	yz
$\Gamma_{x,y,z}$	3	−1	−1	−1		

坐标轴取向：$C_2^z = \cdot \cdot 2$，$C_2^y = \cdot 2 \cdot$，$C_2^x = 2 \cdot \cdot$

七、mm2(C₂ᵥ) 点群

C_{2v}	E	C_2	$\sigma_v(xz)$	$\sigma_v'(yz)$		函数
A_1	1	1	1	1	z	x^2, y^2, z^2
A_2	1	1	−1	−1	R_z	xy
B_1	1	−1	1	−1	x, R_y	xz
B_2	1	−1	−1	1	y, R_x	yz
$\Gamma_{x,y,z}$	3	−1	1	1		

坐标轴取向：$\sigma(xz) = \cdot m \cdot$，$\sigma'(yz) = m \cdot \cdot$，$C_2 = \cdot \cdot 2$

八、mmm(D₂ₕ)点群

D_{2h}	E	C_2^z	C_2^y	C_2^x	i	σ^{xy}	σ^{xz}	σ^{yz}	函数
A_g	1	1	1	1	1	1	1	1	x^2, y^2, z^2

D_{2h}	E	C_2^z	C_2^y	C_2^x	i	σ^{xy}	σ^{xz}	σ^{yz}		函数
B_{1g}	1	1	−1	−1	1	1	−1	−1	R_z	xy
B_{2g}	1	−1	1	−1	1	−1	1	−1	R_y	xz
B_{3g}	1	−1	−1	1	1	−1	−1	1	R_x	yz
A_u	1	1	1	1	−1	−1	−1	−1		
B_{1u}	1	1	−1	−1	−1	−1	1	1	z	
B_{2u}	1	−1	1	−1	−1	1	−1	1	y	
B_{3u}	1	−1	−1	1	−1	1	1	−1	x	
$\Gamma_{x,y,z}$	3	−1	−1	−1	−3	1	1	1		

坐标轴取向：$C_2^z = \cdot\,\cdot\,2$，$C_2^y = \cdot\,2\,\cdot$，$C_2^x = 2\,\cdot\,\cdot$，$\sigma^{xy} = \cdot\,\cdot\,m$，$\sigma^{xz} = \cdot\,m\,\cdot$，$\sigma^{yz} = m\,\cdot\,\cdot$

九、4(C_4)点群

C_4	E	$2C_4$	C_2		函数
A	1	1	1	z, R_z	x^2+y^2, z^2
B	1	−1	1	R_z	x^2-y^2, xy
E	2	0	−2	(x, y), (R_x, R_y)	(yz, xz)
$\Gamma_{x,y,z}$	3	1	−1		

坐标轴取向：$C_4 = 4\,\cdot\,\cdot$，$C_2 = 2\,\cdot\,\cdot$

十、点群 $\bar{4}$(S_4)，空间群 $81S_4^1$、$82S_4^2$

S_4	E	$2S_4$	C_2		函数
A	1	1	1	R_z	x^2+y^2, z^2
B	1	−1	1	x	x^2-y^2, xy
E	2	0	−2	(x, y), (R_x, R_y)	(yz, xz)
$\Gamma_{x,y,z}$	3	−1	−1		

坐标轴取向：$S_4 = \bar{4}\,\cdot\,\cdot$，$C_2 = 2\,\cdot\,\cdot$

十一、$4/m$（C_{4h}）点群

C_{4h}	E	$2C_4$	C_2	i	$2S_4$	σ_h	函数	
A_g	1	1	1	1	1	1	R_z	x^2+y^2, z^2
B_g	1	−1	1	1	−1	1		x^2-y^2, xy
E_g	2	0	−2	2	0	−2	R_x, R_y	$(xz,\ yz)$
A_u	1	1	1	−1	−1	−1	z	
B_u	1	−1	1	−1	1	−1		
E_u	2	0	−2	−2	0	2	$(x,\ y)$	
$\Gamma_{x,y,z}$	3	1	−1	−3	−1	1		

坐标轴取向：$C_4 = 4\cdot\cdot$，$C_2 = 2\cdot\cdot$，$S_4 = \bar{4}\cdot\cdot$，$\sigma_h = m\cdot\cdot$

十二、422（D_4）点群

D_4	E	$2C_4$	C_2^z	$2C_2^{x,y}$	$2C_2^{x\wedge y}$	函数	
A_1	1	1	1	1	1		x^2+y^2, z^2
A_2	1	1	1	−1	−1	z, R_z	
B_1	1	−1	1	1	−1		x^2-y^2
B_2	1	−1	1	−1	1		xy
E	2	0	−2	0	0	$(x,\ y)$, $(R_x,\ R_y)$	$(xz,\ yz)$
$\Gamma_{x,y,z}$	3	1	−1	−1	−1		

坐标轴取向：$C_4 = 4\cdot\cdot$，$C_2^z = 2\cdot\cdot$，$C_2^{x,y} = \cdot 2\cdot$，$C_2^{x\wedge y} = \cdot\cdot 2$

十三、$4mm$（C_{4v}）点群

C_{4v}	E	$2C_4$	C_2	$2\sigma_v$	$2\sigma_d$	函数	
A_1	1	1	1	1	1	z	x^2+y^2, z^2
A_2	1	1	1	−1	−1	R_z	
B_1	1	−1	1	1	−1		x^2-y^2
B_2	1	−1	1	−1	1		xy
E	2	0	−2	0	0	$(x,\ y)$, $(R_x,\ R_y)$	$(xz,\ yz)$
$\Gamma_{x,y,z}$	3	1	−1	1	1		

坐标轴取向：$C_4 = 4\cdot\cdot$，$C_2 = 2\cdot\cdot$，$\sigma_v = \cdot m\cdot$，$\sigma_d = \cdot\cdot m$

十四、$\overline{4}2m(D_{2d})$ 点群

D_{2d}	E	$2S_4$	C_2^z	$2C_2$	$2\sigma_d$		函数
A_1	1	1	1	1	1		x^2+y^2, z^2
A_2	1	1	1	-1	-1	R_z	
B_1	1	-1	1	1	-1		x^2-y^2
B_2	1	-1	1	-1	1	z	xy
E	2	0	-2	0	0	(x, y), (R_x, R_y)	(xz, yz)
$\Gamma_{x,y,z}$	3	-1	-1	-1	1		

坐标轴取向：$C_4=4\cdot\cdot$，$C_2^z=2\cdot\cdot$，$C_2=\cdot2\cdot$，$S_4=\overline{4}\cdot\cdot$，$\sigma_d=\cdot\cdot m(\cdot m\cdot)$

十五、$4/mmm(D_{4h})$ 点群

D_{4h}	E	$2C_4$	C_2	$2C_2'$	$2C_2''$	i	$2S_4$	σ_h	$2\sigma_v$	$2\sigma_d$		函数
A_{1g}	1	1	1	1	1	1	1	1	1	1		x^2+y^2, z^2
A_{2g}	1	1	1	-1	-1	1	1	1	-1	-1	R_z	
B_{1g}	1	-1	1	1	-1	1	-1	1	1	-1		x^2-y^2
B_{2g}	1	-1	1	-1	1	1	-1	1	-1	1		xy
E_g	2	0	-2	0	0	2	0	-2	0	0	(R_x, R_y)	(xz, yz)
A_{1u}	1	1	1	1	1	-1	-1	-1	-1	-1		
A_{2u}	1	1	1	-1	-1	-1	-1	-1	1	1	z	
B_{1u}	1	-1	1	1	-1	-1	1	-1	-1	1		
B_{2u}	1	-1	1	-1	1	-1	1	-1	1	-1		
E_u	2	0	-2	0	0	-2	0	2	0	0	(x, y)	
$\Gamma_{x,y,z}$	3	1	-1	-1	-1	-3	-1	1	1	1		

坐标轴取向：$C_4=4\cdot\cdot$，$C_2=2\cdot\cdot$，$C_2'=\cdot2\cdot$，$C_2''=\cdot\cdot2$，$S_4=\overline{4}\cdot\cdot$，$\sigma_h=m\cdot\cdot$，$\sigma_v=\cdot m\cdot$，$\sigma_d=\cdot\cdot m$

十六、3(C_3)点群

C_3	E	$2C_3$		函数
A	1	1	z, R_z	x^2+y^2, z^2
E	2	-1	(x, y), (R_x, R_y)	(x^2-y^2, xy), (xz, yz)
$\Gamma_{x,y,z}$	3	0		

坐标轴取向：$C_3=3\cdot\cdot$

十七、$\bar{3}$(S_6, C_{3i})点群

S_6	E	$2C_3$	i	$2S_6$		函数
A_g	1	1	1	1	R_z	x^2+y^2, z^2
E_g	2	-1	2	-1	R_x, R_y	(x^2-y^2, xy), (xz, yz)
A_u	1	1	-1	-1	z	
E_u	2	-1	-2	1	(x, y)	
$\Gamma_{x,y,z}$	3	0	-3	0		

坐标轴取向：$C_3=3\cdot\cdot$，$S_6=\bar{3}\cdot\cdot$

十八、312(D_3)点群

D_3	E	$2C_3$	$3C_2$		函数
A_1	1	1	1		x^2+y^2, z^2
A_2	1	1	-1	z, R_z	
E	2	-1	0	(x, y), (R_x, R_y)	(x^2-y^2), (xz, yz)
$\Gamma_{x,y,z}$	3	0	-1		

坐标轴取向：$C_3=3\cdot\cdot(3\cdot)$，$C_2=\cdot\cdot2(\cdot2\cdot, \cdot2)$，$S_6=\bar{3}\cdot\cdot$

十九、3m(C_{3v})点群

C_{3v}	E	$2C_3$	$3\sigma_v$		函数
A_1	1	1	1	z	x^2+y^2, z^2
A_2	1	1	-1	R_z	
E	2	-1	0	(x, y), (R_x, R_y)	(x^2-y^2), (xz, yz)
$\Gamma_{x,y,z}$	3	0	1		

坐标轴取向：$C_3=3\cdot\cdot(3\cdot)$，$\sigma_v=\cdot m\cdot(\cdot\cdot m, \cdot m)$

二十、$\bar{3}m(D_{3d})$ 点群

D_{3d}	E	$2C_3$	$3C_2$	i	$2S_6$	$3\sigma_d$		函数
A_{1g}	1	1	1	1	1	1		x^2+y^2, z^2
A_{2g}	1	1	−1	1	1	−1	R_z	
E_g	2	−1	0	2	−1	0	(R_x, R_y)	(x^2-y^2, xy), (xz, yz)
A_{1u}	1	1	1	−1	−1	−1		
A_{2u}	1	1	−1	−1	−1	1	z	
E_u	2	−1	0	−2	1	0	(x, y)	
$\Gamma_{x,y,z}$	3	0	−1	−3	0	1		

坐标轴取向：$C_3=3\cdot\cdot$，$C_2=\cdot\cdot 2(\cdot 2\cdot, \cdot 2)$，$S_6=\bar{3}\cdot\cdot$，$\sigma_d=\cdot\cdot m(\cdot m\cdot, \cdot m)$

二十一、点群 $6(C_6)$

C_6	E	$2C_6$	$2C_3$	C_2		函数
A	1	1	1	1	z, R_z	x^2+y^2, z^2
B	1	−1	1	−1		
E_1	2	1	−1	−2	(x, y), (R_x, R_y)	(xz, yz)
E_2	2	−1	−1	2		(x^2-y^2, xy)
$\Gamma_{x,y,z}$	3	2	0	−1		

坐标轴取向：$C_6=6\cdot\cdot$，$C_3=3\cdot\cdot$，$C_2=2\cdot\cdot$

二十二、$\bar{6}$ 或 $3/m(C_{3h})$ 点群

C_{3h}	E	$2C_3$	σ_h	$2S_3$		函数
A'	1	1	1	1	R_z	x^2+y^2, z^2
E'	2	−1	2	−1	(x, y)	(x^2-y^2, xy)
A''	1	1	−1	−1	z	
E''	2	−1	−2	1	(R_x, R_y)	(xz, yz)
$\Gamma_{x,y,z}$	3	0	1	−2		

坐标轴取向：$C_3=3\cdot\cdot$，$\sigma_h=m\cdot\cdot$，$S_3=\bar{6}\cdot\cdot$

二十三、6/m(C₆ₕ)点群

C_{6h}	E	$2C_6$	$2C_3$	C_2	i	$2S_3$	$2S_6$	σ_h	函数	
A_g	1	1	1	1	1	1	1	1	R_z	x^2+y^2, z^2
B_g	1	−1	1	−1	1	−1	1	−1		
E_{1g}	2	1	−1	−2	2	1	−1	−2	(R_x, R_y)	(xz, yz)
E_{2g}	2	−1	−1	2	2	−1	−1	2		(x^2-y^2, xy)
A_u	1	1	1	1	−1	−1	−1	−1	z	(xz, yz)
B_u	1	−1	1	−1	−1	−1	1	−1		
E_{1u}	2	1	−1	−2	−2	−1	1	2	(x, y)	
E_{2u}	2	−1	−1	2	−2	1	1	−2		
$\Gamma_{x,y,z}$	3	2	0	−1	−3	−2	0	1		

坐标轴取向：$C_6 = 6 \cdot \cdot$，$C_3 = 3 \cdot \cdot$，$C_2 = 2 \cdot \cdot$，$S_3 = \overline{6} \cdot \cdot$，$S_6 = \overline{3} \cdot \cdot$，$\sigma_h = m \cdot \cdot$

二十四、622(D₆)点群

D_6	E	$2C_6$	$2C_3$	C_2	$3C_2'$	$3C_2''$	函数	
A_1	1	1	1	1	1	1		x^2+y^2, z^2
A_2	1	1	1	1	−1	−1	z, R_z	
B_1	1	−1	1	−1	1	−1		
B_2	1	−1	1	−1	−1	1		
E_1	2	1	−1	−2	0	0	(x, y), (R_x, R_y)	(xz, yz)
E_2	2	−1	−1	2	0	0		(x^2-y^2, xy)
$\Gamma_{x,y,z}$	3	2	0	−1	−1	−1		

坐标轴取向：$C_6 = 6 \cdot \cdot$，$C_3 = 3 \cdot \cdot$，$C_2 = 2 \cdot \cdot$，$C_2' = \cdot 2 \cdot$，$C_2'' = \cdot \cdot 2$

二十五、6mm(C₆ᵥ)点群

C_{6v}	E	$2C_6$	$2C_3$	C_2	$3\sigma_v$	$3\sigma_d$	函数	
A_1	1	1	1	1	1	1	z	x^2+y^2, z^2
A_2	1	1	1	1	−1	−1	R_z	
B_1	1	−1	1	−1	1	−1		
B_2	1	−1	1	−1	−1	1		

C_{6v}	E	$2C_6$	$2C_3$	C_2	$3\sigma_v$	$3\sigma_d$	函数	
E_1	2	1	−1	−2	0	0	(x, y), (R_x, R_y)	(xz, yz)
E_2	2	−1	−1	2	0	0		(x^2-y^2, xy)
$\Gamma_{x,y,z}$	3	2	0	−1	1	1		

坐标轴取向：$C_6 = 6 \cdot \cdot$，$C_3 = 3 \cdot \cdot$，$C_2 = 2 \cdot \cdot$，$\sigma_v = \cdot \cdot m$，$\sigma_d = \cdot m \cdot$

二十六、$\bar{6}m2(D_{3h})$点群

D_{3h}	E	$2C_3$	$3C_2$	σ_h	$2S_3$	$3\sigma_v$	函数	
A_1'	1	1	1	1	1	1	x^2+y^2, z^2	
A_2'	1	1	−1	1	1	−1	R_z	
E'	2	−1	0	2	−1	0	(x, y)	(x^2-y^2, xy)
A_1''	1	1	1	−1	−1	−1		
A_2''	1	1	−1	−1	−1	1	z	
E''	2	−1	0	−2	1	0	(R_x, R_y)	(xz, yz)
$\Gamma_{x,y,z}$	3	0	−1	1	−2	1		

坐标轴取向：$C_3 = 3 \cdot \cdot$，$C_2 = 2 \cdot \cdot (\cdot 2 \cdot)$，$\sigma_h = m \cdot \cdot$，$S_3 = \bar{6} \cdot \cdot$，$\sigma_v = \cdot m \cdot (\cdot \cdot m)$

二十七、$6/mmm(D_{6h})$点群

D_{6h}	E	$2C_6$	$2C_3$	C_2	$3C_2'$	$3C_2''$	i	$2S_3$	$2S_6$	σ_h	$3\sigma_d$	$3\sigma_v$	函数	
A_{1g}	1	1	1	1	1	1	1	1	1	1	1	1	x^2+y^2, z^2	
A_{2g}	1	1	1	1	−1	−1	1	1	1	1	−1	−1	R_z	
B_{1g}	1	−1	1	−1	1	−1	1	−1	1	−1	1	−1		
B_{2g}	1	−1	1	−1	−1	1	1	−1	1	−1	−1	1		
E_{1g}	2	1	−1	−2	0	0	2	1	−1	−2	0	0	(R_x, R_y)	(xz, yz)
E_{2g}	2	−1	−1	2	0	0	2	−1	−1	2	0	0		(x^2-y^2, xy)
A_{1u}	1	1	1	1	1	1	−1	−1	−1	−1	−1	−1		
A_{2u}	1	1	1	1	−1	−1	−1	−1	−1	−1	1	1	z	
B_{1u}	1	−1	1	−1	1	−1	−1	1	−1	1	−1	1		

续表

D_{6h}	E	$2C_6$	$2C_3$	C_2	$3C_2'$	$3C_2''$	i	$2S_3$	$2S_6$	σ_h	$3\sigma_d$	$3\sigma_v$	函数
B_{2u}	1	–1	1	–1	–1	1	–1	1	–1	1	1	–1	
E_{1u}	2	1	–1	–2	0	0	–2	–1	1	2	0	0	(x, y)
E_{2u}	2	–1	–1	2	0	0	–2	1	1	–2	0	0	
$\Gamma_{x,y,z}$	3	2	0	–1	–1	–1	–3	–2	0	1	1	1	

坐标轴取向：$C_6 = 6 \cdot \cdot$，$C_3 = 3 \cdot \cdot$，$C_2 = 2 \cdot \cdot$，$C_2' = \cdot 2 \cdot$，$C_2'' = \cdot \cdot 2$，$S_3 = \overline{6} \cdot \cdot$，$\sigma_h = m \cdot \cdot$，$\sigma_d = \cdot m \cdot$，$\sigma_v = \cdot \cdot m$

二十八、23(T)点群

T	E	$8C_3$	$3C_2$	函数	
A	1	1	1		$x^2 + y^2 + z^2$
E	2	–1	2		$(2z^2 - x^2 - y^2,\ x^2 - y^2)$
T	3	0	–1	$(R_x, R_y, R_z),\ (x, y, z)$	(xy, xz, yz)
$\Gamma_{x,y,z}$	3	0	–1		

坐标轴取向：$C_3 = \cdot 3 \cdot$，$C_2 = 2 \cdot \cdot$

二十九、$m\overline{3}$(T_h)点群

T_h	E	$8C_3$	$3C_2$	i	$8S_6$	$3\sigma_h$	函数	
A_g	1	1	1	1	1	1		$x^2 + y^2 + z^2$
A_u	1	1	1	–1	–1	–1		
E_g	2	1	2	2	1	2		$(2z^2 - x^2 - y^2,\ x^2 - y^2)$
E_u	2	1	2	–2	–1	–2		
T_g	3	0	–1	3	0	–1	(R_x, R_y, R_z)	(xz, yz, xy)
T_u	3	0	–1	–3	0	1	(x, y, z)	
$\Gamma_{x,y,z}$	3	0	–1	–3	0	1		

坐标轴取向：$C_3 = \cdot 3 \cdot$，$C_2 = 2 \cdot \cdot (\cdot \cdot 2)$，$S_6 = \cdot \overline{3} \cdot$，$\sigma_h = m \cdot \cdot$

三十、432 或 43(O) 点群

O	E	$6C_4$	$3C_2(=C_4^2)$	$8C_3$	$6C_2$		函数
A_1	1	1	1	1	1		$x^2+y^2+z^2$
A_2	1	-1	1	1	-1		
E	2	0	2	-1	0		$(2z^2-x^2-y^2,\ x^2-y^2)$
T_1	3	1	-1	0	-1	$(R_x,\ R_y,\ R_z),\ (x,\ y,\ z)$	
T_2	3	-1	-1	0	1		$(xy,\ xz,\ yz)$
$\Gamma_{x,y,z}$	3	1	-1	0	-1		

坐标轴取向：$C_4=4\cdot\cdot$，$C_2(=C_4^2)=2\cdot\cdot$，$C_3=\cdot3\cdot$，$C_2=\cdot\cdot2$

三十一、$\overline{4}3m$（T_d）点群

T_d	E	$8C_3$	$3C_2$	$6S_4$	$6\sigma_d$		函数
A_1	1	1	1	1	1		$x^2+y^2+z^2$
A_2	1	1	1	-1	-1		
E	2	-1	2	0	0		$(2z^2-x^2-y^2,\ x^2-y^2)$
T_1	3	0	-1	1	-1	$(R_x,\ R_y,\ R_z)$	
T_2	3	0	-1	-1	1	$(x,\ y,\ z)$	$(xy,\ xz,\ yz)$
$\Gamma_{x,y,z}$	3	0	-1	-1	1		

坐标轴取向：$C_3=\cdot3\cdot$，$C_2=2\cdot\cdot$，$S_4=\overline{4}\cdot\cdot$，$\sigma_d=\cdot\cdot m$

三十二、$m\overline{3}m$（O_h）点群

O_h	E	$8C_3$	$6C_2$	$6C_4$	$3C_2'$	i	$6S_4$	$8S_6$	$3\sigma_h$	$6\sigma_d$		函数
A_{1g}	1	1	1	1	1	1	1	1	1	1		$x^2+y^2+z^2$
A_{2g}	1	1	-1	-1	1	1	-1	1	1	-1		
E_g	2	-1	0	0	2	2	0	-1	2	0		$(2z^2-x^2-y^2,\ x^2-y^2)$
T_{1g}	3	0	-1	1	-1	3	1	0	-1	-1	$(R_x,\ R_y,\ R_z)$	
T_{2g}	3	0	1	-1	-1	3	-1	0	-1	1		$(xz,\ yz,\ xy)$
A_{1u}	1	1	1	1	1	-1	-1	-1	-1	-1		
A_{2u}	1	1	-1	-1	1	-1	1	-1	-1	1		

O_h	E	$8C_3$	$6C_2$	$6C_4$	$3C_2'$	i	$6S_4$	$8S_6$	$3\sigma_h$	$6\sigma_d$		函数
E_u	2	–1	0	0	2	–2	0	1	–2	0		
T_{1u}	3	0	–1	1	–1	–3	–1	0	1	1		(x, y, z)
T_{2u}	3	0	1	–1	–1	–3	1	0	1	–1		
$\Gamma_{x,y,z}$	3	0	–1	1	–1	–3	–1	0	1	1		

坐标轴取向：$C_3 = \cdot 3 \cdot$，$C_2 = 2 \cdot \cdot$，$C_4 = 4 \cdot \cdot$，$C_2' = \cdot \cdot 2$，$S_4 = \overline{4} \cdot \cdot$，$S_6 = \cdot \overline{3} \cdot$，$\sigma_h = m \cdot \cdot$，$\sigma_d = \cdot \cdot m$

附录三　230 种空间群中不同位置群原子的振动模式

说明：

1）中文数字后信息顺序：点群序号，点群国际符号（点群圣弗利斯符号），对称模式（括号内的 R 表示有拉曼活性；IR 表示有红外活性；x、y、z 表示有平动模式，简正振动模分析时应去除三个平动模）。

2）阿拉伯数字后信息顺序：空间群国际符号（空间群圣弗利斯符号），位置群国际符号（多重性因子+具有相同多重性因子的所有魏克夫位置字母）：振动模。

3）对七种 R 心格子空间群（SG=146、148、155、160、161、166、167），在《国际晶体学表》A 卷中分别给出"六方表达"和"R 心表达"的不同的多重性因子，如 167 号空间群六方表达的"多重性因子+魏克夫字母"为：$6a$、$6b$、$12c$、$18d$、$18e$、$36f$，而 R 心表达的为：$2a$、$2b$、$4c$、$6d$、$6e$、$12f$。为了使用方便并避免不必要的混乱，本附录与无机晶体结构数据库（ICSD）中的表达方式一致，即统一采用"六方表达"的多重性因子。

一、点群：$1(C_1)$；$A(R, IR, x, y, z)$

$1P1(C_1^1)1(1a)$：$3A$

二、点群：$\bar{1}(C_i)$；$A_g(R)$，$A_u(IR, x, y, z)$

$2P\bar{1}(C_i^1)\bar{1}(1abcdefgh)$：$3A_u$；$1(2i)$：$3A_g+3A_u$

三、点群：$2(C_2)$；$A(R, IR, z)$，$B(R, IR, x, y)$

$3P121(C_2^1)2(1abcd)$：$A+2B$；$1(2e)$：$3A+3B$

$4P12_11(C_2^2)1(2a)$：$3A+3B$

$5C121(C_2^3)2(2ab)$：$A+2B$；$1(4c)$：$3A+3B$

四、点群：$m(C_s)$；$A'(R, IR, x, y)$，$A''(R, IR, z)$

$6P1m1(C_s^1)m(1ab)$：$2A'+A''$；$1(2c)$：$3A'+3A''$

$7P1c1(C_s^2)1(2a)$：$3A'+3A''$

$8C1m1(C_s^3)m(2a)$：$2A'+A''$；$1(4b)$：$3A'+3A''$

$9C1c1(C_s^4)1(4a)$：$3A'+3A''$

五、点群：$2/m(C_{2h})$；$A_g(R)$，$B_g(R)$，$A_u(IR, z)$，$B_u(IR, x, y)$

$10P12/m1(C_{2h}^1)2/m(1abcdefgh)$：$A_u+2B_u$；$2(2ijkl)$：$A_g+A_u+2B_g+2B_u$；$m(2mn)$：$2A_g+A_u+B_g+2B_u$；

1($4o$)：$3A_g+3A_u+3B_g+3B_u$

11$P12_1/m1$(C_{2h}^2)$\bar{1}$($2abcd$)：$3A_u+3B_u$；m($2e$)：$2A_g+A_u+B_g+2B_u$；1($4f$)：$3A_g+3A_u+3B_g+3B_u$

12$C12/m1$(C_{2h}^3)$2/m$($2abcd$)：A_u+2B_u；$\bar{1}$($4ef$)：$3A_u+3B_u$；2($4gh$)：$A_g+A_u+2B_g+2B_u$；m($4i$)：$2A_g+A_u+B_g+2B_u$；1($8j$)：$3A_g+3A_u+3B_g+3B_u$

13$P12/c1$(C_{2h}^4)$\bar{1}$($2abcd$)：$3A_u+3B_u$；2($2ef$)：$A_g+A_u+2B_g+2B_u$；1($4g$)：$3A_g+3A_u+3B_g+3B_u$

14$P12_1/c1$(C_{2h}^5)$\bar{1}$($2abcd$)：$3A_u+3B_u$；1($4e$)：$3A_g+3A_u+3B_g+3B_u^5$

15$C12/c1$(C_{2h}^6)$\bar{1}$($4abcd$)：$3A_u+3B_u$；2($4e$)：$A_g+A_u+2B_g+2B_u$；1($8f$)：$3A_g+3A_u+3B_g+3B_u$

六、点群：222(D_2)；$A(R)$，$B_1(R,~IR,~z)$，$B_2(R,~IR,~y)$，$B_3(R,~IR,~x)$

16$P222$(D_2^1)222($1abcdefgh$)：$B_1+B_2+B_3$；2··($2ijkl$)：$A+2B_1+2B_2+B_3$；·2·($2mnop$)：$A+2B_1+B_2+2B_3$；

　··2($2qrst$)：$A+B_1+2B_2+2B_3$；1($4u$)：$3A+3B_1+3B_2+3B_3$

17$P222_1$(D_2^2)2··($2ab$)：$A+2B_1+2B_2+B_3$；·2·($2cd$)：$A+2B_1+B_2+2B_3$；1($4e$)：$3A+3B_1+3B_2+3B_3$

18$P2_12_12$(D_2^3)··2($2ab$)：$A+B_1+2B_2+2B_3$；1($4c$)：$3A+3B_1+3B_2+3B_3$

19$P2_12_12_1$(D_2^4)1($4a$)：$3A+3B_1+3B_2+3B_3$

20$C222_1$(D_2^5)2··($4a$)：$A+2B_1+2B_2+B_3$；·2·($4b$)：$A+2B_1+B_2+2B_3$；1($8c$)：$3A+3B_1+3B_2+3B_3$

21$C222$(D_2^6)222($2abcd$)：$B_1+B_2+B_3$；2··($4ef$)：$A+2B_1+2B_2+B_3$；·2·($4gh$)：$A+2B_1+B_2+2B_3$；

　··2($4ijk$)：$A+B_1+2B_2+2B_3$；1($8l$)：$3A+3B_1+3B_2+3B_3$

22$F222$(D_2^7)222($4abcd$)：$B_1+B_2+B_3$；2··($8ej$)：$A+2B_1+2B_2+B_3$；·2·($8fi$)：$A+2B_1+B_2+2B_3$；

　··2($8gh$)：$A+B_1+2B_2+2B_3$；1($16k$)：$3A+3B_1+3B_2+3B_3$

23$I222$(D_2^8)222($2abcd$)：$B_1+B_2+B_3$；2··($4ef$)：$A+2B_1+2B_2+B_3$；·2·($4gh$)：$A+2B_1+B_2+2B_3$；··2($4ij$)：$A+B_1+2B_2+2B_3$；1($8k$)：$3A+3B_1+3B_2+3B_3$

24$I2_12_12_1$(D_2^9)2··($4a$)：$A+2B_1+2B_2+B_3$；·2·($4b$)：$A+2B_1+B_2+2B_3$；··2($4c$)：$A+B_1+2B_2+2B_3$；

　　1($8d$)：$3A+3B_1+3B_2+3B_3$

七、点群：$mm2$(C_{2v})；$A_1(R,~IR,~z)$，$A_2(R)$，$B_1(R,~IR,~x)$，$B_2(R,~IR,~y)$

25$Pmm2$(C_{2v}^1)$mm2$($1abcd$)：$A_1+B_1+B_2$；·m·($2ef$)：$2A_1+A_2+2B_1+B_2$；m··($2gh$)：$2A_1+A_2+B_1+2B_2$；

1($4i$)：$3A_1+3A_2+3B_1+3B_2$

26$Pmc2_1$(C_{2v}^2)m··($2ab$)：$2A_1+A_2+B_1+2B_2$；1($4c$)：$3A_1+3A_2+3B_1+3B_2$

27$Pcc2$(C_{2v}^3)··2($2abcd$)：$A_1+A_2+2B_1+2B_2$；1($4e$)：$3A_1+3A_2+3B_1+3B_2$

$28Pma2(C_{2v}^4)$·· $2(2ab)$：$A_1+A_2+2B_1+2B_2$；m·· $(2c)$：$2A_1+A_2+B_1+2B_2$；$1(4d)$：$3A_1+$
$3A_2+3B_1+3B_2$

$29Pca2_1(C_{2v}^5)1(4a)$：$3A_1+3A_2+3B_1+3B_2$

$30Pnc2(C_{2v}^6)$·· $2(2ab)$：$A_1+A_2+2B_1+2B_2$；$1(4c)$：$3A_1+3A_2+3B_1+3B_2$

$31Pmn2_1(C_{2v}^7)m$·· $(2a)$：$2A_1+A_2+B_1+2B_2$；$1(4b)$：$3A_1+3A_2+3B_1+3B_2$

$32Pba2(C_{2v}^8)$·· $2(2ab)$：$A_1+A_2+2B_1+2B_2$；$1(4c)$：$3A_1+3A_2+3B_1+3B_2$

$33Pna2_1(C_{2v}^9)1(4a)$：$3A_1+3A_2+3B_1+3B_2$

$34Pnn2(C_{2v}^{10})$·· $2(2ab)$：$A_1+A_2+2B_1+2B_2$；$1(4c)$：$3A_1+3A_2+3B_1+3B_2$

$35Cmm2(C_{2v}^{11})mm2(2ab)$：$A_1+B_1+B_2$；·· $2(4c)$：$A_1+A_2+2B_1+2B_2$；·m· $(4d)$：$2A_1+A_2$
$+2B_1+B_2$；

m·· $(4e)$：$2A_1+A_2+B_1+2B_2$；$1(8f)$：$3A_1+3A_2+3B_1+3B_2$

$36Cmc2_1(C_{2v}^{12})m$·· $(4a)$：$2A_1+A_2+B_1+2B_2$；$1(8b)$：$3A_1+3A_2+3B_1+3B_2$

$37Ccc2(C_{2v}^{13})$·· $2(4abc)$：$A_1+A_2+2B_1+2B_2$；$1(8d)$：$3A_1+3A_2+3B_1+3B_2$

$38Amm2(C_{2v}^{14})mm2(2ab)$：$A_1+B_1+B_2$；·$m$· $(4c)$：$2A_1+A_2+2B_1+B_2$；m·· $(4de)$：$2A_1+$
$A_2+B_1+2B_2$；

$1(8f)$：$3A_1+3A_2+3B_1+3B_2$

$39Aem2(C_{2v}^{15})$·· $2(4ab)$：$A_1+A_2+2B_1+2B_2$；·m· $(4c)$：$2A_1+A_2+2B_1+B_2$；$1(8d)$：$3A_1+$
$3A_2+3B_1+3B_2$

$40Ama2(C_{2v}^{16})$·· $2(4a)$：$A_1+A_2+2B_1+2B_2$；m·· $(4b)$：$2A_1+A_2+B_1+2B_2$；$1(8c)$：$3A_1+$
$3A_2+3B_1+3B_2$

$41Aea2(C_{2v}^{17})$·· $2(4a)$：$A_1+A_2+2B_1+2B_2$；$1(8b)$：$3A_1+3A_2+3B_1+3B_2$

$42Fmm2(C_{2v}^{18})mm2(4a)$：$A_1+B_1+B_2$；·· $2(8b)$：$A_1+A_2+2B_1+2B_2$；m·· $(8c)$：$2A_1+A_2$
$+B_1+2B_2$；

·m· $(8d)$：$2A_1+A_2+2B_1+B_2$；$1(16e)$：$3A_1+3A_2+3B_1+3B_2$

$43Fdd2(C_{2v}^{19})$·· $2(8a)$：$A_1+A_2+2B_1+2B_2$；$1(16b)$：$3A_1+3A_2+3B_1+3B_2$

$44Imm2(C_{2v}^{20})$：$mm2(2ab)$：$A_1+B_1+B_2$；·m· $(4c)$：$2A_1+A_2+2B_1+B_2$；m·· $(4d)$：$2A_1+$
$A_2+B_1+2B_2$；$1(8e)$：$3A_1+3A_2+3B_1+3B_2$

$45Iba2(C_{2v}^{21})$·· $2(4ab)$：$A_1+A_2+2B_1+2B_2$；$1(8c)$：$3A_1+3A_2+3B_1+3B_2$

$46Ima2(C_{2v}^{22})$·· $2(4a)$：$A_1+A_2+2B_1+2B_2$；m·· $(4b)$：$2A_1+A_2+B_1+2B_2$；$1(8c)$：$3A_1+$
$3A_2+3B_1+3B_2$

八、点群：$mmm(D_{2h})$；$A_g(R)$，$B_{1g}(R)$，$B_{2g}(R)$，$B_{3g}(R)$，$A_u(N)$，$B_{1u}(IR,z)$，$B_{2u}(IR,y)$，
$B_{3u}(IR,x)$

$47P2/m2/m2/m(D_{2h}^1)mmm(1abcdefgh)$：$B_{1u}+B_{2u}+B_{3u}$；$2mm(2ijkl)$：$A_g+B_{1g}+B_{1u}+B_{2g}+B_{2u}$
$+B_{3u}$；

$m2m(2mnop)$：$A_g+B_{1g}+B_{1u}+B_{2u}+B_{3g}+B_{3u}$；$mm2(2qrst)$：$A_g+B_{1u}+B_{2g}+B_{2u}+B_{3g}+B_{3u}$；

m·· $(4uv)$：$2A_g+A_u+B_{1g}+2B_{1u}+B_{2g}+2B_{2u}+2B_{3g}+B_{3u}$；·$m$· $(4wx)$：$2A_g+A_u+B_{1g}+2B_{1u}+$
$2B_{2g}+B_{2u}+B_{3g}+2B_{3u}$；

$\cdot\cdot m(4yz)$: $2A_g+A_u+2B_{1g}+B_{1u}+B_{2g}+2B_{2u}+B_{3g}+2B_{3u}$; $1(8\alpha)$: $3A_g+3A_u+3B_{1g}+3B_{1u}+3B_{2g}+3B_{2u}+3B_{3g}+3B_{3u}$

$48P2/n2/n2/n((D_{2h}^2)222(2abcd)$: $B_{1g}+B_{1u}+B_{2g}+B_{2u}+B_{3g}+B_{3u}$; $\bar{1}(4ef)$: $3A_u+3B_{1u}+3B_{2u}+3B_{3u}$;

$2\cdot\cdot(4gh)$: $A_g+A_u+2B_{1g}+2B_{1u}+2B_{2g}+2B_{2u}+B_{3g}+B_{3u}$; $\cdot2\cdot(4ij)$: $A_g+A_u+2B_{1g}+2B_{1u}+B_{2g}+B_{2u}+2B_{3g}+2B_{3u}$;

$\cdot\cdot2(4kl)$: $A_g+A_u+B_{1g}+B_{1u}+2B_{2g}+2B_{2u}+2B_{3g}+2B_{3u}$; $1(8m)$: $3A_g+3A_u+3B_{1g}+3B_{1u}+3B_{2g}+3B_{2u}+3B_{3g}+3B_{3u}$

$49P2/c2/c2/m((D_{2h}^3)\cdot\cdot2/m(2abcd)$: $A_g+A_u+B_{1g}+B_{1u}+2B_{2g}+2B_{2u}+2B_{3g}+2B_{3u}$;

$222(2efgh)$: $B_{1g}+B_{1u}+B_{2g}+B_{2u}+B_{3g}+B_{3u}$; $2\cdot\cdot(4ij)$: $A_g+A_u+2B_{1g}+2B_{1u}+2B_{2g}+2B_{2u}+B_{3g}+B_{3u}$;

$\cdot2\cdot(4kl)$: $A_g+A_u+2B_{1g}+2B_{1u}+B_{2g}+B_{2u}+2B_{3g}+2B_{3u}$; $\cdot\cdot2(4mnop)$: $A_g+A_u+B_{1g}+B_{1u}+2B_{2g}+2B_{2u}+2B_{3g}+2B_{3u}$;

$\cdot\cdot m(4q)$: $2A_g+A_u+2B_{1g}+B_{1u}+B_{2g}+2B_{2u}+B_{3g}+2B_{3u}$; $1(8r)$: $3A_g+3A_u+3B_{1g}+3B_{1u}+3B_{2g}+3B_{2u}+3B_{3g}+3B_{3u}$

$50P2/b2/a2/n((D_{2h}^4)$: $222(2abcd)$: $B_{1g}+B_{1u}+B_{2g}+B_{2u}+B_{3g}+B_{3u}$; $\bar{1}(4ef)$: $3A_u+3B_{1u}+3B_{2u}+3B_{3u}$;

$2\cdot\cdot(4gh)$: $A_g+A_u+2B_{1g}+2B_{1u}+2B_{2g}+2B_{2u}+B_{3g}+B_{3u}$; $\cdot2\cdot(4ij)$: $A_g+A_u+2B_{1g}+2B_{1u}+B_{2g}+B_{2u}+2B_{3g}+2B_{3u}$;

$\cdot\cdot2(4kl)$: $A_g+A_u+B_{1g}+B_{1u}+2B_{2g}+2B_{2u}+2B_{3g}+2B_{3u}$; $1(8m)$: $3A_g+3A_u+3B_{1g}+3B_{1u}+3B_{2g}+3B_{2u}+3B_{3g}+3B_{3u}$

$51P2_1/m2/m2/a(D_{2h}^5)\cdot2/m\cdot(2abcd)$: $A_u+2B_{1u}+B_{2u}+2B_{3u}$; $mm2(2ef)$: $A_g+B_{1u}+B_{2g}+B_{2u}+B_{3g}+B_{3u}$;

$\cdot2\cdot(4gh)$: $A_g+A_u+2B_{1g}+2B_{1u}+B_{2g}+B_{2u}+2B_{3g}+2B_{3u}$; $\cdot m\cdot(4ij)$: $2A_g+A_u+B_{1g}+2B_{1u}+2B_{2g}+B_{2u}+B_{3g}+2B_{3u}$;

$m\cdot\cdot(4k)$: $2A_g+A_u+B_{1g}+2B_{1u}+B_{2g}+2B_{2u}+B_{3g}+B_{3u}$; $1(8l)$: $3A_g+3A_u+3B_{1g}+3B_{1u}+3B_{2g}+3B_{2u}+3B_{3g}+3B_{3u}$

$52P2/n2_1/n2/a(D_{2h}^6)\bar{1}(4ab)$: $3A_u+3B_{1u}+3B_{2u}+3B_{3u}$; $\cdot\cdot2(4c)$: $A_g+A_u+B_{1g}+B_{1u}+2B_{2g}+2B_{2u}+2B_{3g}+2B_{3u}$;

$2\cdot\cdot(4d)$: $A_g+A_u+2B_{1g}+2B_{1u}+2B_{2g}+2B_{2u}+B_{3g}+B_{3u}$; $1(8e)$: $3A_g+3A_u+3B_{1g}+3B_{1u}+3B_{2g}+3B_{2u}+3B_{3g}+3B_{3u}$

$53P2/m2/n2_1/a(D_{2h}^7)2/m\cdot\cdot(2abcd)$: $A_u+2B_{1u}+2B_{2u}+B_{3u}$; $2\cdot\cdot(4ef)$: $A_g+A_u+2B_{1g}+2B_{1u}+2B_{2g}+2B_{2u}+B_{3g}+B_{3u}$;

$\cdot2\cdot(4g)$: $A_g+A_u+2B_{1g}+2B_{1u}+B_{2g}+B_{2u}+2B_{3g}+2B_{3u}$; $m\cdot\cdot(4h)$: $2A_g+A_u+B_{1g}+2B_{1u}+B_{2g}+2B_{2u}+B_{3g}+B_{3u}$;

$1(8i)$: $3A_g+3A_u+3B_{1g}+3B_{1u}+3B_{2g}+3B_{2u}+3B_{3g}+3B_{3u}$

$54P2_1/c2/c2/a(D_{2h}^8)$: $\bar{1}(4ab)$: $3A_u+3B_{1u}+3B_{2u}+3B_{3u}$; $\cdot2\cdot(4c)$: $A_g+A_u+2B_{1g}+2B_{1u}+B_{2g}$

$+B_{2u}+2B_{3g}+2B_{3u}$；

$\cdot\cdot2(4de)$：$A_g+A_u+B_{1g}+B_{1u}+2B_{2g}+2B_{2u}+2B_{3g}+2B_{3u}$；　$1(8f)$：$3A_g+3A_u+3B_{1g}+3B_{1u}+3B_{2g}+$

$3B_{2u}+3B_{3g}+3B_{3u}$

$55\,P2_1/b2_1/a2/m(D_{2h}^9)$　$\cdot\cdot2/m(2abcd)$：$A_u+B_{1u}+2B_{2u}+2B_{3u}$；

$\cdot\cdot2(4ef)$：$A_g+A_u+B_{1g}+B_{1u}+2B_{2g}+2B_{2u}+2B_{3g}+2B_{3u}$；　$\cdot\cdot m(4gh)$：$2A_g+A_u+2B_{1g}+B_{1u}+B_{2g}+$

$2B_{2u}+B_{3g}+2B_{3u}$；

$1(8i)$：$3A_g+3A_u+3B_{1g}+3B_{1u}+3B_{2g}+3B_{2u}+3B_{3g}+3B_{3u}$

$56\,P2_1/c2_1/c2/n(D_{2h}^{10})\,\overline{1}(4ab)$：$3A_u+3B_{1u}+3B_{2u}+3B_{3u}$；　$\cdot\cdot2(4cd)$：$A_g+A_u+B_{1g}+B_{1u}+2B_{2g}+$

$2B_{2u}+2B_{3g}+2B_{3u}$；

$1(8e)$：$3A_g+3A_u+3B_{1g}+3B_{1u}+3B_{2g}+3B_{2u}+3B_{3g}+3B_{3u}$

$57\,P2/b2_1/c2_1/m(D_{2h}^{11})\,\overline{1}(4ab)$：$3A_u+3B_{1u}+3B_{2u}+3B_{3u}$；　$2\cdot\cdot(4c)$：$A_g+A_u+2B_{1g}+2B_{1u}+2B_{2g}$

$+2B_{2u}+B_{3g}+B_{3u}$；

$\cdot\cdot m(4d)$：$2A_g+A_u+2B_{1g}+B_{1u}+B_{2g}+2B_{2u}+B_{3g}+2B_{3u}$；　$1(8e)$：$3A_g+3A_u+3B_{1g}+3B_{1u}+3B_{2g}+$

$3B_{2u}+3B_{3g}+3B_{3u}$

$58\,P2_1/n2_1/n2/m(D_{2h}^{12})$　$\cdot\cdot2/m(2abcd)$：$A_u+B_{1u}+2B_{2u}+2B_{3u}$；　$\cdot\cdot2(4ef)$：$A_g+A_u+B_{1g}+B_{1u}$

$+2B_{2g}+2B_{2u}+2B_{3g}+2B_{3u}$；

$\cdot\cdot m(4g)$：$2A_g+A_u+2B_{1g}+B_{1u}+B_{2g}+2B_{2u}+B_{3g}+2B_{3u}$；　$1(8h)$：$3A_g+3A_u+3B_{1g}+3B_{1u}+3B_{2g}+$

$3B_{2u}+3B_{3g}+3B_{3u}$

$59\,P2_1/m2_1/m2/n(D_{2h}^{13})\,mm2(2ab)$：$A_g+B_{1u}+B_{2g}+B_{2u}+B_{3g}+B_{3u}$；　$\overline{1}(4cd)$：$3A_u+3B_{1u}+3B_{2u}$

$+3B_{3u}$；

$m\cdot\cdot(4e)$：$2A_g+A_u+B_{1g}+2B_{1u}+B_{2g}+2B_{2u}+2B_{3g}+B_{3u}$；　$\cdot m\cdot(4f)$：$2A_g+A_u+B_{1g}+2B_{1u}+2B_{2g}+$

$B_{2u}+B_{3g}+2B_{3u}$；

$1(8g)$：$3A_g+3A_u+3B_{1g}+3B_{1u}+3B_{2g}+3B_{2u}+3B_{3g}+3B_{3u}$

$60\,P2_1/b2/c2_1/n(D_{2h}^{14})\,\overline{1}(4ab)$：$3A_u+3B_{1u}+3B_{2u}+3B_{3u}$；　$\cdot2\cdot(4c)$：$A_g+A_u+2B_{1g}+2B_{1u}+B_{2g}+$

$B_{2u}+2B_{3g}+2B_{3u}$；

$1(8d)$：$3A_g+3A_u+3B_{1g}+3B_{1u}+3B_{2g}+3B_{2u}+3B_{3g}+3B_{3u}$

$61\,P2_1/b2_1/c2_1/a(D_{2h}^{15})\,\overline{1}(4ab)$：$3A_u+3B_{1u}+3B_{2u}+3B_{3u}$；　$1(8c)$：$3A_g+3A_u+3B_{1g}+3B_{1u}+3B_{2g}+$

$3B_{2u}+3B_{3g}+3B_{3u}$

$62\,P2_1/n2_1/m2_1/a(D_{2h}^{16})\,\overline{1}(4ab)$：$3A_u+3B_{1u}+3B_{2u}+3B_{3u}$；　$\cdot m\cdot(4c)$：$2A_g+A_u+B_{1g}+2B_{1u}+$

$2B_{2g}+B_{2u}+B_{3g}+2B_{3u}$；

$1(8d)$：$3A_g+3A_u+3B_{1g}+3B_{1u}+3B_{2g}+3B_{2u}+3B_{3g}+3B_{3u}$

$63\,C2/m2/c2_1/m(D_{2h}^{17})\,2/m\cdot\cdot(4ab)$：$A_u+2B_{1u}+2B_{2u}+B_{3u}$；　$m2m(4c)$：$A_g+B_{1g}+B_{1u}+B_{2u}+B_{3g}+$

B_{3u}；　$\overline{1}(8d)$：$3A_u+3B_{1u}+3B_{2u}+3B_{3u}$；　$2\cdot\cdot(8e)$：$A_g+A_u+2B_{1g}+2B_{1u}+2B_{2g}+2B_{2u}+B_{3g}+B_{3u}$；　m

$\cdot\cdot(8f)$：$2A_g+A_u+B_{1g}+2B_{1u}+B_{2g}+2B_{2u}+2B_{3g}+B_{3u}$；

$\cdot\cdot m(8g)$：$2A_g+A_u+2B_{1g}+B_{1u}+B_{2g}+2B_{2u}+B_{3g}+2B_{3u}$；　$1(16h)$：$3A_g+3A_u+3B_{1g}+3B_{1u}+3B_{2g}+$

$3B_{2u}+3B_{3g}+3B_{3u}$

$64\,C2/m2/c2_1/e(D_{2h}^{18})\,2/m\cdot\cdot(4ab)$：$A_u+2B_{1u}+2B_{2u}+B_{3u}$；$\overline{1}(8c)$：$3A_u+3B_{1u}+3B_{2u}+3B_{3u}$；

$2\cdot\cdot(8d)$：$A_g+A_u+2B_{1g}+2B_{1u}+2B_{2g}+2B_{2u}+B_{3g}+B_{3u}$；$\cdot2\cdot(8e)$：$A_g+A_u+2B_{1g}+2B_{1u}+B_{2g}+B_{2u}+2B_{3g}+2B_{3u}$；

$m\cdot\cdot(8f)$：$2A_g+A_u+B_{1g}+2B_{1u}+B_{2g}+2B_{2u}+2B_{3g}+B_{3u}$；$1(16g)$：$3A_g+3A_u+3B_{1g}+3B_{1u}+3B_{2g}+3B_{2u}+3B_{3g}+3B_{3u}$

$65\,C2/m2/m2/m(D_{2h}^{19})$：$mmm(2abcd)$：$B_{1u}+B_{2u}+B_{3u}$；$\cdot\cdot2/m(4ef)$：$A_u+B_{1u}+2B_{2u}+2B_{3u}$；

$2mm(4gh)$：$A_g+B_{1g}+B_{1u}+B_{2g}+B_{2u}+B_{3u}$；$m2m(4ij)$：$A_g+B_{1g}+B_{1u}+B_{2u}+B_{3g}+B_{3u}$；$mm2(4kl)$：$A_g+B_{1u}+B_{2g}+B_{2u}+B_{3g}+B_{3u}$；$\cdot\cdot2(8m)$：$A_g+A_u+B_{1g}+B_{1u}+2B_{2g}+2B_{2u}+2B_{3g}+2B_{3u}$；$m\cdot\cdot(8n)$：$2A_g+A_u+B_{1g}+2B_{1u}+B_{2g}+2B_{2u}+2B_{3g}+B_{3u}$；$\cdot m\cdot(8o)$：$2A_g+A_u+B_{1g}+2B_{1u}+2B_{2g}+B_{2u}+B_{3g}+2B_{3u}$；

$\cdot\cdot m(8pq)$：$2A_g+A_u+2B_{1g}+B_{1u}+B_{2g}+2B_{2u}+B_{3g}+2B_{3u}$；$1(16r)$：$3A_g+3A_u+3B_{1g}+3B_{1u}+3B_{2g}+3B_{2u}+3B_{3g}+3B_{3u}$

$66\,C2/c2/c2/m(D_{2h}^{20})\,222(4ab)$：$B_{1g}+B_{1u}+B_{2g}+B_{2u}+B_{3g}+B_{3u}$；$\cdot\cdot2/m(4cdef)$：$A_u+B_{1u}+2B_{2u}+2B_{3u}$；

$2\cdot\cdot(8g)$：$A_g+A_u+2B_{1g}+2B_{1u}+2B_{2g}+2B_{2u}+B_{3g}+B_{3u}$；$\cdot2\cdot(8h)$：$A_g+A_u+2B_{1g}+2B_{1u}+B_{2g}+B_{2u}+2B_{3g}+2B_{3u}$；

$\cdot\cdot2(8ijk)$：$A_g+A_u+B_{1g}+B_{1u}+2B_{2g}+2B_{2u}+2B_{3g}+2B_{3u}$；$\cdot\cdot m(8l)$：$2A_g+A_u+2B_{1g}+B_{1u}+B_{2g}+2B_{2u}+B_{3g}+2B_{3u}$；

$1(16m)$：$3A_g+3A_u+3B_{1g}+3B_{1u}+3B_{2g}+3B_{2u}+3B_{3g}+3B_{3u}$

$67\,C2/m2/m2/e(D_{2h}^{21})\,222(4ab)$：$B_{1g}+B_{1u}+B_{2g}+B_{2u}+B_{3g}+B_{3u}$；$2/m\cdot\cdot(4cd)$：$A_u+2B_{1u}+2B_{2u}+B_{3u}$；

$\cdot2/m\cdot(4ef)$：$A_u+2B_{1u}+B_{2u}+2B_{3u}$；$mm2(4g)$：$A_g+B_{1u}+B_{2g}+B_{2u}+B_{3g}+B_{3u}$；$2\cdot\cdot(8hi)$：$A_g+A_u+2B_{1g}+2B_{1u}+2B_{2g}+2B_{2u}+B_{3g}+B_{3u}$；

$\cdot2\cdot(8jk)$：$A_g+A_u+2B_{1g}+2B_{1u}+B_{2g}+B_{2u}+2B_{3g}+2B_{3u}$；$\cdot\cdot2(8l)$：$A_g+A_u+B_{1g}+B_{1u}+2B_{2g}+2B_{2u}+2B_{3g}+2B_{3u}$；

$m\cdot\cdot(8m)$：$2A_g+A_u+B_{1g}+2B_{1u}+B_{2g}+2B_{2u}+2B_{3g}+B_{3u}$；$\cdot m\cdot(8n)$：$2A_g+A_u+B_{1g}+2B_{1u}+2B_{2g}+B_{2u}+B_{3g}+2B_{3u}$；

$1(16o)$：$3A_g+3A_u+3B_{1g}+3B_{1u}+3B_{2g}+3B_{2u}+3B_{3g}+3B_{3u}$

$68\,C2/c2/c2/e(D_{2h}^{22})\,222(4ab)$：$B_{1g}+B_{1u}+B_{2g}+B_{2u}+B_{3g}+B_{3u}$；$\overline{1}(8cd)$：$3A_u+3B_{1u}+3B_{2u}+3B_{3u}$；

$2\cdot\cdot(8e)$：$A_g+A_u+2B_{1g}+2B_{1u}+2B_{2g}+2B_{2u}+B_{3g}+B_{3u}$；$\cdot2\cdot(8f)$：$A_g+A_u+2B_{1g}+2B_{1u}+B_{2g}+B_{2u}+2B_{3g}+2B_{3u}$；

$\cdot\cdot2(8gh)$：$A_g+A_u+B_{1g}+B_{1u}+2B_{2g}+2B_{2u}+2B_{3g}+2B_{3u}$；$1(16i)$：$3A_g+3A_u+3B_{1g}+3B_{1u}+3B_{2g}+3B_{2u}+3B_{3g}+3B_{3u}$

$69\,F2/m2/m2/m(D_{2h}^{23})\,mmm(4ab)$：$B_{1u}+B_{2u}+B_{3u}$；$2/m\cdot\cdot(8c)$：$A_u+2B_{1u}+2B_{2u}+B_{3u}$；

$\cdot2/m\cdot(8d)$：$A_u+2B_{1u}+B_{2u}+2B_{3u}$；$\cdot\cdot2/m(8e)$：$A_u+B_{1u}+2B_{2u}+2B_{3u}$；$222(8f)$：$B_{1g}+B_{1u}+B_{2g}+B_{2u}+B_{3g}+B_{3u}$；

$2mm(8g)$：$A_g+B_{1g}+B_{1u}+B_{2g}+B_{2u}+B_{3u}$；$m2m(8h)$：$A_g+B_{1g}+B_{1u}+B_{2u}+B_{3g}+B_{3u}$；$8i(mm2)$：$A_g+B_{1u}+B_{2g}+B_{2u}+B_{3g}+B_{3u}$；

$\cdot\cdot 2(16j)$: $A_g+A_u+B_{1g}+B_{1u}+2B_{2g}+2B_{2u}+2B_{3g}+2B_{3u}$; $\cdot 2\cdot (16k)$: $A_g+A_u+2B_{1g}+2B_{1u}+B_{2g}+B_{2u}+2B_{3g}+2B_{3u}$;

$2\cdot\cdot (16l)$: $A_g+A_u+2B_{1g}+2B_{1u}+2B_{2g}+2B_{2u}+B_{3g}+B_{3u}$; $m\cdot\cdot (16m)$: $2A_g+A_u+B_{1g}+2B_{1u}+B_{2g}+2B_{2u}+2B_{3g}+B_{3u}$;

$\cdot m\cdot (16n)$: $2A_g+A_u+B_{1g}+2B_{1u}+2B_{2g}+B_{2u}+B_{3g}+2B_{3u}$; $\cdot\cdot m(16o)$: $2A_g+A_u+2B_{1g}+B_{1u}+B_{2g}+2B_{2u}+B_{3g}+2B_{3u}$;

$1(32p)$: $3A_g+3A_u+3B_{1g}+3B_{1u}+3B_{2g}+3B_{2u}+3B_{3g}+3B_{3u}$

$70\,F2/d2/d2/d(D_{2h}^{24})\,222(8ab)$: $B_{1g}+B_{1u}+B_{2g}+B_{2u}+B_{3g}+B_{3u}$; $\overline{1}(16cd)$: $3A_u+3B_{1u}+3B_{2u}+3B_{3u}$;

$2\cdot\cdot (16e)$: $A_g+A_u+2B_{1g}+2B_{1u}+2B_{2g}+2B_{2u}+B_{3g}+B_{3u}$; $\cdot 2\cdot (16f)$: $A_g+A_u+2B_{1g}+2B_{1u}+B_{2g}+B_{2u}+2B_{3g}+2B_{3u}$;

$\cdot\cdot 2(16g)$: $A_g+A_u+B_{1g}+B_{1u}+2B_{2g}+2B_{2u}+2B_{3g}+2B_{3u}$; $1(32h)$: $3A_g+3A_u+3B_{1g}+3B_{1u}+3B_{2g}+3B_{2u}+3B_{3g}+3B_{3u}$

$71\,I2/m2/m2/m(D_{2h}^{25})\,mmm(2abcd)$: $B_{1u}+B_{2u}+B_{3u}$; $2mm(4ef)$: $A_g+B_{1g}+B_{1u}+B_{2g}+B_{2u}+B_{3u}$;

$m2m(4gh)$: $A_g+B_{1g}+B_{1u}+B_{2u}+B_{3g}+B_{3u}$; $mm2(4ij)$: $A_g+B_{1g}+B_{2g}+B_{2u}+B_{3g}+B_{3u}$; $\overline{1}(8k)$: $3A_u+3B_{1u}+3B_{2u}+3B_{3u}$;

$m\cdot\cdot (8l)$: $2A_g+A_u+B_{1g}+2B_{1u}+B_{2g}+2B_{2u}+2B_{3g}+B_{3u}$; $\cdot m\cdot (8m)$: $2A_g+A_u+B_{1g}+2B_{1u}+2B_{2g}+B_{2u}+B_{3g}+2B_{3u}$;

$\cdot\cdot m(8n)$: $2A_g+A_u+2B_{1g}+B_{1u}+B_{2g}+2B_{2u}+B_{3g}+2B_{3u}$; $1(16o)$: $3A_g+3A_u+3B_{1g}+3B_{1u}+3B_{2g}+3B_{2u}+3B_{3g}+3B_{3u}$

$72\,I2/b2/a2/m(D_{2h}^{26})\,222(4ab)$: $B_{1g}+B_{1u}+B_{2g}+B_{2u}+B_{3g}+B_{3u}$; $\cdot\cdot 2/m(4cd)$: $A_u+B_{1u}+2B_{2u}+2B_{3u}$;

$\overline{1}(8e)$: $3A_u+3B_{1u}+3B_{2u}+3B_{3u}$; $2\cdot\cdot (8f)$: $A_g+A_u+2B_{1g}+2B_{1u}+2B_{2g}+2B_{2u}+B_{3g}+B_{3u}$;

$\cdot 2\cdot (8g)$: $A_g+A_u+2B_{1g}+2B_{1u}+B_{2g}+B_{2u}+2B_{3g}+2B_{3u}$;

$\cdot\cdot 2(8hi)$: $A_g+A_u+B_{1g}+B_{1u}+2B_{2g}+2B_{2u}+2B_{3g}+2B_{3u}$; $\cdot\cdot m(8j)$: $2A_g+A_u+2B_{1g}+B_{1u}+B_{2g}+2B_{2u}+B_{3g}+2B_{3u}$;

$1(16k)$: $3A_g+3A_u+3B_{1g}+3B_{1u}+3B_{2g}+3B_{2u}+3B_{3g}+3B_{3u}$

$73\,I2_1/b2_1/c2_1/a(D_{2h}^{27})\,\overline{1}(8ab)$: $3A_u+3B_{1u}+3B_{2u}+3B_{3u}$; $2\cdot\cdot (8c)$: $A_g+A_u+2B_{1g}+2B_{1u}+2B_{2g}+2B_{2u}+B_{3g}+B_{3u}$;

$\cdot 2\cdot (8d)$: $A_g+A_u+2B_{1g}+2B_{1u}+B_{2g}+B_{2u}+2B_{3g}+2B_{3u}$; $\cdot\cdot 2(8e)$: $A_g+A_u+B_{1g}+B_{1u}+2B_{2g}+2B_{2u}+2B_{3g}+2B_{3u}$;

$1(16f)$: $3A_g+3A_u+3B_{1g}+3B_{1u}+3B_{2g}+3B_{2u}+3B_{3g}+3B_{3u}$

$74\,I2_1/m2_1/m2_1/a(D_{2h}^{28})\,2/m\cdot\cdot (4ab)$: $A_u+2B_{1u}+2B_{2u}+B_{3u}$; $\cdot 2/m\cdot (4cd)$: $A_u+2B_{1u}+B_{2u}+2B_{3u}$;

$mm2(4e)$: $A_g+B_{1u}+B_{2g}+B_{2u}+B_{3g}+B_{3u}$; $2\cdot\cdot (8f)$: $A_g+A_u+2B_{1g}+2B_{1u}+2B_{2g}+2B_{2u}+B_{3g}+B_{3u}$;

$\cdot 2\cdot (8g)$: $A_g+A_u+2B_{1g}+2B_{1u}+B_{2g}+B_{2u}+2B_{3g}+2B_{3u}$; $m\cdot\cdot (8h)$: $2A_g+A_u+B_{1g}+2B_{1u}+B_{2g}+2B_{2u}+2B_{3g}+B_{3u}$;

$\cdot m\cdot (8i)$: $2A_g+A_u+B_{1g}+2B_{1u}+2B_{2g}+B_{2u}+B_{3g}+2B_{3u}$;

$1(16j)$：$3A_g+3A_u+3B_{1g}+3B_{1u}+3B_{2g}+3B_{2u}+3B_{3g}+3B_{3u}$

九、点群：$4(C_4)$；$A(R,\ IR,\ z)$，$B(R)$，$E(R,\ IR,\ x,\ y)$

$75P4(C_4^1)4\cdot\cdot(1ab)$：$A+E$；$2\cdot\cdot(2c)$：$A+B+2E$；$1(4d)$：$3A+3B+3E$

$76P4_1(C_4^2)1(4a)$：$3A+3B+3E$

$77P4_2(C_4^3)2\cdot\cdot(2abc)$：$A+B+2E$；$1(4d)$：$3A+3B+3E$

$78P4_3(C_4^4)1(4a)$：$3A+3B+3E$

$79I4(C_4^5)4\cdot\cdot(2a)$：$A+E$；$2\cdot\cdot(4b)$：$A+B+2E$；$1(8c)$：$3A+3B+3E$

$80I4_1(C^6)2\cdot\cdot(4a)$：$A+B+2E$；$1(8b)$：$3A+3B+3E$

十、点群：$\bar{4}(S_4)$；$A(R)$，$B(R,\ IR,\ x)$，$E(R,\ IR,\ x,\ y)$

$81P\bar{4}(S_4^1)\bar{4}\cdot\cdot(1abcd)$：$B+E$；$2\cdot\cdot(2efg)$：$A+B+2E$；$1(4h)$：$3A+3B+3E$

$82I\bar{4}(S_4^2)\bar{4}\cdot\cdot(2abcd)$：$B+E$；$2\cdot\cdot(4ef)$：$A+B+2E$；$1(8g)$：$3A+3B+3E$

十一、点群：$4/m(C_{4h})$；$A_g(R)$，$B_g(R)$，$E_g(R)$，$A_u(IR,\ z)$，$B_u(N)$，$E_u(IR,\ x,\ y)$

$83P4/m(C_{4h}^1)4/m\cdot\cdot(1abcd)$：$A_u+E_u$；$2/m\cdot\cdot(2ef)$：$A_u+B_u+2E_u$；$4\cdot\cdot(2gh)$：$A_g+A_u+E_g+E_u$；

$2\cdot\cdot(4i)$：$A_g+A_u+B_g+B_u+2E_g+2E_u$；$m\cdot\cdot(4jk)$：$2A_g+A_u+2B_g+B_u+E_g+2E_u$；$1(8l)$：$3A_g+3A_u+3B_g+3B_u+3E_g+3E_u$

$84P4_2/m(C_{4h}^2)2/m\cdot\cdot(2abcd)$：$A_u+B_u+2E_u$；$\bar{4}\cdot\cdot(2ef)$：$A_u+B_u+E_g+E_u$；$2\cdot\cdot(4ghi)$：$A_g+A_u+B_g+B_u+2E_g+2E_u$；$m\cdot\cdot(4j)$：$2A_g+A_u+2B_g+B_u+E_g+2E_u$；$1(8k)$：$3A_g+3A_u+3B_g+3B_u+3E_g+3E_u$

$85P4/n(C_{4h}^3)\bar{4}\cdot\cdot(2ab)$：$A_u+B_g+E_g+E_u$；$4\cdot\cdot(2c)$：$A_g+A_u+E_g+E_u$；$\bar{1}(4de)$：$3A_u+3B_u+3E_u$；

$2\cdot\cdot(4f)$：$A_g+A_u+B_g+B_u+2E_g+2E_u$；$1(8g)$：$3A_g+3A_u+3B_g+3B_u+3E_g+3E_u$

$86P4_2/n(C_{4h}^4)\bar{4}\cdot\cdot(2ab)$：$A_u+B_g+E_g+E_u$；$\bar{1}(4cd)$：$3A_u+3B_u+3E_u$；$2\cdot\cdot(4ef)$：$A_g+A_u+B_g+B_u+2E_g+2E_u$；

$1(8g)$：$3A_g+3A_u+3B_g+3B_u+3E_g+3E_u^4$

$87I4/m(C_{4h}^5)4/m\cdot\cdot(2ab)$：$A_u+E_u$；$2/m\cdot\cdot(4c)$：$A_u+B_u+2E_u$；$\bar{4}\cdot\cdot(4d)$：$A_u+B_g+E_g+E_u$；$4\cdot\cdot(4e)$：$A_g+A_u+E_g+E_u$；$\bar{1}(8f)$：$3A_u+3B_u+3E_u$；$2\cdot\cdot(8g)$：$A_g+A_u+B_g+B_u+2E_g+2E_u$；$m\cdot\cdot(8h)$：$2A_g+A_u+2B_g+B_u+E_g+2E_u$；

$1(16i)$：$3A_g+3A_u+3B_g+3B_u+3E_g+3E_u$

$88I4_1/a(C_{4h}^6)\bar{4}\cdot\cdot(4ab)$：$A_u+B_g+E_g+E_u$；$\bar{1}(8cd)$：$3A_u+3B_u+3E_u$；$2\cdot\cdot(8e)$：$A_g+A_u+B_g+B_u+2E_g+2E_u$；

$1(16f)$：$3A_g+3A_u+3B_g+3B_u+3E_g+3E_u$

十二、点群：$422(D_4)$；$A_1(R)$，$A_2(IR,\ z)$，$B_1(R)$，$B_2(R)$，$E(R,\ IR,\ x,\ y)$

$89P422(D_4^1)422(1abcd)$：A_2+E；$222\cdot(2ef)$：A_2+B_2+2E；$4\cdot\cdot(2gh)$：A_1+A_2+2E；

$2\cdot\cdot(4i)$：$A_1+A_2+B_1+B_2+4E$；$\cdot\cdot2(4jk)$：$A_1+2A_2+2B_1+B_2+3E$；$\cdot2\cdot(4lmno)$：$A_1+2A_2+B_1+2B_2+3E$；

$1(8p)$：$3A_1+3A_2+3B_1+3B_2+6E$

$90P42_12(D_4^2)2 \cdot 22(2ab)$：$A_2+B_1+2E$；$4 \cdot \cdot (2c)$：$A_1+A_2+2E$；$2 \cdot \cdot (4d)$：$A_1+A_2+B_1$ $+B_2+4E$；

$\cdot \cdot 2(4ef)$：$A_1+2A_2+2B_1+B_2+3E$；$1(8g)$：$3A_1+3A_2+3B_1+3B_2+6E$

$91P4_122(D_4^3) \cdot 2 \cdot (4ab)$：$A_1+2A_2+B_1+2B_2+3E$；$\cdot \cdot 2(4c)$：$A_1+2A_2+2B_1+B_2+3E$；$1$ $(8d)$：$3A_1+3A_2+3B_1+3B_2+6E$

$92P4_12_12(D_4^4) \cdot \cdot 2(4a)$：$A_1+2A_2+2B_1+B_2+3E$；$1(8b)$：$3A_1+3A_2+3B_1+3B_2+6E$

$93P4_222(D_4^5)222 \cdot (2abcd)$：$A_2+B_2+2E$；$2 \cdot 22(2ef)$：$A_2+B_1+2E$；$2 \cdot \cdot (4ghi)$：$A_1+A_2$ $+B_1+B_2+4E$；

$\cdot 2 \cdot (4jklm)$：$A_1+2A_2+B_1+2B_2+3E$；$\cdot \cdot 2(4no)$：$A_1+2A_2+2B_1+B_2+3E$；$1(8p)$：$3A_1+$ $3A_2+3B_1+3B_2+6E$

$94P4_22_12(D_4^6)2 \cdot 22(2ab)$：$A_2+B_1+2E$；$2 \cdot \cdot (4cd)$：$A_1+A_2+B_1+B_2+4E$；$\cdot \cdot 2(4ef)$：$A_1+2A_2+2B_1+B_2+3E$；

$1(8g)$：$3A_1+3A_2+3B_1+3B_2+6E$

$95P4_322(D_4^7)$：$\cdot 2 \cdot (4ab)$：$A_1+2A_2+B_1+2B_2+3E$；$\cdot \cdot 2(4c)$：$A_1+2A_2+2B_1+B_2+3E$；1 $(8d)$：$3A_1+3A_2+3B_1+3B_2+6E$

$96P4_32_12(D_4^8)$：$\cdot \cdot 2(4a)$：$A_1+2A_2+2B_1+B_2+3E$；$1(8b)$：$3A_1+3A_2+3B_1+3B_2+6E$

$97I422(D_4^9)422(2ab)$：A_2+E；$222 \cdot (4c)$：A_2+B_2+2E；$2 \cdot 22(4d)$：A_2+B_1+2E；$4 \cdot \cdot$ $(4e)$：A_1+A_2+2E；

$2 \cdot \cdot (8f)$：$A_1+A_2+B_1+B_2+4E$；$\cdot \cdot 2(8gj)$：$A_1+2A_2+2B_1+B_2+3E$；$\cdot 2 \cdot (8hi)$：A_1+ $2A_2+B_1+2B_2+3E$；

$1(16k)$：$3A_1+3A_2+3B_1+3B_2+6E$

$98I4_122(D_4^{10})$：$2 \cdot 22(4ab)$：A_2+B_1+2E；$2 \cdot \cdot (8c)$：$A_1+A_2+B_1+B_2+4E$；$\cdot \cdot 2(8de)$：$A_1+2A_2+2B_1+B_2+3E$；

$\cdot 2 \cdot (8f)$：$A_1+2A_2+B_1+2B_2+3E$；$1(16g)$：$3A_1+3A_2+3B_1+3B_2+6E$

十三、点群：$4mm(C_{4v})$；$A_1(R, IR, z)$，$A_2(N)$，$B_1(R)$，$B_2(R)$，$E(R, IR, x, y)$

$99P4mm(C_{4v}^1)4mm(1ab)$：A_1+E；$2mm \cdot (2c)$：A_1+B_1+2E；$\cdot \cdot m(4d)$：$2A_1+A_2+B_1+$ $2B_2+3E$；

$\cdot m \cdot (4ef)$：$2A_1+A_2+2B_1+B_2+3E$；$1(8g)$：$3A_1+3A_2+3B_1+3B_2+6E$

$100P4bm(C_{4v}^2)4 \cdot \cdot (2a)$：$A_1+A_2+2E$；$2 \cdot mm(2b)$：$A_1+B_2+2E$；$\cdot \cdot m(4c)$：$2A_1+A_2+$ B_1+2B_2+3E；

$1(8d)$：$3A_1+3A_2+3B_1+3B_2+6E$

$101P4_2cm(C_{4v}^3)2 \cdot mm(2ab)$：$A_1+B_2+2E$；$2 \cdot \cdot (4c)$：$A_1+A_2+B_1+B_2+4E$；$\cdot \cdot m(4d)$：$2A_1+A_2+B_1+2B_2+3E$；

$1(8e)$：$3A_1+3A_2+3B_1+3B_2+6E$

$102P4_2nm(C_{4v}^4)2 \cdot mm(2a)$：$A_1+B_2+2E$；$2 \cdot \cdot (4b)$：$A_1+A_2+B_1+B_2+4E$；$\cdot \cdot m(4c)$：$2A_1+A_2+B_1+2B_2+3E$；

$1(8d)$: $3A_1+3A_2+3B_1+3B_2+6E$

$103 P4cc(C_{4v}^5)4 \cdot \cdot (2ab)$: A_1+A_2+2E; $2 \cdot \cdot (4c)$: $A_1+A_2+B_1+B_2+4E$; $1(8d)$: $3A_1+3A_2+3B_1+3B_2+6E$

$104 P4nc(C_{4v}^6)4 \cdot \cdot (2a)$: A_1+A_2+2E; $2 \cdot \cdot (4b)$: $A_1+A_2+B_1+B_2+4E$; $1(8c)$: $3A_1+3A_2+3B_1+3B_2+6E$

$105 P4_2mc(C_{4v}^7)2mm \cdot (2abc)$: A_1+B_1+2E; $\cdot m \cdot (4de)$: $2A_1+A_2+2B_1+B_2+3E$; $1(8f)$: $3A_1+3A_2+3B_1+3B_2+6E$

$106 P4_2bc(C_{4v}^8)2 \cdot \cdot (4ab)$: $A_1+A_2+B_1+B_2+4E$; $1(8c)$: $3A_1+3A_2+3B_1+3B_2+6E$

$107 I4mm(C_{4v}^9)4mm(2a)$: A_1+E; $2mm \cdot (4b)$: A_1+B_1+2E; $\cdot \cdot m(8c)$: $2A_1+A_2+B_1+2B_2+3E$;

$\cdot m \cdot (8d)$: $2A_1+A_2+2B_1+B_2+3E$; $1(16e)$: $3A_1+3A_2+3B_1+3B_2+6E$

$108 I4cm(C_{4v}^{10})4 \cdot \cdot (4a)$: A_1+A_2+2E; $2 \cdot mm(4b)$: A_1+B_2+2E; $\cdot \cdot m(8c)$: $2A_1+A_2+B_1+2B_2+3E$;

$1(16d)$: $3A_1+3A_2+3B_1+3B_2+6E$

$109 I4_1md(C_{4v}^{11})2mm \cdot (4a)$: A_1+B_1+2E; $\cdot m \cdot (8b)$: $2A_1+A_2+2B_1+B_2+3E$; $1(16c)$: $3A_1+3A_2+3B_1+3B_2+6E$

$110 I4_1cd(C_{4v}^{12})2 \cdot \cdot (8a)$: $A_1+A_2+B_1+B_2+4E$; $1(16b)$: $3A_1+3A_2+3B_1+3B_2+6E$

十四、点群: $\overline{4}2m(D_{2d})$; $A_1(R)$, $A_2(N)$, $B_1(R)$, $B_2(R, IR, z)$, $E(R, IR, x, y)$

$111 P\overline{4}2m(D_{2d}^1)\overline{4}2m(1abcd)$: B_2+E; $222 \cdot (2ef)$: A_2+B_2+2E; $2 \cdot mm(2gh)$: A_1+B_2+2E; $\cdot 2 \cdot (4ijkl)$: $A_1+2A_2+B_1+2B_2+3E$; $2 \cdot \cdot (4m)$: $A_1+A_2+B_1+B_2+4E$; $\cdot \cdot m(4n)$: $2A_1+A_2+B_1+2B_2+3E$; $1(8o)$: $3A_1+3A_2+3B_1+3B_2+6E$

$112 P\overline{4}2c(D_{2d}^2)222 \cdot (2abcd)$: A_2+B_2+2E; $\overline{4}(2ef)$: B_1+B_2+2E; $\cdot 2 \cdot (4ghij)$: $A_1+2A_2+B_1+2B_2+3E$;

$2 \cdot \cdot (4klm)$: $A_1+A_2+B_1+B_2+4E$; $1(8n)$: $3A_1+3A_2+3B_1+3B_2+6E$

$113 P\overline{4}2_1m(D_{2d}^3)\overline{4} \cdot \cdot (2ab)$: B_1+B_2+2E; $2 \cdot mm(2c)$: A_1+B_2+2E; $2 \cdot \cdot (4d)$: $A_1+A_2+B_1+B_2+4E$;

$\cdot \cdot m(4e)$: $2A_1+A_2+B_1+2B_2+3E$; $1(8f)$: $3A_1+3A_2+3B_1+3B_2+6E$

$114 P\overline{4}2_1c(D_{2d}^4)\overline{4} \cdot \cdot (2ab)$: B_1+B_2+2E; $2 \cdot \cdot (4cd)$: $A_1+A_2+B_1+B_2+4E$; $1(8e)$: $3A_1+3A_2+3B_1+3B_2+6E$

$115 P\overline{4}m2(D_{2d}^5)\overline{4}m2(1abcd)$: B_2+E; $2mm \cdot (4efg)$: A_1+B_2+2E; $\cdot \cdot 2(4hi)$: $A_1+2A_2+B_1+2B_2+3E$;

$\cdot m \cdot (4jk)$: $2A_1+A_2+B_1+2B_2+3E$; $1(8l)$: $3A_1+3A_2+3B_1+3B_2+6E$

$116 P\overline{4}c2(D_{2d}^6)2 \cdot 22(2ab)$: A_2+B_2+2E; $\overline{4} \cdot \cdot (2cd)$: B_1+B_2+2E; $\cdot \cdot 2(4ef)$: $A_1+2A_2+B_1+2B_2+3E$;

$2 \cdot \cdot (4ghi)$: $A_1+A_2+B_1+B_2+4E$; $1(8j)$: $3A_1+3A_2+3B_1+3B_2+6E$

$117 P\overline{4}b2(D_{2d}^7)\overline{4} \cdot \cdot (2ab)$: B_1+B_2+2E; $2 \cdot 22(2cd)$: A_2+B_2+2E; $2 \cdot \cdot (4ef)$: A_1+A_2+

B_1+B_2+4E;

　　·· 2(4gh)：$A_1+2A_2+B_1+2B_2+3E$；1(8i)：$3A_1+3A_2+3B_1+3B_2+6E$

118$P\bar{4}n2(D_{2d}^8)\bar{4}$·· (2ab)：$B_1+B_2+2E$；2·22(2cd)：$A_2+B_2+2E$；2·· (4eh)：$A_1+A_2+B_1+B_2+4E$；

　　·· 2(4fg)：$A_1+2A_2+B_1+2B_2+3E$；1(8i)：$3A_1+3A_2+3B_1+3B_2+6E$

119$I\bar{4}m2(D_{2d}^9)\bar{4}m2(2abcd)$：$B_2+E$；2mm·(4ef)：$A_1+B_2+2E$；·· 2(8gh)：$A_1+2A_2+B_1+2B_2+3E$；

　　·m·(8i)：$2A_1+A_2+B_1+2B_2+3E$；1(16j)：$3A_1+3A_2+3B_1+3B_2+6E$

120$I\bar{4}c2(D_{2d}^{10})$2·22(4ad)：A_2+B_2+2E；$\bar{4}$·· (4bc)：B_1+B_2+2E；·· 2(8eh)：$A_1+2A_2+B_1+2B_2+3E$；

2·· (8fg)：$A_1+A_2+B_1+B_2+4E$；1(16i)：$3A_1+3A_2+3B_1+3B_2+6E$

121$I\bar{4}2m(D_{2d}^{11})\bar{4}2m(2ab)$：$B_2+E$；222·(4c)：$A_2+B_2+2E$；$\bar{4}$·· (4d)：$B_1+B_2+2E$；

2·mm(4e)：A_1+B_2+2E；·2·(8fg)：$A_1+2A_2+B_1+2B_2+3E$；2·· (8h)：$A_1+A_2+B_1+B_2+4E$；·· m(8i)：$2A_1+A_2+B_1+2B_2+3E$；1(16j)：$3A_1+3A_2+3B_1+3B_2+6E$

122$I\bar{4}2d(D_{2d}^{12})\bar{4}$·· (4ab)：$B_1+B_2+2E$；2·· (8c)：$A_1+A_2+B_1+B_2+4E$；·2·(8d)：$A_1+2A_2+B_1+2B_2+3E$；

1(16e)：$3A_1+3A_2+3B_1+3B_2+6E$

十五、点群：4/mmm(D_{4h})；$A_{1g}(R)$，$A_{2g}(N)$，$B_{1g}(R)$，$B_{2g}(R)$，$E_g(R)$，$A_{1u}(N)$，$A_{2u}(IR,z)$，$B_{1u}(N)$，$B_{2u}(N)$，$E_u(IR,x,y)$

123$P4/m2/m2/m(D_{4h}^1)$4/mmm(1abcd)：$A_{2u}+E_u$；mmm·(2ef)：$A_{2u}+B_{2u}+2E_u$；4mm(2gh)：$A_{1g}+A_{2u}+E_g+E_u$；

2mm·(4i)：$A_{1g}+A_{2u}+B_{1g}+B_{2u}+2E_g+2E_u$；m·2m(4jk)：$A_{1g}+A_{2g}+A_{2u}+B_{1g}+B_{1u}+B_{2g}+E_g+2E_u$；

m2m·(4lmno)：$A_{1g}+A_{2g}+A_{2u}+B_{1g}+B_{2g}+B_{2u}+E_g+2E_u$；m·· (8pq)：$2A_{1g}+A_{1u}+2A_{2g}+A_{2u}+2B_{1g}+B_{1u}+2B_{2g}+B_{2u}+2E_g+4E_u$；

　　·· m(8r)：$2A_{1g}+A_{1u}+A_{2g}+2A_{2u}+B_{1g}+2B_{1u}+2B_{2g}+B_{2u}+3E_g+3E_u$；·m·(8st)：$2A_{1g}+A_{1u}+A_{2g}+2A_{2u}+2B_{1g}+B_{1u}+B_{2g}+2B_{2u}+3E_g+3E_u$；

1(16u)：$3A_{1g}+3A_{1u}+3A_{2g}+3A_{2u}+3B_{1g}+3B_{1u}+3B_{2g}+3B_{2u}+6E_g+6E_u$

124$P4/m2/c2/c(D_{4h}^2)$422(2ac)：$A_{2g}+A_{2u}+E_g+E_u$；4/m·· (2bd)：$A_{1u}+A_{2u}+2E_u$；2/m·· (4e)：$A_{1u}+A_{2u}+B_{1u}+B_{2u}+4E_u$；

222·(4f)：$A_{2g}+A_{2u}+B_{2g}+B_{2u}+2E_g+2E_u$；4·· (4gh)：$A_{1g}+A_{1u}+A_{2g}+A_{2u}+2E_g+2E_u$；

2·· (8i)：$A_{1g}+A_{1u}+A_{2g}+A_{2u}+B_{1g}+B_{1u}+B_{2g}+B_{2u}+4E_g+4E_u$；·· 2(8j)：$A_{1g}+A_{1u}+2A_{2g}+2A_{2u}+2B_{1g}+2B_{1u}+B_{2g}+B_{2u}+3E_g+3E_u$；

　　·2(8kl)：$A_{1g}+A_{1u}+2A_{2g}+2A_{2u}+B_{1g}+B_{1u}+2B_{2g}+2B_{2u}+3E_g+3E_u$；m·· (8m)：$2A_{1g}+A_{1u}+2A_{2g}+A_{2u}+2B_{1g}+B_{1u}+2B_{2g}+B_{2u}+2E_g+4E_u$；1(16n)：$3A_{1g}+3A_{1u}+3A_{2g}+3A_{2u}+3B_{1g}+3B_{1u}+3B_{2g}+3B_{2u}+6E_g+6E_u$

125$P4/n2/b2/m(D_{4h}^3)$422(2ab)：$A_{2g}+A_{2u}+E_g+E_u$；$\bar{4}2m(2cd)$：$A_{2u}+B_{2g}+E_g+E_u$；·· 2/m

$(4ef): A_{1u}+2A_{2u}+2B_{1u}+B_{2u}+3E_u;$

$4 \cdot \cdot (4g): A_{1g}+A_{1u}+A_{2g}+A_{2u}+2E_g+2E_u;$ $2 \cdot mm(4h): A_{1g}+A_{2u}+B_{1u}+B_{2g}+2E_g+2E_u;$

$\cdot \cdot 2(8ij): A_{1g}+A_{1u}+2A_{2g}+2A_{2u}+2B_{1g}+2B_{1u}+B_{2g}+B_{2u}+3E_g+3E_u;$

$\cdot 2 \cdot (8kl): A_{1g}+A_{1u}+2A_{2g}+2A_{2u}+B_{1g}+B_{1u}+2B_{2g}+2B_{2u}+3E_g+3E_u;$ $\cdot \cdot m(8m): 2A_{1g}+A_{1u}+A_{2g}+2A_{2u}+B_{1g}+2B_{1u}+2B_{2g}+B_{2u}+3E_g+3E_u;$ $1(16n): 3A_{1g}+3A_{1u}+3A_{2g}+3A_{2u}+3B_{1g}+3B_{1u}+3B_{2u}+3B_{2u}+6E_g+6E_u$

$126\,P4/n2/n2/c(D_{4h}^4)\,422(2ab): A_{2g}+A_{2u}+E_g+E_u;$ $222 \cdot (4c): A_{2g}+A_{2u}+B_{2g}+B_{2u}+2E_g+2E_u;$

$\bar{4} \cdot \cdot (4d): A_{1u}+A_{2u}+B_{1g}+B_{2g}+2E_g+2E_u;$ $4 \cdot \cdot (4e): A_{1g}+A_{1u}+A_{2g}+A_{2u}+2E_g+2E_u;$ $\bar{1}(8f): 3A_{1u}+3A_{2u}+3B_{1u}+3B_{2u}+6E_u;$ $2 \cdot \cdot (8g): A_{1g}+A_{1u}+A_{2g}+A_{2u}+B_{1g}+B_{1u}+B_{2g}+B_{2u}+4E_g+4E_u;$ $\cdot \cdot 2(8h): A_{1g}+A_{1u}+2A_{2g}+2A_{2u}+2B_{1g}+2B_{1u}+B_{2g}+B_{2u}+3E_g+3E_u;$ $\cdot 2 \cdot (8ij): A_{1g}+A_{1u}+2A_{2g}+2A_{2u}+B_{1g}+B_{1u}+2B_{2g}+2B_{2u}+3E_g+3E_u;$ $1(16k): 3A_{1g}+3A_{1u}+3A_{2g}+3A_{2u}+3B_{1g}+3B_{1u}+3B_{2g}+3B_{2u}+6E_g+6E_u$

$127\,P4/m2_1/b2/m(D_{4h}^5)\,4/m \cdot \cdot (2ab): A_{1u}+A_{2u}+2E_u;$ $m \cdot mm(2cd): A_{2u}+B_{1u}+2E_u;$ $4 \cdot \cdot (4e): A_{1g}+A_{1u}+A_{2g}+A_{2u}+2E_g+2E_u;$ $2 \cdot mm(4f): A_{1g}+A_{2u}+B_{1u}+B_{2g}+2E_g+2E_u;$ $m \cdot 2m(4gh): A_{1g}+A_{2g}+A_{2u}+B_{1g}+B_{1u}+B_{2g}+E_g+2E_u;$

$m \cdot \cdot (8ij): 2A_{1g}+A_{1u}+2A_{2g}+A_{2u}+2B_{1g}+B_{1u}+2B_{2g}+B_{2u}+2E_g+4E_u;$ $\cdot \cdot m(8k): 2A_{1g}+A_{1u}+A_{2g}+2A_{2u}+B_{1g}+2B_{1u}+2B_{2g}+B_{2u}+3E_g+3E_u;$

$1(16l): 3A_{1g}+3A_{1u}+3A_{2g}+3A_{2u}+3B_{1g}+3B_{1u}+3B_{2g}+3B_{2u}+6E_g+6E_u$

$128\,P4/m2_1/n2/c(D_{4h}^6)\,4/m \cdot \cdot (2ab): A_{1u}+A_{2u}+2E_u;$ $2/m \cdot \cdot (4c): A_{1u}+A_{2u}+B_{1u}+B_{2u}+4E_u;$ $2 \cdot 22(4d): A_{2g}+A_{2u}+B_{1g}+B_{1u}+2E_g+2E_u;$ $4 \cdot \cdot (4e): A_{1g}+A_{1u}+A_{2g}+A_{2u}+2E_g+2E_u;$ $2 \cdot \cdot (8f): A_{1g}+A_{1u}+A_{2g}+A_{2u}+B_{1g}+B_{1u}+B_{2g}+B_{2u}+4E_g+4E_u;$

$\cdot \cdot 2(8g): A_{1g}+A_{1u}+2A_{2g}+2A_{2u}+2B_{1g}+2B_{1u}+B_{2g}+B_{2u}+3E_g+3E_u;$ $m \cdot \cdot (8h): 2A_{1g}+A_{1u}+2A_{2g}+A_{2u}+2B_{1g}+B_{1u}+2B_{2g}+B_{2u}+2E_g+4E_u;$

$1(16i): 3A_{1g}+3A_{1u}+3A_{2g}+3A_{2u}+3B_{1g}+3B_{1u}+3B_{2g}+3B_{2u}+6E_g+6E_u$

$129\,P4/n2_1/m2/m(D_{4h}^7)\,\bar{4}m2(2ab): A_{2u}+B_{1g}+E_g+E_u;$ $4mm(2c): A_{1g}+A_{2u}+E_g+E_u;$ $\cdot \cdot 2/m(4de): A_{1u}+2A_{2u}+2B_{1u}+B_{2u}+3E_u;$ $2mm \cdot (4f): A_{1g}+A_{2u}+B_{1g}+B_{2u}+2E_g+2E_u;$ $\cdot \cdot 2(8gh): A_{1g}+A_{1u}+2A_{2g}+2A_{2u}+2B_{1g}+2B_{1u}+B_{2g}+B_{2u}+3E_g+3E_u;$

$\cdot m \cdot (8i): 2A_{1g}+A_{1u}+A_{2g}+2A_{2u}+2B_{1g}+B_{1u}+B_{2g}+2B_{2u}+3E_g+3E_u;$ $\cdot \cdot m(8j): 2A_{1g}+A_{1u}+A_{2g}+2A_{2u}+B_{1g}+2B_{1u}+2B_{2g}+B_{2u}+3E_g+3E_u;$

$1(16k): 3A_{1g}+3A_{1u}+3A_{2g}+3A_{2u}+3B_{1g}+3B_{1u}+3B_{2g}+3B_{2u}+6E_g+6E_u$

$130\,P4/n2_1/c2/c(D_{4h}^8)\,2 \cdot 22(4a): A_{2g}+A_{2u}+B_{1g}+B_{1u}+2E_g+2E_u;$ $\bar{4} \cdot \cdot (4b): A_{1u}+A_{2u}+B_{1g}+B_{2g}+2E_g+2E_u;$

$4 \cdot \cdot (4c): A_{1g}+A_{1u}+A_{2g}+A_{2u}+2E_g+2E_u;$ $\bar{1}(8d): 3A_{1u}+3A_{2u}+3B_{1u}+3B_{2u}+6E_u;$

$2 \cdot \cdot (8e): A_{1g}+A_{1u}+A_{2g}+A_{2u}+B_{1g}+B_{1u}+B_{2g}+B_{2u}+4E_g+4E_u;$ $\cdot \cdot 2(8f): A_{1g}+A_{1u}+2A_{2g}+2A_{2u}+2B_{1g}+2B_{1u}+B_{2g}+B_{2u}+3E_g+3E_u;$

$1(16g): 3A_{1g}+3A_{1u}+3A_{2g}+3A_{2u}+3B_{1g}+3B_{1u}+3B_{2g}+3B_{2u}+6E_g+6E_u$

$131P4_2/m2/m2/c(D_{4h}^9)mmm\cdot(2abcd):A_{2u}+B_{2u}+2E_u;\bar{4}m2(2ef):A_{2u}+B_{1g}+E_g+E_u;$

$2mm\cdot(4ghi):A_{1g}+A_{2u}+B_{1g}+B_{2u}+2E_g+2E_u;m2m\cdot(4jklm):A_{1g}+A_{2g}+A_{2u}+B_{1g}+B_{2g}+B_{2u}+E_g+2E_u;$

$\cdot\cdot2(8n):A_{1g}+A_{1u}+2A_{2g}+2A_{2u}+2B_{1g}+2B_{1u}+B_{2g}+B_{2u}+3E_g+3E_u;$

$\cdot m\cdot(8op):2A_{1g}+A_{1u}+A_{2g}+2A_{2u}+2B_{1g}+B_{1u}+B_{2g}+2B_{2u}+3E_g+3E_u;m\cdot\cdot(8q):2A_{1g}+A_{1u}+2A_{2g}+A_{2u}+2B_{1g}+B_{1u}+2B_{2g}+B_{2u}+2E_g+4E_u;1(16r):3A_{1g}+3A_{1u}+3A_{2g}+3A_{2u}+3B_{1g}+3B_{1u}+3B_{2g}+3B_{2u}+6E_g+6E_u$

$132P4_2/m2/c2/m(D_{4h}^{10})m\cdot mm(2ac):A_{2u}+B_{1u}+2E_u;\bar{4}2m(2bd):A_{2u}+B_{2g}+E_g+E_u;222\cdot(4e):A_{2g}+A_{2u}+B_{2g}+B_{2u}+2E_g+2E_u;2/m\cdot\cdot(4f):A_{1u}+A_{2u}+B_{1u}+B_{2u}+4E_u;2\cdot mm(4gh):A_{1g}+A_{2u}+B_{1u}+B_{2g}+2E_g+2E_u;$

$m\cdot2m(4ij):A_{1g}+A_{2g}+A_{2u}+B_{1g}+B_{1u}+B_{2g}+E_g+2E_u;2\cdot\cdot(8k):A_{1g}+A_{1u}+A_{2g}+A_{2u}+B_{1g}+B_{1u}+B_{2g}+B_{2u}+4E_g+4E_u;$

$\cdot2\cdot(8lm):A_{1g}+A_{1u}+2A_{2g}+2A_{2u}+B_{1g}+B_{1u}+2B_{2g}+2B_{2u}+3E_g+3E_u;m\cdot\cdot(8n):2A_{1g}+A_{1u}+2A_{2g}+A_{2u}+2B_{1g}+B_{1u}+2B_{2g}+B_{2u}+2E_g+4E_u;$

$\cdot\cdot m(8o):2A_{1g}+A_{1u}+A_{2g}+2A_{2u}+B_{1g}+2B_{1u}+2B_{2g}+B_{2u}+3E_g+3E_u;1(16p):3A_{1g}+3A_{1u}+3A_{2g}+3A_{2u}+3B_{1g}+3B_{1u}+3B_{2g}+3B_{2u}+6E_g+6E_u$

$133P4_2/n2/b2/c(D_{4h}^{11})222\cdot(4ab):A_{2g}+A_{2u}+B_{2g}+B_{2u}+2E_g+2E_u;2\cdot22(4c):A_{2g}+A_{2u}+B_{1g}+B_{1u}+2E_g+2E_u;$

$\bar{4}\cdot\cdot(4d):A_{1u}+A_{2u}+B_{1g}+B_{2g}+2E_g+2E_u;\bar{1}(8e):3A_{1u}+3A_{2u}+3B_{1u}+3B_{2u}+3B_{2u}+6E_u;$

$2\cdot\cdot(8fg):A_{1g}+A_{1u}+A_{2g}+A_{2u}+B_{1g}+B_{1u}+B_{2g}+B_{2u}+4E_g+4E_u;\cdot2\cdot(8hi):A_{1g}+A_{1u}+2A_{2g}+2A_{2u}+B_{1g}+B_{1u}+2B_{2g}+2B_{2u}+3E_g+3E_u;$

$\cdot\cdot2(8j):A_{1g}+A_{1u}+2A_{2g}+2A_{2u}+2B_{1g}+2B_{1u}+B_{2g}+B_{2u}+3E_g+3E_u;1(16k):3A_{1g}+3A_{1u}+3A_{2g}+3A_{2u}+3B_{1g}+3B_{1u}+3B_{2g}+3B_{2u}+6E_g+6E_u$

$134P4_2/n2/n2/m(D_{4h}^{12})\bar{4}2m(2ab):A_{2u}+B_{2g}+E_g+E_u;222\cdot(4c):A_{2g}+A_{2u}+B_{2g}+B_{2u}+2E_g+2E_u;$

$2\cdot22(4d):A_{2g}+A_{2u}+B_{1g}+B_{1u}+2E_g+2E_u;\cdot\cdot2/m(4ef):A_{1u}+2A_{2u}+2B_{1u}+B_{2u}+3E_u;2\cdot mm(4g):A_{1g}+A_{2u}+B_{1u}+B_{2g}+2E_g+2E_u;2\cdot\cdot(8h):A_{1g}+A_{1u}+A_{2g}+A_{2u}+B_{1g}+B_{1u}+B_{2g}+B_{2u}+4E_g+4E_u;\cdot2\cdot(8ij):A_{1g}+A_{1u}+2A_{2g}+2A_{2u}+B_{1g}+B_{1u}+2B_{2g}+2B_{2u}+3E_g+3E_u;$

$\cdot\cdot2(8kl):A_{1g}+A_{1u}+2A_{2g}+2A_{2u}+2B_{1g}+2B_{1u}+B_{2g}+B_{2u}+3E_g+3E_u;$

$\cdot\cdot m(8m):2A_{1g}+A_{1u}+A_{2g}+2A_{2u}+B_{1g}+2B_{1u}+2B_{2g}+B_{2u}+3E_g+3E_u;1(16n):3A_{1g}+3A_{1u}+3A_{2g}+3A_{2u}+3B_{1g}+3B_{1u}+3B_{2g}+3B_{2u}+6E_g+6E_u$

$135P4_2/m2_1/b2/c(D_{4h}^{13})2/m\cdot\cdot(4ac):A_{1u}+A_{2u}+B_{1u}+B_{2u}+4E_u;\bar{4}\cdot\cdot(4b):A_{1u}+A_{2u}+B_{1g}+B_{2g}+2E_g+2E_u;$

$2\cdot22(4d):A_{2g}+A_{2u}+B_{1g}+B_{1u}+2E_g+2E_u;2\cdot\cdot(8ef):A_{1g}+A_{1u}+A_{2g}+A_{2u}+B_{1g}+B_{1u}+B_{2g}+B_{2u}+4E_g+4E_u;$

$\cdot\cdot2(8g):A_{1g}+A_{1u}+2A_{2g}+2A_{2u}+2B_{1g}+2B_{1u}+B_{2g}+B_{2u}+3E_g+3E_u;m\cdot\cdot(8h):2A_{1g}+A_{1u}+2A_{2g}+A_{2u}+2B_{1g}+B_{1u}+2B_{2g}+B_{2u}+2E_g+4E_u;1(16i):3A_{1g}+3A_{1u}+3A_{2g}+3A_{2u}+3B_{1g}+3B_{1u}+3B_{2g}$

$+3B_{2u}+6E_g+6E_u$

$136 P4_2/m2_1/n2/m(D_{4h}^{14}) m \cdot mm(2ab)$：$A_{2u}+B_{1u}+2E_u$；$2/m \cdot \cdot (4c)$：$A_{1u}+A_{2u}+B_{1u}+B_{2u}$ $+4E_u$；

$\bar{4} \cdot \cdot (4d)$：$A_{1u}+A_{2u}+B_{1g}+B_{2g}+2E_g+2E_u$；$2 \cdot mm(4e)$：$A_{1g}+A_{2u}+B_{1u}+B_{2g}+2E_g+2E_u$；

$m \cdot 2m(4fg)$：$A_{1g}+A_{2g}+A_{2u}+B_{1g}+B_{1u}+B_{2g}+E_g+2E_u$；$2 \cdot \cdot (8h)$：$A_{1g}+A_{1u}+A_{2g}+A_{2u}+B_{1g}+B_{1u}$ $+B_{2g}+B_{2u}+4E_g+4E_u$；

$m \cdot \cdot (8i)$：$2A_{1g}+A_{1u}+2A_{2g}+A_{2u}+2B_{1g}+B_{1u}+2B_{2g}+B_{2u}+2E_g+4E_u$；$\cdot \cdot m(8j)$：$2A_{1g}+A_{1u}+$ $A_{2g}+2A_{2u}+B_{1g}+2B_{1u}+2B_{2g}+B_{2u}+3E_g+3E_u$；

$1(16k)$：$3A_{1g}+3A_{1u}+3A_{2g}+3A_{2u}+3B_{1g}+3B_{1u}+3B_{2g}+3B_{2u}+6E_g+6E_u$

$137 P4_2/n2_1/m2/c(D_{4h}^{15}) \bar{4}m2(2ab)$：$A_{2u}+B_{1g}+E_g+E_u$；$2mm \cdot (4cd)$：$A_{1g}+A_{2u}+B_{1g}+B_{2u}+$ $2E_g+2E_u$；

$\bar{1}(8e)$：$3A_{1u}+3A_{2u}+3B_{1u}+3B_{2u}+6E_u$；$\cdot \cdot 2(8f)$：$A_{1g}+A_{1u}+2A_{2g}+2A_{2u}+2B_{1g}+2B_{1u}+B_{2g}+B_{2u}$ $+3E_g+3E_u$；

$\cdot m \cdot (8g)$：$2A_{1g}+A_{1u}+A_{2g}+2A_{2u}+2B_{1g}+B_{1u}+B_{2g}+2B_{2u}+3E_g+3E_u$；$1(16h)$：$3A_{1g}+3A_{1u}+$ $3A_{2g}+3A_{2u}+3B_{1g}+3B_{1u}+3B_{2g}+3B_{2u}+6E_g+6E_u$

$138 P4_2/n2_1/c2/m(D_{4h}^{16}) 2 \cdot 22(4a)$：$A_{2g}+A_{2u}+B_{1g}+B_{1u}+2E_g+2E_u$；$\bar{4} \cdot \cdot (4b)$：$A_{1u}+A_{2u}+$ $B_{1g}+B_{2g}+2E_g+2E_u$；

$\cdot \cdot 2/m(4cd)$：$A_{1u}+2A_{2u}+2B_{1u}+B_{2u}+3E_u$；$2 \cdot mm(4e)$：$A_{1g}+A_{2u}+B_{1u}+B_{2g}+2E_g+2E_u$；

$2 \cdot \cdot (8f)$：$A_{1g}+A_{1u}+A_{2g}+A_{2u}+B_{1g}+B_{1u}+B_{2g}+B_{2u}+4E_g+4E_u$；$\cdot \cdot 2(8gh)$：$A_{1g}+A_{1u}+2A_{2g}+$ $2A_{2u}+2B_{1g}+2B_{1u}+B_{2g}+B_{2u}+3E_g+3E_u$；

$\cdot \cdot m(8i)$：$2A_{1g}+A_{1u}+A_{2g}+2A_{2u}+B_{1g}+2B_{1u}+2B_{2g}+B_{2u}+3E_g+3E_u$；$1(16j)$：$3A_{1g}+3A_{1u}+3A_{2g}$ $+3A_{2u}+3B_{1g}+3B_{1u}+3B_{2g}+3B_{2u}+6E_g+6E_u$

$139 I4/m2/m2/m(D_{4h}^{17}) 4/mmm(2ab)$：$A_{2u}+E_u$；$mmm \cdot (4c)$：$A_{2u}+B_{2u}+2E_u$；$\bar{4}m2(4d)$：$A_{2u}+B_{1u}+E_g+E_u$；

$4mm(4e)$：$A_{1g}+A_{2u}+E_g+E_u$；$\cdot \cdot 2/m(8f)$：$A_{1u}+2A_{2u}+2B_{1u}+B_{2u}+3E_u$；$2mm \cdot (8g)$：$A_{1g}+$ $A_{2u}+B_{1g}+B_{2u}+2E_g+2E_u$；

$m \cdot 2m(8h)$：$A_{1g}+A_{2g}+A_{2u}+B_{1g}+B_{1u}+B_{2g}+E_g+2E_u$；$m2m \cdot (8ij)$：$A_{1g}+A_{2g}+A_{2u}+B_{1g}+B_{2g}+B_{2u}$ $+E_g+2E_u$；

$\cdot \cdot 2(16k)$：$A_{1g}+A_{1u}+2A_{2g}+2A_{2u}+2B_{1g}+2B_{1u}+B_{2g}+B_{2u}+3E_g+3E_u$；

$m \cdot \cdot (16l)$：$2A_{1g}+A_{1u}+2A_{2g}+A_{2u}+2B_{1g}+B_{1u}+2B_{2g}+B_{2u}+2E_g+4E_u$；$\cdot \cdot m(16m)$：$2A_{1g}+A_{1u}$ $+A_{2g}+2A_{2u}+B_{1g}+2B_{1u}+2B_{2g}+B_{2u}+3E_g+3E_u$；

$\cdot m \cdot (16n)$：$2A_{1g}+A_{1u}+A_{2g}+2A_{2u}+2B_{1g}+B_{1u}+B_{2g}+2B_{2u}+3E_g+3E_u$；$1(32o)$：$3A_{1g}+3A_{1u}+$ $3A_{2g}+3A_{2u}+3B_{1g}+3B_{1u}+3B_{2g}+3B_{2u}+6E_g+6E_u$

$140 I4/m2/c2/m(D_{4h}^{18}) 422(4a)$：$A_{2g}+A_{2u}+E_g+E_u$；$\bar{4}2m(4b)$：$A_{2u}+B_{2g}+E_g+E_u$；$4/m \cdot \cdot$ $(4c)$：$A_{1u}+A_{2u}+2E_u$；

$m \cdot mm(4d)$：$A_{2u}+B_{1u}+2E_u$；$\cdot \cdot 2/m(8e)$：$A_{1u}+2A_{2u}+2B_{1u}+B_{2u}+3E_u$；$4 \cdot \cdot (8f)$：$A_{1g}+$ $A_{1u}+A_{2g}+A_{2u}+2E_g+2E_u$；

$2 \cdot mm(8g)$: $A_{1g}+A_{2u}+B_{1u}+B_{2g}+2E_g+2E_u$；$m \cdot 2m(8h)$: $A_{1g}+A_{2g}+A_{2u}+B_{1g}+B_{1u}+B_{2g}+E_g+$

$2E_u$；$\cdot \cdot 2(16i)$: $A_{1g}+A_{1u}+2A_{2g}+2A_{2u}+2B_{1g}+2B_{1u}+B_{2g}+B_{2u}+3E_g+3E_u$；$\cdot 2 \cdot(16j)$: $A_{1g}+$

$A_{1u}+2A_{2g}+2A_{2u}+B_{1g}+B_{1u}+2B_{2g}+2B_{2u}+3E_g+3E_u$；

$m \cdot \cdot (16k)$: $2A_{1g}+A_{1u}+2A_{2g}+A_{2u}+2B_{1g}+B_{1u}+2B_{2g}+B_{2u}+2E_g+4E_u$；

$\cdot \cdot m(16l)$: $2A_{1g}+A_{1u}+A_{2g}+2A_{2u}+B_{1g}+2B_{1u}+2B_{2g}+B_{2u}+3E_g+3E_u$；$1(32m)$: $3A_{1g}+3A_{1u}+$

$3A_{2g}+3A_{2u}+3B_{1g}+3B_{1u}+3B_{2g}+3B_{2u}+6E_g+6E_u$

$141 I4_1/a2/m2/d(D_{4h}^{19})\overline{4}m2(4ab)$: $A_{2u}+B_{1g}+E_g+E_u$；$\cdot 2/m \cdot (8cd)$: $A_{1u}+2A_{2u}+B_{1u}+2B_{2u}$

$+3E_u$；

$2mm \cdot (8e)$: $A_{1g}+A_{2u}+B_{1g}+B_{2u}+2E_g+2E_u$；$\cdot 2 \cdot (16f)$: $A_{1g}+A_{1u}+2A_{2g}+2A_{2u}+B_{1g}+B_{1u}+$

$2B_{2g}+2B_{2u}+3E_g+3E_u$；

$\cdot \cdot 2(16g)$: $A_{1g}+A_{1u}+2A_{2g}+2A_{2u}+2B_{1g}+2B_{1u}+B_{2g}+B_{2u}+3E_g+3E_u$；$\cdot m \cdot (16h)$: $2A_{1g}+A_{1u}$

$+A_{2g}+2A_{2u}+2B_{1g}+B_{1u}+B_{2g}+2B_{2u}+3E_g+3E_u$；

$1(32i)$: $3A_{1g}+3A_{1u}+3A_{2g}+3A_{2u}+3B_{1g}+3B_{1u}+3B_{2g}+3B_{2u}+6E_g+6E_u$

$142 I4_1/a2/c2/d(D_{4h}^{20})\overline{4} \cdot \cdot (8a)$: $A_{1u}+A_{2u}+B_{1g}+B_{2g}+2E_g+2E_u$；$2 \cdot 22(8b)$: $A_{2g}+A_{2u}+B_{1g}$

$+B_{1u}+2E_g+2E_u$；

$\overline{1}(16c)$: $3A_{1u}+3A_{2u}+3B_{1u}+3B_{2u}+6E_g+6E_u$；$2 \cdot \cdot (16d)$: $A_{1g}+A_{1u}+A_{2g}+A_{2u}+B_{1g}+B_{1u}+B_{2g}+B_{2u}+$

$4E_g+4E_u$；

$\cdot 2 \cdot (16e)$: $A_{1g}+A_{1u}+2A_{2g}+2A_{2u}+B_{1g}+B_{1u}+2B_{2g}+2B_{2u}+3E_g+3E_u$；$\cdot \cdot 2(16f)$: $A_{1g}+A_{1u}+$

$2A_{2g}+2A_{2u}+2B_{1g}+2B_{1u}+B_{2g}+B_{2u}+3E_g+3E_u$；$1(32g)$: $3A_{1g}+3A_{1u}+3A_{2g}+3A_{2u}+3B_{1g}+3B_{1u}+$

$3B_{2g}+3B_{2u}+6E_g+6E_u$

十六、点群：$3(C_3)$；$A(R, IR, z)$，$E(R, IR, x, y)$

$143 P3(C_3^1)3 \cdot \cdot (1abc)$: $A+E$；$1(3d)$: $3A+3E$

$144 P3_1(C_3^2)1(3a)$: $3A+3E$

$145 P3_2(C_3^3)1(3a)$: $3A+3E$

$146 R3(C_3^4)3 \cdot (3a)$: $A+E$；$1(9b)$: $3A+3E$

十七、点群：$\overline{3}(S_6, C_{3i})$；$A_g(R)$，$E_g(R)$，$A_u(IR, z)$，$E_u(IR, x, y)$

$147 P\overline{3}(C_{3i}^1)\overline{3} \cdot \cdot (1ab)$: A_u+E_u；$3 \cdot \cdot (2cd)$: $A_g+A_u+E_g+E_u$；$\overline{1}(3ef)$: $3A_u+3E_u$；1

$(6g)$: $3A_g+3A_u+3E_g+3E_u$

$148 R\overline{3}(C_{3i}^2)\overline{3} \cdot \cdot (3ab)$: A_u+E_u；$3 \cdot \cdot (6c)$: $A_g+A_u+E_g+E_u$；$\overline{1}(9de)$: $3A_u+3E_u$；1

$(18f)$: $3A_g+3A_u+3E_g+3E_u$

十八、点群：$312(D_3)$；$A_1(R)$，$A_2(IR, z)$，$E(R, IR, x, y)$

$149 P312(D_3^1)3 \cdot 2(1abcdef)$: A_2+E；$3 \cdot \cdot (2ghi)$: A_1+A_2+2E；$\cdot \cdot 2(3jk)$: A_1+2A_2+

$3E$；$1(6l)$: $3A_1+3A_2+6E$

$150 P321(D_3^2)32 \cdot (1ab)$: A_2+E；$3 \cdot \cdot (2cd)$: A_1+A_2+2E；$\cdot 2 \cdot (3ef)$: A_1+2A_2+3E；1

$(6g)$: $3A_1+3A_2+6E$

$151 P3_112(D_3^3)\cdot \cdot 2(3ab)$: A_1+2A_2+3E；$1(6c)$: $3A_1+3A_2+6E$

$152P3_121(D_3^4)\cdot2\cdot(3ab):A_1+2A_2+3E;1(6c):3A_1+3A_2+6E$

$153P3_212(D_3^5)\cdot\cdot2(3ab):A_1+2A_2+3E;1(6c):3A_1+3A_2+6E$

$154P3_221(D_3^6)\cdot2\cdot(3ab):A_1+2A_2+3E;1(6c):3A_1+3A_2+6E$

$155R32(D_3^7)32(3ab):A_2+E;3\cdot(6c):A_1+A_2+2E;\cdot2(9de):A_1+2A_2+3E;1(18f):$
$3A_1+3A_2+6E$

十九、点群: $3m(C_{3v})$; $A_1(R,IR,z),A_2(N),E(R,IR,x,y)$

$156P3m1(C_{3v}^1)3m\cdot(1abc):A_1+E;\cdot m\cdot(3d):2A_1+A_2+3E;1(6e):3A_1+3A_2+6E$

$157P31m(C_{3v}^2)3\cdot m(1a):A_1+E;3\cdot\cdot(2b):A_1+A_2+2E;\cdot\cdot m(3c):2A_1+A_2+3E;1$
$(6d):3A_1+3A_2+6E$

$158P3c1(C_{3v}^3)3\cdot\cdot(2abc):A_1+A_2+2E;1(6d):3A_1+3A_2+6E$

$159P31c(C_{3v}^4)3\cdot\cdot(2ab):A_1+A_2+2E;1(6c):3A_1+3A_2+6E$

$160R3m(C_{3v}^5)3m(3a):A_1+E;\cdot m(9b):2A_1+A_2+3E;1(18c):3A_1+3A_2+6E$

$161R3c(C_{3v}^6)3\cdot(6a):A_1+A_2+2E;1(18b):3A_1+3A_2+6E$

二十、点群: $\bar{3}m(D_{3d})$; $A_{1g}(R),A_{2g}(N),E_g(R),A_{1u}(N),A_{2u}(IR,z),E_u(IR,x,y)$

$162P\bar{3}12/m(D_{3d}^1)\bar{3}\cdot m(1ab):A_{2u}+E_u;3\cdot2(2cd):A_{2g}+A_{2u}+E_g+E_u;3\cdot m(2e):A_{1g}+$
$A_{2u}+E_g+E_u;$

$\cdot\cdot2/m(3fg):A_{1u}+2A_{2u}+3E_u;3\cdot\cdot(4h):A_{1g}+A_{1u}+A_{2g}+A_{2u}+2E_g+2E_u;\cdot\cdot2(6ij):$
$A_{1g}+A_{1u}+2A_{2g}+2A_{2u}+3E_g+3E_u;$

$\cdot\cdot m(6k):2A_{1g}+A_{1u}+A_{2g}+2A_{2u}+3E_g+3E_u;1(12l):3A_{1g}+3A_{1u}+3A_{2g}+3A_{2u}+6E_g+6E_u$

$163P\bar{3}12/c(D_{3d}^2)3\cdot2(2acd):A_{2g}+A_{2u}+E_g+E_u;\bar{3}\cdot\cdot(2b):A_{1u}+A_{2u}+2E_u;3\cdot\cdot(4ef):$
$A_{1g}+A_{1u}+A_{2g}+A_{2u}+2E_g+2E_u;$

$\bar{1}(6g):3A_{1u}+3A_{2u}+6E_u;\cdot\cdot2(6h):A_{1g}+A_{1u}+2A_{2g}+2A_{2u}+3E_g+3E_u;1(12i):3A_{1g}+3A_{1u}$
$+3A_{2g}+3A_{2u}+6E_g+6E_u$

$164P\bar{3}2/m1(D_{3d}^3)\bar{3}m\cdot(1ab):A_{2u}+E_u;3m\cdot(2cd):A_{1g}+A_{2u}+E_g+E_u;\cdot2/m\cdot(3ef):$
$A_{1u}+2A_{2u}+3E_u;\cdot2\cdot(6gh):A_{1g}+A_{1u}+2A_{2g}+2A_{2u}+3E_g+3E_u;\cdot m\cdot(6i):2A_{1g}+A_{1u}+A_{2g}+$
$2A_{2u}+3E_g+3E_u;1(12j):3A_{1g}+3A_{1u}+3A_{2g}+3A_{2u}+6E_g+6E_u$

$165P\bar{3}2/c1(D_{3d}^4)32\cdot(2a):A_{2g}+A_{2u}+E_g+E_u;\bar{3}\cdot\cdot(2b):A_{1u}+A_{2u}+2E_u;3\cdot\cdot(4cd):$
$A_{1g}+A_{1u}+A_{2g}+A_{2u}+2E_g+2E_u;$

$\bar{1}(6e):3A_{1u}+3A_{2u}+6E_u;\cdot2\cdot(6f):A_{1g}+A_{1u}+2A_{2g}+2A_{2u}+3E_g+3E_u;1(12g):3A_{1g}+3A_{1u}$
$+3A_{2g}+3A_{2u}+6E_g+6E_u$

$166R\bar{3}2/m(D_{3d}^5)\bar{3}m(3ab):A_{2u}+E_u;3m(6c):A_{1g}+A_{2u}+E_g+E_u;\cdot2/m(9de):A_{1u}+2A_{2u}$
$+3E_u;$

$\cdot2(18fg):A_{1g}+A_{1u}+2A_{2g}+2A_{2u}+3E_g+3E_u;\cdot m(18h):2A_{1g}+A_{1u}+A_{2g}+2A_{2u}+3E_g+3E_u;1$
$(36i):A_{1g}+3A_{1u}+3A_{2g}+3A_{2u}+6E_g+6E_u$

$167R\bar{3}2/c(D_{3d}^6)32(6a):A_{2g}+A_{2u}+E_g+E_u;\bar{3}\cdot(6b):A_{1u}+A_{2u}+2E_u;3\cdot(12c):A_{1g}+A_{1u}+$
$A_{2g}+A_{2u}+2E_g+2E_u;$

$\overline{1}(18d)$：$3A_{1u}+3A_{2u}+6E_u$；　·2$(18e)$：$A_{1g}+A_{1u}+2A_{2g}+2A_{2u}+3E_g+3E_u$；$1(36f)$：$3A_{1g}+3A_{1u}$ $+3A_{2g}+3A_{2u}+6E_g+6E_u$

二十一、点群：6(C_6)；$A(R, IR, z)$，$B(N)$，$E_1(R, IR, x, y)$，$E_2(R)$

168$P6(C_6^1)$6·$\cdot$$(1a)$：$A+E_1$；3·$\cdot$$(2b)$：$A+B+E_1+E_2$；2·$\cdot$$(3c)$：$A+2B+2E_1+$ E_2；$1(6d)$：$3A+3B+3E_1+3E_2$

169$P6_1(C_6^2)1(6a)$：$3A+3B+3E_1+3E_2$

170$P6_5(C_6^3)1(6a)$：$3A+3B+3E_1+3E_2$

171$P6_2(C_6^4)2\cdot\cdot(3ab)$：$A+2B+2E_1+E_2$；$1(6c)$：$3A+3B+3E_1+3E_2$

172$P6_4(C_6^5)2\cdot\cdot(3ab)$：$A+2B+2E_1+E_2$；$1(6c)$：$3A+3B+3E_1+3E_2$

173$P6_3(C_6^6)3\cdot\cdot(2ab)$：$A+B+E_1+E_2$；$1(6c)$：$3A+3B+3E_1+3E_2$

二十二、点群：$\overline{6}$，3/m(C_{3h})；$A'(R)$，$E'(R, IR, x, y)$，$A''(IR, z)$，$E''(R)$

174$P\overline{6}(C_{3h}^1)\overline{6}\cdot\cdot(1abcdef)$：$A''+E'$；3·$\cdot$$(2ghi)$：$A'+A''+E'+E''$；m·$\cdot$$(3jk)$：$2A'$ $+A''+2E'+E''$；

$1(6l)$：$3A'+3A''+3E'+3E''$

二十三、点群：6/m(C_{6h})；$A_g(R)$，$B_g(N)$，$E_{1g}(R)$，$E_{2g}(R)$，$A_u(IR, z)$，$B_u(N)$，$E_{1u}(IR,$ $x, y)$，$E_{2u}(N)$

175$P6/m(C_{6h}^1)6/m\cdot\cdot(1ab)$：$A_u+E_{1u}$；$\overline{6}\cdot\cdot(2cd)$：$A_u+B_g+E_{1u}+E_{2g}$；6·$\cdot$$(2e)$： $A_g+A_u+E_{1g}+E_{1u}$；

2/m·$\cdot$$(3fg)$：$A_u+2B_u+2E_{1u}+E_{2u}$；3·$\cdot$$(4h)$：$A_g+A_u+B_g+B_u+E_{1g}+E_{1u}+E_{2g}+E_{2u}$；

2·$\cdot$$(6i)$：$A_g+A_u+2B_g+2B_u+2E_{1g}+2E_{1u}+E_{2g}+E_{2u}$；m·$\cdot$$(6jk)$：$2A_g+A_u+B_g+2B_u+E_{1g}$ $+2E_{1u}+2E_{2g}+E_{2u}$；

$1(12l)$：$3A_g+3A_u+3B_g+3B_u+3E_{1g}+3E_{1u}+3E_{2g}+3E_{2u}$

176$P6_3/m(C_{6h}^2)\overline{6}\cdot\cdot(2acd)$：$A_u+B_g+E_{1u}+E_{2g}$；$\overline{3}\cdot\cdot(2b)$：$A_u+B_u+E_{1u}+E_{2u}$；

3·$\cdot$$(4ef)$：$A_g+A_u+B_g+B_u+E_{1g}+E_{1u}+E_{2g}+E_{2u}$；$\overline{1}(6g)$：$3A_u+3B_u+3E_{1u}+3E_{2u}$；m·$\cdot$ $(6h)$：$2A_g+A_u+B_g+2B_u+E_{1g}+2E_{1u}+2E_{2g}+E_{2u}$；$1(12i)$：$3A_g+3A_u+3B_g+3B_u+3E_{1g}+3E_{1u}+$ $3E_{2g}+3E_{2u}$

二十四、点群：622(D_6)；$A_1(R)$，$A_2(IR, z)$，$B_1(N)$，$B_2(N)$，$E_1(R, IR, x, y)$，$E_2(R)$

177$P622(D_6^1)622(1ab)$：A_2+E_1；3·2$(2cd)$：$A_2+B_1+E_1+E_2$；6·$\cdot$$(2e)$：$A_1+A_2+$ $2E_1$；222$(3fg)$：$A_2+B_1+B_2+2E_1+E_2$；3·$\cdot$$(4h)$：$A_1+A_2+B_1+B_2+2E_1+2E_2$；2·$\cdot$ $(6i)$：$A_1+A_2+2B_1+2B_2+4E_1+2E_2$；

·2·$(6jk)$：$A_1+2A_2+B_1+2B_2+3E_1+3E_2$；·$\cdot$2$(6lm)$：$A_1+2A_2+2B_1+B_2+3E_1+3E_2$；1 $(12n)$：$3A_1+3A_2+3B_1+3B_2+6E_1+6E_2$

178$P6_122(D_6^2)\cdot2\cdot(6a)$：$A_1+2A_2+B_1+2B_2+3E_1+3E_2$；·$\cdot$2$(6b)$：$A_1+2A_2+2B_1+B_2+$ $3E_1+3E_2$；

$1(12c)$：$3A_1+3A_2+3B_1+3B_2+6E_1+6E_2$

179$P6_522(D_6^3)\cdot2\cdot(6a)$：$A_1+2A_2+B_1+2B_2+3E_1+3E_2$；·$\cdot$2$(6b)$：$A_1+2A_2+2B_1+B_2+$

$3E_1+3E_2$；

$1(12c)$：$3A_1+3A_2+3B_1+3B_2+6E_1+6E_2$

$180P6_222(D_6^4)222(3abcd)$：$A_2+B_1+B_2+2E_1+E_2$；$2\cdot\cdot(6ef)$：$A_1+A_2+2B_1+2B_2+4E_1+2E_2$；

$\cdot2\cdot(6gh)$：$A_1+2A_2+B_1+2B_2+3E_1+3E_2$；$\cdot\cdot2(6ij)$：$A_1+2A_2+2B_1+B_2+3E_1+3E_2$；$1(12k)$：$3A_1+3A_2+3B_1+3B_2+6E_1+6E_2$

$181P6_422(D_6^5)222(3abcd)$：$A_2+B_1+B_2+2E_1+E_2$；$2\cdot\cdot(6ef)$：$A_1+A_2+2B_1+2B_2+4E_1+2E_2$；

$\cdot2\cdot(6gh)$：$A_1+2A_2+2B_1+B_2+3E_1+3E_2$；$\cdot\cdot2(6ij)$：$A_1+2A_2+B_1+2B_2+3E_1+3E_2$；$1(12k)$：$3A_1+3A_2+3B_1+3B_2+6E_1+6E_2$

$182P6_322(D_6^6)32\cdot(2a)$：$A_2+B_2+E_1+E_2$；$3\cdot2(2bcd)$：$A_2+B_1+E_1+E_2$；$3\cdot\cdot(4ef)$：$A_1+A_2+B_1+B_2+2E_1+2E_2$；

$\cdot2\cdot(6g)$：$A_1+2A_2+2B_1+B_2+3E_1+3E_2$；$\cdot\cdot2(6h)$：$A_1+2A_2+B_1+2B_2+3E_1+3E_2$；$1(12i)$：$3A_1+3A_2+3B_1+3B_2+6E_1+6E_2$

二十五、点群：$6mm(C_{6v})$；$A_1(R,\ IR,\ z)$，$A_2(N)$，$B_1(N)$，$B_2(N)$，$E_1(R,\ IR,\ x,\ y)$，$E_2(R)$

$183P6mm(C_{6v}^1)6mm(1a)$：A_1+E_1；$3m\cdot(2b)$：$A_1+B_2+E_1+E_2$；$2mm(3c)$：$A_1+B_1+B_2+2E_1+E_2$；

$\cdot\cdot m(6d)$：$2A_1+A_2+2B_1+B_2+3E_1+3E_2$；$\cdot m\cdot(6e)$：$2A_1+A_2+B_1+2B_2+3E_1+3E_2$；$1(12f)$：$3A_1+3A_2+3B_1+3B_2+6E_1+6E_2$

$184P6cc(C_{6v}^2)6\cdot\cdot(2a)$：$A_1+A_2+2E_1$；$3\cdot\cdot(4b)$：$A_1+A_2+B_1+B_2+2E_1+2E_2$；$2\cdot\cdot(6c)$：$A_1+A_2+2B_1+2B_2+4E_1+2E_2$；$1(12d)$：$3A_1+3A_2+3B_1+3B_2+6E_1+6E_2$

$185P6_3cm(C_{6v}^3)3\cdot m(2a)$：$A_1+B_1+E_1+E_2$；$3\cdot\cdot(4b)$：$A_1+A_2+B_1+B_2+2E_1+2E_2$；$\cdot m(6c)$：$2A_1+A_2+2B_1+B_2+3E_1+3E_2$；$1(12d)$：$3A_1+3A_2+3B_1+3B_2+6E_1+6E_2$

$186P6_3mc(C_{6v}^4)3m\cdot(2ab)$：$A_1+B_2+E_1+E_2$；$\cdot m\cdot(6c)$：$2A_1+A_2+B_1+2B_2+3E_1+3E_2$；$1(12d)$：$3A_1+3A_2+3B_1+3B_2+6E_1+6E_2$

二十六、点群：$\bar6m2(D_{3h})$；$A_1'(R)$，$A_2'(N)$，$E'(R,\ IR,\ x,\ y)$，$A_1''(N)$，$A_2''(IR,\ z)$，$E''(R)$

$187P\bar6m2(D_{3h}^1)\bar6m2(1abcdef)$：$A_2''+E'$；$3m\cdot(2ghi)$：$A_1'+A_2''+E'+E''$；$mm2(3jk)$：$A_1'+A_2'+A_2''+2E'+E''$；$m\cdot\cdot(6lm)$：$2A_1'+A_1''+2A_2'+A_2''+4E'+2E''$；$\cdot m\cdot(6n)$：$2A_1'+A_1''+A_2'+2A_2''+3E'+3E''$；

$1(12o)$：$3A_1'+3A_1''+3A_2'+3A_2''+6E'+6E''$

$188P\bar6c2(D_{3h}^2)3\cdot2(2ace)$：$A_2'+A_2''+E'+E''$；$\bar6(2bdf)$：$A_1''+A_2''+2E'$；$3\cdot\cdot(4ghi)$：$A_1'+A_1''+A_2'+A_2''+2E'+2E''$；$\cdot\cdot2(6j)$：$A_1'+A_1''+2A_2'+2A_2''+3E'+3E''$；$m\cdot\cdot(6k)$：$2A_1'+A_1''+2A_2'+A_2''+4E'+2E''$；$1(12l)$：$3A_1'+3A_1''+3A_2'+3A_2''+6E'+6E''$

$189P\bar62m(D_{3h}^3)\bar62m(1ab)$：$A_2''+E'$；$\bar6\cdot\cdot(2cd)$：$A_1''+A_2''+2E'$；$3\cdot m(2e)$：$A_1'+A_2''+E'+E''$；

$m2m(3fg)$：$A_1'+A_2'+A_2''+2E'+E''$；$3\cdot\cdot(4h)$：$A_1'+A_1''+A_2'+A_2''+2E'+2E''$；$\cdot\cdot m(6i)$：

$2A'_1+A''_1+A'_2+2A''_2+3E'+3E''$; $m\cdot\cdot(6jk)$: $2A'_1+A''_1+2A'_2+A''_2+4E'+2E''$; $1(12l)$: $3A'_1+$
$3A''_1+3A'_2+3A''_2+6E'+6E''$

$190P\bar{6}2c(D^4_{3h})32\cdot(2a)$: $A'_2+A''_2+E'+E''$; $\bar{6}\cdot\cdot(2bcd)$: $A''_1+A''_2+2E'$;
$3\cdot\cdot(4ef)$: $A'_1+A''_1+A'_2+A''_2+2E'+2E''$; $\cdot2\cdot(6g)$: $A'_1+A''_1+2A'_2+2A''_2+3E'+3E''$;
$m\cdot\cdot(6h)$: $2A'_1+A''_1+2A'_2+A''_2+4E'+2E''$; $1(12i)$: $3A'_1+3A''_1+3A'_2+3A''_2+6E'+6E''$

二十七、点群: $6/mmm(D_{6h})$; $A_{1g}(R)$, $A_{2g}(N)$, $B_{1g}(N)$, $B_{2g}(N)$, $E_{1g}(R)$, $E_{2g}(R)$, A_{1u}
(N), $A_{2u}(IR, z)$, $B_{1u}(N)$, $B_{2u}(N)$, $E_{1u}(IR, x, y)$, $E_{2u}(N)$

$191P6/m2/m2/m(D^1_{6h})6/mmm(1ab)$: $A_{2u}+E_{1u}$; $\bar{6}m2(2cd)$: $A_{2u}+B_{1g}+E_{1u}+E_{2g}$; $6mm$
$(2e)$: $A_{1g}+A_{2u}+E_{1g}+E_{1u}$; $mmm(3fg)$: $A_{2u}+B_{1u}+B_{2u}+2E_{1u}+E_{2u}$; $3m\cdot(4h)$: $A_{1g}+A_{2u}+$
$B_{1g}+B_{2u}+E_{1g}+E_{1u}+E_{2g}+E_{2u}$; $2mm(6i)$: $A_{1g}+A_{2u}+B_{1g}+B_{1u}+B_{2g}+B_{2u}+2E_{1g}+2E_{1u}+E_{2g}+E_{2u}$;
$m2m(6jk)$: $A_{1g}+A_{2g}+A_{2u}+B_{1u}+B_{2g}+B_{2u}+E_{1g}+2E_{1u}+2E_{2g}+E_{2u}$; $mm2(6lm)$: $A_{1g}+A_{2g}+A_{2u}+$
$B_{1g}+B_{1u}+B_{2u}+E_{1g}+2E_{1u}+2E_{2g}+E_{2u}$;
$\cdot\cdot m(12n)$: $2A_{1g}+A_{1u}+A_{2g}+2A_{2u}+B_{1g}+2B_{1u}+2B_{2g}+B_{2u}+3E_{1g}+3E_{1u}+3E_{2g}+3E_{2u}$;
$\cdot m\cdot(12o)$: $2A_{1g}+A_{1u}+A_{2g}+2A_{2u}+2B_{1g}+B_{1u}+B_{2g}+2B_{2u}+3E_{1g}+3E_{1u}+3E_{2g}+3E_{2u}$;
$m\cdot\cdot(12pq)$: $2A_{1g}+A_{1u}+2A_{2g}+A_{2u}+B_{1g}+2B_{1u}+B_{2g}+2B_{2u}+2E_{1g}+4E_{1u}+4E_{2g}+2E_{2u}$;
$1(24r)$: $3A_{1g}+3A_{1u}+3A_{2g}+3A_{2u}+3B_{1g}+3B_{1u}+3B_{2g}+3B_{2u}+6E_{1g}+6E_{1u}+6E_{2g}+6E_{2u}$

$192P6/m2/c2/c(D^2_{6h})622(2a)$: $A_{2g}+A_{2u}+E_{1g}+E_{1u}$; $6/m\cdot\cdot(2b)$: $A_{1u}+A_{2u}+2E_{1u}$; $3\cdot2$
$(4c)$: $A_{2g}+A_{2u}+B_{1g}+B_{1u}+E_{1g}+E_{1u}+E_{2g}+E_{2u}$; $\bar{6}\cdot\cdot(4d)$: $A_{1u}+A_{2u}+B_{1g}+B_{2g}+2E_{1u}+2E_{2g}$;
$6\cdot\cdot(4e)$: $A_{1g}+A_{1u}+A_{2g}+A_{2u}+2E_{1g}+2E_{1u}$;
$222(6f)$: $A_{2g}+A_{2u}+B_{1g}+B_{1u}+B_{2g}+B_{2u}+2E_{1g}+2E_{1u}+E_{2g}+E_{2u}$; $2/m\cdot\cdot(6g)$: $A_{1u}+A_{2u}+$
$2B_{1u}+2B_{2u}+4E_{1u}+2E_{2u}$;
$3\cdot\cdot(8h)$: $A_{1g}+A_{1u}+A_{2g}+A_{2u}+B_{1g}+B_{1u}+B_{2g}+B_{2u}+2E_{1g}+2E_{1u}+2E_{2g}+2E_{2u}$;
$2\cdot\cdot(12i)$: $A_{1g}+A_{1u}+A_{2g}+A_{2u}+2B_{1g}+2B_{1u}+2B_{2g}+2B_{2u}+4E_{1g}+4E_{1u}+2E_{2g}+2E_{2u}$;
$\cdot2\cdot(12j)$: $A_{1g}+A_{1u}+2A_{2g}+2A_{2u}+B_{1g}+B_{1u}+2B_{2g}+2B_{2u}+3E_{1g}+3E_{1u}+3E_{2g}+3E_{2u}$;
$\cdot\cdot2(12k)$: $A_{1g}+A_{1u}+2A_{2g}+2A_{2u}+2B_{1g}+2B_{1u}+B_{2g}+B_{2u}+3E_{1g}+3E_{1u}+3E_{2g}+3E_{2u}$;
$m\cdot\cdot(12l)$: $2A_{1g}+A_{1u}+2A_{2g}+A_{2u}+B_{1g}+2B_{1u}+B_{2g}+2B_{2u}+2E_{1g}+4E_{1u}+4E_{2g}+2E_{2u}$;
$1(24m)$: $3A_{1g}+3A_{1u}+3A_{2g}+3A_{2u}+3B_{1g}+3B_{1u}+3B_{2g}+3B_{2u}+6E_{1g}+6E_{1u}+6E_{2g}+6E_{2u}$

$193P6_3/m2/c2/m(D^3_{6h})\bar{6}2m(2a)$: $A_{2u}+B_{2g}+E_{1u}+E_{2g}$; $\bar{3}\cdot m(2b)$: $A_{2u}+B_{1u}+E_{1u}+E_{2u}$;
$\bar{6}\cdot\cdot(4c)$: $A_{1u}+A_{2u}+B_{1g}+B_{2g}+2E_{1u}+2E_{2g}$; $3\cdot2(4d)$: $A_{2g}+A_{2u}+B_{1g}+B_{1u}+E_{1g}+E_{1u}+E_{2g}$
$+E_{2u}$;
$3\cdot m(4e)$: $A_{1g}+A_{2u}+B_{1u}+B_{2g}+E_{1g}+E_{1u}+E_{2g}+E_{2u}$; $\cdot\cdot2/m(6f)$: $A_{1u}+2A_{2u}+2B_{1u}+B_{2u}+$
$3E_{1u}+3E_{2u}$;
$m2m(6g)$: $A_{1g}+A_{2g}+A_{2u}+B_{1u}+B_{2g}+B_{2u}+E_{1g}+2E_{1u}+2E_{2g}+E_{2u}$;
$3\cdot\cdot(8h)$: $A_{1g}+A_{1u}+A_{2g}+A_{2u}+B_{1g}+B_{1u}+B_{2g}+B_{2u}+2E_{1g}+2E_{1u}+2E_{2g}+2E_{2u}$;
$\cdot\cdot2(12i)$: $A_{1g}+A_{1u}+2A_{2g}+2A_{2u}+2B_{1g}+2B_{1u}+B_{2g}+B_{2u}+3E_{1g}+3E_{2u}+3E_{2g}+3E_{2u}$;
$m\cdot\cdot(12j)$: $2A_{1g}+A_{1u}+2A_{2g}+A_{2u}+B_{1g}+2B_{1u}+B_{2g}+2B_{2u}+2E_{1g}+4E_{1u}+4E_{2g}+2E_{2u}$;
$\cdot\cdot m(12k)$: $2A_{1g}+A_{1u}+A_{2g}+2A_{2u}+B_{1g}+2B_{1u}+2B_{2g}+B_{2u}+3E_{1g}+3E_{1u}+3E_{2g}+3E_{2u}$;

$1(24l)$：$3A_{1g}+3A_{1u}+3A_{2g}+3A_{2u}+3B_{1g}+3B_{1u}+3B_{2g}+3B_{2u}+6E_{1g}+6E_{1u}+6E_{2g}+6E_{2u}$

$194P6_3/m2/m2/c(D_{6h}^4)\overline{3}m\cdot(2a)$：$A_{2u}+B_{2u}+E_{1u}+E_{2u}$；$\overline{6}m2(2bcd)$：$A_{2u}+B_{1g}+E_{1u}+E_{2g}$；

$3m\cdot(4ef)$：$A_{1g}+A_{2u}+B_{1g}+B_{2u}+E_{1g}+E_{1u}+E_{2g}+E_{2u}$；$\cdot2/m\cdot(6g)$：$A_{1u}+2A_{2u}+B_{1u}+2B_{2u}+3E_{1u}+3E_{2u}$；

$mm2(6h)$：$A_{1g}+A_{2g}+A_{2u}+B_{1g}+B_{1u}+B_{2u}+E_{1g}+2E_{1u}+2E_{2g}+E_{2u}$；

$\cdot2\cdot(12i)$：$A_{1g}+A_{1u}+2A_{2g}+2A_{2u}+B_{1g}+B_{1u}+2B_{2g}+2B_{2u}+3E_{1g}+3E_{2u}+3E_{2g}+3E_{2u}$；

$m\cdot\cdot(12j)$：$2A_{1g}+A_{1u}+2A_{2g}+A_{2u}+B_{1g}+2B_{1u}+B_{2g}+2B_{2u}+2E_{1g}+4E_{1u}+4E_{2g}+2E_{2u}$；

$\cdot m\cdot(12k)$：$2A_{1g}+A_{1u}+A_{2g}+2A_{2u}+2B_{1g}+B_{1u}+B_{2g}+2B_{2u}+3E_{1g}+3E_{1u}+3E_{2g}+3E_{2u}$；

$1(24l)$：$3A_{1g}+3A_{1u}+3A_{2g}+3A_{2u}+3B_{1g}+3B_{1u}+3B_{2g}+3B_{2u}+6E_{1g}+6E_{1u}+6E_{2g}+6E_{2u}$

二十八、点群：$23(T)$；$A(R)$，$E(R)$，$T(R,\ IR,\ x,\ y,\ z)$

$195P23(T^1)23\cdot(1ab)$：T；$222\cdot\cdot(3cd)$：$3T$；$\cdot3\cdot(4e)$：$A+E+3T$；$2\cdot\cdot$

$(6fghi)$：$A+E+5T$；

$1(12j)$：$3A+3E+9T$

$196F23(T^2)23\cdot(4abcd)$：$T$；$\cdot3\cdot(16e)$：$A+E+3T$；$2\cdot\cdot(24fg)$：$A+E+5T$；$1$

$(48h)$：$3A+3E+9T$

$197I23(T^3)23\cdot(2a)$：T；$222\cdot(6b)$：$3T$；$\cdot3\cdot(8c)$：$A+E+3T$；$2\cdot\cdot(12de)$：A

$+E+5T$；$1(24f)$：$3A+3E+9T$

$198P2_13(T^4)\cdot3\cdot(4a)$：$A+E+3T$；$1(12b)$：$3A+3E+9T$

$199I2_13(T^5)\cdot3\cdot(8a)$：$A+E+3T$；$2\cdot\cdot(12b)$：$A+E+5T$；$1(24c)$：$3A+3E+9T$

二十九、点群：$m3$，$2/m\overline{3}(T_h)$；$A_g(R)$，$A_u(N)$，$E_g(R)$，$E_u(N)$，$T_g(R)$，$T_u(IR,\ x,\ y,\ z)$

$200P2/m\overline{3}(T_h^1)m\overline{3}\cdot(1ab)$：$T_u$；$mmm\cdot(3cd)$：$3T_u$；$mm2\cdot\cdot(6efgh)$：$A_g+E_g+2T_g$

$+3T_u$；

$\cdot3\cdot(8i)$：$A_g+A_u+E_g+E_u+3T_g+3T_u$；$m\cdot\cdot(12jk)$：$2A_g+A_u+2E_g+E_u+4T_g+5T_u$；$1$

$(24l)$：$3A_g+3A_u+3E_g+3E_u+9T_g+9T_u$

$201P2/n\overline{3}(T_h^2)23\cdot(2a)$：$T_g+T_u$；$\cdot\overline{3}\cdot(4bc)$：$A_u+E_u+3T_u$；$222\cdot\cdot(6d)$：$3T_g$

$+3T_u$；

$\cdot3\cdot(8e)$：$A_g+A_u+E_g+E_u+3T_g+3T_u$；$2\cdot\cdot(12fg)$：$A_g+A_u+E_g+E_u+5T_g+5T_u$；$1$

$(24h)$：$3A_g+3A_u+3E_g+3E_u+9T_g+9T_u$

$202F2/m\overline{3}(T_h^3)m\overline{3}\cdot(4ab)$：$T_u$；$23\cdot(8c)$：$T_g+T_u$；$2/m\cdot\cdot(24d)$：$A_u+E_u+5T_u$；

$mm2\cdot\cdot(24e)$：$A_g+E_g+2T_g+3T_u$；$\cdot3\cdot(32f)$：$A_g+A_u+E_g+E_u+3T_g+3T_u$；$2\cdot\cdot$

$(48g)$：$A_g+A_u+E_g+E_u+5T_g+5T_u$；

$m\cdot\cdot(48h)$：$2A_g+A_u+2E_g+E_u+4T_g+5T_u$；$1(96i)$：$3A_g+3A_u+3E_g+3E_u+9T_g+9T_u$

$203F2/d\overline{3}(T_h^4)23\cdot(8ab)$：$T_g+T_u$；$\cdot\overline{3}\cdot(16cd)$：$A_u+E_u+3T_u$；$\cdot3\cdot(32e)$：$A_g+A_u+$

$E_g+E_u+3T_g+3T_u$；

$2\cdot\cdot(48f)$：$A_g+A_u+E_g+E_u+5T_g+5T_u$；$1(96g)$：$3A_g+3A_u+3E_g+3E_u+9T_g+9T_u$

$204I2/m\overline{3}(T_h^5)m\overline{3}\cdot(2a)$：$T_u$；$mmm\cdot\cdot(6b)$：$3T_u$；$\cdot\overline{3}\cdot(8c)$：$A_u+E_u+3T_u$；

$mm2\cdot\cdot(12de)$：$A_g+E_g+2T_g+3T_u$；$\cdot3\cdot(16f)$：$A_g+A_u+E_g+E_u+3T_g+3T_u$；$m\cdot\cdot$

$(24g)$：$2A_g+A_u+2E_g+E_u+4T_g+5T_u$；

$1(48h)$：$3A_g+3A_u+3E_g+3E_u+9T_g+9T_u$

$205P2_1/a\bar{3}(T_h^6)$ $\cdot\bar{3}\cdot(4ab)$：$A_u+E_u+3T_u$；$\cdot3\cdot(8c)$：$A_g+A_u+E_g+E_u+3T_g+3T_u$；1

$(24d)$：$3A_g+3A_u+3E_g+3E_u+9T_g+9T_u$

$206I2_1/a\bar{3}(T_h^7)$ $\cdot\bar{3}\cdot(8ab)$：$A_u+E_u+3T_u$；$\cdot3\cdot(16c)$：$A_g+A_u+E_g+E_u+3T_g+3T_u$；2·

$\cdot(24d)$：$A_g+A_u+E_g+E_u+5T_g+5T_u$；$1(48e)$：$3A_g+3A_u+3E_g+3E_u+9T_g+9T_u$

三十、点群：432(O)；$A_1(R)$，$A_2(N)$，$E(R)$，$T_1(IR,\ x,\ y,\ z)$，$T_2(R)$

$207P432(O^1)432(1ab)$：T_1；$42\cdot2(3cd)$：$2T_1+T_2$；$4\cdot\cdot(6ef)$：$A_1+E+3T_1+2T_2$；$\cdot3$

$\cdot(8g)$：$A_1+A_2+2E+3T_1+3T_2$；$2\cdot\cdot(12h)$：$A_1+A_2+2E+5T_1+5T_2$；$\cdot\cdot2(12ij)$：A_1+

$2A_2+3E+5T_1+4T_2$；$1(24k)$：$3A_1+3A_2+6E+9T_1+9T_2$

$208P4_232(O^2)23\cdot(2a)$：$T_1+T_2$；$\cdot32(4bc)$：$A_2+E+2T_1+T_2$；$222\cdot\cdot(6d)$：$3T_1+3T_2$；

$2\cdot22(6ef)$：$A_2+E+3T_1+2T_2$；$\cdot3\cdot(8g)$：$A_1+A_2+2E+3T_1+3T_2$；$2\cdot\cdot(12hij)$：A_1+A_2

$+2E+5T_1+5T_2$；

$\cdot\cdot2(12kl)$：$A_1+2A_2+3E+5T_1+4T_2$；$1(24m)$：$3A_1+3A_2+6E+9T_1+9T_2$

$209F432(O^3)432(4ab)$：T_1；$23\cdot(8c)$：T_1+T_2；$2\cdot22(24d)$：$A_2+E+3T_1+2T_2$；

$4\cdot\cdot(24e)$：$A_1+E+3T_1+2T_2$；$\cdot3\cdot(32f)$：$A_1+A_2+2E+3T_1+3T_2$；$\cdot\cdot2(48gh)$：A_1+

$2A_2+3E+5T_1+4T_2$；

$2\cdot\cdot(48i)$：$A_1+A_2+2E+5T_1+5T_2$；$1(96j)$：$3A_1+3A_2+6E+9T_1+9T_2$

$210F4_132(O^4)23\cdot(8ab)$：$T_1+T_2$；$\cdot32(16cd)$：$A_2+E+2T_1+T_2$；$\cdot3\cdot(32e)$：$A_1+A_2+$

$2E+3T_1+3T_2$；

$2\cdot\cdot(48f)$：$A_1+A_2+2E+5T_1+5T_2$；$\cdot\cdot2(48g)$：$A_1+2A_2+3E+5T_1+4T_2$；$1(96h)$：$3A_1+$

$3A_2+6E+9T_1+9T_2$

$211I432(O^5)432(2a)$：T_1；$42\cdot2(6b)$：$2T_1+T_2$；$\cdot32(8c)$：$A_2+E+2T_1+T_2$；$2\cdot22$

$(12d)$：$A_2+E+3T_1+2T_2$；

$4\cdot\cdot(12e)$：$A_1+E+3T_1+2T_2$；$\cdot3\cdot(16f)$：$A_1+A_2+2E+3T_1+3T_2$；$2\cdot\cdot(24g)$：A_1+A_2

$+2E+5T_1+5T_2$；

$\cdot\cdot2(24hi)$：$A_1+2A_2+3E+5T_1+4T_2$；$1(48j)$：$3A_1+3A_2+6E+9T_1+9T_2$

$212P4_332(O^6)$：$\cdot32(4ab)$：$A_2+E+2T_1+T_2$；$\cdot3\cdot(8c)$：$A_1+A_2+2E+3T_1+3T_2$；$\cdot\cdot2$

$(12d)$：$A_1+2A_2+3E+5T_1+4T_2$；$1(24e)$：$3A_1+3A_2+6E+9T_1+9T_2$

$213P4_132(O^7)$ $\cdot32(4ab)$：$A_2+E+2T_1+T_2$；$\cdot3\cdot(8c)$：$A_1+A_2+2E+3T_1+3T_2$；$\cdot\cdot2$

$(12d)$：$A_1+2A_2+3E+5T_1+4T_2$；$1(24e)$：$3A_1+3A_2+6E+9T_1+9T_2$

$214I4_132(O^8)$ $\cdot32(8ab)$：$A_2+E+2T_1+T_2$；$2\cdot22(12cd)$：$A_2+E+3T_1+2T_2$；$\cdot3\cdot(16e)$：

$A_1+A_2+2E+3T_1+3T_2$；$2\cdot\cdot(24f)$：$A_1+A_2+2E+5T_1+5T_2$；$\cdot\cdot2(24gh)$：A_1+2A_2+3E+

$5T_1+4T_2$；$1(48i)$：$3A_1+3A_2+6E+9T_1+9T_2$

三十一、点群：$\bar{4}3m(T_d)$；$A_1(R)$，$A_2(N)$，$E(R)$，$T_1(N)$，$T_2(R,\ IR,\ x,\ y,\ z)$

$215P\bar{4}3m(T_d^1)\bar{4}3m(1ab)$：$T_2$；$\bar{4}2\cdot m(3cd)$：$3T_2$；$\cdot3m(4e)$：$A_1+E+T_1+2T_2$；$2\cdot$

$mm(6fg)$：$A_1+E+2T_1+3T_2$；$2\cdot\cdot(12h)$：$A_1+A_2+2E+5T_1+5T_2$；$\cdot\cdot m(12i)$：$2A_1+$

$A_2+3E+4T_1+5T_2$；$1(24j)$：$3A_1+3A_2+6E+9T_1+9T_2$

$216F\bar{4}3m(T_d^2)$：$\bar{4}3m(4abcd)$：T_2；$\cdot 3m(16e)$：$A_1+E+T_1+2T_2$；$2\cdot mm(24fg)$：$A_1+E+2T_1+3T_2$；

　　$\cdot\cdot m(48h)$：$2A_1+A_2+3E+4T_1+5T_2$；$1(96i)$：$3A_1+3A_2+6E+9T_1+9T_2$

$217I\bar{4}3m(T_d^3)\bar{4}3m(2a)$：$T_2$；$\bar{4}2\cdot m(6b)$：$3T_2$；$\cdot 3m(8c)$：$A_1+E+T_1+2T_2$；$\bar{4}\cdot\cdot$ $(12d)$：$A_2+E+2T_1+3T_2$；$2\cdot mm(12e)$：$A_1+E+2T_1+3T_2$；$2\cdot\cdot(24f)$：A_1+A_2+2E+ $5T_1+5T_2$；$\cdot\cdot m(24g)$：$2A_1+A_2+3E+4T_1+5T_2$；

$1(48h)$：$3A_1+3A_2+6E+9T_1+9T_2$

$218P\bar{4}3n(T_d^4)23\cdot(2a)$：$T_1+T_2$；$222\cdot\cdot(6b)$：$3T_1+3T_2$；$\bar{4}\cdot\cdot(6cd)$：$A_2+E+2T_1$ $+3T_2$；

　　$\cdot 3\cdot(8e)$：$A_1+A_2+2E+3T_1+3T_2$；$2\cdot\cdot(12fgh)$：$A_1+A_2+2E+5T_1+5T_2$；$1(24i)$：$3A_1$ $+3A_2+6E+9T_1+9T_2$

$219F\bar{4}3c(T_d^5)23\cdot(8ab)$：$T_1+T_2$；$\bar{4}\cdot\cdot(24cd)$：$A_2+E+2T_1+3T_2$；$\cdot 3\cdot(32e)$：$A_1+$ $A_2+2E+3T_1+3T_2$；

　　$2\cdot\cdot(48fg)$：$A_1+A_2+2E+5T_1+5T_2$；$1(96h)$：$3A_1+3A_2+6E+9T_1+9T_2$

$220I\bar{4}3d(T_d^6)\bar{4}\cdot\cdot(12ab)$：$A_2+E+2T_1+3T_2$；$\cdot 3\cdot(16c)$：$A_1+A_2+2E+3T_1+3T_2$；$2\cdot$ $\cdot(24d)$：$A_1+A_2+2E+5T_1+5T_2$；$1(48e)$：$3A_1+3A_2+6E+9T_1+9T_2$

三十二、点群：$m\bar{3}m(O_h)$；$A_{1g}(R)$，$A_{2g}(N)$，$E_g(R)$，$T_{1g}(N)$，$T_{2g}(R)$，$A_{1u}(N)$，$A_{2u}(N)$，E_u (N)，$T_{1u}(IR, x, y, z)$，$T_{2u}(N)$

$221P4/m\bar{3}2/m(O_h^1)m\bar{3}m(1ab)$：$T_{1u}$；$4/mm\cdot m(3cd)$：$2T_{1u}+T_{2u}$；$4m\cdot m(6ef)$：$A_{1g}+$ $E_g+T_{1g}+2T_{1u}+T_{2g}+T_{2u}$；

　　$\cdot 3m(8g)$：$A_{1g}+A_{2u}+E_g+E_u+T_{1g}+2T_{1u}+2T_{2g}+T_{2u}$；$mm2\cdot\cdot(12h)$：$A_{1g}+A_{2g}+2E_g+2T_{1g}+$ $3T_{1u}+2T_{2g}+3T_{2u}$；

　　$m\cdot m2(12ij)$：$A_{1g}+A_{2g}+A_{2u}+2E_g+E_u+2T_{1g}+3T_{1u}+2T_{2g}+2T_{2u}$；$m\cdot\cdot(24kl)$：$2A_{1g}+A_{1u}+$ $2A_{2g}+A_{2u}+4E_g+2E_u+4T_{1g}+5T_{1u}+4T_{2g}+5T_{2u}$；$\cdot\cdot m(24m)$：$2A_{1g}+A_{1u}+A_{2g}+2A_{2u}+3E_g+$ $3E_u+4T_{1g}+5T_{1u}+5T_{2g}+4T_{2u}$；

　　$1(48n)$：$3A_{1g}+3A_{1u}+3A_{2g}+3A_{2u}+6E_g+6E_u+9T_{1g}+9T_{1u}+9T_{2g}+9T_{2u}$

$222P4/n\bar{3}2/n(O_h^2)432(2a)$：$T_{1g}+T_{1u}$；$\bar{4}2\cdot 2(6b)$：$2T_{1g}+2T_{1u}+T_{2g}+T_{2u}$；$\cdot\bar{3}\cdot(8c)$： $A_{1u}+A_{2u}+2E_u+3T_{1u}+3T_{2u}$；

$\bar{4}\cdot\cdot(12d)$：$A_{1u}+A_{2g}+E_g+E_u+2T_{1g}+3T_{1u}+3T_{2g}+2T_{2u}$；$4\cdot\cdot(12e)$：$A_{1g}+A_{1u}+E_g+E_u+$ $3T_{1g}+3T_{1u}+2T_{2g}+2T_{2u}$；

　　$\cdot 3\cdot(16f)$：$A_{1g}+A_{1u}+A_{2g}+A_{2u}+2E_g+2E_u+3T_{1g}+3T_{1u}+3T_{2g}+3T_{2u}$；$2\cdot\cdot(24g)$：$A_{1g}+A_{1u}$ $+A_{2g}+A_{2u}+2E_g+2E_u+5T_{1g}+5T_{1u}+5T_{2g}+5T_{2u}$；

　　$\cdot\cdot 2(24h)$：$A_{1g}+A_{1u}+2A_{2g}+2A_{2u}+3E_g+3E_u+5T_{1g}+5T_{1u}+4T_{2g}+4T_{2u}$；

$1(48i)$：$3A_{1g}+3A_{1u}+3A_{2g}+3A_{2u}+6E_g+6E_u+9T_{1g}+9T_{1u}+9T_{2g}+9T_{2u}$

$223P4_2/m\bar{3}2/n(O_h^3)m\bar{3}\cdot(2a)$：$T_{1u}+T_{2u}$；$mmm\cdot\cdot(6b)$：$3T_{1u}+3T_{2u}$；$\bar{4}m\cdot 2(6cd)$：

$A_{2g}+E_g+T_{1g}+2T_{1u}+T_{2g}+T_{2u}$；

·32(8e)：$A_{2g}+A_{2u}+E_g+E_u+2T_{1g}+2T_{1u}+T_{2g}+T_{2u}$；$mm2\cdot\cdot(12fgh)$：$A_{1g}+A_{2g}+2E_g+2T_{1g}$ $+3T_{1u}+2T_{2g}+3T_{2u}$；

·3·(16i)：$A_{1g}+A_{1u}+A_{2g}+A_{2u}+2E_g+2E_u+3T_{1g}+3T_{1u}+3T_{2g}+3T_{2u}$；

··2(24j)：$A_{1g}+A_{1u}+2A_{2g}+2A_{2u}+3E_g+3E_u+5T_{1g}+5T_{1u}+4T_{2g}+4T_{2u}$；

$m\cdot\cdot(24k)$：$2A_{1g}+A_{1u}+2A_{2g}+A_{2u}+4E_g+2E_u+4T_{1g}+5T_{1u}+4T_{2g}+5T_{2u}$；

1(48l)：$3A_{1g}+3A_{1u}+3A_{2g}+3A_{2u}+6E_g+6E_u+9T_{1g}+9T_{1u}+9T_{2g}+9T_{2u}$

$224P4_2/n\overline{3}2/m(O_h^4)\overline{4}3m(2a)$：$T_{1u}+T_{2g}$；·$\overline{3}m(4bc)$：$A_{2u}+E_u+2T_{1u}+T_{2u}$；$\overline{4}2\cdot m(6d)$：$T_{1g}+2T_{1u}+2T_{2g}+T_{2u}$；

·$3m(8e)$：$A_{1g}+A_{2u}+E_g+E_u+T_{1g}+2T_{1u}+2T_{2g}+T_{2u}$；$2\cdot22(12f)$：$A_{2g}+A_{2u}+E_g+E_u+3T_{1g}+3T_{1u}+2T_{2g}+2T_{2u}$；

$2\cdot mm(12g)$：$A_{1g}+A_{2u}+E_g+E_u+2T_{1g}+3T_{1u}+3T_{2g}+2T_{2u}$；

$2\cdot\cdot(24h)$：$A_{1g}+A_{1u}+A_{2g}+A_{2u}+2E_g+2E_u+5T_{1g}+5T_{1u}+5T_{2g}+5T_{2u}$；

··2(24ij)：$A_{1g}+A_{1u}+2A_{2g}+2A_{2u}+3E_g+3E_u+5T_{1g}+5T_{1u}+4T_{2g}+4T_{2u}$；

··$m(24k)$：$2A_{1g}+A_{1u}+A_{2g}+2A_{2u}+3E_g+3E_u+4T_{1g}+5T_{1u}+5T_{2g}+4T_{2u}$；

1(48l)：$3A_{1g}+3A_{1u}+3A_{2g}+3A_{2u}+6E_g+6E_u+9T_{1g}+9T_{1u}+9T_{2g}+9T_{2u}$

$225F4/m\overline{3}2/m(O_h^5)m\overline{3}m(4ab)$：$T_{1u}$；$\overline{4}3m(8c)$：$T_{1u}+T_{2g}$；$m\cdot mm(24d)$：$A_{2u}+E_u+3T_{1u}+2T_{2u}$；

$4m\cdot m(24e)$：$A_{1g}+E_g+T_{1g}+2T_{1u}+T_{2g}+T_{2u}$；·$3m(32f)$：$A_{1g}+A_{2u}+E_g+E_u+T_{1g}+2T_{1u}+2T_{2g}+T_{2u}$；

$2\cdot mm(48g)$：$A_{1g}+A_{2u}+E_g+E_u+2T_{1g}+3T_{1u}+3T_{2g}+2T_{2u}$；$m\cdot m2(48hi)$：$A_{1g}+A_{2g}+A_{2u}+2E_g+E_u+2T_{1g}+3T_{1u}+2T_{2g}+2T_{2u}$；

$m\cdot\cdot(96j)$：$2A_{1g}+A_{1u}+2A_{2g}+A_{2u}+4E_g+2E_u+4T_{1g}+5T_{1u}+4T_{2g}+5T_{2u}$；

··$m(96k)$：$2A_{1g}+A_{1u}+A_{2g}+2A_{2u}+3E_g+3E_u+4T_{1g}+5T_{1u}+5T_{2g}+4T_{2u}$；

1(192l)：$3A_{1g}+3A_{1u}+3A_{2g}+3A_{2u}+6E_g+6E_u+9T_{1g}+9T_{1u}+9T_{2g}+9T_{2u}$

$226F4/m\overline{3}2/c(O_h^6)432(8a)$：$T_{1g}+T_{1u}$；$m\overline{3}\cdot(8b)$：$T_{1u}+T_{2u}$；$\overline{4}m\cdot2(24c)$：$A_{2g}+E_g+T_{1g}+2T_{1u}+T_{2g}+T_{2u}$；

$4/m\cdot\cdot(24d)$：$A_{1u}+E_u+3T_{1u}+2T_{2u}$；$mm2\cdot\cdot(48e)$：$A_{1g}+A_{2g}+2E_g+2T_{1g}+3T_{1u}+2T_{2g}+3T_{2u}$；

$4\cdot\cdot(48f)$：$A_{1g}+A_{1u}+E_g+E_u+3T_{1g}+3T_{1u}+2T_{2g}+2T_{2u}$；·3·(64g)：$A_{1g}+A_{1u}+A_{2g}+A_{2u}+2E_g+2E_u+3T_{1g}+3T_{1u}+3T_{2g}+3T_{2u}$；

··2(96h)：$A_{1g}+A_{1u}+2A_{2g}+2A_{2u}+3E_g+3E_u+5T_{1g}+5T_{1u}+4T_{2g}+4T_{2u}$；

$m\cdot\cdot(96i)$：$2A_{1g}+A_{1u}+2A_{2g}+A_{2u}+4E_g+2E_u+4T_{1g}+5T_{1u}+4T_{2g}+5T_{2u}$；

1(192j)：$3A_{1g}+3A_{1u}+3A_{2g}+3A_{2u}+6E_g+6E_u+9T_{1g}+9T_{1u}+9T_{2g}+9T_{2u}$

$227F4_1/d\overline{3}2/m(O_h^7)$：$\overline{4}3m(8ab)$：$T_{1u}+T_{2g}$；·$\overline{3}m(16cd)$：$A_{2u}+E_u+2T_{1u}+T_{2u}$；

·$3m(32e)$：$A_{1g}+A_{2u}+E_g+E_u+T_{1g}+2T_{1u}+2T_{2g}+T_{2u}$；$2\cdot mm(48f)$：$A_{1g}+A_{2u}+E_g+E_u+2T_{1g}+3T_{1u}+3T_{2g}+2T_{2u}$；

· · $m(96g)$：$2A_{1g}+A_{1u}+A_{2g}+2A_{2u}+3E_g+3E_u+4T_{1g}+5T_{1u}+5T_{2g}+4T_{2u}$；

· · $2(96h)$：$A_{1g}+A_{1u}+2A_{2g}+2A_{2u}+3E_g+3E_u+5T_{1g}+5T_{1u}+4T_{2g}+4T_{2u}$；

$1(192i)$：$3A_{1g}+3A_{1u}+3A_{2g}+3A_{2u}+6E_g+6E_u+9T_{1g}+9T_{1u}+9T_{2g}+9T_{2u}$

$228F4_1/d\bar{3}2/c(O_h^8)23$ · $(16a)$：$T_{1g}+T_{1u}+T_{2g}+T_{2u}$；　· $32(32b)$：$A_{2g}+A_{2u}+E_g+E_u+2T_{1g}+2T_{1u}+T_{2g}+T_{2u}$；

· $\bar{3}$ · $(32c)$：$A_{1u}+A_{2u}+2E_u+3T_{1u}+3T_{2u}$；　$\bar{4}$ · · $(48d)$：$A_{1u}+A_{2g}+E_g+E_u+2T_{1g}+3T_{1u}+3T_{2g}+2T_{2u}$；

· 3 · $(64e)$：$A_{1g}+A_{1u}+A_{2g}+A_{2u}+2E_g+2E_u+3T_{1g}+3T_{1u}+3T_{2g}+3T_{2u}$；

2 · · $(96f)$：$A_{1g}+A_{1u}+A_{2g}+A_{2u}+2E_g+2E_u+5T_{1g}+5T_{1u}+5T_{2g}+5T_{2u}$；

· · $2(96g)$：$A_{1g}+A_{1u}+2A_{2g}+2A_{2u}+3E_g+3E_u+5T_{1g}+5T_{1u}+4T_{2g}+4T_{2u}$；

$1(192h)$：$3A_{1g}+3A_{1u}+3A_{2g}+3A_{2u}+6E_g+6E_u+9T_{1g}+9T_{1u}+9T_{2g}+9T_{2u}$

$229I4/m\bar{3}2/m(O_h^9)m\bar{3}m(2a)$：$T_{1u}$；　$4/mm$ · $m(6b)$：$2T_{1u}+T_{2u}$；　· $\bar{3}m(8c)$：$A_{2u}+E_u+2T_{1u}+T_{2u}$；

$\bar{4}m$ · $2(12d)$：$A_{2g}+E_g+T_{1g}+2T_{1u}+T_{2g}+T_{2u}$；　$4m$ · $m(12e)$：$A_{1g}+E_g+T_{1g}+2T_{1u}+T_{2g}+T_{2u}$；

· $3m(16f)$：$A_{1g}+A_{2u}+E_g+E_u+T_{1g}+2T_{1u}+2T_{2g}+T_{2u}$；　$mm2$ · · $(24g)$：$A_{1g}+A_{2g}+2E_g+2T_{1g}+3T_{1u}+2T_{2g}+3T_{2u}$；

m · $m2(24h)$：$A_{1g}+A_{2g}+A_{2u}+2E_g+E_u+2T_{1g}+3T_{1u}+2T_{2g}+2T_{2u}$；

· · $2(48i)$：$A_{1g}+A_{1u}+2A_{2g}+2A_{2u}+3E_g+3E_u+5T_{1g}+5T_{1u}+4T_{2g}+4T_{2u}$；

m · · $(48j)$：$2A_{1g}+A_{1u}+2A_{2g}+A_{2u}+4E_g+2E_u+4T_{1g}+5T_{1u}+4T_{2g}+5T_{2u}$；

· · $m(48k)$：$2A_{1g}+A_{1u}+A_{2g}+2A_{2u}+3E_g+3E_u+4T_{1g}+5T_{1u}+5T_{2g}+4T_{2u}$；

$1(96l)$：$3A_{1g}+3A_{1u}+3A_{2g}+3A_{2u}+6E_g+6E_u+9T_{1g}+9T_{1u}+9T_{2g}+9T_{2u}$

$230I4_1/a\bar{3}2/d(O_h^{10})$ · $\bar{3}$ · $(16a)$：$A_{1u}+A_{2u}+2E_u+3T_{1u}+3T_{2u}$；　· $32(16b)$：$A_{2g}+A_{2u}+E_g+E_u+2T_{1g}+2T_{1u}+T_{2g}+T_{2u}$；

2 · $22(24c)$：$A_{2g}+A_{2u}+E_g+E_u+3T_{1g}+3T_{1u}+2T_{2g}+2T_{2u}$；　$\bar{4}$ · · $(24d)$：$A_{1u}+A_{2g}+E_g+E_u+2T_{1g}+3T_{1u}+3T_{2g}+2T_{2u}$；

· 3 · $(32e)$：$A_{1g}+A_{1u}+A_{2g}+A_{2u}+2E_g+2E_u+3T_{1g}+3T_{1u}+3T_{2g}+3T_{2u}$；　2 · · $(48f)$：$A_{1g}+A_{1u}+A_{2g}+A_{2u}+2E_g+2E_u+5T_{1g}+5T_{1u}+5T_{2g}+5T_{2u}$；

· · $2(48g)$：$A_{1g}+A_{1u}+2A_{2g}+2A_{2u}+3E_g+3E_u+5T_{1g}+5T_{1u}+4T_{2g}+4T_{2u}$；

$1(96h)$：$3A_{1g}+3A_{1u}+3A_{2g}+3A_{2u}+6E_g+6E_u+9T_{1g}+9T_{1u}+9T_{2g}+9T_{2u}$

参 考 文 献

陈志谦，李春梅，等．2019．材料设计、模拟与计算：CASTEP 的原理及其应用．北京：科学出版社

法默 V C．1982．矿物的红外光谱．应育浦等译．北京：科学出版社

哈里斯 D C，伯特卢西 M D．1988．对称性与光谱学：振动和电子光谱学导论．胡玉才，戴寰，译．北京：高等教育出版社

韩景仪，郭立鹤等．2016．矿物拉曼光谱图集．北京：地质出版社

何明跃．2007．新英汉矿物种名称．北京：地质出版社

毛卫民．1998．晶体材料的结构．北京：冶金工业出版社

彭文世，刘高魁．1982．矿物红外光谱图集．北京：科学出版社

翁诗甫，徐怡庄．2015．傅里叶变换红外光谱分析．2 版．北京：化学工业出版社

薛理辉，左键等．2020．激光拉曼光谱分析方法通则：JY/T 0573—2020

杨南如，岳文海．2000．无机非金属材料图谱手册．武汉：武汉理工大学出版社

张光寅，蓝国详．1992．晶格振动光谱学．北京：高等教育出版社

张惠芬，杨振国等．1988．金红石和锡石的拉曼光谱研究．矿物学报，8（1）：58-64

中国化学会．无机化学命名原则 1980．1982．北京：科学出版社

Burns G, Glazer A M. 2016. Space Groups for Solid State Scientists. 3rd ed. Singapore：Elsevier

Mulliken R S. 1955. Mulliken symbols for irreducible representations. J Chem Phys，23：1997；1956，24：1118

Pearson W B. 1967. A Handbook of Lattice Spacings and Structures of Metals and Alloys. Oxford：Pergamon Press

Sadltler Research Laboratories, Inc. Standard Raman Spectra，1976

The International Union of crystallography（IUCr），International Tables for Crystallography Vol. A Space-Group Symmeytry, 5th ed. Springer，2005